西安交通大学 "十 五" 规划教材

U0290462

机械控制理论基础

董　霞　陈康宁　李天石　编著

西安交通大学出版社
XI'AN JIAOTONG UNIVERSITY PRESS

内容简介

本书介绍控制理论的基本原理与基本知识及其在机械工程中的应用。内容包括:拉普拉斯变换的数学方法,系统的数学模型,系统的瞬态响应与误差分析,系统的频率特性,系统的稳定性,控制系统的校正与设计,以及离散系统分析基础等。每章后附有复习思考题和习题。

本书适于机械类包括机电一体化工程、机械制造及自动化和机械电子工程等专业大学本科生用作教材,也可供有关专业技术人员参考。

图书在版编目(CIP)数据

机械控制理论基础/董霞等编. —西安:西安交通大学出版社,2005.9(2022.8 重印)

(西安交通大学"十五"规划教材)

ISBN 978-7-5605-2041-4

Ⅰ.机… Ⅱ.董… Ⅲ.机械工程-控制系统-高等学校-教材 Ⅳ.TP273

中国版本图书馆 CIP 数据核字(2005)第 060957 号

书　　名	机械控制理论基础
编　　著	董　霞　陈康宁　李天石
出版发行	西安交通大学出版社
地　　址	西安市兴庆南路 1 号(邮编:710048)
电　　话	(029)82668315(总编办)
	(029)82668357　82667874(市场营销中心)
印　　刷	西安日报社印务中心
字　　数	440 千字
开　　本	727 mm×960 mm　1/16
印　　张	23.75
版　　次	2005 年 9 月第 1 版　2022 年 8 月第 11 次印刷
书　　号	ISBN 978 - 7 - 5605 - 2041 - 4
定　　价	38.00 元

前　言

　　随着现代科学和计算机技术的迅速发展,控制工程科学在机电系统中的应用越来越广泛。"机械控制理论基础"作为一门技术基础课,已被许多高等学校列入机械工程学科的培养计划,为培养适于现代化技术要求的高级工程技术人才,发挥了重要作用。本书在西安交通大学的"十五"规划教材建设中,获得立项和资助。

　　本书作为一门技术基础课教材,力求在阐明机械工程控制理论的基本概念、基本知识和基本方法的基础上,密切结合机械工程实际,注意机、电、液结合,注重数理基础知识和专业知识之间的联系,加强计算机仿真技术在控制系统中的应用,为将控制理论应用于工程实际中打下了良好的基础。

　　全书共 8 章,第 1 章绪论,是对本门学科作概要介绍;第 2 章拉普拉斯变换的数学方法,是本书必需的数学基础;第 3 章系统的数学模型,介绍运用力学、电学基础对系统建模的方法以及传递函数、方块图、信号流图等重要概念;第 4 章至第 6 章分别为系统的瞬态响应与误差分析、频率特性和稳定性,它们是在已知系统数学模型的前提下分别从不同角度对系统进行分析;第 7 章机械工程控制系统的校正与设计,介绍各种校正方式和方法,使系统满足性能指标的要求;第 8 章离散系统分析基础,介绍连续信号转换为离散信号的基础知识,以及分析离散系统的初步方法。附录 1 介绍了 MATLAB 基本知识和有关的程序指令。附录 1 给出了相应习题的参考答案。附录 2 给出了相应习题的参考答案。

　　本书是在陈康宁、王馨、李天石、简林柯、刘明远主编的《机械工程控制基础》一书的基础上,参考了其他院校的同类教材,并结合多年来的教学和科研成果,作了很多修改和补充,重新编撰而成的。本书第 1 章,第 2 章,第 3 章由陈康宁编写;第 4 章,第 5 章由李天石编写,第 7 章,第 8 章和附录由董霞编写,第 6 章由李天石和董霞合编。

　　限于编者的水平,书中的缺点和错误在所难免,恳切希望读者和专家批评指正。

编　者

2005 年 7 月

主要符号一览表

m	质量	R	电阻常数
J	转动惯量	C	电容常数
B	粘性阻尼系数	L	电感常数
k	弹簧常数	ζ	阻尼比
K	系统增益	j	虚单位$(j=\sqrt{-1})$
e	自然对数的底	s	复数变量$(s=\sigma+j\omega)$
e_{ss}	稳态误差	t	时间变量
M_p	超调量	t_r	上升时间
t_p	峰值时间	t_s	调整时间
T	时间常数	ω	频率(rad/s)
ω_n	无阻尼固有频率	ω_d	有阻尼固有频率
ω_T	转折频率	ω_r	谐振频率
M_r	谐振峰值	ω_b	截止频率
ω_c	幅值穿越频率	γ	相位裕量
ω_g	相位穿越频率	K_g	幅值裕量
$L[\ ]$	拉普拉斯变换	$L^{-1}[\ ]$	拉普拉斯反变换
$e(t)$	时域误差函数	$E(s)$	时域误差函数的拉普拉斯变换
$x(t)$ $r(t)$	一般表示系统的时域输入函数	$X(s)$ $R(s)$	一般表示系统输入的拉普拉斯变换
$y(t)$ $c(t)$	一般表示系统时域的输出函数	$Y(s)$ $C(s)$	一般表示系统输出的拉普拉斯变换
$n(t)$	干扰信号	$N(s)$	干扰信号的拉普拉斯变换
$u_i(t)$	输入电压信号	$U_i(s)$	输入电压的拉普拉斯变换
$u_o(t)$	输出电压信号	$U_o(s)$	输出电压的拉普拉斯变换
$i(t)$	电流信号	$I(s)$	电流的拉普拉斯变换
$g(t)$	单位脉冲响应函数(或权函数)	$G(s)$	传递函数

$H(s)$	反馈传递函数	$L(\omega)$	对数幅频特性
$\varphi(\omega)$	相频特性	$\tan(\ )$	正切函数
$\arctan(\ )$	反正切函数	$1(t)$	单位阶跃函数
$\delta(t)$	单位脉冲函数		

目　录

第1章 绪论

本书主要阐述"机械工程控制论"中的基础理论及其在机械工程中的应用。"机械工程控制论"是一门技术科学,它是研究"控制论"在"机械工程"中应用的科学。当前机械制造技术正向着高度自动化的方向发展,各种先进的自动控制加工系统不断出现,过去那种只侧重于局部和静态的研究方法已不能符合要求,应将机械加工过程各个环节的组合看作是一个动力系统,从控制论的角度来研究和解决加工中所出现的各种技术问题。由于机械工程控制论是一门新兴学科,大量的问题,从概念到方法,从定义到公式,从理论的应用到经验的总结,都需要进一步的探讨。本章着重介绍机械工程控制论的基本含义及有关的几个重要概念;列举机械工程控制论的一些应用实例;并对本课程的学习特点及内容作简要说明。

1.1 机械工程控制论的研究对象

机械工程控制论是研究以机械工程技术为对象的控制论问题。具体地讲,是研究在这一工程领域中广义系统的动力学问题,即研究系统在一定的外界条件(即输入与干扰)作用下,系统从某一初始状态出发,所经历的整个动态历程,也就是研究系统及其输入、输出三者之间的动态关系。例如,机床数控技术中,调整到一定状态的数控机床就是系统,数控指令就是输入,而数控机床的运动就是输出。

因为输入的结果是改变系统的状态,并使系统的状态不断改变,这就是力学中所讲的强迫运动;而当系统的初始状态不为零时,即使没有输入,系统的状态也会不断改变,这也就是力学中所讲的自由运动。因此从使系统的状态不断发生改变这点来看,将系统的初始状态看作为一种特殊的输入,即"初始输入"或"初始激励"也是十分合理的。

机械工程控制论所研究的系统是极为广泛的,这个系统可大可小,可繁可简,完全由研究的需要而定。例如,当研究机床在切削加工过程中的动力学问题时,切削加工本身可作为一个系统;当研究此台机床所加工工件的某些质量指标时,这一工件本身又可作为一个系统。

机械工程控制论主要研究并解决两方面的问题：

(1)研究系统的动态特性、内部信息传递的规律及其受到外加作用后的反应，从而决定采用哪种控制策略以求实现对系统的最优控制——即系统的最优控制。

(2)对于某些机械工程中的问题，例如机械振动、噪声、加工质量和灵敏度等，应用控制论的观点和思想方法揭示出它们的本质，从而找到有效的解决方法——即系统分析。

1.2　机械工程系统中的信息传递、反馈以及反馈控制的概念

控制论的一个极其重要的概念就是信息的传递、反馈以及利用反馈进行控制的概念。无论是机械工程系统或过程，生物系统或社会经济系统都存在有信息的传递与反馈，并可利用反馈进行控制使系统按一定的"目的"进行运动。

1. 信息及信息的传递

在科学史上控制论与信息论第一次把所有能表达一定含义的信号、密码、情报和消息概括为信息概念，并把它列为与能量、质量相当的重要科学概念。

"机械工程"是所有技术科学中发展最早、最古老的一门科学，然而引用"信息"这个概念还是比较迟的，如果不把20世纪50年代初建立"工程控制论"时期所涉及的航天、火箭等机械系统算在内的话，正式引用这个概念来分析研究问题的时间不会早于50年代末或60年代初，而这在其它技术科学领域中，例如电子科学、计算机科学等早已是古典的概念了。机械工程科学领域早期所涉及的问题主要是纯几何的、静力学的或者是到达平衡状态的稳定运动，然而，随着工业生产以及科学技术不断的发展，机械工程科学面临着许多高精度、高速度、高压、高温的复杂问题，这就必然要涉及系统或过程的动态特性(或动力特性)、瞬态过程以及具有随机过程性质的统计动力学特性等等，这就显示出机械工程科学与控制论所研究的问题的相似性。事实上，机械系统中的应力、变形、温升、几何尺寸与形状精度、表面粗糙度以及流量、压力等等，与电子系统用以表达其状态的电压、电流、频率一样，也是表达机械系统或过程某一状态的信号、密码、情报或消息，只不过是信息的运载介质不同罢了。我们观察图1-1(a)是某一液压系统的流体压力变化记录，图1-1(b)是某一机械加工一批零件按顺序排列的工件尺寸点图。它们分别与电子系统的电压信息以及电脉冲序列或时间序列等没有什么不同，它们同样都是包含了系统或过程的某些特性的信息。

所谓信息传递，是指信息在系统及过程中以某种关系动态地传递(或称转换)的过程。如图1-2所示为机床加工工艺系统，它将工件尺寸作为信息，通过工艺过程的转换，使得加工前后工件尺寸分布有所变化，这样，研究机床加工精

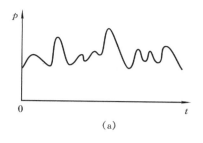 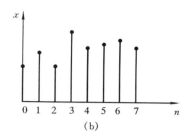

图1-1 液体压力及工件尺寸点图
（a）液体压力；（b）工件尺寸点图

度问题,便可通过运用信息处理的理论和方法来进行。

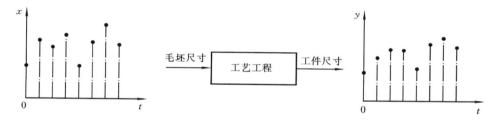

图1-2 工艺过程中信息的传递

同样,采用控制论和信息论处理信息的概念和方法,如传递函数、频率特性以及系统识别、状态估计与预测、故障诊断等等,可研究机械工程系统及过程中信息的传递关系并揭示其本质,这也说明机械控制工程有其广阔的应用和发展前景。

2. 系统及控制系统

系统的定义,一般指的是能完成一定任务的一些部件的组合。控制工程中所指的系统是广义的,广义系统不限于上面所指的物理系统(如一台机器),它也可以是一个过程(如切削过程,生产过程);同时,它还可以是一些抽象的动态现象(如在人-机系统中研究人的思维及动态行为),可把它们视为广义系统去进行研究。

（1）控制系统

系统的可变输出,如果能按照要求由参考输入或控制输入进行调节的,即称作控制系统。若不加说明,本书中所提到的系统都是指控制系统。控制系统的分类方式很多,这里仅按系统是否存在反馈,将系统分为开环控制系统和闭环控制系统。

（2）开环系统

系统的输出量对系统无控制作用，或者说系统中没有一个环节的输入受到系统输出的反馈作用，则称开环系统。例如自动洗衣机，当它按洗衣、漂洗、脱水、干衣的顺序进行工作时，无需对输出信号即衣服的清洁程度进行测量，它就是一个开环系统。又如简易数控机床的进给控制，输入指令通过控制装置和驱动装置推动工作台运动到指定位置，该位置信号不再反馈，这也是典型的开环系统。图1-3表示开环系统的方框图。

图1-3 开环系统

（3）闭环系统

系统的输出量对系统有控制作用，或者说，系统中存在反馈回路的，称闭环系统。对自动控制系统，任何一个环节的输入都可以受到系统输出的反馈作用。如果控制装置的输入受到输出的反馈作用时，该系统就称为全闭环系统，或简称为闭环系统。如有恒温控制的空调系统、机器人、大多数CNC机床的驱动系统等都属于闭环系统。采用闭环控制的CNC机床的进给系统中，工作台的位置作为系统输出，通过检测装置测量运动位置，并将该信号反馈，进而控制运动位置本身。图1-4为闭环系统的方框图。

图1-4 闭环系统

3. 反馈及反馈控制

所谓信息的反馈，就是把一个系统的输出信号不断直接地或经过中间变换后全部或部分地返回到输入端，再输入到系统中去。如果反馈回去的信号（或作用）与原系统的输入信号（或作用）的方向相反（或相位相差180°），则称为"负反馈"；如果方向或相位相同，则称之为"正反馈"。

人类最简单的活动，如走路或取物都利用了反馈的原理以保持正常的动作。人抬起腿每走一步路，腿的位置和速度的信息不断通过人眼及腿部皮肤及神经感觉反馈到大脑，而保持正常的步法；人用手取物时，手的位置与速度信息不断反馈到人脑以保证准确而适当地抓住待取之物。人若失去上述这类反馈控制作用或者反馈不正常,就会手足颤动显示病态。其他动物也是一样,并且在一切生物系统、社会及经济系统中,也都存在或利用上述反馈控制的作用以维持正常的机能。

　　人们早就知道利用反馈控制原理设计和制造机器、仪表或其他工程系统。我国早在北宋时代(1086~1089 年)就发明了具有反馈控制原理的自动调节系统——水运仪象台。通常我们都把具有反馈的系统称之为闭环系统。例如,我们日常用的最古老又最简单的贮槽液面自动调节器(如图 1-5)就是一个简单的闭环系统。浮子测出液面实际高度 h 与要求液面高 H_0 之差,推动杠杆控制进水阀门放水,一直到实际液面高 h 与要求液面高 H_0 相等时关闭进水阀。它们间的信息作用、传递关系可由图 1-6 表示。在这里反馈信息为实际液面高 h,经与期望液面高 H_0 相比较形成一个闭环系统。

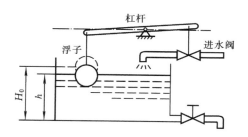

图 1-5　液面自动调节系统

图 1-6　液面控制信息传递

　　应当特别指出,人们往往把带反馈的闭环系统局限于自动控制系统,或者仅从表面现象来判定某些系统为开环(即无反馈)或闭环系统,这就大大限制了控制论的应用范围。我们知道,人们往往利用反馈控制原理在机械系统或过程中加上一个"人为的"反馈,从而构成一个自动控制系统。例如上述液面自动调节系统以及其它所谓"自动控制系统"都人为地外加反馈。但是,在许多机械系统或过程中,往往存在内在的相互耦合作用构成非人为的"内在的"反馈,从而形成一个闭环系统。例如,机械系统中作用力与反作用力的相互耦合从而形成内在反馈。又如在机械系统或过程(如切削过程)中自激振动的产生,也必定存在有内在的反馈使能量在内部循环,促使振动持续进行。这样的例子举不胜举。很多机械系统或过程从表面上看是开环系统，但经过分析可以发现它们实质上都是闭环系统。但是，必须注意从动力学的而不是静力学的观点，从系统而不是孤立的观点进行分析才能揭示系统或过程的本质。

为了说明内在反馈的情形，观察图 1-7 所示的具有二个自由度的机械系统。从表面上看虽然是一个开环系统，但是，当我们把它的动态微分方程列出后可知：

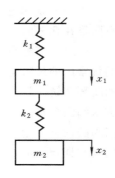

当质量 m_2 有一小位移 x_2 使质量 m_1 产生相应的位移 x_1，其动力方程为

$$m_1\ddot{x}_1 + (k_1 + k_2)x_1 = k_2x_2 \qquad (1-1)$$

而 x_1 又反过来影响质量 m_2 的运动，其动力方程为

$$m_2\ddot{x}_2 + k_2x_2 = k_2x_1 \qquad (1-2)$$

信息量 x_1 与 x_2 的传递关系式(1-1)和式(1-2)可以表示为如图 1-8 所示的闭环系统。

图 1-7　两自由度机械系统

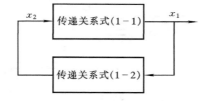

图 1-8　信息传递关系

从这个简单的实例可以看到，机械工程系统及过程中广泛存在着内在的或外加的反馈。有关实例我们将在下一节及本书其他有关章节中详细介绍。

4. 对控制系统的基本要求

评价一个控制系统的好坏，其指标是多种多样的。但对控制系统的基本要求(即控制系统所需的基本性能)一般可归纳为稳定性、快速性和准确性。

（1）系统的稳定性

是指系统在受到外界扰动作用时，系统的输出将偏离平衡位置，当这个扰动作用去除后，系统恢复到原来的平衡状态或者趋于一个新的平衡状态的能力。由于系统存在着惯性，当系统的各个参数分配不恰当时，将会引起系统的振荡而失去工作能力。稳定性的要求是系统正常工作的首要条件。

（2）响应的快速性

是指当系统实际输出量与期望的输出量之间产生偏差时，消除这种偏差的快速程度。这是在系统稳定的前提下提出的。

（3）响应的准确性

是指在调整过程结束后输出量与期望的输出量之间的偏差，或称为静态精度，这也是衡量系统工作性能的重要指标。例如，数控机床精度越高，加工精度也越高。

由于被控对象的具体情况不同，不同的系统对稳、快、准的要求各有侧重。例如，随动系统对响应快速性要求较高，而调速系统对稳定性提出较严格的要求。而对同一系统稳、快、准三方面的要求又是相互制约的。如提高了系统的快速性，可能导致系统不稳定；改善了系统的稳定性，又可能使系统的稳态精度降低。如何分析和解决这三者之间的矛盾，是本书的重要内容，我们将在后面章节中加以详细讨论。

1.3　机械控制的应用实例

如同其他技术科学一样，机械工程科学的主要任务之一就是要掌握和了解机械工程系统或过程的内部动态规律，也就是系统或状态的动态特性，要研究其内部信息传递、变换规律以及受到外加作用时的反应，从而决定控制它们的手段和策略，以便使之达到人们所预计的最佳状态。这也正是"机械控制工程"或"机械工程控制论"的主要内容。大多数自动控制系统、自动调节系统以及伺服机构都是应用反馈控制原理控制某一个机械刚体（例如机床工作台、振动台、火炮或火箭体等等），或是一个机械生产过程（例如切削过程、锻压过程、冶炼过程等等）的机械控制工程实例。

例 1.1　液压压下钢板轧机

图 1-9 是一台反馈控制的液压压下钢板轧机原理图。由于钢板轧制速度

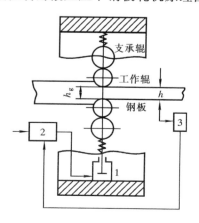

图 1-9　液压压下钢板轧机原理图

及精度要求愈来愈高,现代化轧钢机已经用电液伺服系统代替了旧式的机械式压下机构。图中工作辊的辊缝信息 h_g 或钢板出口厚度信息 h(或者 h_g 与 h 两者同时)由检测元件 3 测出并反馈到电液伺服系统 2 中,发出控制信号驱动油缸 1,以调节轧制辊缝 h_g,从而使钢板出口厚度 h 保持在要求的公差范围内。为了使上述钢板轧机伺服系统能发挥其高灵敏度、高精度的优良特性,必须应用机械控制工程有关理论进行分析、综合。

例 1.2　数控机床工作台的驱动系统

图 1-10 是数控机床工作台驱动系统。由检测装置随时测定工作台的实际位置(即输出信号)与控制指令比较,得到工作台实际位置与目标位置之间的差值,考虑驱动系统的动力学特性,按一定的规律设计相应的控制策略,使系统按输入指令的要求进行动作。

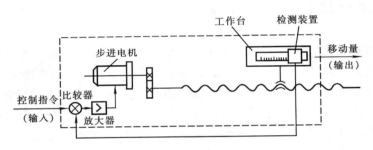

图 1-10　数控机床工作台驱动系统

例 1.3　车削过程分析

图 1-11 所示的车削过程,往往会产生自激振动,这种现象的产生就和切削过程本身存在内部反馈作用有关。当刀具以名义进给 x 切入工件时,由切削过程特性产生切削力 P_y,在 P_y 的作用下,又使机床-工件系统发生变形退让 y,从而减少了刀具的进给量,这时刀具实际进给量为 $a=x-y$。上述信息传递关系可用图 1-12 的闭环系统来表示。这样,对于切削过程的动态特性,切削自激振动的研究,完

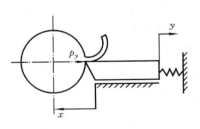

图 1-11　车削过程

全可以应用控制理论有关稳定性理论进行分析,从而提出控制切削过程、抑制切削振动的有效途径。

例 1.4　静压轴承

图 1-13 是一个薄膜反馈式径向静压轴承。当主轴受到负荷 W 后产生偏移 e,因而使下油腔压力 P_2 增加 ΔP,上油腔压力 P_1 减少 ΔP。这样,与之相通

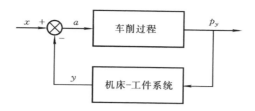

图 1-12　车削过程信息传递

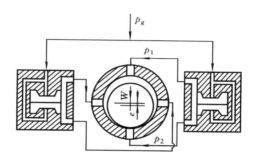

图 1-13　薄膜反馈式径向静压轴承

的薄膜反馈机构的下油腔压力增加 ΔP，上油腔压力减少 ΔP，从而使薄膜向上变形弯曲。这就使薄膜下半部高压油输入轴承的流量增加，而上半部减少，轴承主轴下部油腔产生反作用力 $R(R=2\Delta PA,A$ 为油腔面积$)$ 与负荷 W 相平衡以减少偏移量 e，或完全消除偏移量 e（即达到无穷大刚性）。上述有关静压轴承内部信息传递关系可以由图 1-14 表示为一个闭环系统。利用控制论有关动态特性分析理论，即可对轴承的设计与分析提供更有效的途径。

图 1-14　静压轴承信息传递

例 1.5　工业机器人

图 1-15 所示工业机器人要完成将工件放入指定孔中的任务，其基本的控制方块图如图 1-16 所示。其中，控制器的任务是根据指令要求，以及传感器所

测得的手臂实际位置和速度反馈信号,考虑手臂的动力学,按一定的规律产生控制作用,驱动手臂各关节,以保证机器人手臂完成指定的工作并满足性能指标的要求。

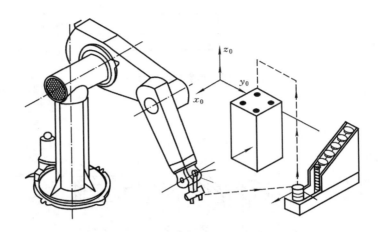

图 1-15 工业机器人完成装配工作

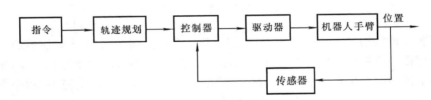

图 1-16 工业机器人控制方块图

1.4 本课程特点及内容简介

"机械控制理论基础"是控制论与机械工程技术理论之间的边缘学科,侧重介绍机械工程的控制原理,同时密切结合工程实际,是一门技术基础课程。本课程内容较抽象,概括性强,而且涉及知识范围广。学习本门课要有良好的数学、力学、电学和计算机方面的基础,还要有一定的机械工程方面的专业知识。本课程主要讲述经典控制论范畴的基本知识,包括以下几个方面的内容:

(1)数学工具方面:第 2 章拉普拉斯变换的数学方法。

(2)系统建模方面:第 3 章系统的数学模型。

(3)系统分析方面:有 3 章内容,其中第 4 章控制系统的时域分析;第 5 章系统的频率特性;第 6 章系统的稳定性。

（4）系统的校正与设计方面：第 7 章控制系统的校正与设计。

（5）离散系统分析方面：第 8 章离散系统分析基础。

在上述各章后面都有习题。学生除认真独立地完成作业外，还需进行有关实验，以理解和运用基本概念和基本方法。

复习思考题

1. 机械工程控制论的研究对象及任务是什么？

2. 什么是信息及信息的传递？试举例说明。

3. 什么是反馈及反馈控制？试列举一个反馈控制的实例。

4. 对控制系统的基本要求是什么？

5. 举例说明开环控制系统及闭环控制系统，它们的区别是什么？

第2章　拉普拉斯变换的数学方法

拉普拉斯(Laplace)变换简称拉氏变换,是分析研究线性动态系统的有力数学工具。通过拉氏变换将时域的微分方程变换为复数域的代数方程,这不仅运算方便,使系统的分析大为简化,而且在经典控制论范畴,可以直接在频域中研究系统的动态特性,对系统进行分析、综合和校正,具有很广泛的实际意义。本章在简要地复习有关复数和复变函数的概念以后,着重介绍拉氏变换的定义,一些典型时间函数的拉氏变换,拉氏变换的性质以及拉氏反变换的方法;最后,介绍用拉氏变换解微分方程的方法。在学习中应注重数学方法的应用,为后续章节的学习奠定基础。

2.1　复数和复变函数

1. 复数的概念

复数 $s = \sigma + j\omega$,其中 σ, ω 均为实数,分别称为 s 的实部和虚部,记作

$$\sigma = \text{Re}(s), \quad \omega = \text{Im}(s)$$

$j = \sqrt{-1}$ 为虚单位。两个复数相等时,必须且只须它们的实部和虚部都分别相等,一个复数为零,它的实部和虚部必须为零。

2. 复数的表示方法

（1）点表示法

因为任一复数 $s = \sigma + j\omega$ 与实数 σ, ω 成一一对应关系,故在平面直角坐标系中,以 σ 为横坐标(实轴),以 $j\omega$ 为纵坐标(虚轴),复数 $s = \sigma + j\omega$ 可用坐标为 (σ, ω) 的点来表示,如图 2-1 所示。实轴和虚轴构成的平面称为复平面或 s 平面,这样,一个复数就对应于复平面上的一个点。

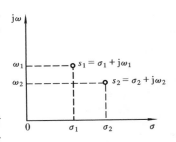

图 2-1　复数的点表示法

（2）向量表示法

复数 s 还可用从原点指向点 (σ, ω) 的向量来表示,见图 2-2。向量的长度称

为复数的模或绝对值,表示如下

$$|s| = r = \sqrt{\sigma^2 + \omega^2}$$

向量与 σ 轴的夹角 θ 称为复数 s 的幅角,即

$$\theta = \arctan \frac{\omega}{\sigma}$$

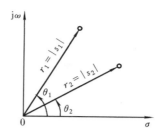

图 2-2 复数的矢量表示法

(3)三角函数表示法和指数表示法

由图 2-2 可以看出

$$\sigma = r\cos\theta \quad \omega = r\sin\theta$$

因此,复数的三角函数表示法为

$$s = r(\cos\theta + j\sin\theta)$$

利用欧拉(Euler)公式

$$e^{j\theta} = \cos\theta + j\sin\theta$$

故复数 s 也可用指数表示为

$$s = re^{j\theta}$$

3. 复变函数的概念

对于复数 $s = \sigma + j\omega$,若以 s 为自变量,按某一确定法则构成的函数 $G(s)$ 称为复变函数,$G(s)$ 可写成

$$G(s) = u + jv$$

u, v 分别为复变函数的实部和虚部。在线性控制系统中,通常遇到的复变函数 $G(s)$ 是 s 的单值函数,对应于 s 的一个给定值,$G(s)$ 就唯一地被确定。

例 2.1 有复变函数 $G(s) = s^2 + 1$,当 $s = \sigma + j\omega$ 时,求其实部 u 和虚部 v。

解 将 $s = \sigma + j\omega$ 代入 $G(s) = s^2 + 1$,

得

$$\begin{aligned}
G(s) &= s^2 + 1 = (\sigma + j\omega)^2 + 1 \\
&= \sigma^2 + j2\sigma\omega - \omega^2 + 1 \\
&= (\sigma^2 - \omega^2 + 1) + j2\sigma\omega
\end{aligned}$$

所以 $\quad u = \sigma^2 - \omega^2 + 1, \quad v = 2\sigma\omega$

若有复变函数

$$G(s) = \frac{K(s - z_1)\cdots(s - z_m)}{(s - p_1)\cdots(s - p_n)}$$

当 $s = z_1, \cdots, z_m$ 时,$G(s) = 0$,则称 $z_1, \cdots, z_m$ 为 $G(s)$ 的零点;

当 $s = p_1, \cdots, p_n$ 时,$G(s) = \infty$,则称 $p_1, \cdots, p_n$ 为 $G(s)$ 的极点。

2.2　拉氏变换与拉氏反变换的定义

1. 拉氏变换

有时间函数 $f(t)$，$t \geqslant 0$，则 $f(t)$ 的拉氏变换记作：$L[f(t)]$ 或 $F(s)$，并定义为

$$L[f(t)] = F(s) = \int_0^\infty f(t)\mathrm{e}^{-st}\mathrm{d}t \tag{2-1}$$

s 为复数，$s = \sigma + \mathrm{j}\omega$，称 $f(t)$ 为原函数，$F(s)$ 为象函数，若式（2-1）的积分收敛于一确定的函数值，那么 $f(t)$ 的拉氏变换 $F(s)$ 存在，这时 $f(t)$ 必须满足下列两个条件：

（1）在任一有限区间上，$f(t)$ 分段连续，只有有限个间断点，如图 2-3 的 $[a,b]$ 区间。

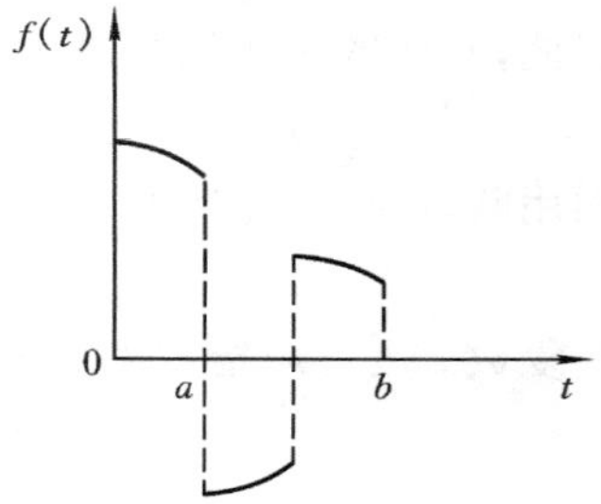

（2）当 $t \rightarrow \infty$ 时，$f(t)$ 的增长速度不超过某一指数函数，即满足

$$|f(t)| \leqslant M\mathrm{e}^{at}$$

式中：M，a 均为实常数。这一个条件使拉氏变换的被积函数 $f(t)\mathrm{e}^{-st}$ 的绝对值收敛。由下式可以看出

因为

$$|f(t)\mathrm{e}^{-st}| = |f(t)||\mathrm{e}^{-st}| = |f(t)|\mathrm{e}^{-\sigma t}$$

所以

$$|f(t)\mathrm{e}^{-st}| \leqslant M\mathrm{e}^{at}\mathrm{e}^{-\sigma t} = M\mathrm{e}^{-(\sigma - a)t}$$

只要在复平面上对于 $\mathrm{Re}(s) > a$ 的所有复数 s，都能使式（2-1）的积分绝对收敛，则 $\mathrm{Re}(s) > a$ 为拉氏变换的定义域，a 称作为收敛坐标，详见图 2-4。

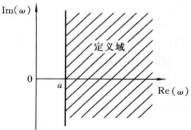

图 2-3　在 $[a,b]$ 上分段连续

图 2-4　拉氏变换定义域

2. 拉氏反变换

当已知 $f(t)$ 的拉氏变换 $F(s)$，欲求原函数 $f(t)$ 时，称作为拉氏反变换，记作

$$L^{-1}[F(s)]$$

并定义为如下积分

$$f(t) = L^{-1}[F(s)] = \frac{1}{2\pi \mathrm{j}}\int_{\sigma - \mathrm{j}\infty}^{\sigma + \mathrm{j}\infty} F(s)\mathrm{e}^{st}\mathrm{d}s \tag{2-2}$$

式中：σ 为大于 $F(s)$ 所有奇异点实部的实常数（奇异点，即 $F(s)$ 在该点不解

析,也就是说在该点及其邻域不是处处可导)。式(2-2)是求拉氏反变换的一般公式,因 $F(s)$ 是一复变函数,计算式(2-2)的积分需借助复变函数中的留数定理来求。通常对于简单的象函数,可直接查拉氏变换表求得原函数,对于复杂的象函数 $F(s)$,可用本书 2.5 节中所述的部分分式法和使用 MATLAB 来求原函数。

2.3　典型时间函数的拉氏变换

1. 单位阶跃函数

如图 2-5 所示,单位阶跃函数定义为

$$1(t) = \begin{cases} 0, & t < 0 \\ 1, & t \geqslant 0 \end{cases}$$

由拉氏变换定义式(2-1),有

$$L[1(t)] = \int_0^\infty 1(t) e^{-st} \, dt = -\left. \frac{e^{-st}}{s} \right|_0^\infty = \frac{1}{s}$$

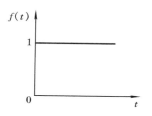

图 2-5　单位阶跃函数

2. 单位脉冲函数

如图 2-6 所示,单位脉冲函数定义为

$$\delta(t) = \begin{cases} \infty, & t = 0 \\ 0, & t \neq 0 \end{cases}$$

单位脉冲函数具有以下性质

(1) $\displaystyle\int_{-\infty}^{\infty} \delta(t) \, dt = 1$

(2) $\displaystyle\int_{-\infty}^{\infty} \delta(t) f(t) \, dt = f(0)$, $f(0)$ 为 $t = 0$ 时刻的函数 $f(t)$ 的值。

由拉氏变换定义式(2-1),求 $\delta(t)$ 的拉氏变换,得

$$L[\delta(t)] = \int_0^\infty \delta(t) e^{-st} \, dt = \left. e^{-st} \right|_{t=0} = 1$$

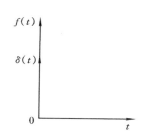

图 2-6　单位脉冲函数

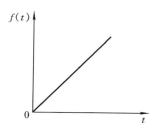

图 2-7　单位斜坡函数

3. 单位斜坡函数

如图 2-7 可知,单位斜坡函数定义为

$$f(t) = \begin{cases} 0, & t < 0 \\ t, & t \geqslant 0 \end{cases}$$

由式(2-1)求得单位斜坡函数的拉氏变换为

$$L[t] = \int_0^\infty t\mathrm{e}^{-st}\,\mathrm{d}t = -t\,\frac{\mathrm{e}^{-st}}{s}\,\Big|_0^\infty - \int_0^\infty \left(-\frac{\mathrm{e}^{-st}}{s}\right)\mathrm{d}t$$

$$= \int_0^\infty \frac{\mathrm{e}^{-st}}{s}\,\mathrm{d}t = -\frac{1}{s^2}\mathrm{e}^{-st}\,\Big|_0^\infty = \frac{1}{s^2}$$

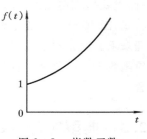

图 2-8　指数函数

4. 指数函数

如图 2-8 所示,指数函数 e^{at} 的拉氏变换为

$$L[\mathrm{e}^{at}] = \int_0^\infty \mathrm{e}^{at}\mathrm{e}^{-st}\,\mathrm{d}t = \int_0^\infty \mathrm{e}^{-(s-a)t}\,\mathrm{d}t$$

$$= -\frac{\mathrm{e}^{-(s-a)t}}{s-a}\,\Big|_0^\infty = \frac{1}{s-a}$$

5. 正弦函数

正弦函数 $\sin\omega t$ 可利用欧拉公式表达如下

$$\sin\omega t = \frac{1}{2\mathrm{j}}(\mathrm{e}^{\mathrm{j}\omega t} - \mathrm{e}^{-\mathrm{j}\omega t})$$

由拉氏变换定义,有

$$L[\sin\omega t] = \int_0^\infty \sin\omega t \cdot \mathrm{e}^{-st}\,\mathrm{d}t$$

$$= \int_0^\infty \frac{1}{2\mathrm{j}}(\mathrm{e}^{\mathrm{j}\omega t} - \mathrm{e}^{-\mathrm{j}\omega t})\mathrm{e}^{-st}\,\mathrm{d}t$$

$$= \frac{1}{2\mathrm{j}}\int_0^\infty \mathrm{e}^{-(s-\mathrm{j}\omega)t}\,\mathrm{d}t - \frac{1}{2\mathrm{j}}\int_0^\infty \mathrm{e}^{-(s+\mathrm{j}\omega)t}\,\mathrm{d}t$$

$$= \frac{1}{2\mathrm{j}}\left[-\frac{\mathrm{e}^{-(s-\mathrm{j}\omega)t}}{s-\mathrm{j}\omega}\,\Big|_0^\infty + \frac{\mathrm{e}^{-(s+\mathrm{j}\omega)t}}{s+\mathrm{j}\omega}\,\Big|_0^\infty\right]$$

$$= \frac{1}{2\mathrm{j}}\left(\frac{1}{s-\mathrm{j}\omega} - \frac{1}{s+\mathrm{j}\omega}\right)$$

$$= \frac{1}{2\mathrm{j}} \cdot \frac{s+\mathrm{j}\omega - s + \mathrm{j}\omega}{s^2 + \omega^2}$$

$$= \frac{\omega}{s^2 + \omega^2}$$

6. 余弦函数

余弦函数 $\cos\omega t$ 可由欧拉公式表达为

$$\cos\omega t = \frac{1}{2}(\mathrm{e}^{\mathrm{j}\omega t} + \mathrm{e}^{-\mathrm{j}\omega t})$$

求其拉氏变换,有

$$L[\cos\omega t] = \int_0^\infty \cos\omega t\,\mathrm{e}^{-st}\,\mathrm{d}t$$

$$= \frac{1}{2}\int_0^\infty (\mathrm{e}^{\mathrm{j}\omega t} + \mathrm{e}^{-\mathrm{j}\omega t})\mathrm{e}^{-st}\,\mathrm{d}t$$

$$= \frac{1}{2}\left(\frac{1}{s-\mathrm{j}\omega}+\frac{1}{s+\mathrm{j}\omega}\right)$$

$$= \frac{s}{s^2+\omega^2}$$

7. 幂函数

幂函数 t^n 的拉氏变换式为

$$L[t^n]=\int_0^\infty t^n\mathrm{e}^{-st}\,\mathrm{d}t$$

采用换元法，令 $u=st$，则 $t=\dfrac{u}{s}$，$\mathrm{d}t=\dfrac{1}{s}\mathrm{d}u$，得

$$L[t^n]=\int_0^\infty \frac{u^n}{s^n}\mathrm{e}^{-u}\frac{1}{s}\mathrm{d}u=\frac{1}{s^{n+1}}\int_0^\infty u^n\mathrm{e}^{-u}\mathrm{d}u$$

式中：$\displaystyle\int_0^\infty u^n\mathrm{e}^{-u}\mathrm{d}u=\Gamma(n+1)$ 为 Γ 函数，而 $\Gamma(n+1)=n!$

所以

$$L[t^n]=\frac{\Gamma(n+1)}{s^{n+1}}=\frac{n!}{s^{n+1}}$$

例 2.2　若 $n=2$，求 $L[t^2]$

解　根据幂函数的拉氏变换，得

$$L[t^2]=\frac{2!}{s^3}=\frac{2}{s^3}$$

常用时间函数的拉氏变换，如表 2-1 所示。一般可直接查表，求得时间函数的拉氏变换。

表 2-1　拉氏变换对照表

序号	$f(t)$	$F(s)$
1	$\delta(t)$	1
2	$1(t)$	$\dfrac{1}{s}$
3	t	$\dfrac{1}{s^2}$
4	e^{-at}	$\dfrac{1}{s+a}$
5	$t\mathrm{e}^{-at}$	$\dfrac{1}{(s+a)^2}$

序号	$f(t)$	$F(s)$
6	$\sin\omega t$	$\dfrac{\omega}{s^2+\omega^2}$
7	$\cos\omega t$	$\dfrac{s}{s^2+\omega^2}$
8	$t^n\,(n=1,2,3,\cdots)$	$\dfrac{n!}{s^{n+1}}$
9	$t^n\mathrm{e}^{-at}\,(n=1,2,3,\cdots)$	$\dfrac{n!}{(s+a)^{n+1}}$
10	$\dfrac{1}{b-a}(\mathrm{e}^{-at}-\mathrm{e}^{-bt})$	$\dfrac{1}{(s+a)(s+b)}$
11	$\dfrac{1}{b-a}(b\mathrm{e}^{-bt}-a\mathrm{e}^{-at})$	$\dfrac{s}{(s+a)(s+b)}$
12	$\dfrac{1}{ab}\left[1+\dfrac{1}{a-b}(b\mathrm{e}^{-at}-a\mathrm{e}^{-bt})\right]$	$\dfrac{1}{s(s+a)(s+b)}$
13	$\mathrm{e}^{-at}\sin\omega t$	$\dfrac{\omega}{(s+a)^2+\omega^2}$
14	$\mathrm{e}^{-at}\cos\omega t$	$\dfrac{s+a}{(s+a)^2+\omega^2}$
15	$\dfrac{1}{a^2}(at-1+\mathrm{e}^{-at})$	$\dfrac{1}{s^2(s+a)}$
16	$\dfrac{\omega_n}{\sqrt{1-\zeta^2}}\mathrm{e}^{-\zeta\omega_n t}\sin(\omega_n\sqrt{1-\zeta^2}\,t)$	$\dfrac{\omega_n^2}{s^2+2\zeta\omega_n s+\omega_n^2}$
17	$\dfrac{-1}{\sqrt{1-\zeta^2}}\mathrm{e}^{-\zeta\omega_n t}\sin(\omega_n\sqrt{1-\zeta^2}\,t-\psi)$ $\psi=\arctan\dfrac{\sqrt{1-\zeta^2}}{\zeta}$	$\dfrac{s}{s^2+2\zeta\omega_n s+\omega_n^2}$
18	$1-\dfrac{1}{\sqrt{1-\zeta^2}}\mathrm{e}^{-\zeta\omega_n t}\sin(\omega_n\sqrt{1-\zeta^2}\,t+\psi)$ $\psi=\arctan\dfrac{\sqrt{1-\zeta^2}}{\zeta}$	$\dfrac{\omega_n^2}{s(s^2+2\zeta\omega_n s+\omega_n^2)}$

2.4　拉氏变换的性质

1. 线性性质

拉氏变换是一个线性变换,已知函数 $f_1(t)$,$f_2(t)$ 的拉氏变换分别为 $F_1(s)$,$F_2(s)$,若有常数 K_1,K_2,则

$$L[K_1 f_1(t) + K_2 f_2(t)] = K_1 L[f_1(t)] + K_2 L[f_2(t)]$$
$$= K_1 F_1(s) + K_2 F_2(s) \qquad (2-3)$$

2. 实数域的位移定理(延时定理)

若 $f(t)$ 的拉氏变换为 $F(s)$,则对任一正实数 a,有

$$L[f(t-a)] = e^{-as} F(s) \qquad (2-4)$$

$f(t-a)$ 是函数 $f(t)$ 在时间上延迟了 a 秒的延时函数,如图 2-9 所示。当 $t<a$ 时,$f(t-a)=0$。

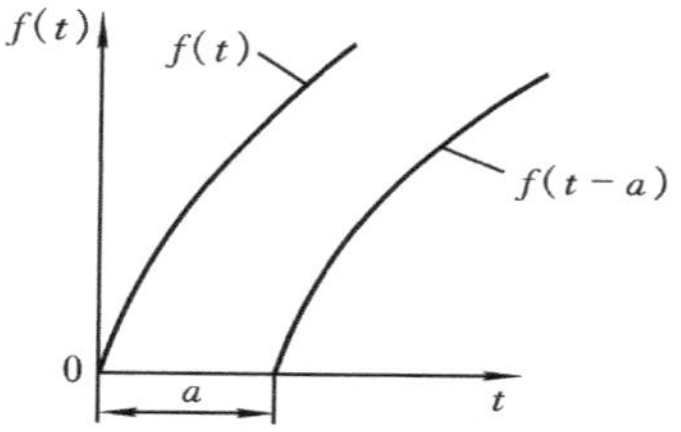

证明　由拉氏变换的定义式(2-1),有

$$L[f(t-a)] = \int_0^\infty f(t-a) e^{-st} dt$$

令 $t-a = \tau$,则有

$$L[f(t-a)] = \int_0^\infty f(\tau) e^{-s(\tau+a)} d\tau$$

$$= e^{-as} \int_0^\infty f(\tau) e^{-s\tau} d\tau$$

$$= e^{-as} F(s)$$

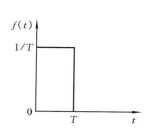

图 2-9　延时函数

例 2.3　求图 2-10 所示方波的拉氏变换。

解　方波函数可用阶跃函数 $f_1(t) = \dfrac{1}{T} 1(t)$ 及其延时函数 $f_1(t-T)$ 表达为

$$f(t) = f_1(t) - f_1(t-T)$$

$$= \frac{1}{T} 1(t) - \frac{1}{T} 1(t-T)$$

利用阶跃函数及其延时函数的拉氏变换,对上式进行拉氏变换得

图 2-10　方波

$$L[f(t)] = \frac{1}{Ts} - \frac{1}{Ts} e^{-sT} = \frac{1}{Ts} (1 - e^{-sT})$$

例 2.4　求图 2-11 所示三角波的拉氏变换。

解　三角波函数可用斜坡函数 $f_1(t) = \dfrac{4}{T^2} t$ 及其延时函数 $f_1\left(t - \dfrac{T}{2}\right)$ 和

$f_1(t-T)$ 表达为如下形式

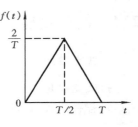

图 2 - 11　三角波

$$f(t) = f_1(t) - f_1(t - \frac{T}{2}) - f_1(t - \frac{T}{2}) + f_1(t - T)$$

$$= \frac{4}{T^2}t - \frac{4}{T^2}(t - \frac{T}{2}) - \frac{4}{T^2}(t - \frac{T}{2}) + \frac{4}{T^2}(t - T)$$

利用斜坡函数及其延时函数的拉氏变换,对上式进行拉氏变换得

$$F(s) = \frac{4}{T^2 s^2} - \frac{4}{T^2 s^2}e^{-s\frac{T}{2}} - \frac{4}{T^2 s^2}e^{-s\frac{T}{2}} + \frac{4}{T^2 s^2}e^{-sT}$$

$$= \frac{4}{T^2 s^2}(1 - 2e^{-s\frac{T}{2}} + e^{-sT})$$

3. 周期函数的拉氏变换

设函数 $f(t)$ 是以 T 为周期的周期函数,即 $f(t+nT) = f(t)$,n 为整数。则 $f(t)$ 的拉氏变换为

$$L[f(t)] = \int_0^\infty f(t)e^{-st}\,dt$$

$$= \int_0^T f(t)e^{-st}\,dt + \int_T^{2T} f(t)e^{-st}\,dt + \cdots + \int_{nT}^{(n+1)T} f(t)e^{-st}\,dt + \cdots$$

$$= \sum_{n=0}^\infty \int_{nT}^{(n+1)T} f(t)e^{-st}\,dt$$

令 $t = t_1 + nT$,即 $dt = dt_1$, $t_1 = 0$ 时,$t = nT$

$$L[f(t)] = \sum_{n=0}^\infty \int_0^T f(t_1 + nT)e^{-s(t_1+nT)}\,dt_1$$

$$= \sum_0^\infty e^{-snT} \int_0^T f(t_1)e^{-st_1}\,dt_1$$

$$= \frac{1}{1 - e^{-sT}} \int_0^T f(t)e^{-st}\,dt \qquad (2-5)$$

4. 复数域的位移定理

若 $f(t)$ 的拉氏变换为 $F(s)$,则对任一常数 a(实数或复数),有

$$L[e^{-at}f(t)] = F(s+a) \qquad (2-6)$$

证明　由拉氏变换的定义,有

$$L[e^{-at}f(t)] = \int_0^\infty e^{-at}f(t)e^{-st}\,dt = \int_0^\infty f(t)e^{-(s+a)t}\,dt$$

$$= F(s+a)$$

例 2.5　求 $e^{-at}\sin\omega t$ 的拉氏变换。

解　可直接运用复数域的位移定理及正弦函数的拉氏变换,求得

$$L[e^{-at}\sin\omega t] = \frac{\omega}{(s+a)^2 + \omega^2}$$

同理,可求得

$$L[e^{-at}\cos\omega t] = \frac{s+a}{(s+a)^2 + \omega^2}$$

$$L[e^{-at}t^n] = \frac{n!}{(s+a)^{n+1}}$$

5. 相似定理

设 $f(t)$ 的拉氏变换为 $F(s)$,有任意常数 a,则

$$L[f(at)] = \frac{1}{a}F\left(\frac{s}{a}\right) \qquad (2-7)$$

证明 根据拉氏变换的定义

$$L[f(at)] = \int_0^\infty f(at)e^{-st}\,dt$$

令 $at = \tau$,则得

$$L[f(at)] = \int_0^\infty f(\tau)e^{-(\frac{s}{a})\tau}\frac{1}{a}d\tau = \frac{1}{a}\int_0^\infty f(\tau)e^{-(\frac{s}{a})\tau}d\tau = \frac{1}{a}F\left(\frac{s}{a}\right)$$

6. 微分定理

若时间函数 $f(t)$ 的拉氏变换为 $F(s)$,且其一阶导函数 $f'(t)$ 存在,则

$$L[f'(t)] = sF(s) - f(0^+) \qquad (2-8)$$

$f(0^+)$ 为由正向使 $t \to 0$ 时的 $f(t)$ 值。

证明 根据分部积分法

$$\int u\,dv = uv - \int v\,du$$

令 $e^{-st} = u$, $f(t) = v$,则 $dv = f'(t)dt$

所以

$$L[f'(t)] = \int_0^\infty f'(t)e^{-st}\,dt$$

$$= e^{-st}f(t)\Big|_0^\infty - \int_0^\infty f(t)(-se^{-st})\,dt$$

$$= s\int_0^\infty f(t)e^{-st}\,dt - f(0^+)$$

$$= sF(s) - f(0^+)$$

若 $f(t)$ 的二阶、三阶、……,各阶导函数存在,则可进而推出其各阶导函数的拉氏变换为

$$L[f''(t)] = s^2F(s) - sf(0^+) - f'(0^+)$$

$$\vdots$$

$$L[f^{(n)}(t)] = s^nF(s) - s^{n-1}f(0^+) - s^{n-2}f'(0^+) - \cdots - f^{(n-1)}(0^+) \qquad (2-9)$$

式中:$f^{(i)}(0^+)$,$(0 < i < n)$ 表示 $f(t)$ 的 i 阶导函数在 t 从正向趋近零时的取值。

当初始条件均为零时,即

$$f(0) = f'(0) = f''(0) = \cdots = f^{(n-1)}(0) = 0$$

则有

$$L[f'(t)] = sF(s)$$

$$L[f''(t)] = s^2 F(s)$$

$$\vdots$$

$$L[f^n(t)] = s^n F(s)$$

7. 积分定理

设 $f(t)$ 的拉氏变换为 $F(s)$,则

$$L\left[\int_0^t f(t)\,\mathrm{d}t\right] = \frac{F(s)}{s} + \frac{1}{s} f^{(-1)}(0^+) \tag{2-10}$$

式中: $f^{(-1)}(0^+)$ 是 $\int_0^t f(t)\,\mathrm{d}t$ 在 $t \to 0^+$ 时的值。

证明 由分部积分公式,令

$$\mathrm{d}u = \mathrm{e}^{-st}\,\mathrm{d}t, \quad v = \int_0^t f(t)\,\mathrm{d}t$$

则

$$u = -\frac{1}{s}\mathrm{e}^{-st}, \quad \mathrm{d}v = f(t)\,\mathrm{d}t$$

根据拉氏变换的定义,有

$$
\begin{aligned}
L\left[\int_0^t f(t)\,\mathrm{d}t\right] &= \int_0^\infty \left[\int_0^t f(t)\,\mathrm{d}t\right]\mathrm{e}^{-st}\,\mathrm{d}t \\
&= \frac{-1}{s}\mathrm{e}^{-st}\left[\int_0^t f(t)\,\mathrm{d}t\right]\Big|_0^\infty - \int_0^\infty \left[-\frac{1}{s}\mathrm{e}^{-st}\right]f(t)\,\mathrm{d}t \\
&= \frac{1}{s}F(s) + \frac{1}{s}\left[\int_0^t f(t)\,\mathrm{d}t\right]_{t \to 0^+} \\
&= \frac{1}{s}F(s) + \frac{1}{s}f^{(-1)}(0^+)
\end{aligned}
$$

依此类推

$$L\left[\int_0^t\int_0^t f(t)(\mathrm{d}t)^2\right] = \frac{1}{s^2}F(s) + \frac{1}{s^2}f^{(-1)}(0^+) + \frac{1}{s}f^{(-2)}(0^+) \tag{2-11}$$

$$\vdots$$

$$L\left[\int_0^t\int_0^t\cdots\int_0^t f(t)(\mathrm{d}t)^n\right] = \frac{1}{s^n}F(s) + \frac{1}{s^n}f^{(-1)}(0^+) + \frac{1}{s^{n-1}}f^{(-2)}(0^+)$$

$$+ \cdots + \frac{1}{s}f^{(-n)}(0^+) \tag{2-12}$$

式中: $f^{(-1)}(0^+), f^{(-2)}(0^+), \cdots, f^{(-n)}(0^+)$ 为 $f(t)$ 的积分及其各重积分在 t 从正向趋近于零时的值。

8. 初值定理

若函数 $f(t)$ 及其一阶导数是可拉氏变换的,则函数 $f(t)$ 的初值为

$$f(0^+) = \lim_{t \to 0^+} f(t) = \lim_{s \to \infty} sF(s) \qquad (2-13)$$

即原函数 $f(t)$ 在自变量 t 趋于零(从正向趋于零)时的极限值,取决于其象函数 $F(s)$ 的自变量 s 趋于无穷大时 $sF(s)$ 的极限值。

证明　由微分定理

$$\int_0^\infty f'(t) e^{-st} dt = sF(s) - f(0^+)$$

令 $s \to \infty$,对上式两边取极限

$$\lim_{s \to \infty} \left[\int_0^\infty f'(t) e^{-st} dt \right] = \lim_{s \to \infty} \left[sF(s) - f(0^+) \right]$$

当 $s \to \infty$ 时, $e^{-st} \to 0$,故

$$\lim_{s \to \infty} \left[sF(s) - f(0^+) \right] = 0$$

即

$$\lim_{s \to \infty} sF(s) = f(0^+) = \lim_{t \to 0^+} f(t)$$

9. 终值定理

若函数 $f(t)$ 及其一阶导数是可拉氏变换的,并且除在原点处有唯一的极点外, $sF(s)$ 在包含 $j\omega$ 轴的右半 s 平面内是解析的(这意味着当 $t \to \infty$ 时, $f(t)$ 趋于一个确定的值),则函数 $f(t)$ 的终值为

$$\lim_{t \to \infty} f(t) = \lim_{s \to 0} sF(s) \qquad (2-14)$$

证明　由微分定理

$$\int_0^\infty f'(t) e^{-st} dt = sF(s) - f(0^+)$$

令 $s \to 0$,对上式两边取极限

$$\lim_{s \to 0} \left[\int_0^\infty f'(t) e^{-st} dt \right] = \lim_{s \to 0} \left[sF(s) - f(0^+) \right] \qquad (2-15)$$

等式左边由拉氏变换的定义,可得

$$\lim_{s \to 0} \left[\int_0^\infty f'(t) e^{-st} dt \right] = \int_0^\infty f'(t) \cdot \lim_{s \to 0} e^{-st} dt$$

$$= \lim_{t \to \infty} \int_0^t f'(t) dt$$

$$= \lim_{t \to \infty} \int_0^t d[f(t)]$$

$$= \lim_{t \to \infty} [f(t) - f(0^+)] \qquad (2-16)$$

比较式(2-15)和式(2-16),得

$$\lim_{t \to \infty} f(t) = \lim_{s \to 0} sF(s)$$

注意：当 $f(t)$ 是周期函数，如正弦函数 $\sin\omega t$ 时，由于它没有终值，故终值定理不适用。

10. $tf(t)$ 的拉氏变换

若函数 $f(t)$ 的拉氏变换为 $F(s)$，则函数 $tf(t)$ 的拉氏变换为

$$L[tf(t)] = -\frac{\mathrm{d}}{\mathrm{d}s}F(s) \qquad (2-17)$$

证明 根据拉氏变换的定义

$$F(s) = \int_0^\infty f(t)\mathrm{e}^{-st}\mathrm{d}t$$

对等式两边微分，得

$$\frac{\mathrm{d}}{\mathrm{d}s}F(s) = \int_0^\infty f(t)(-t)\mathrm{e}^{-st}\mathrm{d}t$$

$$= \int_0^\infty -tf(t)\mathrm{e}^{-st}\mathrm{d}t = -L[tf(t)]$$

式(2-17)得证。

11. $f(t)/t$ 的拉氏变换

若函数 $f(t)$ 的拉氏变换为 $F(s)$，则函数 $f(t)/t$ 的拉氏变换为

$$L\left[\frac{f(t)}{t}\right] = \int_s^\infty F(s)\mathrm{d}s \qquad (2-18)$$

证明 根据拉氏变换的定义，式(2-18)的右边可表示为

$$\int_s^\infty F(s)\mathrm{d}s = \int_s^\infty \int_0^\infty f(t)\mathrm{e}^{-st}\mathrm{d}t\mathrm{d}s = \int_0^\infty f(t)\mathrm{d}t\int_s^\infty \mathrm{e}^{-st}\mathrm{d}s$$

$$= \int_0^\infty f(t)\mathrm{d}t\left[-\frac{1}{t}\mathrm{e}^{-st}\right]\Big|_s^\infty$$

$$= \int_0^\infty \frac{f(t)}{t}\mathrm{e}^{-st}\mathrm{d}t = L\left[\frac{f(t)}{t}\right]$$

12. 卷积定理

若 $F(s) = L[f(t)]$，$G(s) = L[g(t)]$ 则有

$$L\left[\int_0^t f(t-\lambda)g(\lambda)\mathrm{d}\lambda\right] = F(s)G(s) \qquad (2-19)$$

式中：积分 $\int_0^t f(t-\lambda)g(\lambda)\mathrm{d}\lambda = f(t)*g(t)$，称作 $f(t)$ 和 $g(t)$ 的卷积。

若令 $t-\lambda=\tau$，那么

$$\int_0^t f(t-\lambda)g(\lambda)\mathrm{d}\lambda = -\int_t^0 f(\tau)g(t-\tau)\mathrm{d}\tau$$

$$= \int_0^t f(\lambda)g(t-\lambda)\mathrm{d}\lambda$$

即卷积满足交换律

$$f(t) * g(t) = g(t) * f(t) \tag{2-20}$$

下面证明式(2-19)表达的卷积定理。

在式(2-19)中,当 $\lambda \geqslant t$, $f(t-\lambda) \times 1(t-\lambda) = 0$,因此

$$\int_0^t f(t-\lambda)g(\lambda)\mathrm{d}\lambda = \int_0^\infty f(t-\lambda) \times 1(t-\lambda)g(\lambda)\mathrm{d}\lambda$$

$$L\left[\int_0^t f(t-\lambda)g(\lambda)\mathrm{d}\lambda\right] = \int_0^\infty \mathrm{e}^{-st}\left[\int_0^\infty f(t-\lambda) \times 1(t-\lambda)g(\lambda)\mathrm{d}\lambda\right]\mathrm{d}t$$

令 $t-\lambda = \tau$ 代入上式,又由于 $f(t)$ 和 $g(t)$ 是可以进行拉氏变换的,所以改变上式的积分次序,可得

$$L\left[\int_0^t f(t-\lambda)g(\lambda)\mathrm{d}\lambda\right] = \int_0^\infty f(\tau)\mathrm{e}^{-s(\lambda+\tau)}\mathrm{d}\tau\int_0^\infty g(\lambda)\mathrm{d}\lambda$$

$$= \int_0^\infty f(\tau)\mathrm{e}^{-s\tau}\mathrm{d}\tau\int_0^\infty g(\lambda)\mathrm{e}^{-s\lambda}\mathrm{d}\lambda = F(s)G(s)$$

拉氏变换的基本性质列于表 2-2。

表 2-2　拉普拉斯变换的基本性质

1	$L[Af(t)] = AF(s)$
2	$L[f_1(t) \pm f_2(t)] = F_1(s) \pm F_2(s)$
3	$L\left[\dfrac{\mathrm{d}}{\mathrm{d}t}f(t)\right] = sF(s) - f(0^+)$
4	$L\left[\dfrac{\mathrm{d}^2}{\mathrm{d}t^2}f(t)\right] = s^2 F(s) - sf(0^+) - f^{(1)}(0^+)$
5	$L\left[\dfrac{\mathrm{d}^n}{\mathrm{d}t^n}f(t)\right] = s^n F(s) - \sum\limits_{k=1}^n s^{n-k} f^{(k-1)}(0^+)$
6	$L\left[\int_0^t f(t)\mathrm{d}t\right] = \dfrac{F(s)}{s} + \dfrac{\left[\int_0^t f(t)\right]_{t=0^+}}{s}$
7	$L\left[\int_0^t\int_0^t f(t)\mathrm{d}t\mathrm{d}t\right] = \dfrac{F(s)}{s^2} + \dfrac{\left[\int_0^t f(t)\mathrm{d}t\right]_{t=0^+}}{s^2} + \dfrac{\left[\int_0^t\int_0^t f(t)\mathrm{d}t\mathrm{d}t\right]_{t=0^+}}{s}$
8	$L\left[\int_0^t\cdots\int_0^t f(t)(\mathrm{d}t)^n\right] = \dfrac{F(s)}{s^n} + \sum\limits_{k=1}^n \dfrac{1}{s^{n-k+1}}\left[\int_0^t\cdots\int_0^t f(t)(\mathrm{d}t)^k\right]_{t=0^+}$
9	$L[\mathrm{e}^{\mp at}f(t)] = F(s \pm a)$
10	$L[f(t-a) \times 1(t-a)] = \mathrm{e}^{-as}F(s)$

11	$L[tf(t)] = -\dfrac{\mathrm{d}F(s)}{\mathrm{d}s}$
12	$L\left[\dfrac{1}{t}f(t)\right] = \displaystyle\int_0^\infty F(s)\,\mathrm{d}s$
13	$L\left[f\left(\dfrac{t}{a}\right)\right] = aF(as),\ L[f(at)] = \dfrac{1}{a}F\left(\dfrac{s}{a}\right)$
14	$L\left[\displaystyle\int_0^t f(t-\lambda)g(\lambda)\,\mathrm{d}\lambda\right] = F(s)G(s)$
15	$L[f_1(t)f_2(t)] = \dfrac{1}{2\pi j}\displaystyle\int_{c-j\infty}^{c+j\infty} F_1(s-\lambda)F_2(\lambda)\,\mathrm{d}\lambda$ 其中：$L[f_1(t)] = F_1(s),\quad L[f_2(t)] = F_2(s)$

2.5　拉氏反变换的数学方法

已知象函数 $F(s)$，求原函数 $f(t)$ 的方法有：

（1）查表法，即直接利用表 2－1，查出相应的原函数，这种方法适用于比较简单的象函数；

（2）有理函数法，它根据拉氏反变换的公式（2－2）求解，由于公式中的被积函数是一个复变函数，需用复变函数中的留数定理求解，书中就不作介绍了；

（3）部分分式法，是通过代数运算，先将一个复杂的象函数化为数个简单的部分分式之和，再分别求出各个分式的原函数，这样总的原函数即可求得；

（4）使用 MATLAB 函数求解原函数。

1. 部分分式法求原函数

一般地，$F(s)$ 是复数 s 的有理代数式，可表示为

$$F(s) = \frac{B(s)}{A(s)} = \frac{b_m s^m + b_{m-1}s^{m-1} + \cdots + b_0}{a_n s^n + a_{n-1}s^{n-1} + \cdots + a_0} \qquad (2-21)$$

式中：$a_i(i=1,2,\cdots,n)$，$b_j(j=1,2,\cdots,m)$ 为实数，且 $n \geqslant m$。若 $n > m$，可将式（2－21）写成因式相乘的形式

$$F(s) = \frac{K(s-z_1)(s-z_2)\cdots(s-z_m)}{(s-p_1)(s-p_2)\cdots(s-p_n)} \qquad (2-22)$$

式中：$K = b_m/a_n$；$p_1,p_2,\cdots,p_n$ 和 $z_1,z_2,\cdots,z_m$ 分别是 $F(s)$ 的极点和零点，均为实数或共轭复数。若 $n = m$，则式（2－21）可表示为如下形式

$$F(s) = K + \frac{(s-z_1)(s-z_2)\cdots(s-z_n)}{(s-p_1)(s-p_2)\cdots(s-p_n)} \qquad (2-23)$$

下面主要针对式(2-22)的形式,即 $n > m$ 的情况讨论。根据 $F(s)$ 的极点形式不同,又可以分为两种情况。

(1) $F(s)$ 无重极点的情况

将 $F(s)$ 展开成下面简单的部分分式之和

$$\frac{B(s)}{A(s)} = \frac{K_1}{s-p_1} + \frac{K_2}{s-p_2} + \cdots + \frac{K_n}{s-p_n} \qquad (2-24)$$

式中: K_1, K_2, $\cdots$, K_n 为待定系数。

以 $(s-p_1)$ 同乘以式(2-24)两边,并以 $s = p_1$ 代入,则有

$$K_1 = \frac{B(s)}{A(s)}(s-p_1)\Big|_{s=p_1}$$

同样,以 $(s-p_2)$ 同乘以式(2-24)两边,并以 $s = p_2$ 代入,则有

$$K_2 = \frac{B(s)}{A(s)}(s-p_2)\Big|_{s=p_2}$$

依此类推,得

$$K_i = \frac{B(s)}{A(s)}(s-p_i)\Big|_{s=p_i} = \frac{B(p_i)}{A'(p_i)} \quad (i=1,2,\cdots,n) \qquad (2-25)$$

式中: p_i 为 $A(s)=0$ 的根, $A'(p_i) = \dfrac{\mathrm{d}A(s)}{\mathrm{d}s}\Big|_{s=p_i}$

求得各系数后,则 $F(s)$ 可用部分分式表示

$$F(s) = \sum_{i=1}^{n} \frac{B(p_i)}{A'(p_i)} \frac{1}{s-p_i} \qquad (2-26)$$

因 $L^{-1}\left[\dfrac{1}{s-p_i}\right] = \mathrm{e}^{p_i t}$,从而可求得 $F(s)$ 的原函数为

$$f(t) = L^{-1}[F(s)] = \sum_{i=1}^{n} \frac{B(p_i)}{A'(p_i)} \mathrm{e}^{p_i t} \qquad (2-27)$$

当 $F(s)$ 的某极点等于零,或为共轭复数时,同样可用上述方法。

注意:由于 $f(t)$ 是一个实函数,若 p_1 和 p_2 是一对共轭复数极点,那么相应的系数 K_1 和 K_2,也是共轭复数,只要求出 K_1 或 K_2 中的一个值,另一个值也就可得到。

例 2.6　求 $F(s) = \dfrac{14s^2 + 55s + 51}{2s^3 + 12s^2 + 22s + 12}$ 的拉氏反变换。

解　　　　$A(s) = 2s^3 + 12s^2 + 22s + 12 = 2(s+1)(s+2)(s+3)$

$p_1 = -1$, $p_2 = -2$, $p_3 = -3$,

$A'(s) = \dfrac{\mathrm{d}A(s)}{\mathrm{d}s} = 6s^2 + 24s + 22$

$$A'(-1)=4, \ A'(-2)=-2, \ A'(-3)=4$$

$$B(s)=14s^2+55s+51$$

$$B(-1)=10, \ B(-2)=-3, \ B(-3)=12$$

所以

$$K_1=\frac{B(p_1)}{A'(p_1)}=\frac{10}{4}=2.5$$

$$K_2=\frac{B(p_2)}{A'(p_2)}=\frac{-3}{-2}=1.5$$

$$K_3=\frac{B(p_3)}{A'(p_3)}=\frac{12}{4}=3$$

得

$$f(t)=L^{-1}[F(s)]=L^{-1}\left[\frac{2.5}{s+1}\right]+L^{-1}\left[\frac{1.5}{s+2}\right]+L^{-1}\left[\frac{3}{s+3}\right]$$

$$=2.5\mathrm{e}^{-t}+1.5\mathrm{e}^{-2t}+3\mathrm{e}^{-3t}$$

例 2.7　求下面象函数的拉氏反变换

$$F(s)=\frac{B(s)}{A(s)}=\frac{20(s+1)(s+3)}{(s+1+\mathrm{j})(s+1-\mathrm{j})(s+2)(s+4)}$$

解

$$F(s)=\frac{K_1}{s+1+\mathrm{j}}+\frac{K_2}{s+1-\mathrm{j}}+\frac{K_3}{s+2}+\frac{K_4}{s+4}$$

$$K_1=\left[\frac{B(s)}{A(s)}(s+1+\mathrm{j})\right]\bigg|_{s=-1-j}=\frac{20(-\mathrm{j})(2-\mathrm{j})}{(-2\mathrm{j})(1-\mathrm{j})(3-\mathrm{j})}=4+3\mathrm{j}$$

$$K_2=\left[\frac{B(s)}{A(s)}(s+1-\mathrm{j})\right]\bigg|_{s=-1+j}=\frac{20\mathrm{j}(2+\mathrm{j})}{2\mathrm{j}(1+\mathrm{j})(3+\mathrm{j})}=4-3\mathrm{j}$$

$$K_3=\left[\frac{B(s)}{A(s)}(s+2)\right]\bigg|_{s=-2}=\frac{20(-1)1}{(-1+\mathrm{j})(-1-\mathrm{j})\times 2}=-5$$

$$K_4=\left[\frac{B(s)}{A(s)}(s+4)\right]\bigg|_{s=-4}=\frac{20(-3)(-1)}{(-3+\mathrm{j})(-3-\mathrm{j})(-2)}=-3$$

$$F(s)=\frac{4+3\mathrm{j}}{s+1+\mathrm{j}}+\frac{4-3\mathrm{j}}{s+1-\mathrm{j}}-\frac{5}{s+2}-\frac{3}{s+4}$$

所以

$$f(t)=L^{-1}[F(s)]$$

$$=(4+3\mathrm{j})\mathrm{e}^{-(1+\mathrm{j})t}+(4-3\mathrm{j})\mathrm{e}^{(-1+\mathrm{j})t}-5\mathrm{e}^{-2t}-3\mathrm{e}^{-4t}$$

$$=\mathrm{e}^{-t}[4(\mathrm{e}^{(-\mathrm{j}t)}+\mathrm{e}^{\mathrm{j}t})+3\mathrm{j}(\mathrm{e}^{-\mathrm{j}t}-\mathrm{e}^{\mathrm{j}t})]-5\mathrm{e}^{-2t}-3\mathrm{e}^{-4t}$$

$$=\mathrm{e}^{-t}(8\mathrm{cos}t+6\mathrm{sin}t)-5\mathrm{e}^{-2t}-3\mathrm{e}^{-4t}$$

(2) $F(s)$ 有重极点的情况

假如 $F(s)$ 有 r 个重极点 p_1,其余极点均不相同,即式(2-21)可以表示为

$$F(s)=\frac{B(s)}{A(s)}=\frac{B(s)}{a_n(s-p_1)^r(s-p_{r+1})\cdots(s-p_n)}$$

$$=\frac{K_{11}}{(s-p_1)^r}+\frac{K_{12}}{(s-p_1)^{r-1}}+\cdots+\frac{K_{1r}}{s-p_1}+\frac{K_{r+1}}{s-p_{r+1}}$$

$$+ \frac{K_{r+2}}{s - p_{r+2}} + \cdots + \frac{K_n}{s - p_n} \qquad (2-28)$$

式中：$K_{11}, K_{12}, \cdots, K_{1r}$ 的求法如下：

$$K_{11} = F(s)(s - p_1)^r \Big|_{s=p_1}$$

$$K_{12} = \frac{\mathrm{d}}{\mathrm{d}s}[F(s)(s - p_1)^r] \Big|_{s=p_1}$$

$$K_{13} = \frac{1}{2!} \frac{\mathrm{d}^2}{\mathrm{d}s^2}[F(s)(s - p_1)^r] \Big|_{s=p_1} \qquad (2-29)$$

$$\vdots$$

$$K_{1r} = \frac{1}{(r-1)!} \frac{\mathrm{d}^{r-1}}{\mathrm{d}s^{r-1}}[F(s)(s - p_1)^r] \Big|_{s=p_1}$$

其余系数 $K_{r+1}, K_{r+2}, \cdots, K_n$ 的求法与第一种情况所述的的方法相同，即

$$K_j = [F(s)(s - p_j)] \Big|_{s=p_j} = \frac{B(p_j)}{A'(p_j)} \qquad (j = r+1, r+2, \cdots, n)$$

$$(2-30)$$

求得所有的待定系数后，$F(s)$ 的反变换为

$$f(t) = L^{-1}[F(s)]$$

$$= \left[\frac{K_{11}}{(r-1)!} t^{r-1} + \frac{K_{12}}{(r-2)!} t^{r-2} + \cdots + K_{1r} \right] e^{p_1 t} + K_{r+1} e^{p_{r+1} t}$$

$$+ K_{r+2} e^{p_{r+2} t} + \cdots + K_n e^{p_n t}$$

例 2.8　求 $F(s) = \dfrac{1}{s(s+2)^3(s+3)}$ 的拉氏反变换

解　$F(s) = \dfrac{K_{11}}{(s+2)^3} + \dfrac{K_{12}}{(s+2)^2} + \dfrac{K_{13}}{s+2} + \dfrac{K_4}{s} + \dfrac{K_5}{s+3}$

$$K_{11} = F(s)(s+2)^3 \Big|_{s=-2} = \frac{1}{s(s+3)} \Big|_{s=-2} = -\frac{1}{2}$$

$$K_{12} = \frac{\mathrm{d}}{\mathrm{d}s}[F(s)(s+2)^3] \Big|_{s=-2} = \frac{-(2s+3)}{s^2(s+3)^2} \Big|_{s=-2} = \frac{1}{4}$$

$$K_{13} = \frac{1}{2!} \frac{\mathrm{d}^2}{\mathrm{d}s^2}[F(s)(s+2)^3] \Big|_{s=-2} = \frac{1}{2!} \frac{\mathrm{d}^2}{\mathrm{d}s^2} \left[\frac{1}{s(s+3)} \right] \Big|_{s=-2} = -\frac{3}{8}$$

$$K_4 = F(s)s \Big|_{s=0} = \frac{1}{(s+2)^3(s+3)} \Big|_{s=0} = \frac{1}{24}$$

$$K_5 = F(s)(s+3) \Big|_{s=-3} = \frac{1}{s(s+2)^3} \Big|_{s=-3} = \frac{1}{3}$$

$$F(s) = \frac{-1}{2(s+2)^3} + \frac{1}{4(s+2)^2} - \frac{3}{8(s+2)} + \frac{1}{24s} + \frac{1}{3(s+3)}$$

所以

$$f(t) = L^{-1}[F(s)] = -\frac{1}{2}\frac{t^2}{2}e^{-2t} + \frac{1}{4}te^{-2t} - \frac{3}{8}e^{-2t} + \frac{1}{24} + \frac{1}{3}e^{-3t}$$

$$= \frac{1}{4}\left(t - t^2 - \frac{3}{2}\right)e^{-2t} + \frac{1}{3}e^{-3t} + \frac{1}{24}$$

2. 使用 MATLAB 函数求解原函数

利用 MATLAB 函数 residue 可完成原函数展开成部分分式,将原函数的有理分式的分子和分母多项式的系数作为输入数据,调用 residue 输出就是极点与部分分式中的常数,再查拉氏变换表就得到原函数。

对于式(2-21)中 $F(s)$ 无重极点时可以表示为:

$$F(s) = \frac{B(s)}{A(s)} = \frac{b_m s^m + b_{m-1}s^{m-1} + \cdots + b_0}{a_n s^n + a_{n-1}s^{n-1} + \cdots + a_0}$$

$$= \frac{k_1}{s - p_1} + \frac{k_2}{s - p_2} + \cdots + \frac{k_n}{s - p_n} + C \qquad (2-31)$$

当 $F(s)$ 有 r 重极点时可以表示为:

$$F(s) = \frac{B(s)}{A(s)} = \frac{b_m s^m + b_{m-1}s^{m-1} + \cdots + b_0}{a_n s^n + a_{n-1}s^{n-1} + \cdots + a_0}$$

$$= \frac{k_{11}}{s - p_1} + \frac{k_{12}}{(s - p_1)^2} + \cdots + \frac{k_{1r}}{(s - p_1)^r} + \frac{k_{r+1}}{s - p_{r+1}}$$

$$+ \frac{k_{r+2}}{s - p_{r+2}} + \cdots + \frac{k_n}{s - p_n} + C \qquad (2-32)$$

设 $b = [b_m, b_{m-1}, \cdots, b_0]$ 和 $a = [a_n, a_{n-1}, \cdots, a_0]$ 分别为分子多项式和分母多项式的系数所组成的行矩阵;$k = [k_{11}, k_{12}, \cdots, k_{1r}, k_{r+1}, \cdots, k_n]$ 为因式分解后部分分式中的分子项,C 为 $n = m$ 时才具有的常数项,相当于式(2-22)和(2-23)中的 $K = b_m/a_n$;而 $p = [p_1, p_2, \cdots, p_n]$ 为各极点组成的行矩阵。调用 $[k,p,c] = \text{residue}(b,a)$,输出即为 k_i,p_i 和 C,然后配对,查拉氏变换表,即可获得原函数。

例 2.9 求函数 $F(s) = \dfrac{s^2 - 9}{s^2 - 1}$ 的原函数

解 式中分子、分母多项式的系数矩阵分别为

$$b = [1, 0, -9]; a = [1, 0, -1]$$

MATLAB Program of example 2-9

```
% PFE...compute constants,poles,and the direct term of a rational
function。
b=[1,0,-9]   % numerator coefficients of F(s)
```

```
a=[1,0,-1]    % denominator coefficients of F(s)
[k,p,C]=residue(b,a)    % call residue, k=PFE constant, P=pole or
                % characteristic root, c=direct term (0 unless n=m)
```

－－－－－输出－－－－

```
k=4              % the two partial fraction constants
   -4
p=-1             % the two poles of F(s)
   1
C=1              % the direct term, nonzero because n=m
```

因此,将这些极点与部分分式中的分子配对就有

$$F(s) = 1 + \frac{4}{s+1} - \frac{4}{s-1}$$

再查拉氏变换表,得原函数为

$$f(t) = \delta(t) + 4e^{-t} - 4e^{t}$$

例 2.10　求函数 $F(s) = \dfrac{s^4 + 2s^3 + 3s^2 + 2s + 1}{s^4 + 4s^3 + 7s^2 + 6s + 2}$ 的原函数

解　式中分子、分母多项式的系数矩阵分别为

b = [1,2,3,2,1]; a = [1,4,7,6,2]

MATLAB Program of example 2－10

```
b = [1,2,3,2,1];      % numerator coefficients of F(s)
a = [1,4,7,6,2];      % denominator coefficients of F(s)
[k,p,C] = residue(b,a)  % call residue, k = PFE constant, p = pole or
                % characteristic root, c = direct term (0 unless n = m)
```

－－－－－－－－输出－－－－－－－

```
k = 0.0000 - 0.5000i    % the 4 PF constants
    0.0000 + 0.5000i
   -2.0000
    1.0000
p = -1.0000 + 1.0000i   % the 4 poles
   -1.0000 - 1.0000i
   -1.0000
   -1.0000
C = 1                    % the constant is nonzero because n = m
```

因此,将这些极点与部分分式中的分子配对就有

$$F(s) = 1 + \frac{-j0.5}{s+1-j} + \frac{j0.5}{s+1+j} - \frac{2}{s+1} + \frac{1}{(s+1)^2}$$

$$= 1 + \frac{1}{(s+1)^2+1} - \frac{2}{s+1} + \frac{1}{(s+1)^2}$$

再查拉氏变换表,得原函数为

$$f(t) = \delta(t) + e^{-t}\sin t - 2e^{-t} + te^{-t}$$

2.6　用拉氏变换解常微分方程

用拉氏变换解常微分方程,首先是通过拉氏变换将常微分方程化为象函数的代数方程,进而解出象函数,最后由拉氏反变换求得常微分方程的解。

对于一般的 n 阶微分方程

$$a_n \frac{d^n y}{dt^n} + a_{n-1} \frac{d^{n-1} y}{dt^{n-1}} + \cdots + a_0 y = b_m \frac{d^m x}{dt^m} + b_{m-1} \frac{d^{m-1} x}{dt^{m-1}} + \cdots + b_0 x$$

$$(2-33)$$

初始条件:$t = 0^+$ 时有 $y(0^+)$,$y'(0^+)$,$\cdots$,$y^{(n-1)}(0^+)$;$x(0^+)$,$x'(0^+)$,$\cdots$,$x^{(m-1)}(0^+)$。

对式(2-33)逐项进行拉氏变换,根据微分定理

$$L\left[a_n \frac{d^n y}{dt^n}\right] = a_n\left[s^n Y(s) - s^{n-1} y(0^+) - s^{n-2} y'(0^+) - \cdots - y^{(n-1)}(0^+)\right]$$

$$= a_n\left[s^n Y(s) - A_{01}(s)\right]$$

$$L\left[a_{n-1} \frac{d^{(n-1)} y}{dt^{n-1}}\right] = a_{n-1}\left[s^{n-1} Y(s) - A_{02}(s)\right]$$

$$L\left[a_{n-2} \frac{d^{(n-2)} y}{dt^{(n-2)}}\right] = a_{n-2}\left[s^{n-2} Y(s) - A_{03}(s)\right]$$

$$\vdots$$

$$L[a_0 y] = a_0 Y(s)$$

式中:$A_{01}(s)$,$A_{02}(s)$,$A_{03}(s)$,$\cdots$,均为与初始条件有关的项。合并后,式(2-33)左边的拉氏变换为

$$(a_n s^n + a_{n-1} s^{n-1} + a_{n-2} s^{n-2} + \cdots + a_0)Y(s) - A_0(s) = A(s)Y(s) - A_0(s)$$

$$(2-34)$$

式(2-34)中 $A_0(s)$ 为与初始条件有关的项。

$$A(s) = a_n s^n + a_{n-1} s^{n-1} + a_{n-2} s^{n-2} + \cdots + a_0$$

同理,式(2-33)右边的拉氏变换为

$$(b_m s^m + b_{m-1} s^{m-1} + b_{m-2} s^{m-2} + \cdots + b_0)X(s) - B_0(s) = B(s)X(s) - B_0(s)$$

$$(2-35)$$

式中：$B_0(s)$ 为与初始条件有关的项。

$$B(s) = b_m s^m + b_{m-1} s^{m-1} + b_{m-2} s^{m-2} + \cdots + b_0$$

所以式 (2-33) 的拉氏变换为

$$A(s)Y(s) - A_0(s) = B(s)X(s) - B_0(s) \qquad (2-36)$$

所以

$$Y(s) = \frac{A_0(s) - B_0(s)}{A(s)} + \frac{B(s)}{A(s)} X(s) \qquad (2-37)$$

对式 (2-37) 进行拉氏反变换，得

$$y(t) = L^{-1}[Y(s)] = L^{-1}\left[\frac{A_0(s) - B_0(s)}{A(s)}\right] + L^{-1}\left[\frac{B(s)}{A(s)}X(s)\right]$$

$$= y_c(t) + y_i(t) \qquad (2-38)$$

式 (2-38) 中 $y_c(t)$ 与初始条件有关，称之为系统的补函数，$y_i(t)$ 与输入有关，称之为特解函数。

令 $N_0(s) = A_0(s) - B_0(s)$，设 $A(s) = 0$ 无重根，可求得

$$y_c(t) = L^{-1}\left[\frac{N_0(s)}{A(s)}\right] = L^{-1}\left[\sum_{i=1}^{n} \frac{N_0(p_i)}{A'(p_i)} \frac{1}{s - p_i}\right] = \sum_{i=1}^{n} \frac{N_0(p_i)}{A'(p_i)} e^{p_i t}$$

$$(2-39)$$

称 $A(s) = 0$ 为系统的特征方程，$p_i (i = 1, 2, \cdots, n)$ 为特征方程的根。由式 (2-39) 可见，若 p_i 为正实数或具有正实部的复数，当 $t \to \infty$ 时，$e^{p_i t} \to \infty$，即 $y_c(t) \to \infty$，称这样的系统是不稳定的。反之若 p_i 为负实数或具有负实部的复数，当 $t \to \infty$ 时，$e^{p_i t} \to 0$，即 $y_c(t) \to 0$，称该系统是稳定的。

系统特解函数为

$$y_i(t) = L^{-1}\left[\frac{B(s)}{A(s)}X(s)\right]$$

式中：$X(s) = L[x(t)]$，$x(t)$ 为对系统施加的输入。对一个稳定系统，输入 $x(t)$ 为正弦函数时，$y_i(t)$ 为系统的稳态输出，由此可求得系统的频率响应。

下面用例子来说明求解的过程。

例 2.11　求图 2-12 所示机械系统，在单位脉冲力 $f(t) = \delta(t)$ 作用下，质量 m 的运动规律。

解　若不计阻尼，系统的运动微分方程为

$$m\ddot{y}(t) + ky(t) = \delta(t)$$

初始条件为

$$y(0) = \dot{y}(0) = 0$$

对方程逐项取拉氏变换，得

$$m[s^2 Y(s) - sy(0) - \dot{y}(0)] + kY(s) = 1$$

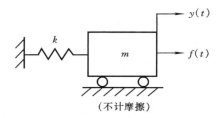

图 2-12　机械系统

所以

$$Y(s) = \frac{1}{ms^2+k} + \frac{msy(0)+m\dot{y}(0)}{ms^2+k} = \frac{1}{ms^2+k}$$

对上式进行拉氏反变换,即可得到质量 m 的运动规律

$$y(t) = L^{-1}[Y(s)] = L^{-1}\left[\frac{1}{ms^2+k}\right]$$

$$= L^{-1}\left[\frac{1}{\sqrt{mk}} \cdot \frac{\sqrt{\frac{k}{m}}}{s^2+(\sqrt{\frac{k}{m}})^2}\right]$$

$$= \frac{1}{\sqrt{mk}}\sin\sqrt{\frac{k}{m}}t$$

质量 m 的运动是一个幅值为 $\dfrac{1}{\sqrt{mk}}$,角频率为 $\sqrt{\dfrac{k}{m}}$ 的简谐运动。

例 2.12　图 2-12 所示当无外力作用,即 $f(t)=0$ 时,求质量 m 在初始条件为 $y(0)=y_0$,$\dot{y}(0)=y'_0$ 时的运动规律。

解　系统的运动微分方程为

$$m\ddot{y}(t) + ky(t) = 0$$

对方程逐项取拉氏变换,并设 $\omega_n = \sqrt{\dfrac{k}{m}}$

$$(ms^2+k)Y(s) = msy_0 + my'_0$$

$$Y(s) = \frac{y_0 s}{s^2+(\sqrt{k/m})^2} + \frac{y'_0}{s^2+(\sqrt{k/m})^2}$$

$$y(t) = y_0\cos\omega_n t + \frac{y'_0}{\omega_n}\sin\omega_n t$$

可以看出,虽然没有外作用力,但在初始条件作用下,质量 m 的运动仍以角频率 ω_n 作简谐运动。

例 2.13　图 2-12 所示,外作用力为 $f(t)=A\cos\omega t$ 时,求质量 m 在初始条

件为 $y(0) = y_0, \dot{y}(0) = 0$ 时的运动规律。

解　系统的运动微分方程为

$$m\ddot{y}(t) + ky(t) = A\cos\omega t$$

对方程逐项进行拉氏变换，并设 $\omega_n = \sqrt{k/m}$，则有

$$Y(s) = \frac{\dfrac{A}{m}s}{(s^2 + \omega^2)(s^2 + \omega_n^2)} + \frac{y_0 s}{s^2 + \omega_n^2}$$

$$= \frac{K_1}{s + \mathrm{j}\omega} + \frac{K_2}{s - \mathrm{j}\omega} + \frac{K_3}{s + \mathrm{j}\omega_n} + \frac{K_4}{s - \mathrm{j}\omega_n} + \frac{y_0 s}{s^2 + \omega_n^2}$$

式中：$K_1 = \dfrac{\dfrac{A}{m}}{2(\omega_n^2 - \omega^2)}$, $K_2 = \overline{K}_1 = \dfrac{\dfrac{A}{m}}{2(\omega_n^2 - \omega^2)}$, $K_3 = \overline{K}_4 = \dfrac{\dfrac{A}{m}}{2(\omega^2 - \omega_n^2)}$

经拉氏反变换，得

$$y(t) = \frac{\dfrac{A}{m}}{\omega_n^2 - \omega^2}\left[\frac{\mathrm{e}^{-\mathrm{j}\omega t} + \mathrm{e}^{\mathrm{j}\omega t}}{2}\right] + \frac{\dfrac{A}{m}}{\omega^2 - \omega_n^2}\left[\frac{\mathrm{e}^{-\mathrm{j}\omega_n t} + \mathrm{e}^{\mathrm{j}\omega_n t}}{2}\right] + y_0\cos\omega_n t$$

$$= \frac{\dfrac{A}{m}}{\omega_n^2 - \omega^2}\cos\omega t - \frac{\dfrac{A}{m}}{\omega_n^2 - \omega^2}\cos\omega_n t + y_0\cos\omega_n t$$

可以看出质量 m 以角频率 ω_n 和外作用力频率 ω 作复合运动。

由上述例子可见，用拉氏变换求解微分方程，除了能同时考虑初值外，还有一个特别方便之处，即当初始条件全部为零时，采用拉氏变换显得特别简单；当输入函数具有跳跃点（即在该点不可求导）时，用拉氏变换求解也很方便，这是用一般求解方法所无法比拟的。

复习思考题

1. 复数有哪几种表示方法？
2. 复变函数、极点及零点的概念。
3. 拉氏变换和拉氏反变换定义，原函数和象函数的概念。
4. 各种典型时间函数的拉氏变换及拉氏变换对照表的使用。
5. 拉氏变换的性质以及对各种规则波形的拉氏变换。
6. 用部分分式求拉氏反变换。
7. 使用 MATLAB 函数求解原函数的方法。
8. 用拉氏变换求解微分方程，系统补函数和特解函数的概念。

习题

2.1 试求下列函数的拉氏变换,假设当 $t<0$ 时,$f(t)=0$。

(1) $f(t)=5(1-\cos 3t)$

(2) $f(t)=e^{-0.5t}\cos 10t$

(3) $f(t)=\sin(5t+\dfrac{\pi}{3})$（用和角公式展开）

(4) $f(t)=t^n e^{at}$

2.2 求下列函数的拉氏变换

(1) $f(t)=2t+3t^3+2e^{-3t}$

(2) $f(t)=t^3 e^{-3t}+e^{-t}\cos 2t+e^{-3t}\sin 4t \quad (t\geqslant 0)$

(3) $f(t)=5\times 1(t-2)+(t-1)^2 e^{2t}$

(4) $f(t)=\begin{cases} \sin t, & (0\leqslant t\leqslant \pi) \\ 0, & (t<0,\ t>\pi) \end{cases}$

2.3 已知 $F(s)=\dfrac{10}{s(s+1)}$

(1)利用终值定理,求 $t\to\infty$ 时的 $f(t)$ 值。

(2)通过取 $F(s)$ 的拉氏反变换,求 $t\to\infty$ 时的 $f(t)$ 值。

2.4 已知 $F(s)=\dfrac{1}{(s+2)^2}$

(1)利用初值定理求 $f(0^+)$ 和 $f'(0^+)$ 的值。

(2)通过取 $F(s)$ 的拉氏反变换求 $f(t)$,再求 $f'(t)$,然后求 $f(0^+)$ 和 $f'(0^+)$。

2.5 求图题 2.5 所示的各种波形所表示的函数的拉氏变换。

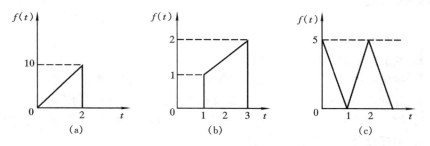

图题 2.5 各种波形所表示的函数拉氏变换

2.6 试求下列象函数的拉氏反变换

(1) $F(s) = \dfrac{1}{s^2+4}$

(2) $F(s) = \dfrac{s}{s^2-2s+5} + \dfrac{s+1}{s^2+9}$

(3) $F(s) = \dfrac{1}{s(s+1)}$

(4) $F(s) = \dfrac{s+1}{(s+2)(s+3)}$

(5) $F(s) = \dfrac{4(s+3)}{(s+2)^2(s+1)}$

(6) $F(s) = \dfrac{e^{-s}}{s-1}$

(7) $F(s) = \dfrac{s^2+5s+2}{(s+2)(s^2+2s+2)}$

2.7   求下列卷积

(1) $1 * 1$

(2) $t * t$

(3) $t * e^t$

(4) $t * \sin t$

2.8   用拉氏变换的方法求下列微分方程

(1) $\ddot{x}+2\dot{x}+2x=0$, $x(0)=0$, $\dot{x}(0)=1$

(2) $2\ddot{x}+7\dot{x}+3x=0$, $x(0)=x_0$, $\dot{x}(0)=0$

(3) $\ddot{x}+2\dot{x}+5x=3$, $x(0)=0$, $\dot{x}(0)=0$

(4) $\ddot{x}+2\zeta\omega_n\dot{x}+\omega_n^2x=0$, $x(0)=A$, $\dot{x}(0)=B$

第 3 章　系统的数学模型

为分析、研究一个系统进而对该系统进行控制,不仅要定性地了解该系统的工作原理及其特性,更重要的是定量地描述系统的动态性能,揭示系统的结构、参数与动态性能之间的关系。这就要求建立系统的数学模型。数学模型可以有许多不同形式,随着具体系统和条件的不同,一种数学模型表达式可能比另一种更合适。无论是机械、电气、液压系统,还是热力系统等,都可以用微分方程这一数学模型加以描述,然后对微分方程求解,就可以得到系统在输入作用下的响应,即系统的动态过程。

本章将介绍在机械工程控制中如何列写系统的微分方程以及列写时应注意的几个方面的问题;阐明传递函数的概念与意义;阐明如何从系统或典型环节的微分方程获得其相应的传递函数,并列举一些物理系统传递函数的推导方法。

3.1　概述

1. 数学模型的概念

模型是在某种相似基础上建立起来的,如航空、航海模型,机械构件的有机玻璃模型,是结构相似、比例缩小的实体模型。在控制工程中为研究系统的动态特性,要建立另外一种模型——数学模型。

数学模型是系统动态特性的数学表达式。建立数学模型是分析、研究一个动态系统特性的前提,是非常重要同时也是较困难的工作。一个合理的数学模型应以最简单化的形式,准确地描述系统的动态特性。

建立系统的数学模型有两种方法:

(1)分析法

依据系统本身所遵循的有关定律列写数学表达式,在列写方程的过程中往往要进行必要的简化,如线性化,即忽略一些次要的非线性因素,或在工作点附近将非线性函数近似线性化。另外常用的简化手段是采用集中参数法,如质量集中在质心,载荷为集中载荷等。

（2）实验法

根据系统对某些典型输入信号的响应或其他实验数据建立数学模型，这种用实验数据建立数学模型的方法也称为系统辨识。

2. 线性系统与非线性系统

（1）线性系统

若系统的数学模型表达式是线性的，则这种系统就是线性系统。线性系统最重要的特性是可以运用叠加原理。所谓叠加原理就是，系统在几个外加作用下所产生的响应，等于各个外加作用单独作用下的响应之和。

设有一物理系统，如图 3 - 1 所示。单独对它施加输入 $x_{i1}(t)$ 时，输出为 $y_{o1}(t)$；单独施加输入 $x_{i2}(t)$ 时，输出为 $y_{o2}(t)$；同时施加输入 $a_1 x_{i1}(t)$ 和

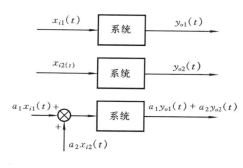

图 3 - 1　线性系统

$a_2 x_{i2}(t)$ 时，若输出为 $a_1 y_{o1}(t) + a_2 y_{o2}(t)$，则系统为线性的（$a_1$ 与 a_2 为两常数）。

其实，系统（或微分方程）的线性性质就是满足叠加原理；或者说，满足叠加原理的系统（或微分方程）就称为线性系统。

线性叠加原理表明，对于一个线性系统，一个输入的存在并不影响由另一个输入引起的输出，即对线性系统而言，各输入产生的输出是互不影响的。因此，在分析多个输入作用在线性系统上所引起的总输出时，可以先分析由单个输入产生的输出，然后把这些输出叠加起来即可。这个概念十分重要。正因为这样，当输入作用在系统不同部位时，系统的输出仍然是各输入所引起的输出的叠加。

机械工程系统在时域中通常用输入和输出之间的微分方程来描述其动态特性。线性系统根据其微分方程系数的特点又可分为

① 线性定常系统

用线性常微分方程描述的系统。如下面方程式：

$$a\ddot{y}(t) + b\dot{y}(t) + cy(t) = dx(t)$$

式中：a,b,c,d 均为常数。本书主要研究这类系统。

② 线性时变系统

描述系统的线性微分方程的系数为时间的函数，如式

$$a(t)\ddot{y}(t) + b(t)\dot{y}(t) + cy(t) = d(t)x(t)$$

如火箭的发射过程，由于燃料的消耗，火箭的质量随时间变化，重力也随时间变化。

本课程研究对象主要是线性定常系统，因为它便于分析和研究。机械工程

控制系统,当给予一定的限制条件,如弹簧、质量、阻尼系统,弹簧限制在弹性范围内变化,系统给予充分润滑,阻尼看作粘性阻尼,即阻尼力与相对运动速度成正比,质量集中在质心等,这时系统可看作线性定常系统。因此,对线性定常系统的研究有重要的实用价值。

(2)非线性系统

用非线性方程描述的系统称非线性系统。如

$$y(t) = x^2(t)$$
$$\ddot{y}(t) + \dot{y}^2(t) + y(t) = x(t)$$

非线性系统最重要的特性,是不能运用叠加原理。系统中包含有非线性因素,这给系统的分析和研究带来复杂性。对于大多数机械、电气和液压系统,变量之间不同程度地包含有非线性关系,如间隙特性、饱和特性、死区特性、干摩擦特性和库仑摩擦特性等。

对于非线性问题,通常有如下的处理途径:

① 线性化。在工作点附近,将非线性函数用泰勒级数展开,并取一次近似。

② 忽略非线性因素。如消除机械间隙,或用补偿的方法消除间隙的影响;在机械部件拖板与导轨间充分润滑,忽略干摩擦的因素等。

③ 对非线性因素,若不能简化,也不能忽略,就需用非线性系统的分析方法来处理。

3. 本课程涉及的数学模型形式

本课程着重于经典控制论范畴,主要的研究对象是线性系统,在时域中用线性常微分方程描述系统的动态特性,在复数域或频域中,用传递函数或频率特性来描述系统的动态特性。

3.2 系统微分方程的建立

在建立机械工程系统与过程的微分方程时,主要应用机械动力学、流体动力学等基础理论,对于一些机、电、液综合系统,除需运用能量守恒定律外,还必须应用电工原理、电子学等方面的基础理论知识。此外,还须具备有关专业的专业技术理论,如金属切削原理、液压传动及各种加工工艺原理等。

列写系统的微分方程,目的就是要确定系统输入与输出的函数关系式,因此列写方程的一般步骤是:

(1)确定系统的输入和输出;

(2)按照信息的传递顺序,从输入端开始,按物体的运动规律,如力学中的牛顿定律、电路中的基尔霍夫定律和能量守恒定律等,列写出系统中各环节的微分方程；

（3）消去所列微分方程组中的各个中间变量，获得描述系统输入和输出关系的微分方程；

（4）将所得的微分方程加以整理，把与输入有关的各项放在等号右边，与输出有关的各项放在等号左边，并按降幂排列。

下面分别介绍一些简单的机械系统、液压系统及电子网络中建立微分方程所应用的原理和方法。

1. 机械系统

机械系统中部件的运动，有直线运动、转动或二者兼有，列写机械系统的微分方程通常用机械动力学中的达朗贝尔（J. d'Alembert）原理。该原理为：作用于每一个质点上的合力，同质点惯性力形成平衡力系，用公式可表达为

$$-m_i\ddot{x}_i(t) + \sum f_i(t) = 0 \qquad (3-1)$$

式中：$\sum f_i(t)$ 为作用在第 i 个质点上力的合力；

$-m_i\ddot{x}_i(t)$ 为质量为 m_i 的质点的惯性力。

（1）直线运动

直线运动中包含的要素是质量、弹簧和粘性阻尼，如图 3-2（a）所示的系统。图 3-2（b）表示初始状态时，重力 mg 与初始弹簧拉力 kx_0 平衡，图 3-2（c）表示重力 mg 与初始弹簧拉力 kx_0 平衡状态下，在外力 f[①] 作用下，取质量为分离体的受力分析。

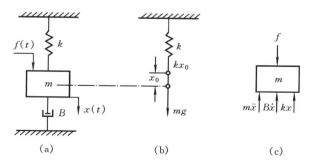

图 3-2　质量-弹簧-粘性阻尼系统及受力分析

应用达朗贝尔原理，可列写该系统平衡状态下的运动微分方程式（注意这时的输出变量坐标是相对于平衡时的坐标）

---

①　$f = f(t)$，以后，为书写简单，用 x, y, θ 等表示时域变量为时间的函数

$$m\ddot{x} + B\dot{x} + kx = f \qquad (3-2)$$

式中:m 为质量,kg;

x 为位移,m;

B 为粘性阻尼系数,N·s·m^{-1};

k 为弹簧常数,N·m^{-1};

f 为外力,N。

(2) 转动

回转运动所包含的要素有:转动惯量、扭转弹簧和回转粘性阻尼。图 3-3 为在扭矩 T 作用下的转动机械系统,外加扭矩和转角间的运动微分方程式为

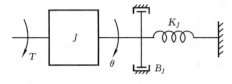

图 3-3 回转机械系统

$$J\ddot{\theta} + B_J\dot{\theta} + K_J\theta = T \qquad (3-3)$$

式中:J 为转动惯量,N·m^2;

θ 为转角,rad;

B_J 为回转粘性阻尼系数,N·m·s·rad^{-1};

K_J 为扭转弹簧常数,N·m·rad^{-1};

T 为扭矩,N·m。

下面列举几个机械网络的例子,说明其运动微分方程式的建立。

例 3.1 列写图 3-4(a)所示机械网络输入力 x 和输出位移 y 间的微分方程。

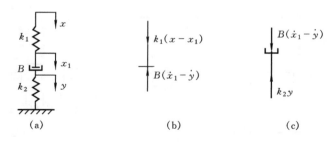

图 3-4 机械网络及受力分析

解 首先设中间变量 x_1,且假设 $x > x_1 > y$

取分离体并进行受力分析,如图 3-4(b)、图 3-4(c)所示。列写平衡方程

$$k_1(x - x_1) = B(\dot{x}_1 - \dot{y}) \qquad (3-4)$$

$$B(\dot{x}_1 - \dot{y}) = k_2 y \qquad (3-5)$$

由式(3-4)和式(3-5)消去中间变量 x_1,可得

$$B(1 + \frac{k_2}{k_1})\dot{y} + k_2 y = B\dot{x}$$

例 3.2　列写图 3-5(a)所示机械网络输入力 f 和输出位移 x_2 之间的运动微分方程。

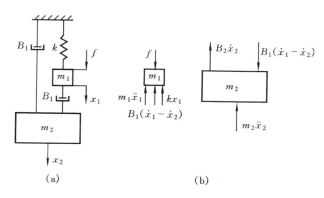

(a)　　　　　　　　　　　(b)

图 3-5　机械网络及受力分析

解　设中间变量为 x_1,且假设 $x_1 > x_2$,取分离体并进行受力分析如图 3-5(b)所示。列写平衡方程

$$m_1\ddot{x}_1 + B_1(\dot{x}_1 - \dot{x}_2) + kx_1 = f \tag{3-6}$$
$$m_2\ddot{x}_2 + B_2\dot{x}_2 = B_1(\dot{x}_1 - \dot{x}_2) \tag{3-7}$$

由上两式可看出 x_1 与 x_2 之间相互是有影响的,即在外力 f 作用下,使 m_1 产生位移 x_1,进而使 m_2 产生位移 x_2,这时 m_2 的位移 x_2 又反过来影响 m_1 的位移。由式(3-6)和式(3-7)消去中间变量 x_1,可求得 f 和 x_2 之间的运动微分方程。对式(3-6)和式(3-7)分别进行拉氏变换后可方便地求得输入和输出间的关系,这将在下一节介绍。

下面通过一例,说明齿轮传动系统微分方程的建立。

例 3.3　齿轮传动的动力学分析。如图 3-6 所示的齿轮传动链,由电动机

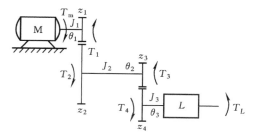

图 3-6　齿轮传动系统

M 输入的扭矩为 T_m，L 为输出端负载，T_L 为负载扭矩。图中所示的 z_1, z_2, z_3，z_4 为各齿轮齿数；J_1, J_2, J_3 及 θ_1, θ_2 和 θ_3 分别为各轴及相应齿轮的转动惯量和转角。假设各轴均为绝对刚性，即扭转弹簧常数是 $K_J = \infty$，试建立输入扭矩与输入轴转角之间的动力学数学模型。

解　根据式(3-3)，可得到如下动力学方程式

$$T_m = J_1\ddot{\theta}_1 + B_1\dot{\theta}_1 + T_1 \tag{3-8}$$

$$T_2 = J_2\ddot{\theta}_2 + B_2\dot{\theta}_2 + T_3 \tag{3-9}$$

$$T_4 = J_3\ddot{\theta}_3 + B_3\dot{\theta}_3 + T_L \tag{3-10}$$

式中：B_1, B_2 及 B_3 为传动系统中各轴及齿轮的阻尼系数；T_1 为齿轮 z_1 对 T_m 的反力矩；T_3 为 z_3 对 T_2 的反力矩；T_L 为输出端负载对 T_4 的反力矩，即负载力矩。若将各轴转动惯量、阻尼及负载力矩转换到电机轴上，列写 T_m 与 θ_1 间的微分方程，由齿轮传动的基本关系可知

$$T_2 = \frac{z_2}{z_1}T_1 \quad \theta_2 = \frac{z_1}{z_2}\theta_1$$

$$T_4 = \frac{z_4}{z_3}T_3 \quad \theta_3 = \frac{z_3}{z_4}\theta_2 = \frac{z_1}{z_2}\frac{z_3}{z_4}\theta_1$$

于是由式(3-8)，式(3-9)和式(3-10)可求得

$$T_m = J_1\ddot{\theta}_1 + B_1\dot{\theta}_1 + \frac{z_1}{z_2}\left[J_2\ddot{\theta}_2 + B_2\dot{\theta}_2 + \frac{z_3}{z_4}(J_3\ddot{\theta}_3 + B_3\dot{\theta}_3 + T_L)\right]$$

$$= \left[J_1 + \left(\frac{z_1}{z_2}\right)^2 J_2 + \left(\frac{z_1}{z_2}\frac{z_3}{z_4}\right)^2 J_3\right]\ddot{\theta}_1 + \left[B_1 + \left(\frac{z_1}{z_2}\right)^2 B_2\right.$$

$$\left. + \left(\frac{z_1}{z_2}\frac{z_3}{z_4}\right)^2 B_3\right]\dot{\theta}_1 + \left(\frac{z_1}{z_2}\frac{z_3}{z_4}\right)T_L \tag{3-11}$$

如果令

$$J_{eq} = J_1 + \left(\frac{z_1}{z_2}\right)^2 J_2 + \left(\frac{z_1}{z_2}\frac{z_3}{z_4}\right)^2 J_3, 称为"等效转动惯量";$$

$$B_{eq} = B_1 + \left(\frac{z_1}{z_2}\right)^2 B_2 + \left(\frac{z_1}{z_2}\frac{z_3}{z_4}\right)^2 B_3, 称为"等效阻尼系数";$$

$$T_{eq} = \left(\frac{z_1}{z_2}\frac{z_3}{z_4}\right)T_L, 称为"等效输出扭矩"。$$

则可将式(3-11)写成

$$T_m = J_{eq}\ddot{\theta}_1 + B_{eq}\dot{\theta}_1 + T_{eq} \tag{3-12}$$

于是图 3-6 可简化成图 3-7 所示的等效齿轮传动。

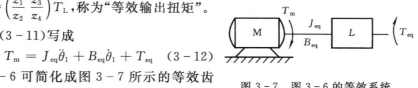

图 3-7　图 3-6 的等效系统

2. 液压系统

一般液压控制系统是一个复杂的具有分布参数的控制系统，分析研究它有

一定的复杂性。在工程实际中通常用集中参数系统近似地描述它,即假定各参数仅为时间的变量而与空间位置无关,这样就可用常微分方程来描述它。此外,液压系统中的元件有明显的非线性特性,在一定条件下需进行线性化处理,这样可以使分析问题大为简化。一般液压系统要应用流体连续方程,即流体的质量守恒定律

$$\sum q_i = 0$$

或

$$\sum q_入 - \sum q_出 = v \frac{\mathrm{d}\rho}{\mathrm{d}t} - \rho \frac{\mathrm{d}v}{\mathrm{d}t} \qquad (3-13)$$

式中:v 为容积,ρ 为质量密度。即系统之总流入流量 $\sum q_入$ 与总流出流量 $\sum q_出$ 之差与系统中流体受压缩产生的流量变化 $v \frac{\mathrm{d}\rho}{\mathrm{d}t}$ 及系统容积变化率产生的流量变化 $\rho \frac{\mathrm{d}v}{\mathrm{d}t}$ 之和相平衡。

此外,液压传动系统,也要应用前述的达朗贝尔原理以及液压元件本身特性如流体流经微小隙缝的流量特性等建立系统的微分方程。

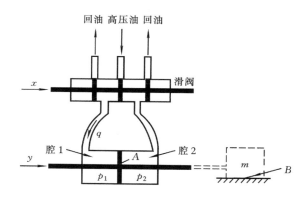

图 3-8　阀控缸液压伺服系统

下面通过一个滑阀控制油缸的液压伺服系统来具体说明,系统如图 3-8 所示。其工作原理是,当阀芯右移 x,即阀的开口量为 x 时,高压油进入油缸左腔,低压油与右腔连通,故活塞推动负载右移 y。图中的符号表示:q 为负载流量,在不计油的压缩和泄漏的情况下,即为进入或流出油缸的流量;$p = p_1 - p_2$ 为负载压降,即活塞两端单位面积上的压力差,它取决于负载;A 为活塞面积;B 为粘性阻尼系数。

当阀开口为 x 时,高压油进入油缸左腔,如不计压缩和泄漏,流体连续方程为

$$q = A\dot{y} \qquad (3-14)$$

作用在活塞上力的平衡方程为

$$m\ddot{y} + B\dot{y} = Ap \qquad (3-15)$$

根据液体流经微小隙缝的流量特性,流量 q,压力 p 与阀开口量 x 一般为非线性关系,即

$$q = q(x,p) \qquad (3-16)$$

将式(3-16)在工作点 (x_0, p_0) 邻域进行小偏差线性化,并略去高阶偏差,保留一次项,得

$$q = q(x_0, p_0) + \left.\frac{\partial q}{\partial x}\right|_{x=x_0} (x - x_0) + \left.\frac{\partial q}{\partial p}\right|_{p=p_0} (p - p_0)$$

设 $x_0 = 0$,$p_0 = 0$(即在零位时),$q(x_0, p_0) = 0$,则

$$q = K_q x - K_c p \qquad (3-17)$$

式中: $K_q = \left.\dfrac{\partial q}{\partial x}\right|_{x=x_0}$ 为流量增益,表示由阀芯位移引起的流量变化;

$K_c = -\left.\dfrac{\partial q}{\partial p}\right|_{p=p_0}$ 为流量-压力系数,表示由压力变化引起的流量变化,因随负载压力增大,负载流量变小,故有一负号。

联立式(3-14),式(3-15)和式(3-17),由式(3-17)得

$$p = \frac{1}{K_c}(K_q x - q) = \frac{1}{K_c}(K_q x - A\dot{y}) \qquad (3-18)$$

将式(3-18)代入式(3-15),得图 3-8 所示液压系统在预定工作点 $q(x_0, p_0)$,且 x_0,p_0 均为零时的线性化微分方程为

$$m\ddot{y} + \left(B + \frac{A^2}{K_c}\right)\dot{y} = \frac{AK_q}{K_c}x \qquad (3-19)$$

3. 电网络系统

机械系统不仅常常与液压、气动等系统紧密结合,而且与电网络系统也常常是密切不可分割的。因此在解决机械工程中的控制问题时往往需要应用电网络分析的基本理论。电网络分析基础主要是根据基尔霍夫电流定律和电压定律写出微分方程式,进而建立系统的数学模型。

（1）基尔霍夫电流定律

若电路有分支路,它就有节点,则汇聚到某节点的所有电流之代数和应等于零(即所有流出节点的电流之和等于所有流进节点的电流之和)

$$\sum_A i(t) = 0 \qquad (3-20)$$

即表示汇聚到节点 A 的电流的总和为零。

例如在图 3-9 所示的电路中,u_i 为输入电压,u_o 为输出电压,L 为电感,R 为电阻,C 为电容,i_L,i_R 及 i_C 分别为流经电感、电阻及电容的电流。对电路中

之节点 1,有

$$i_L + i_R - i_C = 0$$

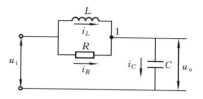

图 3 - 9　有分支的电网络图

其中：$i_L = \dfrac{1}{L} \displaystyle\int u_L \mathrm{d}t$，$i_R = \dfrac{u_R}{R}$，$i_C = C \dfrac{\mathrm{d}u_C}{\mathrm{d}t}$。

因此节点 1 的动态方程为

$$\frac{1}{L} \int (u_i - u_o) \mathrm{d}t + \frac{u_i - u_o}{R} - C \frac{\mathrm{d}u_o}{\mathrm{d}t} = 0$$

（2）基尔霍夫电压定律

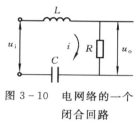

电网络的闭合回路中电势的代数和等于沿回路的

电压降的代数和

$$\sum E = \sum Ri \qquad\qquad (3-21)$$

图 3 - 10　电网络的一个
闭合回路

应用此定律对回路进行分析时,必须注意元件中电流的流向及元件两端电压的
参考极性。

对图 3 - 10 所示的电路,有

$$u_i = L \frac{\mathrm{d}i}{\mathrm{d}t} + Ri + \frac{1}{C} \int i \mathrm{d}t$$

$$u_o = Ri$$

例 3.4　由两级串联 RC 电路组成的滤波网络如图 3 - 11(a)所示,列写输入和输出电压 u_i 和 u_o 间的微分方程。

解　对图 3 - 11(a)中的回路 Ⅰ ,可列写方程

$$u_i = R_1 i_1 + \frac{1}{C_1} \int (i_1 - i_2) \mathrm{d}t \qquad\qquad (3-22)$$

对图 3 - 11(a)中的回路 Ⅱ ,可列写方程

$$\frac{1}{C_1} \int (i_1 - i_2) \mathrm{d}t = R_2 i_2 + \frac{1}{C_2} \int i_2 \mathrm{d}t \qquad\qquad (3-23)$$

$$u_o = \frac{1}{C_2} \int i_2 \mathrm{d}t \qquad\qquad (3-24)$$

由式(3-22),式(3-23),式(3-24)消去中间变量 i_1 ,i_2 可求得 u_i 和 u_o 关系的微分方程

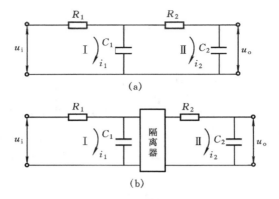

图 3-11　两级串联 RC 电路

$$R_1 C_1 R_2 C_2 \frac{\mathrm{d}^2 u_\mathrm{o}}{\mathrm{d}t^2} + (R_1 C_1 + R_2 C_2 + R_1 C_2) \frac{\mathrm{d}u_\mathrm{o}}{\mathrm{d}t} + u_\mathrm{o} = u_\mathrm{i} \qquad (3-25)$$

由此可见,在图 3-11(a)中,两个 RC 电路串联,存在着负载效应,回路 Ⅱ 中的电流对回路 Ⅰ 有影响,即存在着内部信息反馈作用,流经 C_1 的电流为 i_1 和 i_2 的代数和。不能简单地将第一级 RC 电路的输出作为第二级 RC 电路的输入,否则,就会得出错误的结果。

若在两个 RC 回路间加入隔离器如图 3-11(b)所示,则对回路 Ⅰ,式(3-22)可改写为

$$u_\mathrm{i} = R_1 i_1 + \frac{1}{C_1} \int i_1 \,\mathrm{d}t \qquad (3-26)$$

这时可以直接将回路 Ⅰ 的输出电压 $\frac{1}{C_1} \int i_1 \,\mathrm{d}t$ 作为回路 Ⅱ 的输入,有

$$\frac{1}{C_1} \int i_1 \,\mathrm{d}t = R_2 i_2 + \frac{1}{C_2} \int i_2 \,\mathrm{d}t \qquad (3-27)$$

$$u_\mathrm{o} = \frac{1}{C_2} \int i_2 \,\mathrm{d}t \qquad (3-28)$$

联立式(3-26),式(3-27),式(3-28)可得

$$R_1 C_1 R_2 C_2 \frac{\mathrm{d}^2 u_\mathrm{o}}{\mathrm{d}t^2} + (R_1 C_1 + R_2 C_2) \frac{\mathrm{d}u_\mathrm{o}}{\mathrm{d}t} + u_\mathrm{o} = u_\mathrm{i} \qquad (3-29)$$

式(3-29)和式(3-25)是不同的,式(3-29)在图 3-11(a)情况下是错误的。但若在两回路间加入隔离器,消除负载效应,则式(3-29)可成立。这在对电路进行分析时要特别注意。

以上所举的例子中,只包含电阻、电容及电感等无源元件,故称"无源网络"。若电路中包含有电压源或电流源时,就构成"有源网络",由于无源网络便于分析,故常将有源网络化为等效的无源网络来进行分析,有关问题可参考电工学方

面的参考书。

4. 微分方程的增量化表示

前面对机械、液压和电网络系统所建立的运动微分方程大都是在初始状态为零的条件下,这样在零初始状态下的拉氏变换是很方便的。但是有些系统它们的初始状态并不一定为零,这时如果直接进行拉氏变换,那就有许多与初始条件有关的项。现在我们做这样一种坐标变换,系统按这些不为零的初始条件作为坐标原点来建立运动微分方程,这时的变量就变成了初始状态为零,然后再进行拉氏变换,但要注意这时变量的坐标是相对于初始条件的。

例 3.5　如图 3 - 12 所示为电枢控制式直流电机原理图,设 u_a 为加在电枢两端的控制电压,ω 为电机旋转角速度,M_L 为折合到电机轴上的总的负载力矩。当激磁不变,用电枢控制的情况下,u_a 为给定输入,M_L 为干扰输入,ω 为输出。系统中 e_d 为电动机旋转时电枢两端的反电势;i_a 为电动机的电枢电流;M 为电动机的电磁力矩。列写系统在初始状态为零的条件下的微分方程。

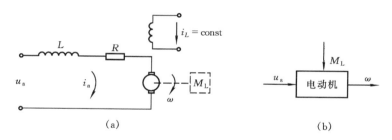

（a）　　　　　　　　　　　　　　（b）

图 3 - 12　电枢控制式直流电机

解　根据基尔霍夫定律列写电动机电枢回路的微分方程

$$L \frac{\mathrm{d}i_a}{\mathrm{d}t} + i_a R + e_d = u_a \qquad (3-30)$$

式中:L, R 分别为电枢线圈的电感与电阻。

当磁通固定不变时,e_d 与转速 ω 成正比,反电势的微分方程为

$$e_d = k_d \omega$$

式中:k_d 为反电势常数。这样,式(3 - 30)可改写为

$$L \frac{\mathrm{d}i_a}{\mathrm{d}t} + i_a R + k_d \omega = u_a \qquad (3-31)$$

根据刚体转动定律,列写电动机转子的运动方程为

$$J \frac{\mathrm{d}\omega}{\mathrm{d}t} = M - M_L \qquad (3-32)$$

式中:J 为转动部分折合到电动机轴上的总的转动惯量。

同样,当激磁磁通固定不变时,电动机的电磁力矩 M 与电枢电流成正比。即

$$M = k_\mathrm{m} i_\mathrm{a} \qquad\qquad (3-33)$$

式中:k_m 为电动机电磁力矩常数。

将式(3-33)代入式(3-32)得

$$J\,\frac{\mathrm{d}\omega}{\mathrm{d}t} = k_\mathrm{m} i_\mathrm{a} - M_\mathrm{L} \qquad\qquad (3-34)$$

应用式(3-31)和式(3-34)消去中间变量 i_a,整理后得

$$\frac{LJ}{k_\mathrm{d} k_\mathrm{m}}\,\frac{\mathrm{d}^2\omega}{\mathrm{d}t^2} + \frac{RJ}{k_\mathrm{d} k_\mathrm{m}}\,\frac{\mathrm{d}\omega}{\mathrm{d}t} + \omega = \frac{1}{k_\mathrm{d}} u_\mathrm{a} - \frac{L}{k_\mathrm{d} k_\mathrm{m}}\,\frac{\mathrm{d}M_\mathrm{L}}{\mathrm{d}t} - \frac{R}{k_\mathrm{d} k_\mathrm{m}} M_\mathrm{L} \qquad (3-35)$$

令 $\dfrac{L}{R} = T_\mathrm{a}$,$\dfrac{RJ}{k_\mathrm{d} k_\mathrm{m}} = T_\mathrm{m}$,分别称为电动机电枢回路的电磁时间常数和电动机的电机时间常数;令 $\dfrac{1}{k_\mathrm{d}} = C_\mathrm{d}$,$\dfrac{T_\mathrm{m}}{J} = C_\mathrm{m}$,称为传递系数,则上述方程式(3-35)可写为

$$T_\mathrm{a} T_\mathrm{m}\,\frac{\mathrm{d}^2\omega}{\mathrm{d}t^2} + T_\mathrm{m}\,\frac{\mathrm{d}\omega}{\mathrm{d}t} + \omega = C_\mathrm{d} u_\mathrm{a} - C_\mathrm{m} T_\mathrm{a}\,\frac{\mathrm{d}M_\mathrm{L}}{\mathrm{d}t} - C_\mathrm{m} M_\mathrm{L} \qquad (3-36)$$

式(3-36)即为电枢控制式直流电动机的数学模型。转速 ω 既由 u_a 控制,又受 M_L 影响,所以 ω 是 u_a 和 M_L 的函数。

当电动机处于平衡状态时,则变量的各阶导数为零,这时上述方程变为

$$\omega = C_\mathrm{d} u_\mathrm{a} - C_\mathrm{m} M_\mathrm{L} \qquad\qquad (3-37)$$

式(3-37)表示为平衡状态下的输入量与输出量之间的关系式。

若 $u_\mathrm{a}=0$,$M_\mathrm{L}=0$ 则有 $\omega=0$。这就是电动机在零初始状态下的平衡方程。但系统也可能处在另一种恒定转速下的非零初始状态下的平衡。电机工作在这一平衡状态时,设 $u_\mathrm{a}=u_\mathrm{a0}$,$M_\mathrm{L}=M_\mathrm{L0}$,$\omega=\omega_0$,则对应的输入量和输出量之间的方程式可表示为

$$\omega_0 = C_\mathrm{d} u_\mathrm{a0} - C_\mathrm{m} M_\mathrm{L0} \qquad\qquad (3-38)$$

式中:u_a0,M_L0,ω_0 表示某一平衡状态下 u_a,M_L 和 ω 的具体数值。若在某个时刻,输入量发生了变化,变化值分别为 Δu_a,ΔM_L,系统的原平衡状态将被破坏,输出量也发生变化,其变化值为 $\Delta\omega$,这时输入量与输出量可表示为

$$\begin{cases} u_\mathrm{a} = u_\mathrm{a0} + \Delta u \\ M_\mathrm{L} = M_\mathrm{L0} + \Delta M_\mathrm{L} \\ \omega = \omega_0 + \Delta\omega \end{cases} \qquad\qquad (3-39)$$

将式(3-39)代入式(3-36)得

$$T_\mathrm{a} T_\mathrm{m}\,\frac{\mathrm{d}^2(\omega_0 + \Delta\omega)}{\mathrm{d}t^2} + T_\mathrm{m}\,\frac{\mathrm{d}(\omega_0 + \Delta\omega)}{\mathrm{d}t} + (\omega_0 + \Delta\omega)$$

$$= C_d(u_{a0} + \Delta u_a) - C_m T_a \frac{d(M_{L0} + \Delta M_L)}{dt} - C_m(M_{L0} + \Delta M_L)$$

由于 $\omega_0 = C_d u_{a0} - C_m M_{L0}$，则上式可变为

$$T_a T_m \frac{d^2 \Delta \omega}{dt^2} + T_m \frac{d\Delta \omega}{dt} + \Delta \omega = C_d \Delta u_a - C_m T_a \frac{d\Delta M_L}{dt} - C_m \Delta M_L \qquad (3-40)$$

式(3-40)即为电动机微分方程在某一平衡状态附近的增量化表示式。它是将各变量的坐标零点放在原平衡点上，这样求解增量化表示的方程式(3-40)时，就可以把初始条件变为零，这无疑带来许多方便，基于这个原因，在控制理论的微分方程中，一般都是用增量方程来表示，而且为了书写方便，习惯上将增量符号 Δ 省去。

$$T_a T_m \frac{d^2 \omega}{dt^2} + T_m \frac{d\omega}{dt} + \omega = C_d u_a - C_m T_a \frac{dM_L}{dt} - C_m M_L \qquad (3-41)$$

请注意式(3-41)和式(3-36)在形式上完全一样，但是两者变量的坐标零点的选取是不同的，因此变量的绝对值也是不同的。

3.3　传递函数

1. 传递函数的基本概念

传递函数是描述系统运动过程的另一种数学模型，它把微分方程进行拉氏变换后，将时域的数学模型变换到复数域的数学模型，是对线性系统进行分析、研究和综合时采用的重要数学模型形式。它通过输入与输出之间的信息传递关系，来描述系统本身的动态特性。

（1）定义

在时域中，对线性定常系统用线性常微分方程描述输入 $x(t)$ 与输出 $y(t)$ 之间的动态关系

$$a_n \frac{d^n y}{dt^n} + a_{n-1} \frac{d^{n-1} y}{dt_{n-1}} + \cdots + a_0 y = b_m \frac{d^m x}{dt^m} + b_{m-1} \frac{d^{m-1} x}{dt_{m-1}} + \cdots + b_0 x$$

$$(3-42)$$

式中：$n \geqslant m$，x 为输入量，y 为输出量；a_n，a_{n-1}，$\cdots$，a_0，b_m，b_{m-1}，$\cdots$，b_0 为常系数，取决于系统本身的结构参数。

设系统在外界输入 $x(t)$ 作用前，初始条件为：$x(0)$，$x^{(1)}(0)$，$\cdots$，$x^{(m-1)}(0)$；$y(0)$，$y^{(1)}(0)$，$\cdots$，$y^{(n-1)}(0)$ 均为零，对式(3-42)两边分别进行拉氏变换，可得

$$(a_n s^n + a_{n-1} s^{n-1} + \cdots + a_0) Y(s) = (b_m s^m + b_{m-1} s^{m-1} + \cdots + b_0) X(s)$$

令

$$G(s) = \frac{Y(s)}{X(s)} = \frac{b_m s^m + b_{m-1} s^{m-1} + \cdots + b_0}{a_n s^n + a_{n-1} s^{n-1} + \cdots + a_0} = \frac{B(s)}{A(s)} \qquad (3-43)$$

可用图 3 - 13 表示输入到输出之间信息的传递关系,称 $G(s)$ 为系统的传递函数。

　　传递函数的定义:对单输入——单输出线性定常系统,在初始条件为零的条件下,系统输出量的拉氏变换与输入量的拉氏变换之比,称为系统的传递函数。

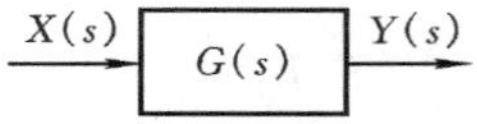

$$X(s) \longrightarrow \boxed{G(s)} \longrightarrow Y(s)$$

图 3 - 13　信息的传递关系

　　传递函数是在复数域中描述系统动态特性的非常重要的概念,它不仅表达了输入与输出信息的因果关系,也显示了一个系统对外界所施加不同频率作用的响应,因为一切物质组成的系统,如机械、电子系统,或加工工艺、生产过程,都具有某种形式的传递函数,它们都以某种方式将输入信息或毛坯加以处理,转换为输出信息或产品。

　　由式(3 - 43)看出,通过拉氏变换,将微分方程变为代数多项式之比的形式,利用传递函数在复数域中研究系统的动态特性更为简便。另外,传递函数分母多项式 $A(s)=0$ 正是系统的特征方程,它的根决定了系统的稳定性。

　　(2)传递函数的主要特点

　　① 传递函数的概念只适用于线性定常系统,它只反映系统在零初始条件下(或者未加输入前系统处于相对静止状态)的动态性能。当初始条件不为零时,可以采用在平衡状态下增量化的求解方法来处理。

　　② 系统传递函数反映系统本身的动态特性,只与系统本身的参数有关,与外界输入无关,这可由式(3 - 43)看出,传递函数是关于 s 的多项式之比,而其中 s 的阶次及系数都是与外界无关的系统本身所决定的固有特性。

　　③ 对于物理可实现系统,传递函数分母中 s 的阶次 n 必不小于分子中 s 的阶次 m,即 $n \geqslant m$。因为实际的物理系统总存在惯性,输出不会超前于输入。

　　④ 一个传递函数只能表示一对输入、输出间的关系。同一系统,不同输入—输出间的传递函数是不同的。因而在分析和求取传递函数时,必须明确系统的输入。传递函数的量纲是根据输入量和输出量来决定的。

　　⑤ 传递函数不说明被描述的系统的物理结构。不同性质的物理系统,只要其动态特性相同,就可以用同一类型的传递函数来描述。

2. 传递函数的零点和极点

将式(3 - 43)所表述的传递函数,经因式分解后,可得出如下形式:

$$G(s) = \frac{Y(s)}{X(s)} = \frac{K(s-z_1)(s-z_2)\cdots(s-z_m)}{(s-p_1)(s-p_2)\cdots(s-p_n)} = \frac{B(s)}{A(s)} \qquad (3-44)$$

$A(s)=0$,称为系统的特征方程,它的根称为系统的特征根(也就是传递函数 $G(s)$ 的极点)。

当 $s=z_i(i=1,2,\cdots,m)$ 时,$G(s)=0$,故称 z_i 为 $G(s)$ 的零点;

当 $s=p_j(j=1,2,\cdots,n)$ 时,$G(s)=\infty$,故称 p_j 为 $G(s)$ 的极点。

　　由于 $G(s)$ 的分母和分子多项式的系数均为实数,若 $G(s)$ 具有复数零、极点时,则复数零、极点必然共轭成对出现。由式(3-44)对 $Y(s)$ 进行拉氏反变换,即可求得在不同输入信号下的响应,它含有以下形式的分量:e^{pt},$e^{\sigma t}\sin\omega t$,$e^{\sigma t}\cos\omega t$,而 p 和 $\sigma+j\omega$ 是系统传递函数的极点,也就是微分方程的特征根,假定所有的极点都是负数或具有负实部的复数,即 $p<0$,$\sigma<0$,那么当 $t\to\infty$ 时,上述各分量将趋近于零,系统是稳定的,也就是说系统的稳定与否由极点性质决定。

　　同样,根据拉氏变换求解微分方程知道,当系统输入信号一定时,系统的零点、极点决定着系统的动态性能,但零点对系统的稳定性没有影响,却对瞬态响应曲线的形状有影响。

　　由式(3-44),当 $s=0$ 时,得

$$G(0) = K\,\frac{(-z_1)(-z_2)\cdots(-z_m)}{(-p_1)(-p_2)\cdots(-p_n)} = \frac{b_0}{a_0} \qquad (3-45)$$

　　当系统输入为单位阶跃函数,即 $X(s)=\dfrac{1}{s}$,那么根据拉氏变换的终值定理,系统的稳态输出值为

$$\lim_{t\to\infty} y(t) = y(\infty) = \lim_{s\to 0} sY(s) = \lim_{s\to 0} sG(s)X(s) = \lim_{s\to 0} G(s) = G(0)$$

所以 $G(0)$ 决定着系统的稳态输出值,由式(3-45)可知,$G(0)$ 就是系统的放大系数,它由系统的运动微分方程式常数项决定。综上所述,系统传递函数的零点、极点和放大系数决定着系统的瞬态响应和稳态性能。

3. 传递函数的典型环节

　　一个复杂的系统通常由很多结构和工作原理不同的元部件所组成,从而所建立的系统运动微分方程式一般是高阶的。但不管系统多复杂,方程阶数多高,系统总可以分解为一些基本环节的组合,这些基本环节就称为典型环节。各典型环节并不对应一个真实的物理结构。之所以划分典型环节,是为了通过分析典型环节的特性,能方便地研究整个系统的动态特性。常见的有下列 8 种典型环节,即比例环节、积分环节、微分环节、惯性环节、一阶微分环节、振荡环节、二阶微分环节和延时环节。下面分别进行介绍。

　　(1) 比例环节

　　凡是输入、输出关系符合方程

$$y(t) = Kx(t) \qquad (3-46)$$

均称为比例(放大)环节。式中:$x(t)$ 为输入量;$y(t)$ 为输出量;K 为比例常数或称放大系数。

　　将式(3-46))两边进行拉氏变换,得到比例(放大)环节的传递函数为

$$G(s) = \frac{Y(s)}{X(s)} = K \tag{3-47}$$

比例环节的特点是:输出无滞后地按比例复现输入。

例 3.6 图 3-14 为齿轮传动副,其中: $n_i(t)$ 为输入轴转速; $n_0(t)$ 为输出轴转速; z_1 为输入轴齿轮齿数; z_2 为输出轴齿轮齿数。试求该系统的传递函数。

解 若传动副无传动间隙并且刚度无穷大,一旦有输入就会有输出。因为

$$n_i(t)z_1 = n_0(t)z_2$$

所以,其传递函数为

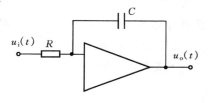

图 3-14 齿轮传动副

$$G(s) = \frac{N_0(s)}{N_i(s)} = \frac{z_1}{z_2}$$

(2)积分环节

凡环节的输出正比于输入对时间的积分,其数学表达式为下列形式的,称为积分环节

$$y(t) = \frac{1}{T}\int x(t)\,\mathrm{d}t$$

式中: T 为积分时间常数。经拉氏变换后,得

$$sY(s) = \frac{1}{T}X(s)$$

传递函数为

$$G(s) = \frac{Y(s)}{X(s)} = \frac{1}{Ts} \tag{3-48}$$

积分环节的特点是:输出量为输入量对时间的累积,输出幅值呈线性增长。对阶跃输入,输出要在 $t=T$ 时才能等于输入,因此有滞后和缓冲作用。经过一段时间积累后,当输入变为零时,输出量不再增加,但保持该值不变,具有记忆功能。在系统中凡有储存或积累特点的元件,都有积分环节的特性。

例 3.7 求图 3-15 所示有源积分网络的传递函数,其中: $u_i(t)$ 为输入电压; $u_0(t)$ 为输出电压; R 为电阻; C 为电容。

解 根据基尔霍夫定律可得

$$\frac{u_i(t)}{R} = -C\frac{\mathrm{d}u_0(t)}{\mathrm{d}t}$$

进行拉氏变换后得

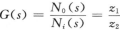

图 3-15 有源积分网络

$$\frac{1}{R}U_\mathrm{i}(s) = -CsU_\mathrm{o}(s)$$

传递函数为

$$G(s) = \frac{U_\mathrm{o}(s)}{U_\mathrm{i}(s)} = \frac{K}{s} \quad \left(K = -\frac{1}{RC} \right)$$

（3）微分环节

凡输出量与输入量的导数成正比的环节，均称为理想微分环节。其数学表达式为

$$y(t) = T\frac{\mathrm{d}x(t)}{\mathrm{d}t}$$

式中：T 为微分时间常数。

经拉氏变换后得

$$Y(s) = TsX(s)$$

传递函数为

$$G(s) = \frac{Y(s)}{X(s)} = Ts \qquad\qquad (3-49)$$

该环节在实际工程中很难构造，当系统输入为一个单位阶跃信号时，在 $t=0$ 时，输入函数 $x(t)$ 从 0 变化到 1，故增量为 1，所用的时间即为 0，故它的导数 $\dfrac{\mathrm{d}x(t)}{\mathrm{d}t} \to \infty$，而在 $t>0$ 时，输入函数始终不变（等于 1），这样输入函数的导数为 0。这种环节的输出在 $t=0$ 这点，先由 0 变化到无穷大，又从无穷大变化到 0。这在实际工程中是办不到的，因为任何元件都具有惯性，运动速度不可能由 0 直接变化到无穷大。

工程中实际微分环节的表达式为

$$T_1 \frac{\mathrm{d}y(t)}{\mathrm{d}t} + y(t) = T_2 \frac{\mathrm{d}x(t)}{\mathrm{d}t}$$

经拉氏变换后得

$$T_1 sY(s) + Y(s) = T_2 sX(s)$$

传递函数为

$$G(s) = \frac{Y(s)}{X(s)} = \frac{T_2 s}{T_1 s + 1}$$

式中：T_1，T_2 为时间常数。

当 $T_1 \ll 1$ 时，则

$$G(s) = \frac{Y(s)}{X(s)} \approx T_2 s$$

也就是说，只有当惯性作用较弱，而微分作用很强时，可以近似看作一个微分环节。

例3.8　图 3 - 16 为液压阻尼器,若不计活塞质量,设活塞位移 x 为输入,缸体位移 y 为输出,p_1,p_2 分别为油缸上、下腔压强,A 为活塞面积,q 为流量,R 为节流阀处流动的阻力,k 为弹簧常数,假设液体不可压缩。求系统的传递函数。

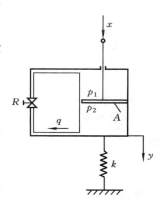

解　阻尼器的工作过程如下:当在活塞杆上施加一阶跃位移 x,在开始施加位移瞬间,下腔油液不能立即通过节流阀到上腔,这样缸体位移 $y = x$,然而由于弹簧力的作用,使 y 逐渐减到零,即缸体回到初始位置,迫使下腔的油液通过节流阀流到上腔,在这个工作过程中,以缸体为分离体,列缸体的力平衡方程式

图 3 - 16　液压阻尼器

$$A(p_2 - p_1) = ky \tag{3-50}$$

通过液阻 R 的流量 q 与压力差$(p_2 - p_1)$成正比,与液阻 R 成反比

$$q = \frac{p_2 - p_1}{R}$$

若不计油的压缩和泄漏,根据流量连续方程得

$$q = A(\dot{x} - \dot{y})$$

即

$$A(\dot{x} - \dot{y}) = \frac{p_2 - p_1}{R} \tag{3-51}$$

由式(3 - 50),式(3 - 51)可得

$$\dot{y} + \frac{k}{RA^2}y = \dot{x}$$

经拉氏变换得

$$sY(s) + \frac{k}{RA^2}Y(s) = sX(s)$$

传递函数为

$$G(s) = \frac{Y(s)}{X(s)} = \frac{s}{s + \dfrac{k}{RA^2}} = \frac{Ts}{Ts + 1}$$

式中:$T = \dfrac{RA^2}{k}$,可以看出阻尼器由一个微分环节和一个惯性环节组成。当 $T \ll 1$,则

$$G(s) = \frac{Y(s)}{X(s)} \approx Ts$$

可以近似看作一个微分环节。

（4）惯性环节

凡系统的输入、输出关系符合方程

$$T \frac{\mathrm{d}y}{\mathrm{d}t} + y = x$$

统称为惯性环节。式中：T 为时间常数。

将上式两边进行拉氏变换得

$$TsY(s) + Y(s) = X(s)$$

传递函数为

$$G(s) = \frac{Y(s)}{X(s)} = \frac{1}{Ts+1} \tag{3-52}$$

这类环节一般是由一个储能元件和一个耗能元件组成。

例 3.9　如图 3-17 所示弹簧-阻尼系统，其中 x 为输入位移；y 为输出位移；k 为弹簧刚度；B 为阻尼系数。试建立系统的传递函数。

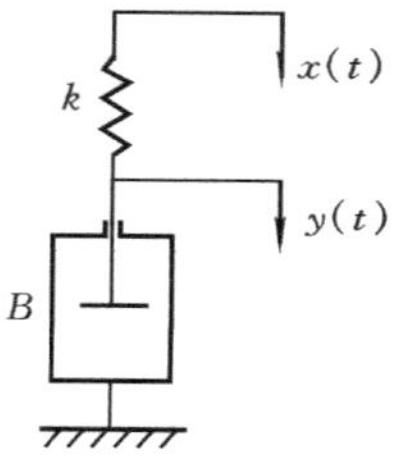

解　应用达朗贝尔原理，得

$$k(x - y) = B \frac{\mathrm{d}y}{\mathrm{d}t}$$

即

$$B \frac{\mathrm{d}y}{\mathrm{d}t} + ky = kx$$

经拉氏变换得

$$BsY(s) + kY(s) = kX(s)$$

因此，得传递函数

$$G(s) = \frac{Y(s)}{X(s)} = \frac{1}{Ts+1} \quad \left(T = \frac{B}{k}\right)$$

（5）一阶微分环节

凡系统输入、输出关系符合方程

$$y = T \frac{\mathrm{d}x}{\mathrm{d}t} + x$$

统称为一阶微分环节。式中：T 为时间常数。

将上式两边进行拉氏变换得

$$Y(s) = TsX(s) + X(s)$$

传递函数为

$$G(s) = \frac{Y(s)}{X(s)} = Ts+1 \tag{3-53}$$

这类环节和微分环节一样，实际工程中是不存在的，但它经常是和其他典型环节一起，存在于一个元件中。

图 3-17　弹簧-阻尼系统

例 3.10 图 3-18 所示 RC 电网络,其中:u_i 为输入电压;u_o 为输出电压;R_1,R_2 为电阻;C 为电容。求其传递函数。

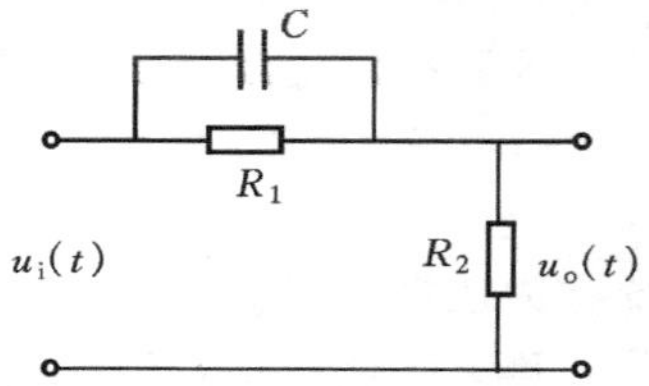

解 根据基尔霍夫电流定律得

$$\frac{u_i - u_o}{R_1} + C\frac{d(u_i - u_o)}{dt} = \frac{u_o}{R_2}$$

将上式进行拉氏变换得

$$\frac{U_i(s) - U_o(s)}{R_1} + Cs(U_i(s) - U_o(s)) = \frac{U_o(s)}{R_2}$$

系统传递函数为

$$G(s) = \frac{U_o(s)}{U_i(s)} = \frac{K(1 + R_1Cs)}{(1 + KR_1Cs)}$$

式中:$K = \dfrac{R_2}{R_1 + R_2}$。

图 3-18　RC 电网络

由传递函数可知该电网络是由比例环节、惯性环节和一阶微分环节所组成,该环节经常被用来作为校正环节。

(6)振荡环节

凡能用二阶微分方程描述的环节,统称为振荡环节。它的数学表达式为

$$T^2\frac{d^2 y}{dt^2} + 2\zeta T\frac{dy}{dt} + y = x$$

将上式两边进行拉氏变换得

$$T^2 s^2 Y(s) + 2\zeta Ts Y(s) + Y(s) = X(s)$$

传递函数为

$$G(s) = \frac{Y(s)}{X(s)} = \frac{1}{T^2 s^2 + 2\zeta Ts + 1} \qquad (3-54)$$

写成标准形式

$$G(s) = \frac{Y(s)}{X(s)} = \frac{\omega_n^2}{s^2 + 2\zeta\omega_n s + \omega_n^2} \qquad (3-55)$$

式中:$\omega_n = \dfrac{1}{T}$ 为无阻尼固有频率;ζ 为阻尼比。

二阶系统一般含有两个储能元件和一个耗能元件(如质量、弹簧、阻尼系统中由于质量所具有的速度和压缩弹簧,形成了动能和势能,并相互转换,由于存在阻尼而在能量转换中消耗了能量),由于两个储能元件之间有能量交换,从而可能使系统的输出发生振荡。从数学模型来看,当式(3-54)传递函数极点为一对复数极点时,系统输出就会发生振荡。而且,阻尼比 ζ 越小振荡越激烈,由于存在着耗能元件,所以振荡是逐渐衰减的。

例 3.11 如图 3-19 所示机械卷筒机构,输入转矩 T 作用于图中所示的轴

上,通过卷桶上钢索带动质量 m 作直线运动,其位移 x 为输出,惯量为 J,其他参数如图中所示。试推导其传递函数。

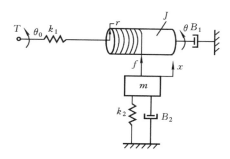

图 3-19　机械卷筒机构

解　传递函数 $\dfrac{X(s)}{T(s)}$ 推导如下:

设输入的转矩 T 以转角 θ_0 通过弹簧带动卷桶,其转角为 θ,钢索对质量块 m 的拉力为 f。取弹簧 k_1 为分离体,列扭矩平衡方程式为

$$T = k_1(\theta_0 - \theta)$$

取卷桶为分离体,列扭矩平衡方程式为

$$k_1(\theta_0 - \theta) = J\ddot{\theta} + B_1\dot{\theta} + rf$$

即

$$T = J\ddot{\theta} + B_1\dot{\theta} + rf \tag{3-56}$$

取质量 m 为分离体,列力平衡方程式为

$$f = m\ddot{x} + B_2\dot{x} + k_2 x \tag{3-57}$$

且

$$\theta = \frac{x}{r} \tag{3-58}$$

分别对式(3-56),式(3-57),式(3-58)进行拉氏变换

$$T(s) = (Js^2 + B_1 s)\Theta(s) + rF(s)$$

$$F(s) = (ms^2 + B_2 s + k_2)X(s)$$

$$\Theta(s) = \frac{X(s)}{r}$$

可解出

$$\frac{X(s)}{T(s)} = \frac{r}{(J + mr^2)s^2 + (B_1 + B_2 r^2)s + k_2 r^2}$$

$$= \frac{K}{T^2 s^2 + 2\zeta s + 1} \tag{3-59}$$

其中　　$T^2 = \dfrac{J + mr^2}{k_2 r^2}$,　$2\zeta T = \dfrac{B_1 + B_2 r^2}{k_2 r^2}$,　$K = \dfrac{1}{k_2 r^2}$。

由式(3-59)可以看到,图 3-19 所示系统由比例环节和振荡环节组合而成。

(7)二阶微分环节

凡能用下述方程描述的环节,统称为二阶微分环节。它的数学表达式为

$$y = T^2 \frac{\mathrm{d}^2 x}{\mathrm{d}t^2} + 2\zeta T \frac{\mathrm{d}x}{\mathrm{d}t} + x$$

将上式两边进行拉氏变换得

$$Y(s) = T^2 s^2 X(s) + 2\zeta Ts X(s) + X(s)$$

传递函数为

$$G(s) = \frac{Y(s)}{X(s)} = T^2 s^2 + 2\zeta Ts + 1 \tag{3-60}$$

和微分环节、一阶微分环节一样,二阶微分环节在工程实际中难以构造,一般也是和其它典型环节组合而成为一个网络。

例 3.12 图 3-20 所示电网络:u_i 为输入电压;u_o 为输出电压;R_1,R_2 为电阻;C_1,C_2 为电容。写出其传递函数。

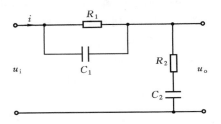

图 3-20 滞后-超前电网络

解 根据基尔霍夫定律,得

$$\frac{(u_i - u_o)}{R_1} + C_1 \frac{\mathrm{d}(u_i - u_o)}{\mathrm{d}t} = i$$

$$iR_2 + \frac{1}{C_2}\int i\mathrm{d}t = u_o$$

对上两式进行拉氏变换,并消去中间变量 i,得系统传递函数为

$$G(s) = \frac{U_o(s)}{U_i(s)} = \frac{R_2 R_1 C_2 C_1 s^2 + (R_1 C_1 + R_2 C_2)s + 1}{R_1 C_1 R_2 C_2 s^2 + (R_1 C_1 + R_2 C_2 + R_1 C_2)s + 1}$$

当分子具有一对复根时,系统就包含了一个二阶微分环节。因此二阶微分环节经常是与其他环节组合在一起,而不是单独存在的。

(8)延时环节

当环节受到输入信号作用,经过一段时间 τ 后,输出端才完全复现输入信号,这样的环节称为延时环节。延时环节的输入 $x(t)$ 与输出 $y(t)$ 之间有如下关系:

$$y(t) = x(t - \tau)$$

式中:τ 为延迟时间。

延迟环节也是线性环节,可以应用叠加原理。根据平移定理,将上式两边分别进行拉氏变换,得

$$Y(s) = e^{-\tau s} X(s)$$

故环节的传递函数为

$$G(s) = \frac{Y(s)}{X(s)} = e^{-\tau s} \tag{3-61}$$

延时环节的传递函数是一超越函数,直接处理比较困难。因此,一般采用有理函数来近似,以达到运算方便的目的。将 $e^{-\tau s}$ 展开成幂级数为

$$e^{-\tau s} = \frac{1}{e^{\tau s}} = \frac{1}{1 + \tau s + \frac{\tau^2 s^2}{2!} + \cdots} \approx \frac{1}{1 + \tau s} \tag{3-62}$$

即 $e^{-\tau s}$ 也可用式(3-62)来代替。

例 3.13　求如图 3-21 所示的带钢轧制过程中厚度控制系统的传递函数。在带钢厚度控制系统中,距轧辊 L 处设置厚度检测点,设轧制速度为 v,从轧制点到检测点存在传输的延迟,延迟时间 τ 为

$$\tau = \frac{L}{v}$$

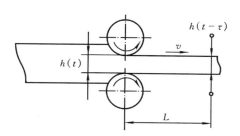

图 3-21　带钢轧制过程中的传输延迟

解　设输入为轧制点处带钢厚度 $h(t)$,其拉氏变换为 $H(s)$,τ 秒后在检测点测量带钢厚度,其值 $h(t-\tau)$ 为输出,传输延迟的传递函数为

$$G(s) = \frac{L[h(t-\tau)]}{L[h(t)]} = \frac{H(s)e^{-\tau s}}{H(s)} = e^{-\tau s} \tag{3-63}$$

以上分析的 8 种典型环节是按数学模型进行划分的,各典型环节的传递函数反映了各种不同物理模型内在的共同运动规律,性质不相同的物理模型,却可以得到相同的数学模型和传递函数,任何复杂的系统均可看成是这些典型环节的有机组合。还有一点要说明的是,本书当中所涉及的传递函数,在不加特别说

明的情况下,其组成环节的参数均为大于零的取值范围。

3.4　方块图及动态系统的构成

1. 方块图

方块图是系统中各环节的功能和信号流向的图解表示方法。图 3-22(a)表示一个方块图单元,指向方块的箭头表示输入,从方块出来的箭头表示输出,在方块中标明环节的传递函数。图 3-22(b)表示在方块图中进行加(减)法运算,相加点用符号⊗表示,通向⊗的箭头旁的"＋"或"－",表示信号进行相加或相减,由⊗出来的箭头表示相加(或相减)的结果,但进行相加或相减的量,应有相同的因次和单位。

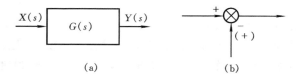

图 3-22　方块图的基本构成

用方块图表示系统的优点是:只要依据信号的流向,将各环节的方块连接起来,就能容易地组成整个系统的方块图。通过方块图可以评价每一个环节对系统性能的影响。方块图和传递函数一样包含了与系统动态性能有关的信息,但和系统的物理结构无关,因此,不同系统可用同一个方块图来表示。另外,由于分析角度不同,对于同一个系统,可以画出许多不同的方块图。

2. 动态系统的构成

任何动态系统和过程,都是由内部的各个环节构成,为了求出整个系统的传递函数,可以先画出系统的方块图,并注明系统各环节之间的联系。系统中各环节之间的联系归纳起来有下列 3 种:

(1) 串联

各环节的传递函数一个个顺序连接,称为串联,如图 3-23 所示,$G_1(s)$, $G_2(s)$ 为各个环节的传递函数。故综合后总传递函数为

图 3-23　二个环节串联

$$G(s) = \frac{Y(s)}{X(s)} = \frac{Y_1(s)}{X(s)} \frac{Y(s)}{Y_1(s)} = G_1(s)G_2(s) \tag{3-64}$$

图 3-23 可由图 3-24 等价代换。

这说明由串联环节所构成的系统当无负载效应影响时,它的总传递函数等于各环节传递函数的乘积。当系统是由 n 个环节串联而成时,则总传递函数为

$$G(s) = \prod_{i=1}^{n} G_i(s) \qquad (3-65)$$

式中:$G_i(s)$ $(i=1,2,\cdots,n)$ 表示第 i 个串联环节的传递函数。

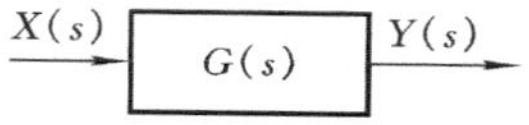

例如图 3-25 所示的车削过程,若用切除量 $X_0(s)$ 作为输入,通过切削过程

图 3-24　图 3-23 的等效方块图

图 3-25　车削加工

的传递函数 $G_c(s)$ 产生一个切削力 $P_c(s)$,该切削力又通过机床刀具系统的传递函数 $G_m(s)$,使切削刀具产生退让 $Y(s)$。如果暂时不深入分析其内在反馈的情况,则 $X_0(s) \to P_c(s) \to Y(s)$ 的连续作用,就构成了串联系统,如图 3-26 所示。总传递函数为

$$G(s) = \frac{Y(s)}{X_0(s)} = \frac{P_c(s)}{X_0(s)} \frac{Y(s)}{P_c(s)} = G_c(s)G_m(s) \qquad (3-66)$$

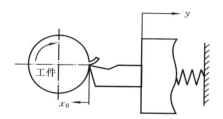

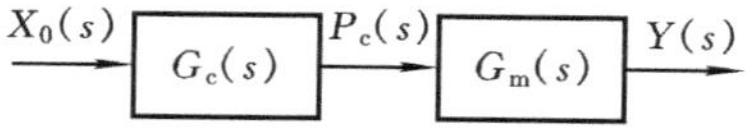

图 3-26　车削过程的信息传递关系

（2）并联

凡是几个环节的输入相同,输出相加或相减的连接形式称为并联。图 3-27 为两个环节并联,共同的输入为 $X(s)$,总输出为

$$Y(s) = Y_1(s) \pm Y_2(s)$$

总的传递函数为

$$G(s) = \frac{Y(s)}{X(s)} = \frac{Y_1(s) \pm Y_2(s)}{X(s)} = G_1(s) \pm G_2(s) \qquad (3-67)$$

这说明并联环节所构成的总传递函数,等于各并联环节传递函数之和（或

差）。推广到 n 个环节并联，其总的传递函数等于各并联环节传递函数的代数和。即

$$G(s) = \sum_{i=1}^{n} G_i(s) \quad (3-68)$$

式中：$G_i(s)$ $(i=1,2,\cdots,n)$ 为第 i 个并联环节的传递函数。

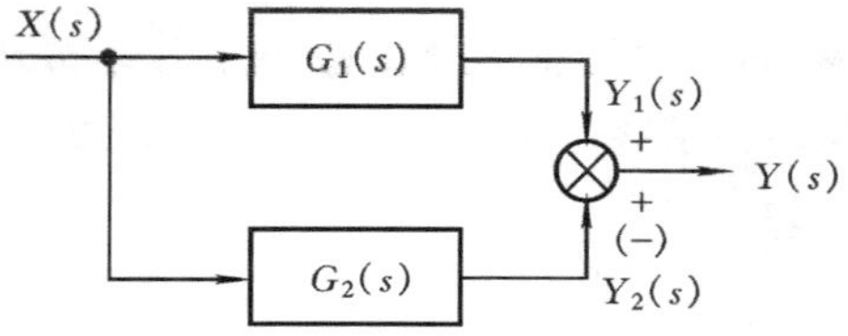

图 3-27 并联

例如图 3-28(a)所示的切入磨削工艺过程，在磨削力 $P_c(s)$ 的作用下，一方面通过磨床头架的传递函数 $G_c(s)$，使头架产生移动 $Y_1(s)$；另一方面，通过砂轮磨损的传递函数 $G_m(s)$，使砂轮产生 $\Delta M(s)$ 的磨损量，头架移动 $Y_1(s)$ 和砂轮磨损 $\Delta M(s)$ 都导致被磨削工件尺寸的误差 $Y(s)$，构成了如图 3-28(b)所示的并联系统。总传递函数为

$$G(s) = \frac{Y(s)}{P_c(s)} = \frac{Y_1(s) + \Delta M(s)}{P_c(s)} = G_c(s) + G_m(s) \quad (3-69)$$

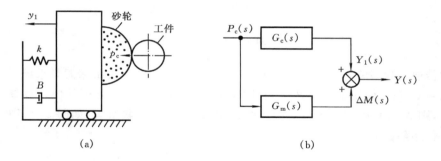

图 3-28 切入磨削及其方块图
(a) 切入磨削；(b) 方块图

（3）反馈联接

所谓反馈联接，是将系统或某一环节的输出量，全部或部分地通过传递函数回输到输入端，又重新输入到系统中去。反馈信号与输入相加称为"正反馈"，与输入相减称为"负反馈"。反馈作用又可分为内在反馈和外加反馈。

内在反馈是机械动力系统与过程本身内部所包含的反馈，一切作用力与反作用力，负载效应都属于内在反馈，在大部分持续运行的机械系统与过程中都存在。如图 3-25 所示的车削过程，当系统输入一名义切除量 $X(s)$，产生了切削力 $P_c(s)$，该切削力通过机床刀具系统的传递函数 $G_m(s)$，使刀具产生退让 $Y(s)$，而这退让 $Y(s)$，将全部负反馈到输入端，从而改变了名义切除量，这时的实际切除量 $X_0(s)$ 为

$$X_0(s) = X(s) - Y(s) \tag{3-70}$$

这纯属系统本身的内在反馈。

　　必须指出,从表面看,上述车削过程只不过是简单的没有反馈的开环系统,但是仔细分析系统的内部联系就可以发现上述内在反馈,从而绘出如图 3-29 所示的闭环系统。

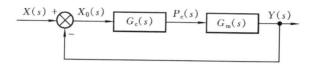

图 3-29　车削过程方块图

　　外加反馈是人为的、从外部加到系统或过程上去的反馈,其目的是改善系统或过程的特性,使之符合某些特定的要求(精度、稳定性、灵敏度等)。

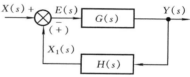

图 3-30　闭环系统

　　由反馈联接构成图 3-30 所示的基本闭环系统,系统输入 $X(s)$,输出 $Y(s)$,通过反馈传递函数 $H(s)$ 变为反馈信号 $X_1(s)$,即

$$X_1(s) = Y(s)H(s) \tag{3-71}$$

　　对于反馈控制系统,即利用误差进行控制的系统如自动调节、伺服系统等,误差信号 $E(s)$ 为输入 $X(s)$ 与反馈信号 $X_1(s)$ 的代数和,即

$$E(s) = X(s) \mp X_1(s) \tag{3-72}$$

将式(3-71)代入式(3-72)得

$$E(s) = X(s) \mp Y(s)H(s) \tag{3-73}$$

因为

$$Y(s) = E(s)G(s) \tag{3-74}$$

由式(3-73)和式(3-74)消去 $Y(s)$,得

$$\frac{E(s)}{X(s)} = \frac{1}{1 \pm G(s)H(s)} \tag{3-75}$$

称式(3-75)中误差信号与输入信号之比为误差传递函数。

　　上述误差信号 $E(s)$ 以及误差传递函数 $\dfrac{E(s)}{X(s)}$ 的名称,只针对利用反馈与输入进行比较并取其差异 $E(s)$ 进行控制的闭环系统,如自动调节器或伺服系统等具有"误差"的含义。一般在综合反馈控制系统中,如自动调节器或伺服系统,我们总希望使误差 $E(s)$ 趋向于零或最小。

　　以后各章节中,除特别注明者外,一般都以 $E(s)$ 表示误差信号。

由式(3-73),式(3-74)消去 $E(s)$ 得

$$\frac{Y(s)}{X(s)} = \frac{G(s)}{1 \pm G(s)H(s)} \qquad (3-76)$$

式(3-76)中输出信号与输入信号之比为闭环传递函数(负反馈取"＋",正反馈取"－")。由式(3-74)得

$$G(s) = \frac{Y(s)}{E(s)} \qquad (3-77)$$

式(3-77)中输出信号与误差信号之比为前向传递函数。

又由式(3-71)得

$$H(s) = \frac{X_1(s)}{Y(s)} \qquad (3-78)$$

式(3-78)中反馈信号 $X_1(s)$ 与输出信号 $Y(s)$ 之比为反馈传递函数。

$$G(s)H(s) = \frac{X_1(s)}{E(s)} \qquad (3-79)$$

式(3-79)中反馈信号 $X_1(s)$ 与误差信号 $E(s)$ 之比为开环传递函数。

整个闭环传递函数由前向传递函数和开环传递函数按式(3-76)构成。

任何动力系统或过程,都是由许多串联、并联环节的传递函数以及内在或外加反馈综合而成的。图 3-31 所示为一多回路系统。

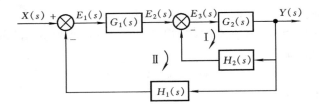

图 3-31　多回路系统

欲求图 3-31 所示闭环系统传递函数,可将系统分为子回路Ⅰ和子回路Ⅱ逐次分析。对子回路Ⅰ,根据式(3-76)可求得

$$\frac{Y(s)}{E_2(s)} = \frac{G_2(s)}{1 + G_2(s)H_2(s)} \qquad (3-80)$$

图 3-31 可简化为图 3-32。图 3-32 中两个串联环节的总传递函数为

$$\frac{Y(s)}{E_1(s)} = \frac{G_1(s)G_2(s)}{1 + G_2(s)H_2(s)} \qquad (3-81)$$

简化方块图,如图 3-33 所示,整个系统的闭环传递函数为

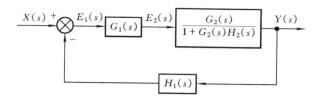

图 3 - 32　图 3 - 31 的简化方块图

$$\frac{Y(s)}{X(s)} = \frac{\dfrac{G_1(s)G_2(s)}{1+G_2(s)H_2(s)}}{1+H_1(s)\dfrac{G_1(s)G_2(s)}{1+G_2(s)H_2(s)}} \qquad (3-82)$$

$$= \frac{G_1(s)G_2(s)}{1+G_2(s)H_2(s)+G_1(s)G_2(s)H_1(s)}$$

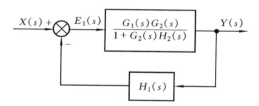

图 3 - 33　图 3 - 32 的简化方块图

图 3 - 34 所示为干扰作用下的闭环系统,当输入量 $X(s)$ 和干扰量 $N(s)$ 同时作用于线性系统时,可以对每个量分别进行处理,然后再将输出量叠加,得到总输出量 $Y(s)$。

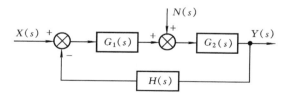

图 3 - 34　干扰作用下的闭环系统

干扰单独作用下系统的输出 $Y_N(s)$ 可由下式求得

$$\frac{Y_N(s)}{N(s)} = \frac{G_2(s)}{1+G_1(s)G_2(s)H(s)} \qquad (3-83)$$

输入单独作用下系统的输出 $Y_X(s)$ 可由下式求得

$$\frac{Y_X(s)}{X(s)} = \frac{G_1(s)G_2(s)}{1 + G_1(s)G_2(s)H(s)} \tag{3-84}$$

将式(3-83)和式(3-84)所得输出相加,就得到输入和干扰同时作用下的输出

$$Y(s) = Y_X(s) + Y_N(s)$$

$$= \frac{G_2(s)}{1 + G_1(s)G_2(s)H(s)}[G_1(s)X(s) + N(s)] \tag{3-85}$$

若设计控制系统时,使$|G_1(s)G_2(s)H(s)| \gg 1$,则式(3-85)可近似为:

$$Y(s) \approx \frac{1}{G_1(s)H(s)}[G_1(s)X(s) + N(s)] \tag{3-86}$$

则由干扰引起的输出式(3-83)可近似为

$$Y_N(s) \approx \frac{1}{G_1(s)H(s)}N(s) = \sigma N(s) \tag{3-87}$$

式(3-87)中$\sigma = \frac{1}{G_1(s)H(s)}$,如果系统同时具有特性$|G_1(s)H(s)| \gg 1$,则$\sigma$很小,致使干扰$N(s)$引起的输出很小,这说明闭环系统较开环系统有很好的抗干扰性能,若无反馈回路,即$H(s) = 0$,则干扰引起的输出$G_2(s)N(s)$无法减小。

应当指出,所谓系统的"干扰"与"输入"只是相对概念,它们都是系统的输入,都通过各自相应的传递关系而产生其相应的系统输出成分。在控制论中,通常把我们所不希望进入系统的那一部分输入,或我们分析研究系统因果关系中在研究对象以外的那部分输入,都称之为"干扰",有时称之为"噪音";而把希望引入系统的输入或属于研究对象的输入叫做"有用信号",或简称"信号"。我们还常常把控制系统中负载对系统的反馈作用,叫做"负载干扰"。通常(但并不是在所有情况下都如此),我们总是希望尽可能减少系统的"干扰"或"噪音",提高系统的"抗干扰性",因而又常常把干扰传递函数的倒式称之为系统抗干扰"刚性"。

在机械系统或过程中,例如,当我们要研究金属切削过程中毛坯尺寸精度对工件产品尺寸精度的影响时,所有毛坯尺寸精度以外的其他一切有关机床及毛坯对工件产品尺寸精度有影响的因素,都属"干扰"或"噪音"。又例如,当我们对一个液压伺服系统施加一个输入信号,以控制油缸带动某一负载运动时,供油压力的波动就是"干扰"或"噪音",而负载对油缸的反作用力使油压缩而产生位置误差和速度误差等等,则是负载"干扰"。

3. 方块图的简化规则

为了便于通过方块图的简化来计算系统的传递函数,除了上面提到的采用并联、串联和反馈将方块图合并外,经常需要将方块图中的分支点和相加点进行变换。

(1)分支点移动规则

分支点从某方块之后移到该方块之前,如图3-35所示,为了保持移动后分

支信号 $X_3(s)$ 不变,移动的分支应串入相同的传递函数 $G(s)$。

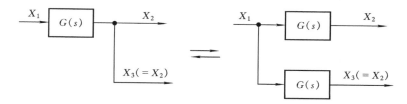

图 3 - 35　分支点前移

分支点从某方块之前移到该方块之后,如图 3 - 36 所示。为了保持移动后分支信号 $X_3(s)$ 不变,移动的分支应串入相同的传递函数的倒数,即 $\dfrac{1}{G(s)}$。

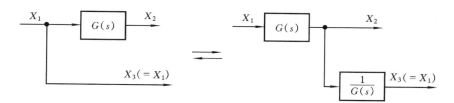

图 3 - 36　分支点后移

(2)相加点(综合点)的移动规则

若相加点逆着信号流向,从某方块后移到该方块之前,为保持总的输出信号 $X_3(s)$ 不变,移动后应在移动的相加(减)支路中串入相同传递函数的倒数,即 $\dfrac{1}{G(s)}$,如图 3 - 37(a)所示。

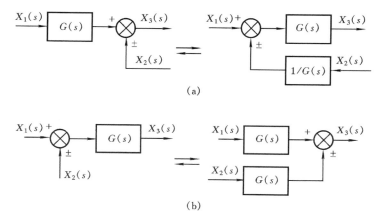

图 3 - 37　相加点移动

　　若相加点顺着信号流向,从某方块移到该方块之后,则移动分支点应串入 $G(s)$ 传递函数,如图 3 - 37(b)所示。

　　(3)分支点之间、相加点之间相互移动规则

　　分支点、相加点间相互移动,均不改变原有的数学关系。因此,可以相互移动,如图 3 - 38。但是分支点和相加点之间不能互相移动,因为它们不等效,这是要特别注意的。

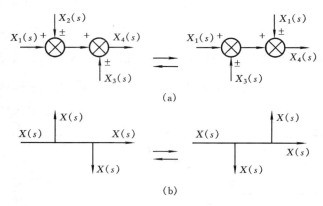

图 3 - 38　分支点、相加点移动

　　表 3 - 1 列出了各种方块图的等效变换。

表 3 - 1　方块图变换法则

变换形式	原方块图	等效方块图
(1)分支点后移	R ── G ── C ; R	R ── G ── C ; $\dfrac{1}{G}$ ── R
(2)分支点前移	R ── G ── C ; C	R ── G ── C ; G ── C
(3)相加点后移	R_1 +, R_2 + ── G ── C	R_1 ── G ; R_2 ── G ── C

变 换 形 式	原 方 块 图	等 效 方 块 图
(4)相加点前移	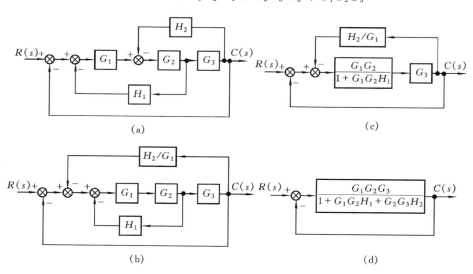	
(5)消去反馈回路		

实际上,上述各种简化过程都遵守两条基本原则,即

① 前向通道的传递函数保持不变;

② 各反馈回路的传递函数保持不变。

例 3.14　利用方块图简化法则,求图 3-39(a)所示系统的传递函数。

解　方块图简化过程依次如图 3-39(b),(c),(d)所示。由图 3-39(d)消去反馈得系统传递函数

$$\frac{C(s)}{R(s)} = \frac{G_1 G_2 G_3}{1 + G_1 G_2 H_1 + G_2 G_3 H_2 + G_1 G_2 G_3}$$

图 3-39　例 3-14 系统方块图及其简化过程

4. 画系统方块图及其求传递函数的步骤

画系统方块图及求传递函数的一般步骤为：

（1）确定系统的输入与输出；

（2）列写微分方程；

（3）初始条件为零，对各微分方程取拉氏变换；

（4）将各拉氏变换式分别以方块图表示，然后连成系统，求系统总的传递函数。

例 3.15　画出图 3-40(a)所示机械系统方块图，求传递函数$\dfrac{Y(s)}{X(s)}$。

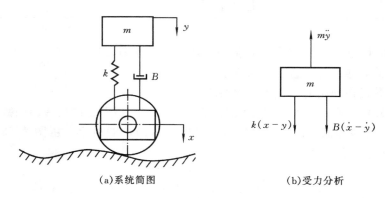

（a）系统简图　　　　　　　（b）受力分析

图 3-40　例 3.15 机械系统简图及受力分析

解　（1）确定系统的输入与输出：输入为轮轴的位移 x，输出为质量 m 的位移 y；

（2）取分离体进行受力分析如图 3-40(b)所示，设 $x>y$，得力平衡方程

$$m\ddot{y} = B(\dot{x} - \dot{y}) + k(x - y)$$

（3）对力平衡方程取拉氏变换

$$ms^2 Y(s) = (Bs + k)(X(s) - Y(s))$$

（4）根据拉氏变换式，直接画出方块图 3-41。由方块图简化，求得系统的传递函数为

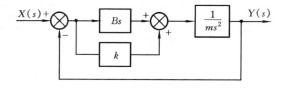

图 3-41　例 3.15 系统方块图

$$\frac{Y(s)}{X(s)} = \frac{Bs + k}{ms^2 + Bs + k}$$

例 3.16　画图 3 – 42 所示电网络的方块图,求传递函数$\dfrac{U_o(s)}{U_i(s)}$。

解　(1)系统的输入为 u_i,输出为 u_o;

(2)列写微分方程

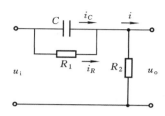

$$u_i = R_1 i_R + u_o \qquad\qquad (3-88)$$

$$u_o = R_2 i \qquad\qquad (3-89)$$

$$R_1 i_R = \frac{1}{C}\int i_C \mathrm{d}t \qquad\qquad (3-90)$$

$$i = i_R + i_C \qquad\qquad (3-91)$$

图 3 – 42　例 3.16 电网络

(3)对式(3 – 88)至式(3 – 91)分别取拉氏变换

$$U_i(s) = R_1 I_R(s) + U_o(s) \qquad\qquad (3-92)$$

$$U_o(s) = R_2 I(s) \qquad\qquad (3-93)$$

$$R_1(s) I_R(s) = \frac{1}{Cs} I_C(s) \qquad\qquad (3-94)$$

$$I(s) = I_R(s) + I_C(s) \qquad\qquad (3-95)$$

(4)将各拉氏变换式(3 – 92)至式(3 – 95)分别用方块图表示,再连成系统。如图 3 – 43(a),(b),(c),(d)所示,分别对应式(3 – 92),式(3 – 93),式(3 – 94),式(3 – 95),连成系统如图 3 – 43(e)所示。

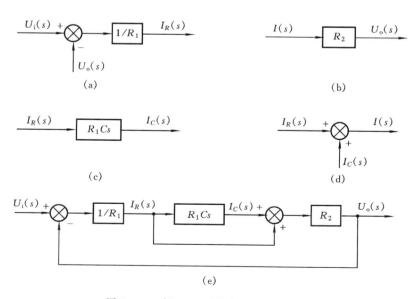

图 3 – 43　例 3.16 系统方块图作图过程

3.5　信号流图与梅逊公式

1. 信号流图

方块图对于图解表示控制系统是经常采用的一种有效工具,但是当系统很复杂时,方块图的简化过程就显得很繁杂。信号流图是另一种表示复杂系统中变量之间关系的图解方法,这种方法首先是由梅逊(S. J. Mason)提出来的。

下面通过图 3 - 44 的信号流图示例,说明信号流图的表示方法。

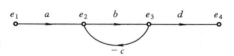

图 3 - 44　信号流图

系统中所有的信号用节点表示,在信号流图上以小圆圈表示节点,在小圆圈旁边注明信号的代号,如图中的 e_1,e_2,e_3,e_4 均为信号节点,节点又可分为

源点:只有输出没有输入的节点,如 e_1;

汇点:只有输入没有输出的节点,如 e_4;

混合节点:既有输入又有输出的节点,如 e_2,e_3。

节点之间用直线相连,用箭头表示信号的流向,有向线段称为支路,在支路上标明节点间的传递关系。图中 a,b,$-c$,d 分别表示各条支路上的传递函数。图中信号由 $e_2 \rightarrow e_3 \rightarrow e_2$ 构成闭路称为一个回路,回路中各支路的传递函数的乘积称为回路传递函数,图 3 - 44 中回路传递函数为 $-bc$。若系统中包含若干个回路,回路间没有任何公共节点的,称为不接触回路。

和图 3 - 44 等价的方块图表示于图 3 - 45,相应系统的方程式如下:

$$\begin{cases} e_2 = ae_1 - ce_3 \\ e_3 = be_2 \\ e_4 = de_3 \end{cases} \qquad (3 - 96)$$

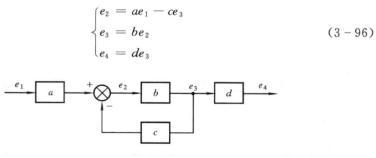

图 3 - 45　与图 3 - 44 等价的方块图

信号流图中节点表示的量,在电网络系统中可以代表电压或电流等,在机械系统中可以代表位移、力、速度等。

2. 梅逊公式

采用信号流图来表达系统的输入和输出关系时,不但符号简单,便于绘制,而且在求系统总传递函数时,可以不需简化就直接利用梅逊公式进行计算。这里只给出公式,说明其应用方法,不作证明。梅逊公式可表示为

$$T = \frac{\sum_n t_n \Delta_n}{\Delta} \qquad (3-97)$$

式中:T 为系统总传递函数;

t_n 为第 n 条前向通路的传递函数;

Δ 为信号流图的特征式:

$$\Delta = 1 - \sum_i L_{1i} + \sum_j L_{2j} - \sum_k L_{3k} + \cdots \qquad (3-98)$$

式中:L_{1i} 为第 i 条回路的传递函数;

$\sum_i L_{1i}$ 为系统中所有回路传递函数的总和;

L_{2j} 为两个互不接触回路传递函数的乘积;

$\sum_j L_{2j}$ 为系统中每两个互不接触回路传递函数乘积之和;

L_{3k} 为三个互不接触回路传递函数的乘积;

$\sum_k L_{3k}$ 为系统中每三个互不接触回路传递函数乘积之和;

Δ_n 为第 n 条前向通路特征式的余因子,即在信号流图的特征式 Δ 中,将与第 n 条前向通路相接触的回路传递函数代之以零后求得的 Δ,即为 Δ_n。

应该指出的是:上面求和的过程,是在从输入节点到输出节点的全部可能通路上进行。

下面我们通过两个例子,说明梅逊公式的应用。

例 3.17　图 3-46 为一系统的方块图,其对应的信号流图如图 3-47 所示,试利用梅逊公式求闭环传递函数。

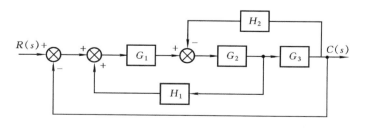

图 3-46　例 3.17 系统方块图

解　在这个系统中,输入量 $R(s)$ 和输出量 $C(s)$ 之间只有一条前向通路。前

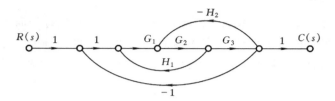

图 3-47　与图 3-46 等价的信号流图

向通路的传递函数为

$$t_1 = G_1 G_2 G_3$$

从图 3-47 可以看出,这里有三个单独回路,这些回路的传递函数为

$$L_{11} = G_1 G_2 H_1$$
$$L_{12} = - G_2 G_3 H_2$$
$$L_{13} = - G_1 G_2 G_3$$

因为所有三个回路具有一条公共支路,所以这里没有不接触的回路。因此特征式 $\triangle$ 为

$$\triangle = 1 - (L_{11} + L_{12} + L_{13}) = 1 - G_1 G_2 H_1 + G_2 G_3 H_2 + G_1 G_2 G_3$$

沿联接输入节点和输出节点的前向通路,特征式的余因子 $\triangle_1$,可以通过除去与该通路接触的回路传递函数的方法而得到。因为通路与三个回路都接触,所以我们得到

$$\triangle_1 = 1$$

因此,输入量 $R(s)$ 与输出量 $C(s)$ 之间的总传递函数(即闭环传递函数)为

$$\frac{C(s)}{R(s)} = \frac{t_1 \triangle_1}{\triangle} = \frac{G_1 G_2 G_3}{1 - G_1 G_2 H_1 + G_2 G_3 H_2 + G_1 G_2 G_3}$$

例 3.18　图 3-48 为系统的信号流图,应用梅逊公式求其总的传递函数。

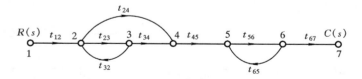

图 3-48　例 3.18 系统的信号流图

解　在这个系统中,输入量 $R(s)$ 和输出量 $C(s)$ 之间,有两条前向通路:t_1 表示第 1 条前向通路的总传递函数,其路径为 $1 \rightarrow 2 \rightarrow 4 \rightarrow 5 \rightarrow 6 \rightarrow 7$

$$t_1 = t_{12} t_{24} t_{45} t_{56} t_{67}$$

t_2 表示第 2 条前向通路的总传递函数,其路径为 $1 \rightarrow 2 \rightarrow 3 \rightarrow 4 \rightarrow 5 \rightarrow 6 \rightarrow 7$

$$t_2 = t_{12} t_{23} t_{34} t_{45} t_{56} t_{67}$$

系统有二个单独回路

$$L_{11} = t_{23} t_{32} \qquad L_{12} = t_{56} t_{65}$$

二个回路互不接触,则

$$L_{2j} = t_{23} t_{32} t_{56} t_{65}$$

因此信号流图的特征式为

$$\Delta = 1 - t_{23} t_{32} - t_{56} t_{65} + t_{23} t_{32} t_{56} t_{65}$$

前向通路特征式的余因子分别为

$\Delta_1 = 1$(与 t_1 相接触的所有回路传递函数代之以零的 Δ 值);

$\Delta_2 = 1$(同上)。

系统总的传递函数为

$$\frac{C(s)}{R(s)} = \frac{t_1 \Delta_1 + t_2 \Delta_2}{\Delta} = \frac{t_{12} t_{45} t_{56} t_{67}(t_{23} t_{34} + t_{24})}{1 - t_{23} t_{32} - t_{56} t_{65} + t_{23} t_{32} t_{56} t_{65}}$$

3.6　机、电系统的传递函数

在学习建立系统数学模型的基本原理和方法的基础上,本节列出一些动态网络系统的传递函数,另外介绍了几个实例,进一步说明如何用解析的方法,推导机、电系统的传递函数。

1. 机械网络的传递函数

现将各种机械网络示意图及相应的传递函数列于表 3-2。

表 3-2　机械网络的传递函数

机 械 网 络 示 意 图	传 递 函 数
(1) 	$$\frac{Y(s)}{X(s)} = \frac{Ts}{1+Ts}$$ $T = \dfrac{B}{k}$(T 为时间常数,以下同)

机 械 网 络 示 意 图	传 递 函 数
（2） 	$$\dfrac{Y(s)}{X(s)} = \dfrac{1}{1+Ts}$$ $$T = \dfrac{B}{k}$$
（3） 	$$\dfrac{Y(s)}{X(s)} = \dfrac{T_2}{T_1}\,\dfrac{1+T_1 s}{1+T_2 s}$$ $$T_1 = \dfrac{B}{k_1} \qquad T_2 = \dfrac{B}{k_1+k_2}$$
（4） 	$$\dfrac{Y(s)}{X(s)} = \dfrac{k_1}{k_1+k_2}\,\dfrac{1}{1+Ts}$$ $$T = \dfrac{B}{k_1+k_2}$$
（5） 	$$\dfrac{Y(s)}{X(s)} = \dfrac{1+T_2 s}{1+T_1 s}$$ $$T_1 = \dfrac{B_1+B_2}{k} \qquad T_2 = \dfrac{B_1}{k}$$

机 械 网 络 示 意 图	传 递 函 数
(6)	$$\frac{Y(s)}{X(s)} = \frac{T_1 s}{1 + T_2 s}$$ $$T_1 = \frac{B_1}{k} \quad T_2 = \frac{B_1 + B_2}{k}$$
(7)	$$\frac{Y(s)}{X(s)} = \frac{1 + T_2 s}{1 + T_1 s}$$ $$T_1 = \frac{B}{k_1} + \frac{B}{k_2} \quad T_2 = \frac{B}{k_2}$$
(8)	$$\frac{Y(s)}{X(s)} = \frac{T_1 s}{1 + T_2 s}$$ $$T_1 = \frac{B}{k_2} \quad T_2 = \frac{B}{k_1} + \frac{B}{k_2}$$
(9)	$$\frac{Y(s)}{X(s)} = \frac{T_2}{T_1} \cdot \frac{1 + T_2 s}{1 + T_1 s}$$ $$T_1 = \frac{B_2}{k} \quad T_2 = \frac{B_1 B_2}{k(B_1 + B_2)}$$
(10)	$$\frac{Y(s)}{X(s)} = \frac{B_1}{B_1 + B_2} \cdot \frac{1}{1 + Ts}$$ $$T = \frac{B_1 B_2}{k(B_1 + B_2)}$$

机 械 网 络 示 意 图	传 递 函 数
(11) 	$$\frac{Y(s)}{X(s)} = \frac{B_1}{B_1+B_2}\,\frac{1+T_1 s}{1+T_2 s}$$ $$T_1 = \frac{B_2}{k_2} \qquad T_2 = \frac{(k_1+k_2)B_1 B_2}{k_1 k_2 (B_1+B_2)}$$
(12) 	$$\frac{Y(s)}{X(s)} = \frac{k_1}{k_1+k_2}\,\frac{1+T_1 s}{1+T_2 s}$$ $$T_1 = \frac{B_1}{k_1} \qquad T_2 = \frac{B_1+B_2}{k_1+k_2}$$
(13) 	近似：$\dfrac{Y(s)}{X(s)} = \dfrac{T_2 s}{(1+T_1 s)(1+T_2 s)}$ （当 $T_1 \ll T_2$） 精确：$\dfrac{Y(s)}{X(s)} = \dfrac{T_3 s}{1+(T_1+T_4)s+T_1 T_2 s^2}$ $T_1 = B_1\left(\dfrac{1}{k_1}+\dfrac{1}{k_2}\right)$　$T_2 = \dfrac{B_2}{k_1+k_2}$　$T_3 = \dfrac{B_1}{k_2}$　$T_4 = \dfrac{B_2}{k_2}$
(14) 	近似：$\dfrac{Y(s)}{X(s)} = \dfrac{(1+T_1 s)(1+T_2 s)}{(1+T_3 s)(1+T_4 s)}$　（当 $T_3 \gg T_2$） $T_1 = \dfrac{B_1}{k_1}$　$T_2 = \dfrac{B_2}{k_2}$　$T_3 = \dfrac{B_1+B_2}{k_2}$　$T_4 = \dfrac{B_1 B_2}{(B_1+B_2)k_2}$

2. 电网络及电气系统的传递函数

表 3 - 3 列出了一些电网络及电气系统的传递函数。

表 3 - 3　电网络及电气系统的传递函数

电网络、电气系统示意图	传 递 函 数
(1)积分电路 	$$\frac{U_o(s)}{U_i(s)}=\frac{1}{RCs+1}$$
(2)微分电路 	$$\frac{U_o(s)}{U_i(s)}=\frac{RCs}{RCs+1}$$
(3)微分电路 	$$\frac{U_o(s)}{U_i(s)}=\frac{R_1Cs+1}{R_1Cs+(R_1+R_2)/R_2}$$
(4)超前-滞后滤波电路 	$$\frac{U_o(s)}{U_i(s)}=\frac{(T_as+1)(T_bs+1)}{T_aT_bs^2+(T_a+T_b+T_{ab})s+1}$$ $$=\frac{(T_as+1)(T_bs+1)}{(T_1s+1)(T_2s+1)}$$ $$T_a=R_1C_1,\ T_b=R_2C_2,\ T_{ab}=R_1C_2$$ $$T_1T_2=T_aT_b,\ T_1+T_2=T_a+T_b+T_{ab}$$

电网络、电气系统示意图	传 递 函 数
(5)磁场控制直流电机 	$$\frac{\Theta(s)}{U_f(s)}=\frac{K}{s(Js+B)(L_fs+R_f)}$$ （K 为电机转矩常数）
(6)电枢控制直流电机 	$$\frac{\Theta(s)}{U_a(s)}=\frac{K}{s\left[(L_as+R_a)(Js+B)+K_bK\right]}$$ （K 为电机转矩常数，K_b 为反电势常数）
(7)两相磁场控制交流电机 	$$\frac{\Theta(s)}{U_c(s)}=\frac{K_m}{s(Ts+1)}$$ $$T=\frac{J}{B}，K_m 为电机增益$$
(8)电位计 	$$\frac{U_o(s)}{U_i(s)}=\frac{R_2}{R}=\frac{R_2}{R_1+R_2}$$ $$\frac{R_2}{R}=\frac{\theta}{\theta_{max}}$$

续表 3 - 3

电网络、电气系统示意图	传 递 函 数
(9)测速计 $\Theta(s), \Omega(s)$　　　　$U_\text{o}(s)$	$U_\text{o}(s) = K_\text{b}\Omega(s) = K_\text{b}s\Theta(s)$ $K_\text{b} = $ 常数
(10)直流放大器 $U_\text{i}(s)$　　　　$U_\text{o}(s)$	$\dfrac{U_\text{o}(s)}{U_\text{i}(s)} = \dfrac{K_\text{a}}{Ts+1} \approx K_\text{a}$ R_o 为输出电阻；C_o 为输出电容，$T = R_\text{o}C_\text{o} \ll 1$ （伺服机放大器，通常忽略 T）

3. 加速度计的传递函数

图 3-49 所示为加速度计的原理图，它用于测量一个运动物体的加速度，如将加速度信号转换为电信号，对该信号进行积分，还可用于测量速度和位移。下面分析其测量加速度的原理。

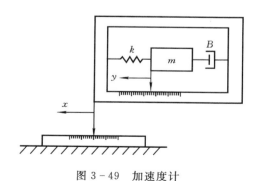

图 3-49　加速度计

设加速度计壳体相对于某固定参照物（地球）的位移为 x，并设 $x_\text{i} = \ddot{x}$（壳体的加速度）为输入信号；设质量 m 相对于壳体的位移 y 为输出信号。x, y 的正方向如图 3-49 中所示。

因为 y 是相对壳体度量的，所以质量 m 相对于地球的位移是 $(y+x)$，于是该系统的运动微分方程为

$$m(\ddot{y} + \ddot{x}) + B\dot{y} + ky = 0 \qquad (3-99)$$

则

$$m\ddot{y} + B\dot{y} + ky = -m\ddot{x} = -mx_i \qquad (3-100)$$

对式(3-100)取拉氏变换,得

$$(ms^2 + Bs + k)Y(s) = -mX_i(s)$$

则输入量为壳体加速度 $X_i(s)$,输出量为质量位移 $Y(s)$ 时的传递函数为

$$\frac{Y(s)}{X_i(s)} = \frac{-m}{ms^2 + Bs + k} = \frac{-1}{s^2 + \dfrac{B}{m}s + \dfrac{k}{m}} \qquad (3-101)$$

将式(3-101)分子、分母同除以 $s^2 + \dfrac{B}{m}s$,得

$$\frac{Y(s)}{X_i(s)} = \frac{-\dfrac{1}{s^2 + \dfrac{Bs}{m}}}{1 + \dfrac{k}{m}\dfrac{1}{s^2 + \dfrac{Bs}{m}}} \qquad (3-102)$$

若式(3-102)中使得

$$\left| \frac{k}{m}\frac{1}{s^2 + \dfrac{B}{m}s} \right| \gg 1$$

则

$$\frac{Y(s)}{X_i(s)} \approx \frac{-\dfrac{1}{s^2 + \dfrac{Bs}{m}}}{\dfrac{k}{m}\dfrac{1}{s^2 + \dfrac{Bs}{m}}} = -\frac{m}{k} \qquad (3-103)$$

加速度 $X_i(s) = \dfrac{-k}{m}Y(s)$,即

$$x_i = -\frac{k}{m}y \qquad (3-104)$$

式(3-104)表明,加速度计中质量 m 的稳态输出位移 y 正比于输入加速度 x_i,因此可用 y 值来衡量其加速度的大小。

4. 切削过程

图 3-50 所示为机床的切削过程。由图可知,实际切削深度 u 产生切削力 $f(t)$,切削力 $f(t)$ 作用于刀架,引起刀架和工件的变形,将它们都折算到刀架上,看成刀架产生变形 $x(t)$,刀架变形 $x(t)$ 又反馈回来引起切削深度 u 的改变,从而使工件、刀具到机床构成一个闭环系统。当以名义切削深度 u_i 作为输入

量,以刀架变形 $x(t)$ 作为输出量,则切削过程的传递函数可推导如下:

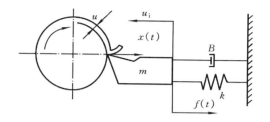

图 3-50　机床的切削过程

实际切削深度为　　$u = u_i - x$

其拉氏变换式为

$$U(s) = U_i(s) - X(s) \qquad (3-105)$$

根据切削原理中切削力动力学方程,实际切除量 u 引起的切削力 $f(t)$ 为

$$f(t) = K_c u(t) + B_c \frac{du(t)}{dt} \qquad (3-106)$$

式中:K_c 为切削过程系数,它表示相应的切削力与切除量之比;

　　　B_c 为切削阻尼系数,它表示相应的切削力与切除量变化率之比。

对式(3-106)进行拉氏变换,可得切深 $U(s)$ 与切削力 $F(s)$ 之间的切削传递函数为

$$G_c(s) = \frac{F(s)}{U(s)} = K_c(Ts + 1) \qquad (3-107)$$

式中:$T = \dfrac{B_c}{K_c}$ 为时间常数。

　　刀架可以简化为一个质量-弹簧-阻尼系统。这样,$F(s)$ 为输入,$X(s)$ 为输出时的传递函数为

$$G_m(s) = \frac{X(s)}{F(s)} = \frac{1}{ms^2 + Bs + k} \qquad (3-108)$$

根据式(3-105)、式(3-107)和式(3-108)可绘出方块图,如图 3-51 所示。

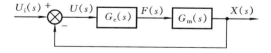

图 3-51　车削过程系统方框图

对于切削加工过程来说,其系统的开环传递函数为

$$G_k(s) = G_c(s)G_m(s) = \frac{K_c(Ts + 1)}{ms^2 + Bs + k} \qquad (3-109)$$

该系统由比例环节、一阶微分环节和二阶振荡环节组成。

系统的闭环传递函数为

$$G_B(s) = \frac{X(s)}{U_i(s)} = \frac{G_c(s)G_m(s)}{1 + G_c(s)G_m(s)}$$

$$= \frac{K_c(Ts+1)}{ms^2 + (K_cT+B)s + (K_c+k)} \qquad (3-110)$$

它是一个二阶系统。

5. 直流伺服电机驱动的进给系统传递函数

数控机床及机器人中广泛采用直流电机伺服系统,图 3-52 为半闭环数控进给系统简图,该系统由以下几个部分组成:

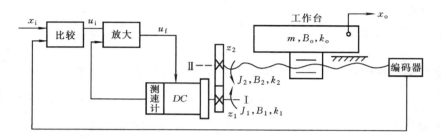

图 3-52　直流伺服电机驱动的进给系统

(1) 驱动装置:包括放大器、直流电机和测速计;

(2) 机械传动装置:包括一对减速齿轮、一副滚珠丝杠螺母和工作台;

(3) 检测装置:用编码器检测丝杠的转角,并将信号进行反馈;

(4) 计数与比较、转换装置:将输入指令与反馈信号进行比较,并将比较后的信号转换为电压信号。

下面分别推导各部分的传递函数。

(1) 驱动装置

典型的驱动装置的组成框图如图 3-53 所示。

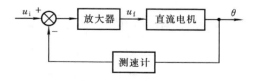

图 3-53　驱动装置框图

图 3-53 中直流电机为磁场控制式,其驱动原理图如图 3-54 所示。u_f 为磁场电压,是输入信号。θ 为直流电机转角,是输出信号。图中 i_a 为电枢电流,u_f, i_f, R_f, L_f 分别为磁场绕组的电压、电流、电阻和电感,M 和 θ 分别为电机扭矩

和转角，J,B 分别为折算到电机轴上的等效转动惯量和等效阻尼。忽略弹性变形，即不计等效刚度。

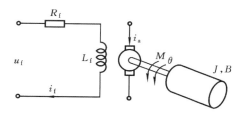

图 3 - 54　磁场控制直流电机

当电枢绕组内阻较大时，i_a 可视为常数，这时 M 与 i_f 成正比，因此

$$M = Ki_f \tag{3-111}$$

式中：K 为电机转矩常数。电机的运动平衡方程为

$$J\ddot{\theta} + B\dot{\theta} = M \tag{3-112}$$

磁场回路方程为

$$L_f \dot{i}_f + R_f i_f = u_f \tag{3-113}$$

将式(3-111)代入式(3-112)，并对式(3-112)，式(3-113)取拉氏变换

$$(Js^2 + Bs)\Theta(s) = KI_f(s)$$

$$(L_f s + R_f)I_f(s) = U_f(s)$$

求得直流电机的传递函数为

$$G_m(s) = \frac{\Theta(s)}{U_f(s)} = \frac{K}{s(L_f s + R_f)(Js + B)} = \frac{K_m}{s(T_f s + 1)(T_m s + 1)} \tag{3-114}$$

式中：$K_m = \dfrac{K}{R_f B}$ 为电机增益；

$\quad\quad T_f = \dfrac{L_f}{R_f}$，为磁场电路时间常数；

$\quad\quad T_m = \dfrac{J}{B}$，为电枢机械旋转时间常数。

若不计磁场回路中的电感，则传递函数可简化为

$$G_m(s) = \frac{\Theta(s)}{U_f(s)} = \frac{K_m}{s(T_m s + 1)} \tag{3-115}$$

在图 3-53 中，假设放大器增益为 K_a，测速计常数为 K_b，则驱动装置的方块图如图 3-55 所示，也可以表示为如图 3-56 所示的形式。

（2）机械传动装置

在图 3-52 中，设电机转角 θ 为输入，工作台轴向位移 x_o 为输出信号。设

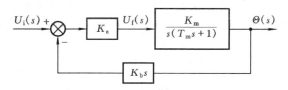

图 3 - 55　驱动装置方块图

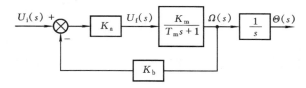

图 3 - 56　驱动装置方块图的另一种画法

Ⅰ,Ⅱ 轴分别为电机轴和丝杠轴:J_1,J_2 分别为 Ⅰ,Ⅱ 轴的转动惯量,k_1,k_2 分别为 Ⅰ,Ⅱ 轴扭转刚度系数,m 为工作台质量,B_o,k_o 分别为工作台直线运动阻尼系数和轴向刚度系数。

在推导传递函数时,可用本章 3.2 节中例 3.3 的方法,列出各轴的运动平衡方程,最后推出一个等效系统的微分方程,求出等效的惯量、阻尼系数、刚度系数。这里采用另一种方法,分别先求出等效参数,并介绍求等效惯量、阻尼、刚度的一般算法,然后列微分方程,最后推出传递函数。

设机械传动装置折算到电机轴(Ⅰ轴)上的等效转动惯量、等效阻尼系数、等效扭转刚度系数分别为 J,B,k。

① 等效转动惯量 J 的计算

根据能量守恒原理,系统中各转动件、移动件的总能量等于折算到某特定轴上的等效能量,本系统中有两个转动件和一个移动件,它们的总能量为

$$E = \frac{1}{2}J_1\dot{\theta}_1^2 + \frac{1}{2}J_2\dot{\theta}_2^2 + \frac{1}{2}m\dot{x}_o^2 \qquad (3-116)$$

折算到电机轴(即 Ⅰ 轴)上的等效能量

$$E = \frac{1}{2}J\dot{\theta}_1^2 \qquad (3-117)$$

将式(3-117)代入式(3-116)中,得等效转动惯量 J 为

$$J = J_1 + J_2\left[\frac{\dot{\theta}_2}{\dot{\theta}_1}\right]^2 + m\left[\frac{\dot{x}_o}{\dot{\theta}_1}\right]^2 = J_1 + J_2\left(\frac{z_1}{z_2}\right)^2 + \frac{mL^2}{4\pi^2}\left(\frac{z_1}{z_2}\right)^2 \quad (3-118)$$

式中:L 为丝杠导程,且 $L = \dfrac{\dot{x}_o}{n_2}$;$n_2 = \dfrac{\dot{\theta}_2}{2\pi}$ 为 Ⅱ 轴的转速。

② 等效阻尼系数的计算

可根据阻尼损耗能量相等的原理进行折算。本例中只计工作台和导轨间的直线阻尼,其他回转阻尼忽略不计。工作台移动阻尼损耗能量为

$$E = \frac{1}{2} B_o \dot{x}_o^2 \tag{3-119}$$

折算到 I 轴上的等效回转阻尼损耗能为

$$E = \frac{1}{2} B \dot{\theta}_1^2 \tag{3-120}$$

因此等效回转阻尼系数为

$$B = B_o \left(\frac{\dot{x}_o}{\dot{\theta}_1} \right)^2 = B_1 \left(\frac{z_1}{z_2} \frac{L}{2\pi} \right)^2 \tag{3-121}$$

③ 等效刚度系数的计算

根据弹性变形产生的位能相等的原理计算等效刚度系数。分别将工作台轴向刚度和 II 轴的回转刚度全都折算到电机轴上,加上电机轴原有的刚度,相当于三个弹簧串联,串联弹簧总的等效刚度系数 k 为

$$k = \frac{1}{\dfrac{1}{k_1} + \dfrac{1}{k_2^1} + \dfrac{1}{k_0^1}} \tag{3-122}$$

式中:k_1 为 I 轴本身刚度系数,k_2^1 和 k_0^1 分别为轴 II 和工作台折算到 I 轴的刚度系数。

工作台轴向弹性变形能为 $E = \dfrac{1}{2} k_0 \Delta x_o^2$,折算到 I 轴的等效扭转变形能为

$$E = \frac{1}{2} k_0^1 \Delta \theta_1^2$$

从而得到

$$k_0^1 = \left(\frac{\Delta x_0}{\Delta \theta_1} \right)^2 k_0 = \left(\frac{z_1}{z_2} \frac{L}{2\pi} \right)^2 k_0$$

同理,将轴 II 的刚度系数 k_2,折算到轴 I,其等效值为

$$k_2^1 = \left(\frac{\Delta \theta_2}{\Delta \theta_1} \right)^2 k_2 = \left(\frac{z_1}{z_2} \right)^2 k_2$$

I 轴上的等效刚度系数 k 为

$$k = \frac{1}{\dfrac{1}{k_1} + \dfrac{1}{\left(\dfrac{z_1}{z_2} \right)^2 k_2} + \dfrac{1}{\left(\dfrac{z_1}{z_2} \dfrac{L}{2\pi} \right)^2 k_0}} \tag{3-123}$$

经过等效变换后,机械传动装置可简化为如图 3-57 系统。电机驱动转矩为 M,电机输入转角为 θ,电机轴在负载作用下的实际转角为 θ_1。

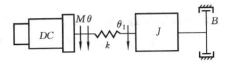

图 3-57　等效机械传动装置简图

列平衡方程

$$M = k(\theta - \theta_1) \tag{3-124}$$

$$M = J\ddot{\theta}_1 + B\dot{\theta}_1 \tag{3-125}$$

因此

$$k(\theta - \theta_1) = J\ddot{\theta}_1 + B\dot{\theta}_1 \tag{3-126}$$

又因为

$$\theta_1 = \frac{z_2}{z_1}\frac{2\pi}{L}x_0 \tag{3-127}$$

将式(3-127)代入式(3-126),并进行拉氏变换

$$(Js^2 + Bs + k)\frac{z_2}{z_1}\frac{2\pi}{L}X_o(s) = k\Theta(s)$$

输入转角到工作台位移间的传递函数为

$$\frac{X_0(s)}{\Theta(s)} = \frac{\left(\dfrac{z_1}{z_2}\dfrac{L}{2\pi}\right)k}{Js^2 + Bs + k} = \frac{z_1}{z_2}\frac{L}{2\pi}\frac{\omega_n^2}{s^2 + 2\zeta\omega_n s + \omega_n^2} \tag{3-128}$$

式中:$\omega_n = \sqrt{\dfrac{k}{J}}$,为机械系统的无阻尼自然频率;

　　　　$\zeta = \dfrac{B}{2\sqrt{Jk}}$,为机械系统阻尼比。

由传递函数可以看出,该机械系统为一个振荡环节。

　　(3)检测装置

　　将编码器测得的实际位移量,以脉冲数直接反馈到输入端,设传递函数 $k_e = 1$。

　　(4)计数、比较和转换装置

　　将指令脉冲和反馈脉冲进行比较,脉冲差值通过 D/A 转换,变为电压量 u_i,该环节为比例环节,增益为 K_c。整个进给系统的方块图如图 3-58 所示。

　　在前面所述的驱动电机传递函数的推导中,忽略了弹性负载,即不计电机轴的弹性变形。这是由于考虑电机实际工作在转速经常变化、频繁起动和制动条件下,电机的时间常数是很重要的性能指标,因此和时间常数有关的惯性负载和阻尼负载首先必须考虑;为简化推导过程,且因为系统有一定的刚性,便忽略了

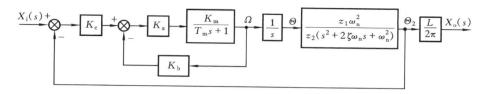

图 3-58　直流伺服电机驱动的进给系统方块图

弹性负载。但在推导机械传动部件的传递函数中,不仅考虑到等效惯量和等效阻尼,而且考虑了等效刚度。这是因为惯量和刚度直接决定了机械部件的固有频率,该固有频率关系到整个伺服系统的刚性和工作稳定性,阻尼特性则和系统的定位精度和工作稳定性有关。

复习思考题

1. 为什么要建立系统的数学模型?数学模型有哪些形式?
2. 线性系统与非线性系统的主要区别是什么?
3. 列写系统微分方程式要考虑哪些问题?
4. 采用变量增量化的方法来列写微分方程有什么优点?要注意什么?
5. 传递函数的定义和特点?
6. 传递函数的零点和极点的概念,以及它们对系统性能的影响。
7. 建立各典型环节传递函数的原理和方法。
8. 方块图的建立、简化及综合过程。
9. 信号流程图的概念。
10. 各类机、电网络系统的传递函数。
11. 典型系统传递函数的建立方法。

习 题

3.1　列出图题 3.1 所示各种机械系统的运动微分方程式。图中未注明的 $x(t)$ 为输入位移,$y(t)$ 为输出位移。

3.2　列出图题 3.2 所示系统的运动微分方程式,并求输入轴上的等效转动惯量 J 和等效阻尼系数 B。图中 T_1 和 θ_1 为输入转矩及转角,T_L 为输出转矩,z_1 和 z_2 分别为输入和输出轴上齿轮的齿数。

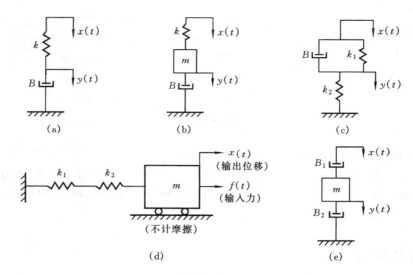

图题 3.1

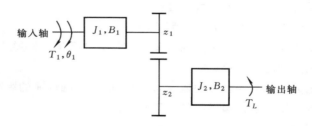

图题 3.2

3.3　求图题 3.3 所示各电气网络输入量和输出量之间关系的微分方程式。图中 u_i 为输入电压，u_o 为输出电压。

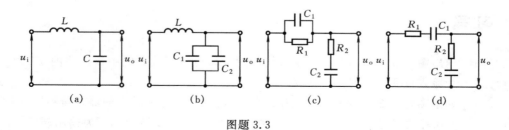

图题 3.3

3.4　列出图题 3.4 所示机械系统的作用力 $f(t)$ 与位移 $x(t)$ 之间关系的微分方程。

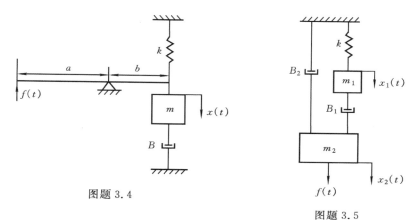

图题 3.4

图题 3.5

3.5　如图题 3.5 所示的系统,当外力作用于系统时,m_1 和 m_2 有不同的位移输
　　出 $x_1(t)$ 和 $x_2(t)$,试求 $f(t)$ 与 $x_2(t)$ 的关系,列出微分方程式。

3.6　求图题 3.6 所示各机械系统的传递函数,其中(a),(b)图中 $f(t)$ 为输入,
　　$x(t)$ 为输出;(c),(d)图中 $x_1(t)$ 为输入,$x_2(t)$ 为输出。

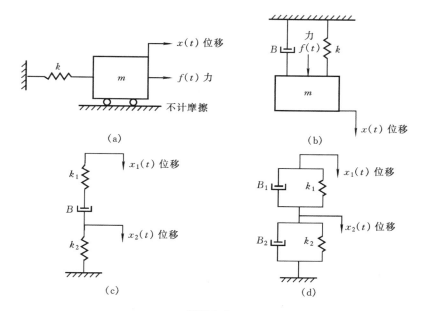

图题 3.6

3.7　图题 3.7 所示 $f(t)$ 为输入力,系统的扭转弹簧刚度为 k,轴的转动惯量为
　　J,阻尼系数为 B,系统的输出为轴的转角 $\theta(t)$,轴的半径为 r,求系统的传
　　递函数。

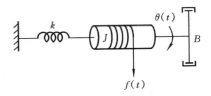

图题 3.7

3.8　证明图题 3.8(a)和(b)所示的系统是相似系统。其中 $u_i(t)$ 和 $x_1(t)$ 为输入，$u_o(t)$ 和 $x_2(t)$ 为输出。

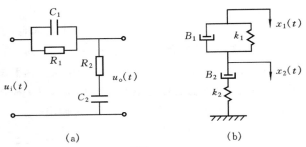

　　　　　　　　(a)　　　　　　　　　　　　　(b)

图题 3.8

3.9　若某系统在阶跃输入 $x(t)=1(t)$ 作用时，系统的输出响应为 $y(t)=1-e^{-2t}+e^{-t}$，试求系统的传递函数和脉冲响应函数。

3.10　运用方块图简化法则，求图题 3.10 所示各系统的传递函数。

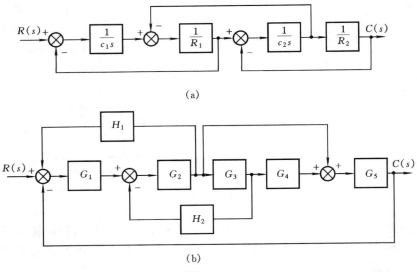

(a)

(b)

图题 3.10

3.11　画出图题 3.11 所示系统的方块图,并写出其传递函数。

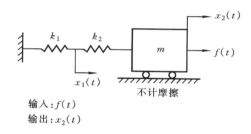

输入:$f(t)$
输出:$x_2(t)$

图题 3.11

3.12　画出图题 3.12 所示系统的方块图,该系统在开始时处于静止状态,系统的输入为外力 $f(t)$,输出为位移 $x(t)$,并写出系统的传递函数。

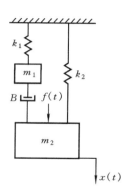

图题 3.12

3.13　求图题 3.13 所示系统的传递函数。

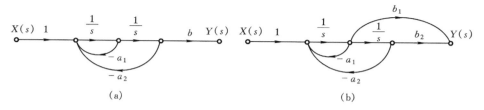

(a)　　　　　　　　　　　　(b)

图题 3.13

3.14 图题 3.14 所示为发动机速度控制系统的方块图,发动机速度由转速测量
装置进行测量,试画出该系统的信号流图。

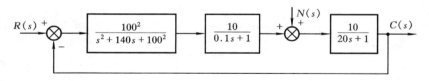

图题 3.14

第4章 控制系统的时域分析

　　控制系统的时域分析是一种直接分析法,它根据描述系统的微分方程或传递函数在时间域内直接计算系统的时间响应,从而分析和确定系统的稳态性能和动态性能。

　　本章首先介绍了系统时间响应的基本概念,并对一阶、二阶系统的时间响应进行了分析,同时讨论了高阶系统的时间响应以及主导极点的概念;接着对系统的瞬态响应的性能指标进行了分析,并针对二阶系统进行了深入的讨论;最后介绍了系统误差与稳态误差的概念,讨论了影响误差的主要因素。

4.1　时间响应

1. 时间响应的概念

　　机械工程系统在外加作用激励下,其输出量随时间变化的函数关系称之为系统的时间响应,通过对时间响应的分析可揭示系统本身的动态特性。

　　在分析和设计系统时,必须预先规定一些具有特殊形式的试验信号作为系统的输入,这种输入信号通常称为典型输入信号。通过比较系统对这些输入信号的响应,对该系统的性能进行评价。典型输入信号应能全面反映系统的稳态性能和瞬态性能,同时还应考虑其物理可实现性及理论分析的简单性和方便性。在时域分析法中,常采用的典型输入信号有阶跃函数、脉冲函数、斜坡函数和加速度函数等。不同的系统或参数不同的同一系统,它们对同一典型输入信号的时间响应不同,反映出各种系统动态性能的差异,从而可以定出相应的性能指标,对系统的性能予以评定。

　　线性动力系统可用微分方程来描述,系统时间响应的数学表达式就是微分方程式的解。任一系统的时间响应都是由瞬态响应和稳态响应两部分组成。

　　瞬态响应:当系统受到外加作用激励后,从初始状态到最后状态的响应过程称为瞬态响应。如图 4-1 所示,当系统在单位阶跃信号激励下在 0 到 t_1 时间内的响应过程为瞬态响应。当 $t > t_1$ 时,则系统趋于稳定。

　　稳态响应:时间趋于无穷大时,系统的输出状态称为稳态响应。如图 4-1 中,当 $t \to \infty$ 时的稳态输出 $c(t)$。

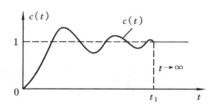

图 4-1 单位阶跃作用下的时间响应

当 $t \to \infty$ 时，$c(t) \to$ 稳态值，则系统是稳定的；若 $c(t)$ 呈等幅振荡或发散，则系统不稳定。本章所讨论的系统时间响应均是在系统稳定的前提下进行的。瞬态响应反映了系统的动态性能，而稳态响应偏离系统希望值的程度反映了系统的精确程度。

2. 脉冲响应函数（或权函数）

传递函数 $G(s)$ 是在 s 域或频域中描述一个系统，但是在很多情况下，常常要求在时域中描述一个系统的输入与输出的动态因果关系，这就是系统的脉冲响应函数 $g(t)$。顾名思义，当一个系统受到一个单位脉冲激励（输入）时，它所产生的反应或响应（输出）定义为脉冲响应函数。如图 4-2 所示，当系统输入 $x(t) = \delta(t)$ 时，则输出 $y(t) = g(t)$，$\delta(t)$ 为单位脉冲函数。

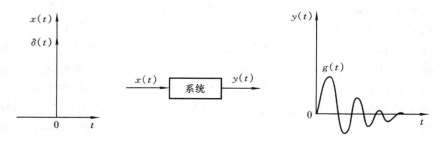

图 4-2 单位脉冲响应函数

因而一个系统可用图 4-3 的方块图来表示。

由图 4-2，若系统输入 $x(t) = \delta(t)$，对输出 $y(t) = g(t)$ 进行拉氏变换，并注意到 $L[\delta(t)] = 1$，则

$$\begin{cases} X(s) = L[x(t)] = L[\delta(t)] = 1 \\ Y(s) = L[y(t)] = L[g(t)] \end{cases} \quad (4-1)$$

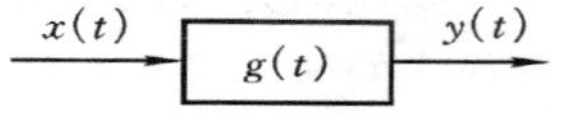

图 4-3 系统方框图

由传递函数的定义

$$Y(s) = G(s)X(s) \quad (4-2)$$

得

$$L[g(t)] = G(s) \qquad (4-3)$$

或

$$g(t) = L^{-1}[G(s)] \qquad (4-4)$$

式(4-3)和式(4-4)说明,系统传递函数 $G(s)$ 即为其脉冲响应函数 $g(t)$ 的象函数。

若系统输入为单位阶跃函数,因为单位阶跃函数是单位脉冲函数的积分,即

$$x(t) = 1(t) = \int_0^t \delta(t) \mathrm{d}t \qquad (4-5)$$

则

$$X(s) = \frac{1}{s}$$

根据传递函数定义和拉氏变换积分定理可得

$$Y(s) = G(s)X(s) = \frac{1}{s}G(s)$$

即得

$$y(t) = L^{-1}\left[\frac{1}{s}G(s)\right] = \int_0^t g(t) \mathrm{d}t \qquad (4-6)$$

上式表明,系统对输入信号积分的响应,等于系统对该输入信号响应的积分,同样系统对输入信号导数的响应,等于系统对该输入信号响应的导数。该结论是线性定常系统的重要特性,但不适用于线性时变系统及非线性系统。

3. 任意输入作用下系统的时间响应

当线性系统输入为一任意时间函数 $x(t)$ 时(如图 4-4 所示),在 0 到 t_1 时刻内,将连续信号 $x(t)$ 分割成 n 个小段,$\Delta\tau = \dfrac{t}{n}$。当 $n \to \infty$,则 $\Delta\tau \to 0$,$x(t)$ 可以近似看作 n 个脉冲叠加而成,每个脉冲的面积为 $x(\tau_k)\Delta\tau$。

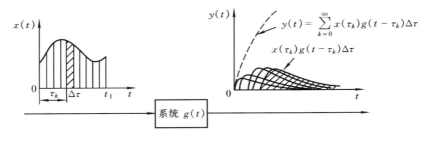

图 4-4　任意输入作用下的响应

如前所述,对于单位脉冲 $\delta(t)$,面积为 1,作用在 $t=0$ 的时刻,其输出为脉冲响应函数 $g(t)$,而对于面积为 $x(\tau_k)\Delta\tau$,作用时刻为 τ_k 的各个脉冲的输出响应,

按比例和时间平移的方法,可得 τ_k 时刻的响应为 $x(\tau_k)\Delta\tau g(t-\tau_k)$。根据线性叠加的原理,将 0 到 t 的各个时刻的脉冲响应叠加,就得到了任意函数 $x(t)$ 在 t 时的时间响应函数 $y(t)$。

$$y(t) = \lim_{n \to \infty} \sum_{k=0}^{n} x(\tau_k)g(t-\tau_k)\Delta\tau = \int_0^t x(\tau)g(t-\tau)\mathrm{d}\tau \qquad (4-7)$$

由此,已知系统的脉冲响应函数,就可以通过式(4-7)的卷积分,求得系统对任意时间函数 $x(t)$ 的时间响应函数 $y(t)$。由式(4-7)可知,系统在受输入激励作用后,t 时刻的输出 $y(t)$ 为 t 时刻及 t 时刻以前各输入 $x(\tau)$ 乘以相应时刻的权函数 $g(t-\tau)$ 所产生的输出累积,$-\infty < \tau \leqslant t$。因此,脉冲响应函数 $g(t)$ 又称为权函数,可以把式(4-7)拓展成

$$y(t) = \int_{-\infty}^{t} x(\tau)g(t-\tau)\mathrm{d}\tau \qquad (4-8)$$

并注意,对于任意可实现的系统,当 $\tau > t$ 时,$g(t-\tau)=0$。这是因为 t 时刻以后的输入,不可能对 t 时刻的输出 $y(t)$ 产生作用。

脉冲响应函数不仅是在时域中描述系统动态特性的重要数学工具,同时也提供了一个极为简单而重要的利用实验方法来建立系统数学模型的理论及实验基础。对于机械结构来说,采用锤击法来施加脉冲激励作用是很方便的,早在 20 世纪 20 年代就已经用于飞机结构的建模和参数识别。

例 4.1　系统的单位脉冲响应函数为 $g(t) = 2\mathrm{e}^{-\frac{1}{2}t}$,系统输入 $x(t)$ 如图 4-5 所示,求系统的输出 $y(t)$。

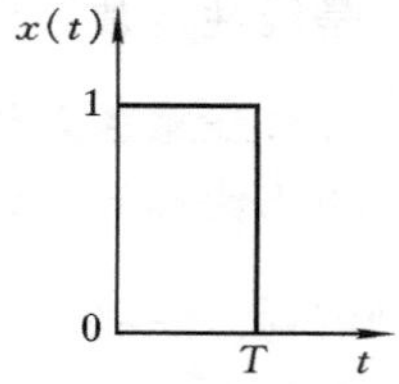

解　系统输入 $x(t)$ 为

$$x(t) = \begin{cases} 1, & 0 \leqslant t \leqslant T \\ 0, & t > T \end{cases}$$

由式(4-7)可分别求出以下 3 个时间间隔内的响应如下:

图 4-5　系统的输入函数

$t < 0$ 时,$y(t) = \int_{-\infty}^{t} x(\tau)g(t-\tau)\mathrm{d}\tau = 0$

$0 \leqslant t \leqslant T$ 时,$y(t) = \int_0^t x(\tau)g(t-\tau)\mathrm{d}\tau = \int_0^t 2\mathrm{e}^{-\frac{1}{2}(t-\tau)}\mathrm{d}\tau = 4(1-\mathrm{e}^{-\frac{1}{2}t})$

$t > T$ 时,$y(t) = \int_0^t x(\tau)g(t-\tau)\mathrm{d}\tau$

$$= \int_0^T x(\tau)g(t-\tau)\mathrm{d}\tau + \int_T^t x(\tau)g(t-\tau)\mathrm{d}\tau$$

$$= \int_0^T 2\mathrm{e}^{-\frac{1}{2}(t-\tau)}\mathrm{d}\tau$$

$$= 2\mathrm{e}^{-\frac{1}{2}t}\int_0^T \mathrm{e}^{\frac{1}{2}\tau}\mathrm{d}\tau$$

$$= 4(\mathrm{e}^{-\frac{1}{2}(t-T)} - \mathrm{e}^{-\frac{1}{2}t})$$

对于该题也可采用拉氏变换与反变换方法，求其输出响应。由图 4 - 5 可知，其输入函数也可以表达为 $x(t) = 1(t) - 1(t - T)$，对其进行拉氏变换，得

$$X(s) = \frac{1}{s}(1 - e^{-Ts})$$

系统的传递函数为

$$G(s) = L^{-1}\left[2e^{-\frac{1}{2}t}\right] = \frac{2}{s + 0.5} = \frac{4}{2s + 1}$$

则

$$Y(s) = \frac{4}{s(2s + 1)}(1 - e^{-Ts})$$

对上式进行拉氏反变换可得

$$y(t) = 4(1 - e^{-\frac{1}{2}t}) - 4\left[1 - e^{-\frac{1}{2}(t-T)}\right]1(t - T)$$

即

$$y(t) = \begin{cases} 0 & t < 0 \\ 4(1 - e^{-\frac{1}{2}t}) & 0 \leqslant t \leqslant T \\ 4(e^{-\frac{1}{2}(t-T)} - e^{-\frac{1}{2}t}) & t > T \end{cases}$$

4.2　一阶系统的时间响应

1. 一阶系统的数学模型

能用一阶微分方程描述的系统称为一阶系统，如图 4 - 6 所示的 RC 电路。

系统的传递函数为

$$\frac{U_o(s)}{U_i(s)} = \frac{1}{RCs + 1} \qquad (4 - 9)$$

图 4 - 7 所示的机械转动系统，M 为输入扭矩，ω 为输出角速度。系统的传递函数为

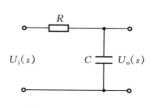

图 4 - 6　阻容网络

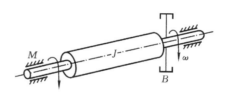

图 4 - 7　转动环节

$$\frac{\Omega(s)}{M(s)} = \frac{1}{Js + B} \qquad (4-10)$$

图 4-8 为不计质量的弹簧-阻尼系统,p 为输入油压,y 为输出位移,A 为活塞面积,k 为弹簧常数,B 为粘性阻尼系数。则系统的传递函数为

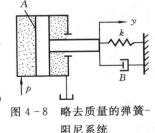

$$\frac{Y(s)}{P(s)} = \frac{A}{Bs + k} \qquad (4-11)$$

因此一阶系统传递函数的一般形式为

$$\frac{C(s)}{R(s)} = \frac{K}{Ts + 1} \qquad (4-12)$$

图 4-8　略去质量的弹簧-阻尼系统

式中:K 为系统增益,T 为时间常数。

当 $K=1$,典型一阶系统的方块图及其简化形式如图 4-9(a),(b)所示。

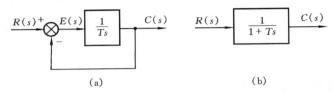

(a)　　　　　　　　　　　(b)

图 4-9　一阶系统的方块图

2. 一阶系统的单位阶跃响应

当输入为单位阶跃响应,即

$$R(s) = \frac{1}{s}$$

则有

$$C(s) = \frac{1}{Ts + 1}\,\frac{1}{s} = \frac{1}{s} - \frac{T}{Ts + 1} = \frac{1}{s} - \frac{1}{s + \frac{1}{T}} \qquad (4-13)$$

对上式进行拉氏反变换

$$c(t) = 1 - e^{-\frac{t}{T}} \qquad (4-14)$$

时间响应曲线如图 4-10 所示。

在 $t=0$ 时刻,响应曲线的斜率为

$$\frac{\mathrm{d}c(t)}{\mathrm{d}t}\bigg|_{t=0} = \frac{1}{T}e^{-\frac{t}{T}}\bigg|_{t=0} = \frac{1}{T} \qquad (4-15)$$

一阶系统的时间常数 T 是重要的特征参数,它表征了系统过渡过程的品质,T 愈小,则系统响应愈快,即很快达到稳定值。在前面所述的 RC 电路中,时

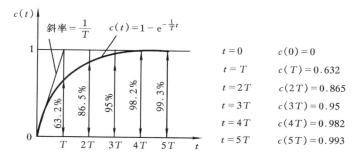

图 4-10　典型一阶系统的单位阶跃响应曲线

间常数 $T=RC$,在回转机械系统中 $T=\dfrac{J}{B}$;在油缸-弹簧-阻尼系统中 $T=\dfrac{B}{k}$,和 T 有关的系统各参数均和系统动态品质有关。

3. 一阶系统的脉冲响应

当系统的输入为单位脉冲函数 $\delta(t)$ 时,输出为系统的时间响应函数 $g(t)$ 或称权函数。因此,当 $r(t)=\delta(t)$ 时,有 $R(s)=1$,所以

$$C(s)=\frac{1}{Ts+1}=\frac{1}{T}\frac{1}{s+\frac{1}{T}} \qquad (4-16)$$

经拉氏反变换

$$g(t)=c(t)=\frac{1}{T}\mathrm{e}^{-\frac{t}{T}} \quad (t\geqslant 0) \qquad (4-17)$$

一阶系统的单位脉冲响应曲线如图 4-11 所示。

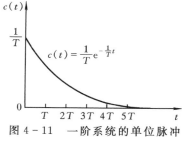

图 4-11　一阶系统的单位脉冲响应曲线

4. 一阶系统的单位斜坡响应

当输入为单位斜坡函数时,有 $R(s)=\dfrac{1}{s^2}$,所以

$$C(s)=\frac{1}{Ts+1}\cdot\frac{1}{s^2}=\frac{1}{s^2}-\frac{T}{s}+\frac{T^2}{Ts+1}$$

$$=\frac{1}{s^2}-T\left(\frac{1}{s}\right)+T\left(\frac{1}{s+1/T}\right) \qquad (4-18)$$

对上式进行拉氏反变换

$$c(t)=t-T+T\mathrm{e}^{-t/T} \qquad (4-19)$$

时间响应曲线如图 4-12 所示。

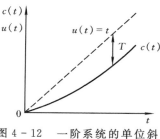

图 4-12　一阶系统的单位斜坡响应曲线

4.3　二阶系统的时间响应

1. 系统的数学模型

二阶系统是用二阶微分方程描述的系统。图 4 - 13 所示弹簧-质量-阻尼系统,当 $x(t)$ 为输入作用力,$y(t)$ 为输出位移时即为二阶系统。其运动微分方程为

$$m \frac{\mathrm{d}^2 y}{\mathrm{d}t^2} + B \frac{\mathrm{d}y}{\mathrm{d}t} + ky = x \qquad (4-20)$$

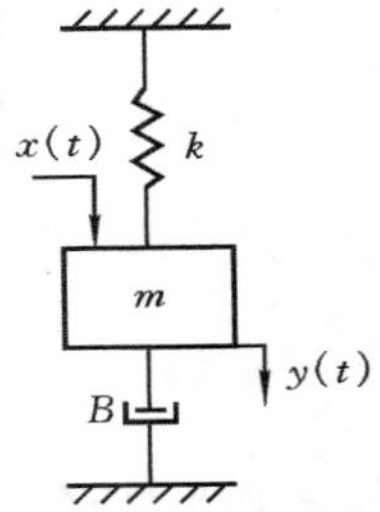

系统的传递函数为

$$G(s) = \frac{Y(s)}{X(s)} = \frac{1}{ms^2 + Bs + k} \qquad (4-21)$$

为使研究结果具有普遍意义,引入新的参变量

$$\begin{cases} \omega_\mathrm{n}^2 = \dfrac{k}{m}, \ \omega_\mathrm{n} = \sqrt{\dfrac{k}{m}} \\[2mm] 2\zeta\omega_\mathrm{n} = \dfrac{B}{m} \end{cases} \qquad (4-22)$$

图4-13　弹簧-质量-阻尼系统

式中:ω_n 为无阻尼自然频率;ζ 为阻尼比,表示如下

$$\zeta = \frac{\text{粘性阻尼系数}}{\text{临界阻尼系数}} = \frac{B}{B_\mathrm{c}} = \frac{B}{2\sqrt{mk}} \qquad (4-23)$$

式中:临界阻尼系数 B_c 是根据二阶系统特征方程的特征根在临界状态下求得。

由式(4-21),得系统特征方程为

$$ms^2 + Bs + k = 0$$

特征根为

$$s_{1,2} = \frac{-B \pm \sqrt{B^2 - 4mk}}{2m}$$

在临界阻尼状态,$B_\mathrm{c}^2 = 4mk$,故临界阻尼系数为

$$B_\mathrm{c} = 2\sqrt{mk}$$

引入新参量后,式(4-21)可改写为

$$G(s) = \frac{1}{k} \frac{\omega_\mathrm{n}^2}{s^2 + 2\zeta\omega_\mathrm{n}s + \omega_\mathrm{n}^2} \qquad (4-24)$$

式中:$\dfrac{1}{k}$ 为系统增益,$\omega_\mathrm{n}^2/(s^2 + 2\zeta\omega_\mathrm{n}s + \omega_\mathrm{n}^2)$ 为典型二阶系统的传递函数。

下面仅讨论此二阶系统的典型形式,分析参数 ζ,ω_n 对系统动态性能的影响。典型二阶系统的方块图及其简化形式如图 4 - 14(a),(b)所示。

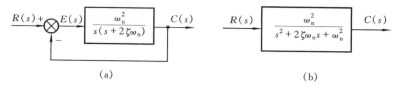

图 4 - 14　典型二阶系统方块图

2. 二阶系统的单位阶跃响应

图 4 - 14 所示二阶系统的特征方程为

$$s^2 + 2\zeta\omega_n s + \omega_n^2 = 0 \qquad (4 - 25)$$

其特征根为

$$s_{1,2} = -\zeta\omega_n \pm \omega_n \sqrt{\zeta^2 - 1} \qquad (4 - 26)$$

根据阻尼比的不同取值,其特征根与阶跃响应有以下几种情况:

(1) 欠阻尼情况($0 < \zeta < 1$),特征根为共轭复根

由式(4 - 26)可知,此时二阶系统的特征方程有一对共轭复根

$$s_{1,2} = -\zeta\omega_n \pm j\omega_n \sqrt{1 - \zeta^2} = -\zeta\omega_n \pm j\omega_d \qquad (4 - 27)$$

式中:$\omega_d = \omega_n \sqrt{1 - \zeta^2}$ 为阻尼自然频率。其极点在[s]平面上的分布情况见图 4 - 15(a)。这时

$$\frac{C(s)}{R(s)} = \frac{\omega_n^2}{(s + \zeta\omega_n + j\omega_d)(s + \zeta\omega_n - j\omega_d)} \qquad (4 - 28)$$

当 $R(s) = \dfrac{1}{s}$,即输入为单位阶跃函数,输出的拉氏变换为

$$C(s) = \frac{\omega_n^2}{s(s + \zeta\omega_n + j\omega_d)(s + \zeta\omega_n - j\omega_d)} \qquad (4 - 29)$$

对式(4 - 29)进行拉氏反变换,可得系统的单位阶跃响应为

$$c(t) = 1 - \frac{e^{-\zeta\omega_n t}}{\sqrt{1 - \zeta^2}} \sin\left(\omega_d t + \arctan \frac{\sqrt{1 - \zeta^2}}{\zeta}\right) \quad (t \geqslant 0) \quad (4 - 30)$$

由式(4 - 30)可以看出,在欠阻尼情况下,二阶系统对单位阶跃输入的响应为衰减的振荡,其振荡角频率等于阻尼自然频率 ω_d,振幅按指数衰减,它们均与阻尼比 ζ 有关。ζ 愈小则 ω_d 愈接近于 ω_n,同时振幅衰减得愈慢;ζ 愈大则阻尼愈大,ω_d 将减小,振荡幅值衰减也愈快。

(2) 零阻尼情况($\zeta = 0$),系统有一对共轭虚根

由式(4 - 26)可知,此时 $s_{1,2} = \pm j\omega_n$,特征根在[s]平面上的分布见图 4 - 15(d)。系统在零阻尼下的单位阶跃响应为

$$c(t) = 1 - \cos\omega_n t \quad (t \geqslant 0) \qquad (4 - 31)$$

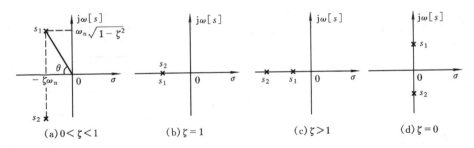

图 4 - 15 [s]平面上二阶系统的闭环极点分布

此时系统以无阻尼自然频率 ω_n 作等幅振荡。

（3）临界阻尼情况（$\zeta = 1$），特征根为两相等的负实根

此时系统的特征方程有一对相等的负实根，$s_{1,2} = -\omega_n$，特征根在[s]平面上的分布如图 4 - 15(b)所示。这时，式(4 - 29)可改写为

$$C(s) = \frac{\omega_n^2}{s(s + \omega_n)^2}$$

对上式进行拉氏反变换

$$c(t) = 1 - e^{-\omega_n t}(1 + \omega_n t) \quad (t \geqslant 0) \tag{4 - 32}$$

显然，由式(4 - 30)，令 $\zeta \to 1$ 取极限也能得到相同的结果。这时达到衰减振荡的极限，系统不再振荡，称作临界阻尼情况。

（4）过阻尼情况（$\zeta > 1$），特征根为不同的负实根

此时，系统的特征方程有两个不相等的负实根：$s_{1,2} = -\zeta\omega_n \pm \omega_n \sqrt{\zeta^2 - 1}$，特征根在[s]平面上的分布见图 4 - 15(c)。

对单位阶跃输入，系统输出的拉氏变换式为

$$C(s) = \frac{\omega_n^2}{(s + \zeta\omega_n - \omega_n \sqrt{\zeta^2 - 1})(s + \zeta\omega_n + \omega_n \sqrt{\zeta^2 - 1})} \cdot \frac{1}{s}$$

经拉氏反变换，得

$$c(t) = 1 + \frac{\omega_n}{2 \sqrt{\zeta^2 - 1}}\left(\frac{e^{-p_1 t}}{p_1} - \frac{e^{-p_2 t}}{p_2}\right) \tag{4 - 33}$$

式中：$p_1 = -s_2 = (\zeta + \sqrt{\zeta^2 - 1})\omega_n$；

$p_2 = -s_1 = (\zeta - \sqrt{\zeta^2 - 1})\omega_n$。

式(4 - 33)中包含了两个指数衰减项：$e^{-p_1 t}$ 和 $e^{-p_2 t}$。如果 $\zeta \gg 1$，则 $|p_1| \gg |p_2|$，故式(4 - 33)括号中的第一项远较第二项衰减得快，因而可忽略第一项。这时，二阶系统蜕化为一阶系统。

根据式(4 - 30)～式(4 - 33)作出一簇在不同 ζ 下的响应曲线 $c(t)$，如图 4 - 16

所示,其横坐标为无量纲变量 $\omega_n t$,输入信号为单位阶跃函数。

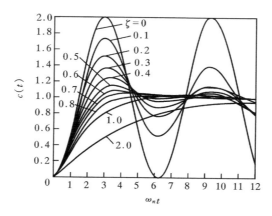

图 4-16　不同 ζ 下二阶系统的单位阶跃响应曲线

3. 二阶系统的单位脉冲响应

输入为单位脉冲函数时,$R(s)=1$,其输出为

$$C(s) = \frac{\omega_n^2}{s^2 + 2\zeta\omega_n s + \omega_n^2} \qquad (4-34)$$

根据 ζ 的不同取值,输出响应分为以下 4 种情况:

（1）欠阻尼情况（$0<\zeta<1$）

$$C(s) = \frac{\omega_n^2}{(s + \zeta\omega_n + j\omega_d)(s + \zeta\omega_n - j\omega_d)} \qquad (4-35)$$

对式(4-35)进行拉氏反变换或对式(4-30)求导,可得系统的单位脉冲响应为

$$c(t) = \frac{\omega_n}{\sqrt{1-\zeta^2}} e^{-\zeta\omega_n t} \sin\omega_d t \qquad (4-36)$$

（2）零阻尼情况（$\zeta=0$）

$$C(s) = \frac{\omega_n^2}{s^2 + \omega_n^2}$$

对上式进行拉氏反变换或对式(4-31)求导,则得

$$c(t) = \omega_n \sin\omega_n t \qquad (4-37)$$

（3）临界阻尼情况（$\zeta=1$）

$$C(s) = \frac{\omega_n^2}{(s + \omega_n)^2} \qquad (4-38)$$

对上式进行拉氏反变换或对式(4-32)求导

$$c(t) = \omega_n^2 t e^{-\omega_n t} \qquad (4-39)$$

（4）过阻尼情况（$\zeta>1$）

$$C(s) = \frac{\omega_n^2}{(s + \zeta\omega_n - \omega_n\sqrt{\zeta^2 - 1})(s + \zeta\omega_n + \omega_n\sqrt{\zeta^2 - 1})} \qquad (4-40)$$

对上式进行拉氏反变换或对式(4-33)求导,得

$$c(t) = \frac{\omega_n}{2\sqrt{\zeta^2 - 1}}(e^{-p_1 t} - e^{-p_2 t}) \qquad (4-41)$$

式中:$p_1 = -s_2 = \omega_n(\zeta + \sqrt{\zeta^2 - 1})$,

$p_2 = -s_1 = \omega_n(\zeta - \sqrt{\zeta^2 - 1})$。

如果 $\zeta \gg 1$,则 $|p_1| \gg |p_2|$,故上式第一项远较第二项衰减得快,因而可忽略第一项。这时,二阶系统蜕化为一阶系统。

当输入为单位斜坡时,读者可以应用上述原理,求出不同 ζ 值时的输出,这里就不再推导了。

4.4 高阶系统的时间响应

一般情况下,我们将三阶或三阶以上的系统称为高阶系统。对于高阶系统,难以得到类似二阶系统时域响应的解析表达式。本节主要定性分析极点对高阶系统响应的影响。

1. 高阶系统的阶跃响应

设高阶系统的闭环传递函数可写成如下形式:

$$\frac{C(s)}{R(s)} = \frac{B(s)}{A(s)} = \frac{K\prod_{j=1}^{m}(s - z_j)}{\prod_{i=1}^{n}(s - p_i)} \qquad (4-42)$$

式中:z_j 是系统的闭环零点,p_i 是系统的闭环极点,K 是增益。

若在系统的所有闭环极点中,包含 q 个实数极点 $p_i(i=1,2,\cdots,q)$ 和 r 对共轭复数极点 $(-\zeta_k\omega_k \pm j\sqrt{1-\zeta^2}\omega_k)(k=1,2,\cdots,r,$ 且 $2r+q=n)$,则在单位阶跃信号作用下,可以求得高阶系统的时间响应为

$$c(t) = 1 + \sum_{i=1}^{q}A_i e^{p_i t} + \sum_{k=1}^{r}B_k e^{-\zeta_k\omega_k t}\sin(\sqrt{1-\zeta_k^2}\omega_k t + C_k) \qquad (t \geqslant 0)$$

$$(4-43)$$

式中:各系数 $A_i(i=1,2,\cdots,q)$ 和 $B_k,C_k(k=1,2,\cdots,r)$ 是与系统参数有关的常数。

式(4-43)表明,高阶系统的单位阶跃响应可看作由若干指数函数分量和衰减正弦函数分量叠加而成。各个分量影响的大小与其系数 A_i 和 B_k 的大小和特

征根 p_i 在[s]平面的分布有关。

2. 闭环主导极点

一般地说,所谓闭环主导极点是指在系统的所有闭环极点中,距离虚轴最近且周围没有闭环零点的极点,而所有其他极点都远离虚轴。闭环主导极点对系统响应起主导作用,其他极点的影响在近似分析中则可忽略不计。若系统具有一对共轭复数主导极点

$$p_{1,2} = -\zeta\omega_n \pm j\sqrt{1-\zeta^2}\omega_n = -\sigma \pm j\omega_d$$

而其余闭环零、极点都相对地远离虚轴,则由式(4-43)可以看出,距虚轴较远的非主导极点,相应的动态响应分量衰减较快,对系统的过渡过程影响不大,而距虚轴最近的主导极点,对应的动态响应分量衰减最慢,在决定过渡过程形式方面起主导作用。因此,高阶系统的时间响应可以由这一对共轭复数主导极点所确定的二阶系统的时间响应来近似,用二阶系统的动态性能指标来估计高阶系统的动态性能。但是,高阶系统毕竟不是二阶系统,因而在用二阶系统对高阶系统进行近似估计时,还需要考虑其他非主导极点与零点的影响。

除了采用拉氏变换的方法来求得系统的输出外,也可以采用 MATLAB 函数来求解。下面用例子来说明求解过程。

例 4.2 已知系统的传递函数分别为

$$G(s) = \frac{1}{s^2 + s + 1},$$

$$G_1(s) = \frac{1}{(0.1s+1)(s^2+s+1)},$$

$$G_2(s) = \frac{1}{(5s+1)(s^2+s+1)}$$

试用 MATLAB 程序分别求 3 个系统的单位阶跃响应。

解 为了编程方便,先将 $G_1(s)$ 和 $G_2(s)$ 改写一下:$G_1(s) = G(s)\dfrac{1}{0.1s+1}$,

$G_2(s) = G(s)\dfrac{1}{5s+1}$。写出不同系统对单位阶跃响应的 MATLAB 程序如下:

MATLAB Program of Example 4-2

```
close all;clear;clc;
% 输入参数,建立模型
Num = [1];
Den = [1,1,1];
Gs = tf(Num,Den);
```

```
Num1 = [1];
Den1 = [0.1,1];
Gs1 = zpk(Gs * tf(Num1,Den1))        % 系统串联
Num2 = [1];
Den2 = [5,1];
Gs2 = zpk(Gs * tf(Num2,Den2))        % 系统串联
% 求阶跃响应
t = [0 : 0.4 : 30];
[y,t] = step(Gs,t);
[y1,t] = step(Gs1,t);
[y2,t] = step(Gs2,t);
% 绘制响应曲线
figure(1);
plot(t,y,'b',t,y1,'ro',t,y2,'kx');
grid on;
xlabel('时间/s');ylabel('输出')
```

其单位阶跃响应曲线如图 4 - 17 所示。

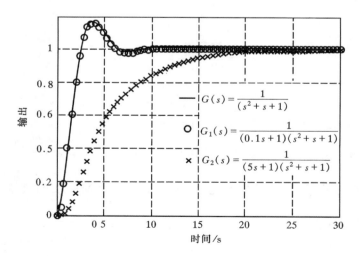

图 4 - 17   单位阶跃响应曲线对比

分析这 3 个系统传递函数的特点,其各自的极点分布如图 4 - 18 所示。如前所述,不同的极点分布使系统对同一输入的响应也不同。由图 4 - 17 中响应曲线可以看出系统 $G(s)$ 与 $G_1(s)$ 阶跃响应基本相同,这是由于在系统 $G_1(s)$ 中,

其实极点为 $p_1 = -10$，复极点为 $p_{2,3} = -0.5 \pm 0.866j$，显然复极点更靠近虚轴，而实极点离虚轴较远，因此系统 $G_1(s)$ 的主导极点为复极点，其响应近似二阶系统。而对于系统 $G_2(s)$，其实极点 $p_1 = -0.2$ 更靠近虚轴，所以为主导极点，其响应近似一阶系统。考虑到控制工程实践中通常要求控制系统既具有较高的反应速度，又具有较好的平稳性，往往将控制系统设计成具有衰减振荡的响应特性。因此，闭环主导极点通常总是以共轭复数极点的形式出现。

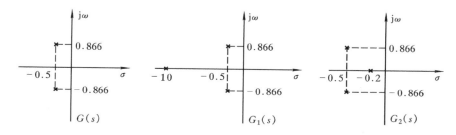

图 4-18　$G(s)$，$G_1(s)$，$G_2(s)$ 的极点分布

4.5　瞬态响应的性能指标

一般对机械工程系统有三方面的性能要求，即稳定性、快速性及准确性。有关稳定性将在第 6 章介绍；系统的准确性则以本章论述的误差来衡量；系统的瞬态响应反映了系统本身的动态性能，表征系统的相对稳定性和快速性。

1. 瞬态响应的性能指标

通常，在以下假设前提下来定义系统瞬态响应（也称过渡过程）的性能指标：

(1)系统在单位阶跃信号作用下的瞬态响应；

(2)初始条件为零，即在单位阶跃输入作用前，系统处于静止状态，输出量及其各阶导数均等于零。

因为阶跃输入对于系统来说，工作状况较为恶劣，如果系统在阶跃信号作用下有良好的性能指标，则对其他各种形式输入就能满足使用要求。为便于对系统的性能进行分析比较，因而在上述假定条件下定义系统的性能指标。

常用的瞬态响应性能指标，如图 4-19 所示，并定义如下：

(1)延迟时间 t_d。单位阶跃响应 $c(t)$ 第一次达到其稳态值的 50% 所需的时间，称作延迟时间。

(2)上升时间 t_r。单位阶跃响应 $c(t)$，第一次从稳态值的 10% 上升到 90%（通常用于过阻尼系统），或从 0 上升到 100% 所需的时间（通常用于欠阻尼系统），称作上升时间。

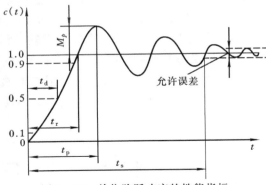

图 4 - 19　单位阶跃响应的性能指标

（3）峰值时间 t_p。单位阶跃响应 $c(t)$ 超过其稳态值而达到第一个峰值所需要的时间,定义为峰值时间。

（4）超调量 M_p。单位阶跃响应第一次越过稳态值而达到峰值时,对稳态值的偏差与稳态值之比的百分数,定义为超调量。即

$$M_p = \frac{c(t_p) - c(\infty)}{c(\infty)} \times 100\%$$

式中：$c(\infty)$ 表示稳态值,当 $c(\infty) = 1$,则 $M_p = [c(t_p) - 1] \times 100\%$

（5）调整时间 t_s。单位阶跃响应与稳态值之差进入允许的误差范围所需的时间称作调整时间。允许的误差用达到稳态值的百分数来表示,通常取 5% 或 2%。

在上述指标中,M_p,t_s 表征了系统的相对稳定性；t_d,t_r,t_p 表征了系统的灵敏性即响应的快速性。

2. 二阶系统的瞬态响应性能指标

从系统的单位阶跃响应曲线上确定上述各性能指标是较容易的,但对高阶系统,要推导出各性能指标的解析式是较困难的,现仅推导典型二阶欠阻尼系统的上述各种性能指标的计算公式,它们均为 ζ 和 ω_n 的函数。

（1）上升时间 t_r

由式(4-30),当 $t = t_r$ 时,$c(t_r) = 1$,即

$$c(t_r) = 1 - \frac{e^{-\zeta \omega_n t_r}}{\sqrt{1 - \zeta^2}} \sin(\omega_d t_r + \arctan \frac{\sqrt{1 - \zeta^2}}{\zeta}) = 1$$

因为 $e^{-\zeta \omega_n t_r} \neq 0$,所以

$$\omega_d t_r + \arctan \frac{\sqrt{1 - \zeta^2}}{\zeta} = n\pi$$

令 $\beta = \arctan \dfrac{\sqrt{1-\zeta^2}}{\zeta}$，得

$$\omega_\mathrm{d} t_\mathrm{r} = \pi - \beta,\ 2\pi - \beta,\ 3\pi - \beta,\ \cdots$$

因为上升时间 t_r，是 $c(t)$ 第一次到达稳态输出值的时间，故取 $\omega_\mathrm{d} t_\mathrm{r} = \pi - \beta$，即

$$t_\mathrm{r} = \frac{\pi - \beta}{\omega_\mathrm{d}} \tag{4-44}$$

（2）峰值时间 t_p

由式（4-30）将 $c(t)$ 对时间微分，并令其等于零，即

$$\left.\frac{\mathrm{d}c(t)}{\mathrm{d}t}\right|_{t=t_p} = (\sin\omega_\mathrm{d} t_\mathrm{p}) \frac{\omega_\mathrm{n}}{\sqrt{1-\zeta^2}} \mathrm{e}^{-\zeta\omega_\mathrm{n} t_\mathrm{p}} = 0$$

所以 $\sin\omega_\mathrm{d} t_\mathrm{p} = 0$，解得 $t_\mathrm{p} = \dfrac{n\pi}{\omega_\mathrm{d}}(n = 0, 1, 2, \cdots)$。因为是第一次超调时间，故取 $n = 1$，即

$$t_\mathrm{p} = \frac{\pi}{\omega_\mathrm{d}} \tag{4-45}$$

由式（4-30）可知，系统的阻尼振荡周期 $T = \dfrac{2\pi}{\omega_\mathrm{d}}$，故峰值时间 t_p 等于阻尼振荡周期 T 的一半。

（3）超调量 M_p

已知 t_p，$c(\infty) = 1$，由式（4-30）可很容易地求得 M_p。即

$$M_\mathrm{p} = c(t_\mathrm{p}) - 1 = -\mathrm{e}^{-\zeta\omega_\mathrm{n}\left(\frac{\pi}{\omega_\mathrm{d}}\right)}\left(\cos\pi + \frac{\zeta}{\sqrt{1-\zeta^2}}\sin\pi\right)$$

$$= \mathrm{e}^{-\zeta\omega_\mathrm{n}\left(\frac{\pi}{\omega_\mathrm{d}}\right)} = \mathrm{e}^{-\frac{\zeta\pi}{\sqrt{1-\zeta^2}}} \tag{4-46}$$

超调量的百分比为 $\mathrm{e}^{-\frac{\zeta\pi}{\sqrt{1-\zeta^2}}} \times 100\%$，可以看出，超调量 M_p 只与系统的阻尼比 ζ 有关。

（4）调整时间 t_s

调整时间 t_s 的表达式难以确切求出，可用近似的方法计算。对于欠阻尼二阶系统，瞬态响应为

$$c(t) = 1 - \frac{\mathrm{e}^{-\zeta\omega_\mathrm{n} t}}{\sqrt{1-\zeta^2}}\sin\left(\omega_\mathrm{d} t + \arctan\frac{\sqrt{1-\zeta^2}}{\zeta}\right) \quad (t \geqslant 0)$$

为衰减的振荡，曲线 $1 \pm \mathrm{e}^{-\zeta\omega_\mathrm{n} t}/\sqrt{1-\zeta^2}$ 是该瞬态响应曲线的包络线，如图 4-20 所示。

包络线的时间常数为 $\dfrac{1}{\zeta\omega_\mathrm{n}}$，瞬态响应的衰减速度，取决于时间常数 $\dfrac{1}{\zeta\omega_\mathrm{n}}$ 的值。为求调整时间 t_s，设允许误差范围为 $\delta\%$，即响应曲线和稳态值之差达到此误差

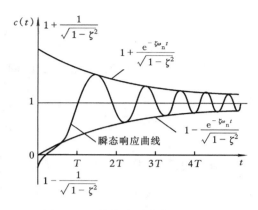

图 4 - 20 单位阶跃响应的包络线

范围的时间,即为调整时间。由调整时间的定义有

$$| c(t_s) - 1 | = \frac{\delta}{100}$$

用包络线近似地取代响应曲线,便可得

$$\frac{e^{-\zeta\omega_n t_s}}{\sqrt{1-\zeta^2}} = \frac{\delta}{100} \tag{4-47}$$

两边取自然对数

$$\zeta\omega_n t_s = \ln 100 - \ln\delta - \ln\sqrt{1-\zeta^2}$$

所以

$$t_s = \frac{\ln 100 - \ln\delta - \ln\sqrt{1-\zeta^2}}{\zeta\omega_n}$$

可近似地取为

$$t_s = \frac{\ln 100 - \ln\delta}{\zeta\omega_n} \tag{4-48}$$

当 $\delta = 5$,则

$$t_s = \frac{\ln 100 - \ln 5}{\zeta\omega_n} = \frac{3}{\zeta\omega_n} \tag{4-49}$$

当 $\delta = 2$,则

$$t_s = \frac{\ln 100 - \ln 2}{\zeta\omega_n} = \frac{4}{\zeta\omega_n} \tag{4-50}$$

调整时间 t_s 与系统的无阻尼自然频率 ω_n 及阻尼比 ζ 成反比。

由上述分析可得,参量 ζ, ω_n 与二阶系统各性能指标间的关系如下:

(1)若保持 ζ 不变而增大 ω_n 则不影响超调量 M_p,但延迟时间 t_d,峰值时间 t_p 及调整时间 t_s 均会减小,有利于提高系统的灵敏性,也可以说系统的快速性好,故增大系统无阻尼自然频率对提高系统性能是有利的。

(2)若保持 ω_n 不变而改变 ζ,减小 ζ,虽然 t_d,t_r 和 t_p 均会减小,但超调量 M_p 和调整时间 t_s(在 $\zeta < 0.7$ 范围内)却会增大,灵敏性好,但相对稳定性差;ζ 过于大,$\zeta > 1$,则 t_r,t_s 均会增大,系统不灵敏。因此要适当选择 ζ,通常 ζ 取在 $0.4 \sim 0.8$ 之间,使二阶系统有较好的瞬态响应性能,这时 M_p 在 $25\% \sim 2.5\%$ 之间,若 $\zeta < 0.4$,系统则严重超调,$\zeta > 0.8$,系统较为迟钝,反应不灵敏。

(3)当 $\zeta = 0.7$ 时,M_p,t_s 均小,这时 $M_p = 4.6\%$,$\zeta = 0.7$ 为最佳阻尼比。

(4)分析和设计二阶系统时,应综合考虑系统的相对稳定性和响应快速性,通常根据要求的超调量确定系统阻尼比 ζ,再通过调整 ω_n 使其达到快速性。

例 4.3 设系统如图 4-21 所示,其中 $\zeta = 0.6$,$\omega_n = 5$ rad/s,当有一个单位阶跃输入信号作用于系统时,求最大超调量 M_p,上升时间 t_r,峰值时间 t_p 和调整时间 t_s。

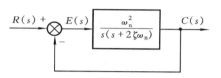

解 因为系统是典型的二阶系统,在欠阻尼情况下,其各项性能指标可以由前面推导出的公式来求:

图 4-21 系统方块图

(1)求 M_p

由式(4-46)得

$$M_p = e^{-\frac{\zeta \pi}{\sqrt{1-\zeta^2}}} = e^{-\frac{0.6 \times 3.14}{\sqrt{1-0.6^2}}} = 0.095 = 9.5\%$$

(2)求 t_r

由式(4-44)得

$$t_r = \frac{\pi - \beta}{\omega_d} = \frac{\pi - \beta}{\omega_n \sqrt{1-\zeta^2}}$$

式中

$$\beta = \arctan \frac{\sqrt{1-\zeta^2}}{\zeta} = \arctan \frac{\sqrt{1-0.6^2}}{0.6} = 0.93 \text{ rad}$$

得

$$t_r = \frac{3.14 - 0.93}{4} = 0.55 \text{ s}$$

(3)求 t_p

由式(4-45)得

$$t_p = \frac{\pi}{\omega_d} = \frac{3.14}{4} = 0.785 \text{ s}$$

(4)求 t_s

由式(4-48)的近似式(4-49),取误差范围为 5% 时

$$t_s = \frac{3}{\zeta\omega_n} = 1 \text{ s}$$

由式(4-50),取误差范围为 2% 时

$$t_s = \frac{4}{\zeta\omega_n} = 1.33 \text{ s}$$

例 4.4 如图 4-22(a)所示的机械系统,在质量块 m 上施加 $F=3N$ 的阶跃力后,质量块 m 的时间响应 $x(t)$ 如图 4-22(b)所示。根据这个响应曲线,确定原质量 m、粘性阻尼系数 B 和弹簧刚度系数 k 的值。

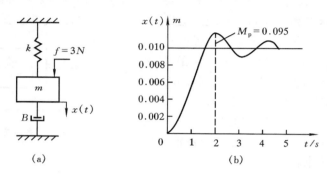

图 4-22 机械振动系统

解 (1)列写系统的传递函数

$$\frac{X(s)}{F(s)} = \frac{1}{ms^2 + Bs + k}$$

(2)求 k

由拉氏变换的终值定理可知

$$x(\infty) = \lim_{t\to\infty} x(t) = \lim_{s\to 0} sX(s) = \lim_{s\to 0} s \cdot \frac{1}{ms^2 + Bs + k} \frac{3}{s} = \frac{3}{k}$$

由图 4-22(b)可知

$$x(\infty) = 0.01 \text{ m}$$

因此 $$k = 300 \text{ N/m}$$

(3)求 m 和 B

由式(4-46)得

$$M_p = 0.095 = e^{-\frac{\zeta\pi}{\sqrt{1-\zeta^2}}}$$

两边取对数解出 $\zeta = 0.6$,由式(4-45)

$$t_p = 2 = \frac{\pi}{\omega_d} = \frac{\pi}{\omega_n \sqrt{1-\zeta^2}}$$

得 $$\omega_n = 1.96 \text{ rad/s}$$

由式(4-22)

$$\omega_n^2 = \frac{k}{m}$$

得

$$m = \frac{k}{\omega_n^2} = \frac{300}{1.96^2} = 78.09 \text{ kg}$$

又

$$2\zeta\omega_n = \frac{B}{m}$$

得

$$B = 2\zeta\omega_n m = 183.5 \text{ N} \cdot \text{s/m}$$

例 4.5　有一位置随动系统,其方块图如图4-23(a)所示。当系统输入单位阶跃函数时,要求 $M_p \leqslant 5\%$。

(1)校核该系统的各参数是否满足要求;

(2)在原系统中增加一微分负反馈如图4-23(b)所示。求满足要求时的微分负反馈时间常数 τ。

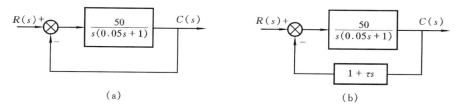

图 4-23　随动系统方框图

解　(1)将系统的闭环传递函数写成如式(4-24)所示的形式

$$\frac{C(s)}{R(s)} = \frac{50}{0.05s^2 + s + 50} = \frac{(31.62)^2}{s^2 + 2 \times 0.316 \times 31.62s + (31.62)^2}$$

可知此二阶系统的

$$\zeta = 0.316, \quad \omega_n = 31.62 \text{ rad/s}$$

将 ζ 值代入式(4-46)得

$$M_p = 35\% \ (>5\%)$$

因此该系统不满足本题要求。

(2)由图4-23(b)所示系统的闭环传递函数为

$$\frac{C(s)}{R(s)} = \frac{50}{0.05s^2 + (1 + 50\tau)s + 50}$$

$$= \frac{(31.62)^2}{s^2 + 20(1 + 50\tau)s + (31.62)^2}$$

为了满足系统要求($M_p \leqslant 5\%$),由式(4-46)可算得 $\zeta = 0.69$,而系统 $\omega_n = 31.62$,由

$$20(1 + 50\tau) = 2\zeta\omega_n$$

可求得

$$\tau = 0.023\ 6\ \text{s}$$

从本题的要求可以看出,当系统加入负反馈时,相当于增大了系统的阻尼比 ζ,改善了系统的相对稳定性,即减小了 M_p,但并没有改变系统的无阻尼自然频率 ω_n。

3. 零点对二阶系统瞬态响应的影响

当典型二阶系统含有零点时,此时系统的瞬态响应不仅与二阶系统的极点分布有关,还与零点与极点的相对位置有关。

典型含零点的欠阻尼二阶系统的传递函数为

$$\frac{C(s)}{R(s)} = \frac{\omega_n^2(\tau s + 1)}{s^2 + 2\zeta\omega_n s + \omega_n^2}$$

该系统在典型二阶系统基础上增加了一个零点 $z = -\dfrac{1}{\tau}$。上式可改写为

$$\frac{C(s)}{R(s)} = \frac{\omega_n^2}{s^2 + 2\zeta\omega_n s + \omega_n^2} + \frac{\tau\omega_n^2 s}{s^2 + 2\zeta\omega_n s + \omega_n^2}$$

则其单位阶跃响应为

$$c(t) = c_1(t) + c_2(t) = c_1(t) + \tau\frac{\mathrm{d}c_1(t)}{\mathrm{d}t} \qquad (4-51)$$

式中: $c_1(t)$ 为式(4-51)第一项对应的典型二阶系统的单位阶跃响应。显然,这时系统响应不仅与 $c_1(t)$ 而且与 $c_1(t)$ 的变化率有关。下面通过实例进行说明。

例 4.6 一位置伺服系统如图 4-24 所示。为了提高系统的阻尼分别在前向通道和反馈通道采用比例微分控制器。试分别求:(1)各系统阻尼比 ζ、无阻尼自然频率 ω_n、单位阶跃响应的超调量 M_p、峰值时间 t_p 和调整时间 t_s。

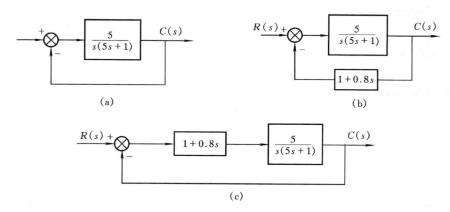

图 4-24　例 4.6 的位置伺服系统方块图

解　(1)由图 4 - 24(a)可得系统的闭环传递函数为

$$\frac{C(s)}{R(s)} = \frac{5}{5s^2 + s + 5} = \frac{1}{s^2 + 0.2s + 1}$$

该系统

$$\omega_n^2 = 1, \ 2\zeta\omega_n = 0.2$$

可得

$$\omega_n = 1, \ \zeta = 0.1, \ \omega_d = 0.995$$

则

$$M_p = e^{-\frac{\pi\zeta}{\sqrt{1-\zeta^2}}} = e^{-\frac{3.14 \times 0.1}{\sqrt{1-0.1^2}}} = 73\%$$

$$t_p = \frac{\pi}{\omega_d} = \frac{3.14}{0.995} = 3.16 \text{ s}$$

$$t_s = \frac{3}{\zeta\omega_n} = \frac{3}{0.1 \times 1} = 30 \text{ s}$$

(2)由图 4 - 24(b)可得闭环传递函数为

$$\frac{C(s)}{R(s)} = \frac{1}{s^2 + s + 1}$$

该系统

$$\omega_n^2 = 1, \ 2\zeta\omega_n = 1$$

可得

$$\omega_n = 1, \ \zeta = 0.5, \ \omega_d = 0.886$$

则

$$M_p = e^{-\frac{\pi\zeta}{\sqrt{1-\zeta^2}}} = 16.1\%$$

$$t_p = \frac{\pi}{\omega_d} = 3.63 \text{ s}$$

$$t_s = \frac{3}{\zeta\omega_n} = 6 \text{ s}$$

(3)由图 4 - 24(c)可知系统的闭环传递函数为

$$\frac{C(s)}{R(s)} = \frac{1 + 0.8s}{s^2 + s + 1}$$

系统的特征方程与图 4 - 24(b)所示系统相同,可知 $\omega_n = 1$, $\zeta = 0.5$, $\omega_d = 0.886$。

当输入信号为单位阶跃函数,即 $R(s) = \frac{1}{s}$ 时

$$C(s) = \frac{1 + 0.8s}{s(s^2 + s + 1)} = \frac{1}{s} - \frac{s + 0.2}{s^2 + s + 1} = \frac{1}{s(s^2 + s + 1)} + \frac{0.8}{s^2 + s + 1}$$

由式(4 - 51)可知

$$c(t) = c_1(t) + \tau \frac{\mathrm{d}c_1(t)}{\mathrm{d}t}$$

而

$$c_1(t) = 1 - \frac{e^{-0.5t}}{0.866}\sin(0.866t + \arctan 1.732)$$

$$\frac{dc_1(t)}{dt} = \frac{e^{-0.5t}}{0.866}\sin 0.866t$$

则

$$c(t) = 1 - \frac{e^{-0.5t}}{0.866}\sin(0.866t + \arctan 1.732) + \frac{0.8e^{-0.5t}}{0.866}\sin 0.866t$$

令

$$\left.\frac{dc(t)}{dt}\right|_{t=t_p} = 0$$

即

$$e^{-0.5t_p}(0.693\sin 0.866t_p + 0.8\cos 0.866t_p)$$
$$= 1.11e^{-0.5t_p}\sin(0.866t_p + 51.4°)$$
$$= 0$$

由

$$0.866t_p + \frac{51.4\pi}{180} = \pi$$

得

$$t_p = 2.62 \text{ s}$$

将 $t_p = 2.62$ s 代入 $c(t)$ 表达式中，而且 $c(\infty) = 1$，可得

$$M_p = c(t_p) - 1 = 24.6\%$$

由此可见，由于系统中增加了零点，虽然极点相同，但对于同一输入的响应是不一样的。

例 4.7 已知二阶系统传递函数为

$$G_0(s) = \frac{1}{s^2 + s + 1}, \quad G_1(s) = \frac{1 + 4s}{s^2 + s + 1},$$

$$G_2(s) = \frac{1 + 2s}{s^2 + s + 1}, \quad G_3(s) = \frac{1 + s}{s^2 + s + 1}$$

试分别用 MATLAB 求其单位阶跃响应。并表示在同一图上，分析零点的影响。

解 输入如下的 MATLAB 程序

MATLAB Program of Example 4 - 7

```
close all;clear;clc;
% 输入参数
Num0 = [1];
Num1 = [4,1];
Num2 = [2,1];
Num3 = [1,1];
Den = [1,1,1];
```

```
Gs0 = tf(Num0,Den);
Gs1 = tf(Num1,Den);
Gs2 = tf(Num2,Den);
Gs3 = tf(Num3,Den);
%求阶跃响应
t = [0：0.1：15];
[y0,t] = step(Gs0,t);
[y1,t] = step(Gs1,t);
[y2,t] = step(Gs2,t);
[y3,t] = step(Gs3,t);
%绘制响应曲线
figure(1);
plot(t,y0,´r´,t,y1,´b´,t,y2,´k´,t,y3,´g´);
grid on;
xlabel(´时间/s´);ylabel(´输出´);
```

单位阶跃响应曲线如图 4 – 25 所示。

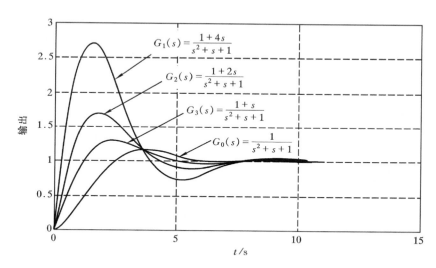

图 4 – 25　单位阶跃响应曲线对比

　　由图 4 – 25 中响应曲线可以看出,显然 4 个系统极点完全相同,但由于零点影响,其响应的超调量变化很大。

　　零点对二阶系统响应的影响主要有以下几方面:

　　(1) 使系统超调量增大,而上升时间,峰值时间减小;

（2）附加零点愈靠近虚轴,对系统响应影响愈大;

（3）附加零点与虚轴距离很大时,则其影响可以忽略。

4.6　系统误差分析

系统在输入信号作用下,时间响应的瞬态分量可反映系统的动态性能。对于一个稳定的系统,随着时间的推移,时间响应应趋于一稳态值,即稳态分量;由于系统结构的不同,输入信号的不同,输出稳态值可能偏离输入值,也就是说有误差存在。另一方面,在突加的外来干扰作用下,也可能使系统偏离原来的平衡位置。此外,由于系统中存在摩擦、间隙、零件的变形、不灵敏区等因素,也会造成系统的稳态误差,故稳态误差表征了系统的精度及抗干扰的能力,是系统重要的性能指标之一。

1.误差与稳态误差的概念

（1）误差的定义

如图 4-26 所示控制系统,其目的是希望被控对象的输出与输入一致,或具有一定的对应关系。当输入信号 $R(s)$ 与反馈信号 $B(s)$ 不相等时,比较装置就有误差信号 $E(s)$,即

$$E(s) = R(s) - B(s) = R(s) - H(s)C(s)$$

$$(4-52)$$

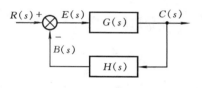

图 4-26　系统方框图

系统在误差信号 $E(s)$ 作用下,使输出量趋于希望值。一般情况下,将误差信号 $E(s)$ 定义为系统的误差,该误差信号,在实际系统中便于测量,因而有实际意义。这种定义方法也可叙述为:如图 4-27 所示的单位反馈系统,即 $H(s)=1$ 时,输入信号与输出信号之差定义为系统的误差,$E'(s)=R(s)-C(s)$。注意,只有

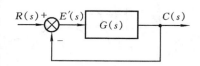

图 4-27　单位反馈系统方框图

在单位反馈情况下,上述两种叙述方法是一致的,即 $E(s)=E'(s)$。若 $H(s)\neq 1$,显然 $E(s)\neq E'(s)$。用输入信号与输出信号之差来定义系统的误差,也就是输出希望值与实际值之差,这种定义的方法在系统性能指标中虽然也经常用到,但因为 $R(s)$ 和 $C(s)$ 往往量纲不同不便比较,一般只具有数学上的意义。本章的误差分析均用前一种定义方法,即用输入信号与反馈信号之差来定义系统的误差。它直接或间接地反映了系统输出希望值与实际值之差,从而反映系统精度。

（2）稳态误差

由图 4-26 可知

$$E(s) = R(s) - H(s)C(s)$$
$$C(s) = E(s)G(s)$$

所以

$$E(s) = R(s) - H(s)E(s)G(s)$$

则

$$\frac{E(s)}{R(s)} = \frac{1}{1+G(s)H(s)} \qquad (4-53)$$

$$E(s) = \frac{R(s)}{1+G(s)H(s)} \qquad (4-54)$$

式（4-53）是输入引起的误差与输入之间的传递函数。对式（4-54）进行拉氏反变换则可得到误差的时间响应 $e(t)$，即

$$e(t) = L^{-1}[E(s)]$$

系统的误差分为瞬态误差和稳态误差：

① 瞬态误差。即对式（4-54）进行拉氏反变换所得到的误差的时间响应 $e(t)$，它反映了输入与输出之间的误差值随时间变化的函数关系。

② 稳态误差。即当时间趋于无穷大时，误差的时间响应 $e(t)$ 的输出值 e_{ss}，其定义式为

$$e_{ss} = \lim_{t \to \infty} e(t)$$

根据终值定理，则稳态误差可表达为

$$e_{ss} = \lim_{t \to \infty} e(t) = \lim_{s \to 0} sE(s) = \lim_{s \to 0} \frac{sR(s)}{1+G(s)H(s)} \qquad (4-55)$$

稳态误差与开环传递函数的结构和输入信号的形式有关，当输入信号一定，稳态误差取决于由开环传递函数所描述的系统结构。下面介绍系统的稳态误差分析并引入系统的结构类型等概念。

2. 系统的稳态误差分析

（1）影响稳态误差的因素

系统的开环传递函数 $G(s)H(s)$，一般可写为

$$G(s)H(s) = \frac{K(T_a s + 1)(T_b s + 1)\cdots(T_m s + 1)}{s^\lambda(T_1 s + 1)(T_2 s + 1)\cdots(T_p s + 1)} \quad (\lambda + p = n \geqslant m)$$

$$(4-56)$$

式中：K 为开环增益，T_a，$\cdots$，T_m；T_1，$\cdots$，T_p 分别为时间常数。s^λ 表示原点处有 λ 重极点，也就是说开环传递函数有 λ 个积分环节，$\lambda=0,1,2,\cdots,n$，按系统拥有积分环节的个数将系统进行分类：

$\lambda = 0$,无积分环节,称为 0 型系统;

$\lambda = 1$,有一个积分环节,称为 I 型系统;

$\lambda = 2$,有两个积分环节,称为 II 型系统。

依次类推,一般 $\lambda > 2$ 的系统难以稳定,实际上很少见。

注意,系统的类型与系统的阶次是完全不同的两个概念。例如

$$G(s)H(s) = \frac{K(0.5s+1)}{s(s+1)(2s+1)}$$

由于 $\lambda = 1$,有一个积分环节,所以系统为 I 型系统,但由分母部分可知其阶次等于 3,系统又是一个三阶系统。

稳态误差与开环传递函数中的时间常数 $T_1, \cdots, T_p$ 与 $T_a, \cdots, T_m$ 均无关,这从下面的分析可以看出。

式(4 - 56)可以改写成如下形式

$$G(s)H(s) = \frac{K}{s^\lambda}G_0(s)H_0(s) \qquad (4-57)$$

式中:$G_0(s)H_0(s) = \dfrac{(T_a s+1)(T_b s+1)\cdots(T_m s+1)}{(T_1 s+1)(T_2 s+1)\cdots(T_p s+1)}$

当 $s \to 0$ 时,$G_0(s)H_0(s) \to 1$,故式(4 - 55)所表示的稳态误差可表达为

$$e_{ss} = \lim_{s \to 0} sE(s) = \lim_{s \to 0} \frac{sR(s)}{1+G(s)H(s)} = \lim_{s \to 0} \frac{sR(s)}{1+\dfrac{K}{s^\lambda}} \qquad (4-58)$$

由式(4 - 58)可见,和系统稳态误差有关的因素为系统的类型 λ、开环增益 K 和输入信号 $r(t)$。下面进一步讨论不同类型的系统、在不同输入信号作用下,其静态误差系数与稳态误差的关系。

(2)静态误差系数与稳态误差

下面将按输入信号的不同来定义各种静态误差系数,并求相应的稳态误差。

① 静态位置误差系数 K_p

系统对单位阶跃输入 $R(s) = \dfrac{1}{s}$ 的稳态误差称为位置误差,即

$$e_{ss} = \lim_{s \to 0} \frac{s}{1+G(s)H(s)} \frac{1}{s} = \lim_{s \to 0} \frac{1}{1+G(s)H(s)}$$

静态位置误差系数 K_p 定义为

$$K_p = \lim_{s \to 0} G(s)H(s) = G(0)H(0) \qquad (4-59)$$

位置误差为

$$e_{ss} = \frac{1}{1+K_p}$$

对于 0 型系统($\lambda = 0$)

$$K_p = \lim_{s \to 0} \frac{K(T_a s + 1)(T_b s + 1) \cdots (T_m s + 1)}{(T_1 s + 1)(T_2 s + 1) \cdots (T_p s + 1)} = K$$

相应的位置误差

$$e_{ss} = \frac{1}{1 + K}$$

对于 I 型或高于 I 型的系统（$\lambda \geqslant 1$）

$$K_p = \lim_{s \to 0} \frac{K(T_a s + 1)(T_b s + 1) \cdots (T_m s + 1)}{s^\lambda (T_1 s + 1)(T_2 s + 1) \cdots (T_p s + 1)} = \infty$$

相应的位置误差

$$e_{ss} = \frac{1}{1 + K_p} = 0$$

图 4-27 的单位反馈系统，对单位阶跃输入的响应如图 4-28 所示。图 4-28(a) 为 0 型系统，是稳态有差的；图 4-28(b) 为 $\lambda \geqslant 1$ 的 I 型系统及高于 I 型的系统，是稳态无差的。

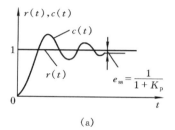
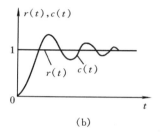

(a)   (b)

图 4-28　单位阶跃响应曲线

② 静态速度误差系数 K_v

系统对单位斜坡输入 $R(s) = \dfrac{1}{s^2}$ 的稳态误差称为速度误差，即

$$e_{ss} = \lim_{s \to 0} \frac{s}{1 + G(s)H(s)} \frac{1}{s^2} = \lim_{s \to 0} \frac{1}{sG(s)H(s)}$$

静态速度误差系数 K_v 定义为

$$K_v = \lim_{s \to 0} sG(s)H(s) \qquad\qquad (4-60)$$

相应的速度误差为

$$e_{ss} = \frac{1}{K_v}$$

对于 0 型系统（$\lambda = 0$）

$$K_v = \lim_{s \to 0} \frac{sK(T_a s + 1)(T_b s + 1) \cdots (T_m s + 1)}{(T_1 s + 1)(T_2 s + 1) \cdots (T_p s + 1)} = 0$$

其速度误差为

$$e_{ss} = \frac{1}{K_v} = \infty$$

对于 I 型系统($\lambda = 1$)

$$K_v = \lim_{s \to 0} \frac{sK(T_a s + 1)(T_b s + 1)\cdots(T_m s + 1)}{s(T_1 s + 1)(T_2 s + 1)\cdots(T_p s + 1)} = K$$

其速度误差为

$$e_{ss} = \frac{1}{K}$$

对于 II 型及高于 II 型的系统($\lambda \geqslant 2$)

$$K_v = \lim_{s \to 0} \frac{sK(T_a s + 1)(T_b s + 1)\cdots(T_m s + 1)}{s^\lambda(T_1 s + 1)(T_2 s + 1)\cdots(T_p s + 1)} = \infty$$

其速度误差为

$$e_{ss} = \frac{1}{K_v} = 0$$

　　图 4 - 27 的单位反馈系统,对单位斜坡输入的响应示于图 4 - 29,其中(a),(b),(c)分别为 0 型、I 型、II 型及高于 II 型的单位斜坡响应曲线及稳态误差。

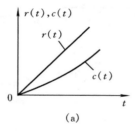 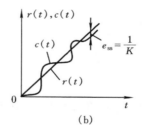 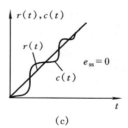

图 4 - 29　单位斜坡响应曲线

③ 静态加速度误差系数 K_a

系统对单位加速度输入 $R(s) = \dfrac{1}{s^3}$ 的稳态误差称为加速度误差,即

$$e_{ss} = \lim_{s \to 0} \frac{s}{1 + G(s)H(s)} \frac{1}{s^3} = \lim_{s \to 0} \frac{1}{s^2 G(s)H(s)}$$

静态加速度误差系数 K_a 定义为

$$K_a = \lim_{s \to 0} s^2 G(s)H(s) \tag{4 - 61}$$

则加速度误差为

$$e_{ss} = \frac{1}{K_a}$$

对于 0 型和 I 型系统($\lambda = 0, 1$)

$$K_{\mathrm{a}} = \lim_{s \to 0} \frac{s^2 K(T_{\mathrm{a}}s+1)(T_{\mathrm{b}}s+1)\cdots(T_{\mathrm{m}}s+1)}{s^{\lambda}(T_1 s+1)(T_2 s+1)\cdots(T_{\mathrm{p}}s+1)} = 0$$

相应的加速度误差

$$e_{\mathrm{ss}} = \frac{1}{K_{\mathrm{a}}} = \infty$$

对于 II 型系统($\lambda = 2$)

$$K_{\mathrm{a}} = \lim_{s \to 0} \frac{s^2 K(T_{\mathrm{a}}s+1)(T_{\mathrm{b}}s+1)\cdots(T_{\mathrm{m}}s+1)}{s^2(T_1 s+1)(T_2 s+1)\cdots(T_{\mathrm{p}}s+1)} = K$$

相应的加速度误差

$$e_{\mathrm{ss}} = \frac{1}{K}$$

对于 II 型以上系统($\lambda \geqslant 3$)

$$K_{\mathrm{a}} = \lim_{s \to 0} \frac{s^2 K(T_{\mathrm{a}}s+1)(T_{\mathrm{b}}s+1)\cdots(T_{\mathrm{m}}s+1)}{s^{\lambda}(T_1 s+1)(T_2 s+1)\cdots(T_{\mathrm{p}}s+1)}$$
$$= \infty$$

其加速度误差为

$$e_{\mathrm{ss}} = \frac{1}{K_{\mathrm{a}}} = 0$$

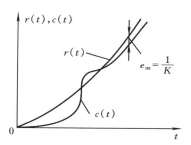

图 4 - 30　单位加速度响应曲线

图 4 - 30 为 II 型系统对单位加速度输入的响应曲线及加速度误差。

注意,上述位置误差、速度误差、加速度误差,是指在单位阶跃、斜坡和加速度输入时系统在位置上的误差。

现将各种类型系统对 3 种不同输入信号的稳态误差列于表 4 - 1。

表 4 - 1　各种类型系统对三种输入信号的稳态误差

系统类型	输　入　函　数		
	阶跃 $r(t) = 1$	斜坡 $r(t) = t$	加速度 $r(t) = \dfrac{t^2}{2}$
0 型	$\dfrac{1}{1+K}$	∞	∞
I 型	0	$\dfrac{1}{K}$	∞
II 型	0	0	$\dfrac{1}{K}$

从表中可看出,在主对角线上,稳态误差是有值的,在对角线以上,稳态误差为无穷大,在对角线以下,稳态误差为零。

静态误差系数 K_{p},K_{v} 和 K_{a} 描述了系统减小稳态误差的能力。因此,它们

也是稳态特性的一种表示方法。显然,系统开环增益 K 对误差大小起着重要作用,它的增大有利于 0 型、Ⅰ型和Ⅱ型的闭环系统在分别受到阶跃、恒速、恒加速输入时的稳态误差的减小。

3. 扰动作用下的稳态误差

前面论述了系统在输入信号作用下的稳态误差,它表征了系统的准确度。系统除承受输入信号作用外,还经常会受到各种干扰的作用,如负载的突变、温度的变化、电源的波动等,系统在扰动作用下的稳态误差,反映了系统抗干扰的能力,显然,我们希望扰动引起的稳态误差愈小愈好,理想情况误差为零。

由于研究的对象是线性系统,根据线性系统的叠加原理,若系统同时受到输入信号和扰动信号的作用,系统的总误差则等于输入信号和扰动信号分别作用时稳态误差的代数和。如图 4 - 31 所示系统,分别受到输入信号 $R(s)$ 和扰动信号 $N(s)$ 的作用,它们所引起的稳态误差,均要在输入端度量并叠加,总误差为 $E(s)$。欲求总的稳态误差 e_{ss},可分别求出 $R(s)$ 和 $N(s)$ 所引起的稳态误差 e_{ssR} 和 e_{ssN}。

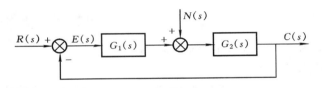

图 4 - 31　系统方框图

首先令 $N(s)=0$,求由 $R(s)$ 引起的误差 $E_R(s)$ 和稳态误差 e_{ssR}

$$E_R(s) = \frac{R(s)}{1 + G_1(s)G_2(s)}$$

所以

$$e_{ssR} = \lim_{s \to 0} sE_R(s) = \lim_{s \to 0} s \frac{R(s)}{1 + G_1(s)G_2(s)}$$

再令 $R(s)=0$,求由 $N(s)$ 引起的误差 $E_N(s)$ 和稳态误差 e_{ssN}。为方便求解,将图 4 - 31 作如下变动,先求出扰动引起的输出 $C_N(s)$ 及输出对于扰动的传递函数 $G_N(s)$,如图 4 - 32 所示。

$$G_N(s) = \frac{C_N(s)}{N(s)} = \frac{G_2(s)}{1 + G_1(s)G_2(s)}$$

所以

$$C_N(s) = \frac{G_2(s)}{1 + G_1(s)G_2(s)} N(s)$$

$$E_N(s) = R(s) - C_N(s) = 0 - C_N(s) = -C_N(s)$$

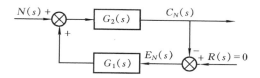

图 4 - 32　扰动作用下的系统方框图

$$=-\frac{G_2(s)}{1+G_1(s)G_2(s)}N(s)$$

所以

$$e_{ssN}=\lim_{s\to 0}sE_N(s)=\lim_{s\to 0}\left[-s\frac{G_2(s)}{1+G_1(s)G_2(s)}N(s)\right]$$

总误差

$$E(s)=E_R(s)+E_N(s)=\frac{R(s)-G_2(s)N(s)}{1+G_1(s)G_2(s)}$$

总的稳态误差

$$e_{ss}=e_{ssR}+e_{ssN}$$

例 4.8　一反馈控制系统如图 4 - 33 所示,试分别确定 $H_0=0.1$ 和 $H_0=1$ 时,系统在单位阶跃信号作用下的稳态误差。

解　由图 4 - 33 可知,系统的开环传递函数为

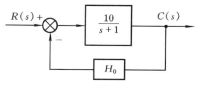

$$G(s)H(s)=\frac{10H_0}{s+1}$$

图 4 - 33　控制系统方块图

因为 $\lambda=0$,系统为 0 型系统;系统的开环增益为 $K=10H_0$。所以系统对阶跃输入的稳态误差为

$$e_{ss}=\frac{1}{1+10H_0}$$

当 $H_0=0.1$ 时

$$e_{ss}=\frac{1}{1+10\times 0.1}=0.5$$

当 $H_0=1$ 时

$$e_{ss}=\frac{1}{1+10\times 1}=\frac{1}{11}$$

例 4.9　系统的负载变化往往是系统的主要干扰,已知系统如图 4 - 34 所示,试分析 $N(s)$ 对系统稳态误差的影响。

解　由系统方框图得到系统输出为

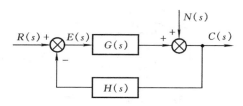

图 4-34　干扰作用下的系统方块图

$$C(s) = N(s) + E(s)G(s) = N(s) + [R(s) - H(s)C(s)]G(s)$$

整理后得

$$C(s) = \frac{N(s)}{1 + G(s)H(s)} + \frac{G(s)}{1 + G(s)H(s)}R(s)$$

式中:第一项即为干扰对输出的影响,第二项即为输入对输出的影响。由于现在研究干扰 $N(s)$ 对系统的影响,故设 $R(s) = 0$,则

$$C_N(s) = \frac{N(s)}{1 + G(s)H(s)}$$

而干扰引起的系统的误差为

$$E_N(s) = R(s) - H(s)C_N(s) = -C_N(s)H(s)$$

$$= -\frac{H(s)}{1 + G(s)H(s)}N(s)$$

则稳态误差为

$$e_{ssN} = \lim_{s \to 0} sE_N(s) = \lim_{s \to 0} s \frac{-H(s)}{1 + G(s)H(s)}N(s)$$

若干扰为单位阶跃函数,即 $N(s) = \dfrac{1}{s}$,上式可表示为

$$e_{ssN} = \lim_{s \to 0} s\left(-\frac{H(s)}{1 + G(s)H(s)} \frac{1}{s}\right) = -\frac{H(0)}{1 + G(0)H(0)}$$

如果系统 $G(0)H(0) \gg 1$,则

$$e_{ssN} \approx -\frac{1}{G(0)}$$

式中

$$G(0) = \lim_{s \to 0} G(s)$$

显然,干扰作用点前的系统前向传递函数 $G(0)$ 的值越大,由干扰引起的稳态误差越小。所以,为降低由干扰引起的稳态误差,我们可以增大干扰作用点前的前向通路传递函数 $G(0)$ 的值或者在干扰作用点以前引入积分环节,但是这样做对系统的稳定性是不利的。

根据上述分析,关于稳态误差的概念及影响因素总结如下:

(1)影响系统稳态误差的因素主要为系统的类型(型次)λ,开环增益 K,输入

信号 $R(s)$ 和干扰信号 $N(s)$ 及系统的结构。

（2）系统型次愈高，开环增益愈大，可以减小或消除系统的稳态误差，但同时也会使系统的动态性能和稳定性降低。在控制系统设计时，必须综合考虑，通常系统型次 $\lambda \leqslant 2$，否则系统的稳定性较难保证。

（3）静态误差系数 K_p，K_v，K_a 是表述系统稳态特性的重要参数。该参数只能用于计算系统当参考输入作用为阶跃、斜坡或抛物线信号时的稳态误差。这里应特别注意，所谓速度误差、加速度误差并不是输入速度和输出速度之间或输入加速度和输出加速度之间的误差，而是指当系统输入为速度信号（斜坡函数）或加速度信号（抛物线函数）时，输出与输入在位置上的误差。因此，K_v 和 K_a 的单位分别是 s^{-1} 和 s^{-2}。

（4）若系统与图 4-31 所示结构不同或当计算干扰产生的稳态误差时，应先计算出 $E(s)$，然后利用终值定理求出稳态误差。

复习思考题

1. 时间响应由哪两部分组成，它们的含义是什么？
2. 脉冲响应函数的定义及如何利用脉冲响应函数来求系统对任意时间函数输入时的输出时间响应？
3. 一阶系统的脉冲响应、阶跃响应及其性能。
4. 如何描述二阶系统的阶跃响应及其时域性能指标？
5. 试分析二阶系统参数 ω_n 和 ζ 对系统性能的影响。
6. 误差和稳态误差的定义以及影响系统误差的因素。
7. 如何计算干扰作用下的稳态误差？

习　题

4.1　已知系统的脉冲响应函数，试求系统的传递函数

（1）$g(t) = 2(1 - e^{-\frac{1}{2}t})$

（2）$g(t) = 20e^{-2t}\sin t$

（3）$g(t) = 2e^{-5t} + 5e^{-2t}$

4.2　已知系统的单位阶跃响应函数，试确定系统的传递函数

（1）$c(t) = 4(1 - e^{-0.5t})$

（2）$c(t) = 3[1 - 1.25e^{-1.2t}\sin(1.6t + 53°)]$

4.3　已知两个一阶系统的传递函数分别为 $G_1(s) = \dfrac{2}{2s+1}$ 和 $G_2(s) = \dfrac{3}{3s+1}$，当

输入分别为 $R_1(s) = \dfrac{2}{s}$ 和 $R_2(s) = \dfrac{3}{s}$ 时,试求 $t = 0$ 时,响应曲线的上升斜率。哪一个系统响应灵敏性好?

4.4   设单位反馈系统的开环传递函数为

$$G(s) = \frac{4}{s(s+5)}$$

求这个系统的单位阶跃响应。

4.5   已知系统闭环传递函数为

$$\frac{G(s)}{R(s)} = \frac{\omega_n^2}{s^2 + 2\zeta\omega_n s + \omega_n^2}$$

试求:

(1) $\zeta = 0.1$,$\omega_n = 1$ 和 $\zeta = 0.1$,$\omega_n = 5$ 时系统的超调量、上升时间和调整时间。

(2) $\zeta = 0.5$,$\omega_n = 5$ 时系统的超调量、上升时间和调整时间。

(3) 讨论参数 ζ,ω_n 对系统性能的影响。

4.6   设有一闭环系统的传递函数为

$$\frac{C(s)}{R(s)} = \frac{\omega_n^2}{s^2 + 2\zeta\omega_n s + \omega_n^2}$$

为了使系统对阶跃输入的响应,有约 5% 的超调量和 2 s 的调整时间,试求 ζ 和 ω_n 的值应等于多大。

4.7   图题 4.7 为由穿孔纸带输入控制的数控机床的位置控制系统方块图,试求:

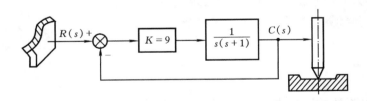

图题 4.7

(1) 系统的无阻尼自然频率 ω_n 和阻尼比 ζ。

(2) 单位阶跃输入下的超调量 M_p 和上升时间 t_r。

(3) 单位阶跃输入下的稳态误差。

(4) 单位斜坡输入下的稳态误差。

4.8   求图题 4.8 所示带有速度控制的控制系统的无阻尼自然频率 ω_n,阻尼比 ζ 及最大超调量 M_p(取 $K = 1\,500$,$\tau_d = 0.01(s)$)。

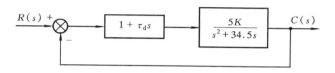

图题 4.8

4.9　已知系统的传递函数为

$$\frac{C(s)}{R(s)} = \frac{T_a s + 1}{(T_1 s + 1)(T_2 s + 1)}$$

试求：(1) $T_1 = 8$, $T_2 = 2$, $T_a = 1$, $T_a = 4$ 和 $T_a = 16$ 时的单位阶跃响应。

(2) $T_1 = 8$, $T_2 = 2$, $T_a = 16$ 时，阶跃响应的最大值。

(3) 定性分析参数 T_1, T_2 和 T_a 对系统响应时间的影响。

4.10　图题 4.10 所示系统，$G(s) = \dfrac{10}{s(s+4)}$。当输入 $r(t) = 10t$ 和 $r(t) = 4 + 6t + 3t^2$ 时，求系统的稳态误差。

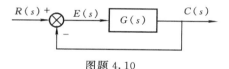

图题 4.10

4.11　设题 4.10 中的前向传递函数变为

$$G(s) = \frac{10}{s(s+1)(10s+1)}$$

输入分别为 $r(t) = 10t$, $r(t) = 4 + 6t + 3t^2$ 和 $r(t) = 4 + 6t + 3t^2 + 1.8t^3$ 时，求系统的稳态误差。

4.12　求图题 4.12 所示系统的静态误差系数 K_p, K_v, K_a, 当输入 $r(t) = 40t$ 时，稳态速度误差等于多少？

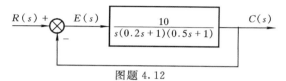

图题 4.12

4.13　已知单位反馈系统的开环传递函数分别为 $G_1(s) = \dfrac{10}{s(s+1)}$, $G_2(s) = \dfrac{10}{2s+1}$, 求：

(1) 输入为 $r(t) = 1(t)$ 时的稳态误差。

（2）输入为 $r(t)=1(t)$ 时的误差响应。

（3）说明系统参数对系统误差的影响。

4.14 已知系统如图题 4.14 所示，其中

$$G_1(s)=\frac{5}{T_1 s+1}, \quad G_2(s)=\frac{10(\tau s+1)}{T_2 s+1}, \quad G_3(s)=\frac{100}{s(T_3 s+1)}$$

求当系统干扰 $n_1(t), n_2(t), n_3(t)$ 及输入 $r(t)$ 均为单位阶跃信号时，输入和干扰分别引起的稳态误差。

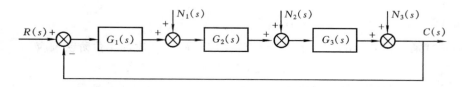

图题 4.14

第 5 章　系统的频率特性

前一章讨论了系统的时域特性,即以微分方程及其解的性质来确定系统的动态性能及稳态精度,但表征系统的特性并不仅限于时域特性。以拉氏变换为工具将时域转换为频域,研究系统对正弦输入的稳态响应即频率响应,对于控制系统的分析和设计是十分重要的。在机械工程科学中,有许多问题需要研究系统与过程在不同频率的输入信号作用下的响应特性。例如,机械振动学主要研究机械结构在受到不同频率的作用力时产生的强迫振动和由系统本身内在反馈所引起的自激振动,以及与其有关的共振频率、机械阻抗、动刚度、抗振稳定性等概念。这实质上就是机械系统的频率特性。应用控制理论中的频率响应方法进行分析,可以很清晰地建立这些概念。此外,在机械加工过程中,例如金属切削加工或锻压成形加工过程中,产品的加工精度、表面质量及加工过程中自激振动,都与加工过程及其工艺装备所构成的机械系统的频率特性密切相关。因此,频率响应方法对于机械系统或过程的动态设计,综合与校正以及稳定性分析都是一个十分重要的基本方法。对于一些复杂的机械系统或过程,难以从理论上列写其微分方程或难以确定其参数,可通过频率响应实验的方法,即所谓系统辨识的方法,确定系统的传递函数。频率响应方法对于机械系统及过程的分析和设计是一个强有力的重要工具。

本章介绍频率响应的概念及其图解表示方法,重点介绍频率特性的对数坐标图、极坐标图和对数幅-相图,还介绍闭环频率特性及频域性能指标,最后介绍频域中系统辨识方法。

5.1　频率特性

1. 频率特性的概念

频率响应是指系统对正弦输入的稳态响应。当线性系统输入某一频率的正弦波,经过充分长的时间后,系统的输出响应仍是同频率的正弦波,而且输出与输入的正弦幅值之比,以及输出与输入的相位之差,对于一定的系统来讲是完全确定的。当不断改变输入正弦的频率(由 0 变化到∞)时,该幅值比和相位差随信号频率的变化情况即称为系统的频率特性。

如图 5-1 所示线性系统,当输入一正弦信号
$$r(t) = A\sin\omega t$$

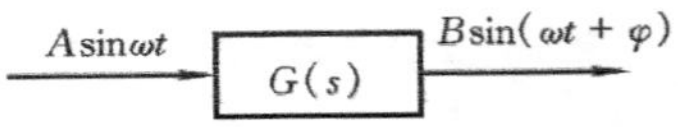

图 5-1　系统输入正弦信号

可以证明,该系统的稳态输出为同频率的正弦信号
$$c(t) = B\sin(\omega t + \varphi)$$

而且,输出与输入的正弦幅值之比为
$$\frac{B}{A} = |G(\mathrm{j}\omega)| \tag{5-1}$$

输出与输入的正弦信号的相位差 φ 为
$$\varphi = \angle G(\mathrm{j}\omega) \tag{5-2}$$

式中,$G(\mathrm{j}\omega)$ 是在系统传递函数 $G(s)$ 中令 $s=\mathrm{j}\omega$ 得来,$G(\mathrm{j}\omega)$ 就称为系统的频率特性,$|G(\mathrm{j}\omega)|$ 表示频率特性的幅值,$\angle G(\mathrm{j}\omega)$ 表示频率特性的相位角。当 ω 从 0 变化到 ∞ 时,$|G(\mathrm{j}\omega)|$ 和 $\angle G(\mathrm{j}\omega)$ 的变化情况,分别称为系统的幅频特性和相频特性,总称为系统的频率特性。

以上结论证明如下:

对于图 5-1 所示系统,当系统输入 $r(t)=A\sin\omega t$ 时,则系统输入输出的拉氏变换分别为
$$R(s) = L[r(t)] = L[A\sin\omega t] = \frac{A\omega}{s^2 + \omega^2}$$
$$C(s) = R(s)G(s) = \frac{A\omega}{s^2 + \omega^2}G(s) \tag{5-3}$$

设系统的传递函数 $G(s)$ 为
$$G(s) = \frac{B(s)}{A(s)} = \frac{B(s)}{(s - p_1)(s - p_2)\cdots(s - p_n)} \tag{5-4}$$

式(5-4)分母多项式 $A(s)$ 中,若包含有互不相同的单极点 $p_i(i=1,2,\cdots,n)$,且其实部均为负值,则将式(5-4)代入式(5-3),并化为部分分式,有
$$C(s) = \frac{a}{s + \mathrm{j}\omega} + \frac{\overline{a}}{s - \mathrm{j}\omega} + \frac{b_1}{s - p_1} + \frac{b_2}{s - p_2} + \cdots + \frac{b_n}{s - p_n} \tag{5-5}$$

式中:$a,\overline{a}$ 为待定的共轭复数,$b_i(i=1,2,\cdots,n)$ 为待定常数。对式(5-5)进行拉氏反变换可得
$$c(t) = a\mathrm{e}^{-\mathrm{j}\omega t} + \overline{a}\mathrm{e}^{\mathrm{j}\omega t} + b_1\mathrm{e}^{p_1 t} + b_2\mathrm{e}^{p_2 t} + \cdots + b_n\mathrm{e}^{p_n t}$$

当 $t\to\infty$ 时,对于稳定的系统(p_i 的实部均为负值),式中 $\mathrm{e}^{p_1 t}$,$\mathrm{e}^{p_2 t}$,$\cdots$,$\mathrm{e}^{p_n t}$ 均趋于零,得
$$c(t)\big|_{t\to\infty} = a\mathrm{e}^{-\mathrm{j}\omega t} + \overline{a}\mathrm{e}^{\mathrm{j}\omega t} \tag{5-6}$$

对于式(5-6)的系数 a 及 $\overline{a}$,可由式(5-3)和式(5-5),根据第 2 章的部分分式法求得。即

$$a = G(s) \frac{A\omega}{s^2 + \omega^2}(s + j\omega)\Big|_{s=-j\omega} = -\frac{AG(-j\omega)}{2j}$$

$$\overline{a} = G(s) \frac{A\omega}{s^2 + \omega^2}(s - j\omega)\Big|_{s=j\omega} = \frac{AG(j\omega)}{2j}$$

式中：$G(j\omega) = |G(j\omega)| e^{j\varphi}$

$$G(-j\omega) = |G(-j\omega)| e^{-j\varphi} = |G(j\omega)| e^{-j\varphi}$$

$$\varphi = \angle G(j\omega) = \arctan \frac{\mathrm{Im}[G(j\omega)]}{\mathrm{Re}[G(j\omega)]}$$

$\mathrm{Im}[G(j\omega)]$ 和 $\mathrm{Re}[G(j\omega)]$ 分别表示 $G(j\omega)$ 的虚部和实部，将 a 及 $\overline{a}$ 分别代入式 (5-6) 得

$$\begin{aligned} c(t)\Big|_{t\to\infty} &= A |G(j\omega)| \frac{e^{j(\omega t+\varphi)} - e^{-j(\omega t+\varphi)}}{2j} \\ &= A |G(j\omega)| \sin(\omega t + \varphi) \\ &= B\sin(\omega t + \varphi) \end{aligned} \tag{5-7}$$

式中：$B = A|G(j\omega)|$ 即为输出正弦信号的幅值，从而证明了前述的结论。图 5-2 表示了正弦输入信号与其稳态输出的关系。

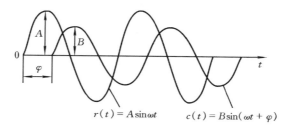

图 5-2　正弦输入及稳态输出

　　系统的频率特性 $G(j\omega)$ 和系统的传递函数 $G(s)$ 有密切的联系。令 $G(s)$ 中的 $s = j\omega$，当 ω 从 0 到 ∞ 范围变化时，就可求出系统的频率特性。

2. 频率特性的含义及特点

　　(1) 与时域分析不同，频率特性分析是通过分析不同谐波输入时系统的稳态响应来表示系统的动态特性。

　　通过以下分析，可看出频率特性的深入含义。

　　如前所述

$$G(j\omega) = G(s)\Big|_{s=j\omega}$$

传递函数 $G(s)$ 是输出 $c(t)$ 与输入 $r(t)$ 的拉氏变换之比，故

$$G(j\omega) = \frac{C(s)}{R(s)}\Big|_{s=j\omega} = \frac{C(j\omega)}{R(j\omega)} \tag{5-8}$$

式中

$$C(\mathrm{j}\omega) = L\big[c(t)\big]\Big|_{s=\mathrm{j}\omega} = \int_0^\infty c(t)\mathrm{e}^{-st}\,\mathrm{d}t\Big|_{s=\mathrm{j}\omega}$$

$$= \int_0^\infty c(t)\mathrm{e}^{-\mathrm{j}\omega t}\,\mathrm{d}t \tag{5-9}$$

同理

$$R(\mathrm{j}\omega) = \int_0^\infty r(t)\mathrm{e}^{-\mathrm{j}\omega t}\,\mathrm{d}t \tag{5-10}$$

式(5-9)和式(5-10)分别为输出和输入在 $0 \leqslant t < \infty$ 的傅里叶(Fourier)变换(简称傅氏变换),因此可以说系统的频率特性为输出与输入的傅氏变换之比。这可由第 4 章介绍的系统脉冲响应函数 $g(t)$ 的卷积公式来证明

$$c(t) = \int_{-\infty}^\infty r(\tau)g(t-\tau)\,\mathrm{d}\tau \tag{5-11}$$

上式中,因 $\tau > t$ 时, $g(t-\tau)=0$,对该式两边进行傅氏变换,可得

$$\int_{-\infty}^\infty c(t)\mathrm{e}^{-\mathrm{j}\omega t}\,\mathrm{d}t = \int_{-\infty}^\infty \Big[\int_{-\infty}^\infty r(\tau)g(t-\tau)\,\mathrm{d}\tau\Big]\mathrm{e}^{-\mathrm{j}\omega t}\,\mathrm{d}t$$

$$= \int_{-\infty}^\infty r(\tau)\mathrm{e}^{-\mathrm{j}\omega\tau}\,\mathrm{d}\tau\int_{-\infty}^\infty g(t-\tau)\mathrm{e}^{-\mathrm{j}\omega(t-\tau)}\,\mathrm{d}t \tag{5-12}$$

由于 $G(s)$ 为脉冲响应 $g(t)$ 的拉氏变换,即

$$G(s) = L\big[g(t)\big] = \int_{-\infty}^\infty g(t)\mathrm{e}^{-st}\,\mathrm{d}t$$

故

$$G(\mathrm{j}\omega) = G(s)\Big|_{s=\mathrm{j}\omega} = \int_{-\infty}^\infty g(t)\mathrm{e}^{-\mathrm{j}\omega t}\,\mathrm{d}t \tag{5-13}$$

将式(5-9)、式(5-10)及式(5-13)代入式(5-12)可得

$$C(\mathrm{j}\omega) = R(\mathrm{j}\omega)G(\mathrm{j}\omega) \tag{5-14}$$

上式即为表达式(5-8)。

以上对系统的频率特性的证明,不仅限于单一的正弦输入 $r(t)=A\sin\omega t$,而是对任何时间函数 $r(t)$ 输入,只要 $r(t)$ 满足傅氏变换的条件,频率特性分析方法也是同样适用的。从这个意义上讲,频率特性类似于电子滤波网络的阻抗特性,它将输入 $r(t)$ 的谐波成分过滤而变成输出 $c(t)$ 的谐波成分。对于机械系统而言,其频率特性反映了系统机械阻抗的特性。

(2)系统的频率特性是系统脉冲响应函数 $g(t)$ 的傅氏变换如式(5-13)所示。

可以说, $g(t)$ 是在时域中描述系统的动态性能, $G(\mathrm{j}\omega)$ 则是在频域中描述系统的动态性能,它仅与系统本身的参数有关。

(3)在经典控制理论范畴,频域分析法较时域分析法简单。

它不仅可以方便地研究参数变化对系统性能的影响,而且可方便地研究系统的稳定性,并可直接在频域中对系统进行校正和综合,以改善系统性能。对于外部干扰和噪声信号,可通过频率特性分析,在系统设计时,选择合适的频宽,从而有效地抑制其影响。

(4)对于高阶系统,应用频域分析方法则比较简单。

对于高阶系统,应用时域分析方法比较困难,而应用频域分析方法较为简单。这一点在系统设计及校正时尤为突出。

3. 机械系统动刚度的概念

一个典型的由质量-弹簧-阻尼构成的机械系统如第 3 章图 3 - 2 所示。该系统的质量块在输入力 $f(t)$ 作用下产生的输出位移为 $x(t)$,其传递函数为

$$G(s) = \frac{X(s)}{F(s)} = \frac{1}{ms^2 + Bs + k} = \frac{1}{k} \frac{1}{\dfrac{s^2}{\omega_n^2} + \dfrac{2\zeta}{\omega_n}s + 1}$$

其中,系统阻尼比 $\zeta = \dfrac{B}{2\sqrt{mk}}$,系统无阻尼自然频率 $\omega_n = \sqrt{\dfrac{k}{m}}$。系统的频率特性为

$$G(j\omega) = \frac{X(j\omega)}{F(j\omega)} = \frac{1}{k} \frac{1}{\left(1 - \dfrac{\omega^2}{\omega_n^2}\right) + j\dfrac{2\zeta\omega}{\omega_n}}$$

该式反映了动态作用力 $f(t)$ 与系统动态变形 $x(t)$ 之间的关系,如图 5 - 3 所示。实质上 $G(j\omega)$ 表示的是机械结构的动柔度 $\lambda(j\omega)$,也就是它的动刚度 $K(j\omega)$ 的倒数

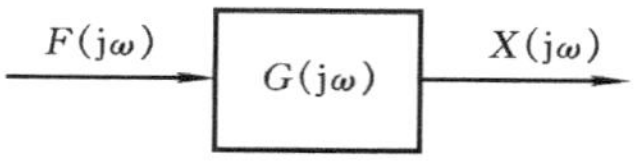

图 5 - 3　系统在力作用下产生变形

$$G(j\omega) = \lambda(j\omega) = \frac{1}{K(j\omega)}$$

当 $\omega = 0$ 时

$$K(j\omega)\Big|_{\omega=0} = \frac{1}{G(j\omega)}\Big|_{\omega=0} = k\left[\left(1 - \frac{\omega^2}{\omega_n^2}\right) + j\frac{2\zeta\omega}{\omega_n}\right]\Big|_{\omega=0} = k$$

即该机械结构的静刚度为 k。

当 $\omega \neq 0$ 时,我们还可以写出动刚度 $K(j\omega)$ 的幅值

$$|K(j\omega)| = k\left[\left(1 - \frac{\omega^2}{\omega_n^2}\right)^2 + \left(\frac{2\zeta\omega}{\omega_n}\right)^2\right]^{\frac{1}{2}} \qquad (5 - 15)$$

其动刚度曲线如图 5 - 4 所示。对 $|K(j\omega)|$ 求偏导,并令 $\dfrac{\partial|K(j\omega)|}{\partial\omega} = 0$,可得

当 $\omega = \omega_r = \sqrt{1 - 2\zeta^2}\,\omega_n$ 时,$|K(j\omega)|$ 具有最小值

$$|K(j\omega)|_{\min} = k2\zeta\sqrt{1 - \zeta^2} \qquad (5 - 16)$$

ω_r 称作系统的谐振频率。由式(5-16)可知,当 $\zeta \ll 1$ 时,$\omega_r \to \omega_n$,系统的最小动刚度幅值为

$$|K(\mathrm{j}\omega)|_{\min} \approx k2\zeta$$

由此可以看出,增加机械结构的阻尼 ζ,能大大提高系统的动刚度。若机械结构的阻尼提高到

$$\zeta \geqslant \frac{1}{\sqrt{2}} = 0.707$$

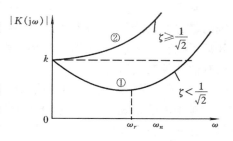

图 5-4　动刚度曲线

则系统不存在谐振频率,也不会发生谐振(见图 5-4 曲线②)。

　　大多数机械结构或工艺装备,如金属切削机床、锻压设备等都可以用类似第 3 章图 3-2 所示的质量-弹簧-阻尼系统近似描述,上述有关频率特性、机械阻尼、动刚度等概念及其分析具有普遍意义,并在工程实践中得到了应用。

　　例 5.1　图 5-5 所示系统,其传递函数为 $G(s) = \dfrac{K}{Ts+1}$,求系统的频率特性及系统对正弦输入 $r(t) = A\sin\omega t$ 的稳态响应。

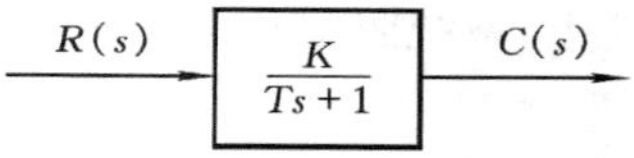

图 5-5　系统方块图

　　解　令 $s = \mathrm{j}\omega$,则系统的频率特性为

$$G(\mathrm{j}\omega) = \frac{K}{\mathrm{j}\omega T + 1}$$

频率特性的幅值比为

$$|G(\mathrm{j}\omega)| = \left|\frac{K}{\mathrm{j}\omega T + 1}\right| = \frac{K}{\sqrt{1 + T^2\omega^2}}$$

频率特性的相位为

$$\varphi = \angle G(\mathrm{j}\omega) = -\arctan\omega T$$

根据频率特性的定义,系统的稳态输出响应为

$$c(t) = \frac{AK}{\sqrt{1 + \omega^2 T^2}}\sin(\omega t - \arctan\omega T)$$

在上述例子中,如果输入不是正弦函数,而是一个阶跃作用信号 $r(t) = B$,那么

$$R(\mathrm{j}\omega) = L[r(t)]\Big|_{s=\mathrm{j}\omega} = \frac{B}{\mathrm{j}\omega}$$

输出的傅氏变换为

$$C(\mathrm{j}\omega) = G(\mathrm{j}\omega)R(\mathrm{j}\omega) = \frac{KB}{\mathrm{j}\omega(\mathrm{j}\omega T + 1)}$$

其幅值为

$$|C(\mathrm{j}\omega)| = \frac{KB}{\omega\sqrt{1 + T^2\omega^2}}$$

其相位为

$$\varphi = -\arctan\omega T - 90°$$

其输出响应为

$$c(t) = L^{-1}[C(s)] = L^{-1}\left[\frac{KB}{s(Ts+1)}\right] = KB(1 - e^{-t/T})$$

可看出输出 $c(t)$ 也不是正弦函数。

例 5.2　弹簧吸振器简化模型如图 5-6 所示。若质量 m_1 受到的干扰力 $f = A\sin\omega t$，如何选择吸振器参数 m_2 和 k_2，使质量 m_1 产生的振幅为最小？

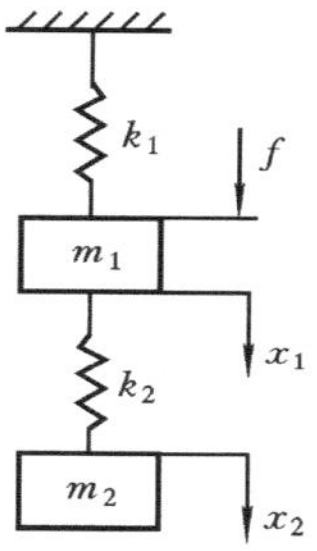

解　首先建立系统的微分方程

$$m_1\ddot{x}_1 + k_1 x_1 + k_2(x_1 - x_2) = f$$

$$k_2(x_1 - x_2) = m_2\ddot{x}_2$$

则位移 x_1 与干扰力 f 之间的传递函数为

$$G(s) = \frac{X_1(s)}{F(s)} = \frac{m_2 s^2 + k_2}{m_1 m_2 s^4 + [k_2(m_1 + m_2) + k_1 m_2]s^2 + k_1 k_2}$$

其动刚度

$$K(j\omega) = \frac{1}{G(j\omega)} = \frac{m_1 m_2 \omega^4 + k_1 k_2 - [k_2(m_1 + m_2) + k_1 m_2]\omega^2}{k_2 - m_2\omega^2}$$

而

$$X_1(j\omega) = \frac{F(j\omega)}{K(j\omega)}$$

图 5-6　弹簧吸振器简化模型

由频率响应可知，当系统输入为正弦信号时，系统输出为同频率的正弦信号。很显然，若要使输出位移 $|X_1(j\omega)| \to 0$，则应使 $|K(j\omega)| \to \infty$，即

$$k_2 - m_2\omega^2 = 0$$

即当消振器参数选择满足 $\dfrac{k_2}{m_2} = \omega^2$ 时可使质量 m_1 的振幅为 0，而施加于 m_1 上的干扰振动则被 m_2 和 k_2 吸收了，这就是振动控制中的吸振器。该吸振器是按输入干扰力的频率确定 m_2, k_2，若输入干扰力频率发生变化，其减振作用将会减弱。同时，机械设备往往并不只受到单一频率干扰力的作用，其减振措施也就变得复杂了。

例 5.3　一典型质量-弹簧-阻尼构成的机械系统如第 3 章图 3-2 所示，系统输入力 $f(t)$ 为矩形波如图 5-7 所示。$f(t) = f(t-2T)$，试求系统的输出位移 $x(t)$。

解　系统的传递函数为

$$\frac{X(s)}{F(s)} = \frac{1}{ms^2 + Bs + k}$$

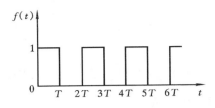

图 5-7 输入作用力波形曲线

其幅频特性为

$$| G(\mathrm{j}\omega) | = \frac{1}{\sqrt{(k - m\omega^2)^2 + B^2 \omega^2}}$$

其相频特性为

$$\angle G(\mathrm{j}\omega) = - \arctan \frac{B\omega}{k - m\omega^2} = \varphi(\omega)$$

系统输入是周期为 $2T$ 的方波信号,该信号可以分解成不同频率的正弦信号,其傅氏级数展开式为

$$f(t) = \frac{4}{\pi} \sum_{n=1}^{\infty} \frac{1}{n} \sin n\omega t$$

因为系统输入为不同频率的正弦信号的线性组合,根据频率特性的概念和线性系统的叠加原理,写出系统的输出表达式为

$$x(t) = \frac{4}{\pi} \sum_{n=1}^{\infty} \frac{1}{n \sqrt{(k - mn^2\omega^2)^2 + B^2 n^2 \omega^2}} \sin\left(n\omega t - \arctan \frac{Bn\omega}{k - mn^2\omega^2} \right)$$

4. 频率特性的表示方法

当给定系统的传递函数后,系统的频率特性在原理上即可求出。然而,为了直观表示系统在比较宽的频率范围中的频率响应,图形表示比函数表示要方便得多。在频率域进行系统分析和设计时,利用图形表示将更方便。另一方面,当必须用实验方法确定系统的传递函数时,图形表示方法更是必要的。在频率特性的图形表示方法中,常用方法有如下 3 种:

(1) 对数坐标图或称伯德(Bode)图;

(2) 极坐标图或称奈奎斯特(Nyquist)图;

(3) 对数幅—相图或称尼柯尔斯(Nichols)图。

我们将在本章后续内容中分别介绍。

5.2　频率特性的对数坐标图(伯德图)

1. 对数坐标图

以对数坐标表示的频率特性图又称伯德(Bode)图,它由对数幅频图和对数相频图组成。它们的横坐标是按频率 ω 的以 10 为底的对数分度。表 5-1 列出了 ω 从 1～10 rad/s 的均匀分度及相应的对数值。图 5-8 表示 ω 的均匀分度与对数分度的区别,其中图(a)为均匀分度,图(b)为对数分度。

表 5-1　ω 的均匀分度与对数分度

ω	1	2	3	4	5	6	7	8	9	10
$\lg\omega$	0	0.301	0.477	0.602	0.699	0.778	0.845	0.903	0.954	1

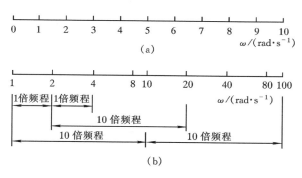

图 5-8　横坐标 ω 的两种分度方法
(a) 均匀分度；(b) 对数分度

在对数坐标中,频率每变化一倍,称作一倍频程,记作 oct,坐标间距为 0.301 个长度单位。频率每变化 10 倍,称作 10 倍频程,记作 dec,坐标间距为一个长度单位。横坐标按频率 ω 的对数进行分度的优点在于:便于在较宽的频率范围内研究系统的频率特性,如频率范围为 0.1～100 rad·s^{-1},在均匀分度的横坐标上,1～10 rad·s^{-1} 频率范围仅约占坐标长度的 1/10,而在对数坐标分度中,1～10 rad·s^{-1} 可占坐标长度的 $\frac{1}{3}$。由于实际系统往往工作在低频段,采用对数分度对于充分表达系统的低频频率特性是非常有利的。

对数幅频图中的纵坐标采用均匀分度,坐标值取 $G(j\omega)$ 幅值的对数,坐标值为 $L(\omega)=20\lg|G(j\omega)|$,其单位称作分贝(decibel),记作 dB。

　　对数相频图的纵坐标也是采用均匀分度,坐标值取 $G(j\omega)$ 的相位角,记作 $\varphi(\omega) = \angle G(j\omega)$,单位为度。

　　用对数坐标图表示频率特性的主要优点有以下 3 个方面:

　　(1)可以将幅值相乘转化为幅值相加,便于绘制多个环节串联组成的系统的对数频率特性图。

　　(2)可采用渐近线近似的作图方法绘制对数幅频图,简单方便,尤其是在控制系统设计、校正及系统辨识等方面,优点更为突出。

　　(3)如前所述对数分度有效地扩展了频率范围,尤其是低频段的扩展,对于机械系统的频率特性的分析是有利的。

2. 各种典型环节的伯德图

(1)比例环节 K

　　比例常数 K(一般为大于零的实数)不随频率而变,对数幅频图为平行于横坐标的水平直线,其幅值 $L(\omega) = 20\lg K$ dB,对数相频图亦为平行于横坐标的水平直线,其相位角 $\varphi(\omega) = 0°$。因此,当改变传递函数中的 K 时,会导致传递函数的对数幅频曲线升高或降低一个相应的常值,但不影响相位角。比例常数 K 的伯德图如图 5-9 所示。

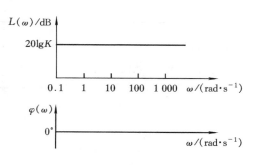

图 5-9　比例环节的伯德图

(2)积分环节 $\dfrac{1}{j\omega}$

其对数幅频特性

$$L(\omega) = 20\lg \left| \frac{1}{j\omega} \right| = 20\lg \frac{1}{\omega} = -20\lg\omega \ \text{dB} \tag{5-17}$$

其对数相频特性

$$\varphi(\omega) = \angle \frac{1}{j\omega} = \arctan \frac{\dfrac{-1}{\omega}}{0} = -90° \tag{5-18}$$

　　由式(5-17)可知,积分环节的对数幅频图为一条直线。当 $\omega = 1$ 时,

$L(\omega)=0$，即该直线过点 $(1,0)$，其斜率若以每倍频幅值的变化计，可得

$$-20\lg2\omega-(-20\lg\omega)=-6 \text{ dB}$$

即每倍频程幅值下降 6 dB，表示为 -6 dB/oct，若以每 10 倍频程幅值的变化计算，则下降 20 dB，表示为 -20 dB/dec。后面我们主要采取 10 倍频程幅值的变化表示伯德图中直线的斜率。积分环节的相位角与 ω 无关，$\varphi(\omega)$ 为恒等于 $-90°$ 的一条直线。

　　若系统包含两个积分环节，即 $G(j\omega)=\dfrac{1}{(j\omega)^2}$，则其对数幅频特性为

$$L(\omega)=20\lg\left|\frac{1}{(j\omega)^2}\right|=20\lg\frac{1}{\omega^2}=-40\lg\omega \text{ dB}$$

其对数相频特性为

$$\varphi(\omega)=\angle\left(\frac{1}{j\omega}\right)^2=2\times(-90°)=-180°$$

其对数幅频图为过点 $(1,0)$、斜率为 -40 dB/dec 的一条直线，相位角恒等于 $-180°$。$\dfrac{1}{j\omega}$ 和 $\dfrac{1}{(j\omega)^2}$ 的伯德图如图 $5-10$ 所示。

　　(3) 微分环节 $j\omega$

　　其对数幅频特性

$$L(\omega)=20\lg|j\omega|=20\lg\omega \text{ dB} \quad (5-19)$$

其对数相频特性

$$\varphi(\omega)=\angle j\omega=\arctan\frac{\omega}{0}=90° \quad (5-20)$$

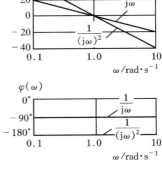

图 $5-10$　$\dfrac{1}{j\omega}$ 和 $\dfrac{1}{(j\omega)^2}$ 的伯德图

上述公式与积分环节的对应式 $(5-17)$、式 $(5-18)$ 相比较，仅相差一个符号。故 $j\omega$ 的对数幅频图为过点 $(1,0)$，斜率为 20 dB/dec 的一条直线，相位角恒等于 $90°$。

　　若频率特性为两个微分环节，即 $G(j\omega)=(j\omega)^2$，则其对数幅频特性与对数相频特性分别为

$$L(\omega)=20\lg|(j\omega)^2|=40\lg\omega \text{ dB}$$

$$\varphi(\omega)=\angle(j\omega)^2=2\times90°=180°$$

$(j\omega)^2$ 的对数幅频图为过点 $(1,0)$，斜率为 40 dB/dec 的一条直线。相位角恒等于 $180°$。$j\omega$ 和 $(j\omega)^2$ 的伯德图示于图 $5-11$。

　　(4) 一阶惯性环节 $1/(1+j\omega T)$

　　其幅频特性

$$L(\omega)=20\lg\left|\frac{1}{1+j\omega T}\right|=-20\lg\sqrt{1+\omega^2T^2} \quad (5-21)$$

其相频特性

$$\varphi(\omega) = \angle \frac{1}{1+j\omega T}$$

$$= \angle \frac{1-j\omega T}{1+\omega^2 T^2}$$

$$= -\arctan\omega T \qquad (5-22)$$

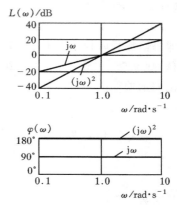

图 5-11　$j\omega$ 和 $(j\omega)^2$ 的伯德图

当 ω 从 $0\to\infty$ 时,可计算出相应的 $L(\omega)$ 和 $\varphi(\omega)$,并可画出相应的幅频和相频曲线图。在工程上常采用近似作图法来画幅频曲线,即用渐近线近似表示,其原理如下:

令　　　　　　　　$\omega_T = \frac{1}{T}$

当 $\omega \ll \omega_T = \frac{1}{T}$ 时,则 $L(\omega) =$

$-20\lg \sqrt{1+\omega^2 T^2} \approx -20\lg1 = 0$ dB, 即 $\omega \ll \omega_T$ 时,对数幅频图为一条零分贝直线。

当 $\omega \gg \omega_T$ 时,则 $L(\omega) = -20\lg \sqrt{1+\omega^2 T^2} \approx -20\lg\omega T$,即 $\omega \gg \omega_T$ 时,对数幅频图的渐近线为一条过点 $(\frac{1}{T},0)$,斜率为 -20 dB/dec 的直线。

上述两条渐近线交点的频率 $\omega = \omega_T = \frac{1}{T}$,称为转角频率。由上述两条渐近线可近似画出惯性环节的对数幅频曲线,如图 5-12 所示,图中也画出了精确的对数幅频曲线。由式(5-22)可计算出精确的相位角 $\varphi(\omega)$(见表 5-2),其对数相频曲线亦示于图 5-12。图中均以 ωT 作为横坐标。

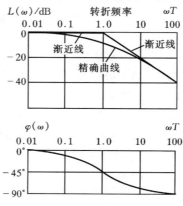

图 5-12　惯性环节的伯德图

表 5－2　惯性环节的相频关系

ωT	0.01	0.05	0.1	0.2	0.3	0.4	0.5	0.7	1.0
$\varphi(\omega)$	$-0.6°$	$-2.9°$	$-5.7°$	$-11.3°$	$-16.7°$	$-21.8°$	$-26.5°$	$-35°$	$-45°$
ωT	2.0	3.0	4.0	5.0	7.0	10	20	50	100
$\varphi(\omega)$	$-63.4°$	$-71.5°$	$-76°$	$-78.7°$	$-81.9°$	$-84.3°$	$-87.1°$	$-88.9°$	$-89.4°$

用渐近线作图简单方便,且足以接近其精确曲线,在系统进行初步设计阶段时经常采用。如果需要精确的幅频曲线,可参照图 5－13 的误差曲线对渐近线进行修正。最大误差发生在转角频率 $\omega = \omega_T = \dfrac{1}{T}$ 处,其误差值为

$$-20\lg\sqrt{1+1}-(-20\lg1) = -3.03 \text{ dB}$$

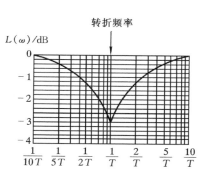

图 5－13　误差曲线

由上述幅频和相频曲线图可以看出,惯性环节具有低通滤波器的特性,对于高于 $\omega = \dfrac{1}{T}$ 的频率,其对数幅值迅速衰减。当改变时间常数 T 时,转角频率发生变化,但对数幅频和相频曲线的形状仍保持不变。

(5)一阶微分环节 $1+\mathrm{j}\omega T$

幅频特性

$$L(\omega) = 20\lg|1+\mathrm{j}\omega T| = 20\lg\sqrt{1+\omega^2T^2} \text{ dB} \qquad (5-23)$$

相频特性

$$\varphi(\omega) = \angle(1+\mathrm{j}\omega T) = \arctan\omega T \qquad (5-24)$$

上述二式与惯性环节相应式(5－21)和式(5－22)比较,仅相差一个符号。故其对数幅频曲线的渐近线,在 $\omega \ll \omega_T = \dfrac{1}{T}$ 时,$L(\omega) \approx 20\lg1 = 0$ dB,为一条零分贝线,当 $\omega \gg \omega_T = \dfrac{1}{T}$ 时,$L(\omega) \approx 20\lg\omega T$,为一条过点$(\dfrac{1}{T},0)$,斜率为 20 dB/dec 的直线。转角频率亦是 $\omega = \omega_T = \dfrac{1}{T}$。对数相频曲线可由式(5－24)精确计算,当 ω 从 0 变化到 ∞ 时,相位角从 $0° \rightarrow 90°$,其伯德图如图 5－14 所示。由图可以看出一阶微分环节和惯性环节的对数幅频曲线对称于零分贝线,对数相频曲线对称于 $0°$ 线。

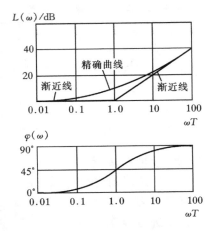

图 5-14　一阶微分环节的伯德图

(6)振荡环节 $\dfrac{1}{1+2\zeta\dfrac{\mathrm{j}\omega}{\omega_\mathrm{n}}+\left(\dfrac{\mathrm{j}\omega}{\omega_\mathrm{n}}\right)^2}$

幅频特性

$$L(\omega)=20\lg\left|\frac{1}{1+2\zeta\dfrac{\mathrm{j}\omega}{\omega_\mathrm{n}}+\left(\dfrac{\mathrm{j}\omega}{\omega_\mathrm{n}}\right)^2}\right|$$

$$=-20\lg\sqrt{\left(1-\frac{\omega^2}{\omega_\mathrm{n}^2}\right)^2+\left(2\zeta\frac{\omega}{\omega_\mathrm{n}}\right)^2}\ \mathrm{dB} \qquad (5-25)$$

相频特性

$$\varphi(\omega)=\angle\frac{1}{1+2\zeta\dfrac{\mathrm{j}\omega}{\omega_\mathrm{n}}+\left(\dfrac{\mathrm{j}\omega}{\omega_\mathrm{n}}\right)^2}=-\arctan\frac{2\zeta\dfrac{\omega}{\omega_\mathrm{n}}}{1-\left(\dfrac{\omega}{\omega_\mathrm{n}}\right)^2} \qquad (5-26)$$

由式(5-25)可求出对数幅频曲线的渐近线。

当 $\omega\ll\omega_\mathrm{n}$ 时,则

$$L(\omega)\approx-20\lg1=0\ \mathrm{dB}$$

即渐近线是一条零分贝线。

当 $\omega\gg\omega_\mathrm{n}$ 时,则

$$L(\omega)\approx-20\lg\frac{\omega^2}{\omega_\mathrm{n}^2}=-40\lg\frac{\omega}{\omega_\mathrm{n}}\ \mathrm{dB}$$

即渐近线是一条过点 $(\omega_\mathrm{n},0)$ 斜率为 $-40\ \mathrm{dB/dec}$ 的直线。

上述两条渐近线的交点的频率 $\omega=\omega_\mathrm{n}$ 称作转角频率。这两条渐近线都与阻尼比 ζ 无关,但实际幅值 $L(\omega)$ 的变化与 ζ 有关,在 $\omega=\omega_\mathrm{n}$ 附近时,若 ζ 值较小,

则会产生谐振峰。振荡环节的对数幅频图以 $\dfrac{\omega}{\omega_n}$ 为横坐标,其渐近线和不同 ζ 值时的精确曲线如图 5 - 15 所示。对于振荡环节,首先确定转角频率 ω_n 就可画出渐近线,ζ 确定后就可根据图 5 - 15 所示曲线簇对渐近线进行修正,并画出对数幅频曲线。

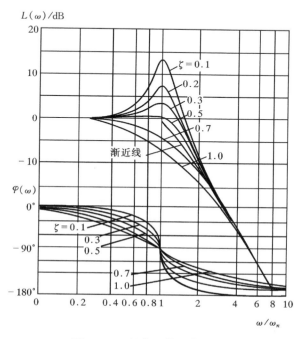

图 5 - 15　振荡环节的伯德图

由式(5 - 26)可画出对数相频曲线,仍以 $\dfrac{\omega}{\omega_n}$ 为横坐标,对应于不同的 ζ 值,形成一簇对数相频曲线,如图 5 - 15 所示。对于任何 ζ 值,当 $\omega \to 0$ 时,$\varphi(\omega) \to 0°$,当 $\omega \to \infty$ 时,$\varphi(\omega) = -180°$;当 $\omega = \omega_n$ 时,$\varphi(\omega) = -90°$。

(7)二阶微分环节 $1 + 2\zeta\dfrac{j\omega}{\omega_n} + \left(\dfrac{j\omega}{\omega_n}\right)^2$

幅频特性

$$L(\omega) = 20\lg \left| 1 + 2\zeta\frac{j\omega}{\omega_n} + \left(\frac{j\omega}{\omega_n}\right)^2 \right|$$

$$= 20\lg \sqrt{\left(1 - \frac{\omega^2}{\omega_n^2}\right)^2 + \left(2\zeta\frac{\omega}{\omega_n}\right)^2} \text{ dB} \qquad (5 - 27)$$

相频特性

$$\varphi(\omega) = \angle \left[1 + 2\zeta \frac{\mathrm{j}\omega}{\omega_\mathrm{n}} + \left(\frac{\mathrm{j}\omega}{\omega_\mathrm{n}} \right)^2 \right] = \arctan \frac{2\zeta \dfrac{\omega}{\omega_\mathrm{n}}}{1 - \left(\dfrac{\omega}{\omega_\mathrm{n}} \right)^2} \qquad (5-28)$$

上述二式与振荡环节对应式(5-25)及式(5-26)仅相差一个符号。显然，二阶微分环节与振荡环节的对数幅频曲线对称于零分贝线，对数相频曲线对称于 0°线。其伯德图如图 5-16 所示。

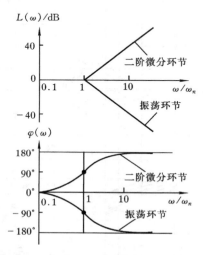

图 5-16 二阶微分与振荡环节的伯德图

(8)延时环节 $\mathrm{e}^{-\mathrm{j}\omega\tau}$

幅频特性

$$L(\omega) = 20\lg | \mathrm{e}^{-\mathrm{j}\omega\tau} | = 0 \text{ dB} \qquad (5-29)$$

相频特性

$$\varphi(\omega) = \angle \mathrm{e}^{-\mathrm{j}\omega\tau} = -\omega\tau \qquad (5-30)$$

其对数幅频曲线为一条零分贝直线。由式(5-30)可知相位角随频率 ω 成线性变化。其对数幅频曲线和相频曲线如图 5-17 所示(由于 ω 的对数分度，相频特性表现为曲线)。

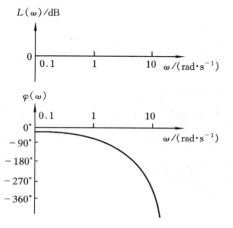

图 5-17 延时环节的伯德图

3. 绘制系统伯德图的一般步骤

绘制系统伯德图的一般步骤为：

(1)由传递函数 $G(s)$ 求出频率特性 $G(\mathrm{j}\omega)$，并将 $G(\mathrm{j}\omega)$ 化为若干典型环节频

率特性相乘的形式；

(2) 求出各典型环节的转角频率 ω_T，ω_n，阻尼比 ζ 等参数；

(3) 分别画出各典型环节的幅频曲线的渐近线和相频曲线；

(4) 将各环节的对数幅频曲线的渐近线进行叠加，得到系统幅频曲线的渐近线，并对其进行修正；

(5) 将各环节相频曲线叠加，得到系统的相频曲线。

例 5.4　已知系统传递函数为

$$G(s) = \frac{10(s+3)}{s(s+2)(s^2+s+2)}$$

画出系统的伯德图

解　(1)求系统频率特性 $G(j\omega)$，并将其化为典型环节相乘的形式。

$$G(j\omega) = \frac{7.5\left(\dfrac{j\omega}{3}+1\right)}{j\omega\left(\dfrac{j\omega}{2}+1\right)\left[\dfrac{(j\omega)^2}{2}+\dfrac{j\omega}{2}+1\right]}$$

(2)求各典型环节的参数

① 比例环节 $K=7.5$

$$L(\omega) = 20\lg 7.5 = 17.5$$
$$\varphi(\omega) = 0°$$

② 积分环节 $\dfrac{1}{j\omega}$

$L(\omega)$ 为过 $(1,0)$ 斜率 -20 dB/dec 的直线

$$\varphi(\omega) = -90°$$

③ 振荡环节 $\dfrac{1}{\dfrac{(j\omega)^2}{2}+\dfrac{j\omega}{2}+1}$

$\omega_n=\sqrt{2}$，因为 $\dfrac{2\zeta}{\omega_n}=\dfrac{1}{2}$，所以 $\zeta=0.35$

④ 惯性环节 $\dfrac{1}{\dfrac{j\omega}{2}+1}$

转角频率　　　　　　　　　　$\omega_{T_1} = \dfrac{1}{T_1} = 2$

⑤ 一阶微分环节 $\dfrac{j\omega}{3}+1$

转角频率　　　　　　　　　　$\omega_{T_2} = \dfrac{1}{T_2} = 3$

(3)分别画出各典型环节对数幅频曲线的渐近线和对数相频曲线，如图 5－18

中虚线所示。

(4)将各环节对数幅频曲线的渐近线进行叠加,并进行修正;将各环节对数相频曲线叠加,得到系统的伯德图,如图5-18实线所示。

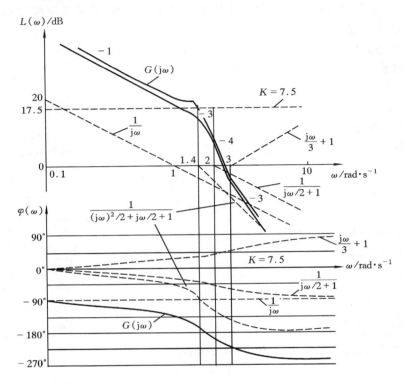

图5-18 例5.4系统的伯德图

(5)也可利用 MATLAB 函数直接对 $G(s)$ 画伯德图。

用 MATLAB 实现 Bode 图绘制,其程序及所画的 Bode 图如图5-19所示。

MATLAB Program of example 5-4

```
%程序:画伯德图
clear;close all;clc;
Num1 = [10,30];Den1 = [1,3,4,4,0];Gs1 = tf(Num1,Den1);
figure(1);bode(Gs1);%伯德图
grid on;
```

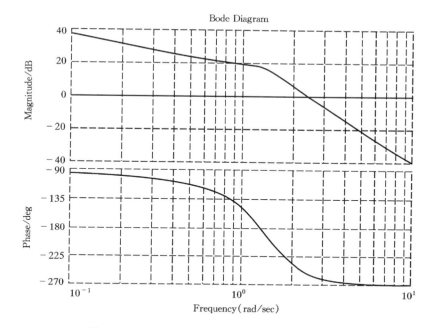

图 5 - 19　用 MATLAB 所画例 5.4 系统的伯德图

4. 系统类型和对数幅频曲线之间的关系

在第 4 章的误差分析一节中,讨论了系统类型与系统静态误差系数的关系。在频域中,系统的类型确定了系统对数幅频曲线低频段的斜率,即静态误差系数描述了系统的低频性能。根据系统的对数幅频曲线,可以确定系统的静态误差系数及系统对给定输入信号引起的误差量值。

对于由式(4 - 56)所描述的系统,其开环频率特性为

$$G(j\omega)H(j\omega) = \frac{K(j\omega T_a + 1)(j\omega T_b + 1)\cdots(j\omega T_m + 1)}{(j\omega)^\lambda (j\omega T_1 + 1)(j\omega T_2 + 1)\cdots(j\omega T_p + 1)} \quad (\lambda + p = n \geqslant m)$$

$$(5 - 31)$$

(1)静态位置误差系数 K_p

由式(5 - 31)可知,对于 0 型系统,其对数幅频曲线在低频段即 $\omega \rightarrow 0$ 时,其幅值为

$$L(\omega) = \lim_{\omega \rightarrow 0} 20 \lg | G(j\omega)H(j\omega) | = 20 \lg K_p$$

即低频渐近线是 $20 \lg K_p$ 分贝的水平线,如图 5 - 20 所示。

(2)静态速度误差系数 K_v

由式(5 - 31)可知,对于 Ⅰ 型系统,其对数幅频曲线在低频段是一条斜率为 -20 dB/dec 的线段,如图 5 - 21 所示。

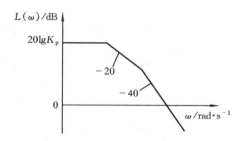

图 5 - 20　0 型系统对数幅频图

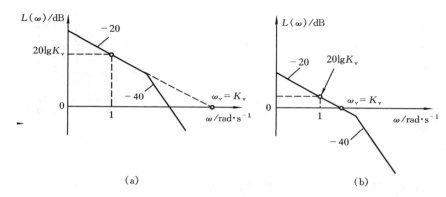

（a）　　　　　　　　　　　　　（b）

图 5 - 21　Ⅰ型系统对数幅频图

因此，当 $\omega=1$ 时，其幅值为

$$L(\omega) = 20\lg\left|\frac{K_v}{j\omega}\right|_{\omega=1} = 20\lg K_v$$

即速度误差系数 K_v 与对数幅频曲线低频起始线段（或其延长线）在 $\omega=1$ 时对应的幅值相等。

若该线段（如图 5 - 21（a）所示）或它的延长线（如图 5 - 21（b）所示）与零分贝线的交点频率为 ω_v，则

$$L(\omega_v) = 20\lg\left|\frac{K_v}{j\omega}\right|_{\omega=\omega_v} = 0$$

即 $K_v=\omega_v$，也就是说速度误差系数 K_v 在数值上等于交点频率 ω_v。

（3）静态加速度误差系数 K_a

由式（5 - 31）可知，对于 Ⅱ型系统，其对数幅频曲线在低频段是一条斜率为 -40 dB/dec 的线段，如图 5 - 22 所示。

当 $\omega=1$ 时，其幅值为

$$L(\omega) = 20\lg\left|\frac{K_a}{(j\omega)^2}\right|_{\omega=1} = 20\lg K_a$$

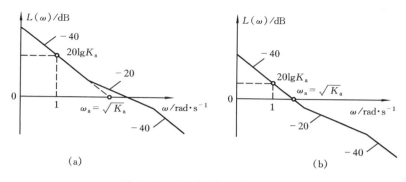

图 5 - 22　Ⅱ型系统对数幅频图

即加速度误差系数 K_a 与对数幅频曲线起始线段(或其延长线)在 $\omega=1$ 时对应的幅值相等。

若该线段(如图 5 - 22(a)所示)或它的延长线(如图 5 - 22(b)所示)与零分贝线的交点频率为 ω_a,则

$$L(\omega_a) = 20\lg\left|\frac{K_a}{(j\omega)^2}\right|_{\omega=\omega_a} = 0$$

即 $K_a = \omega_a^2$,也就是说加速度误差系数 K_a 在数值上等于交点频率 ω_a 的平方。

5.3　频率特性的极坐标图(奈奎斯特图)

1. 极坐标图

$G(j\omega)$ 的极坐标图是当 ω 从零变化到无穷大时,表示在极坐标上的 $G(j\omega)$ 的幅值与相角的关系图。因此,极坐标图是在复平面内用不同频率的矢量之端点轨迹来表示系统的频率特性。$G(j\omega)$ 在实轴和虚轴上的投影,就是 $G(j\omega)$ 的实部和虚部。

绘制极坐标图时,必须计算出每个频率下的幅值 $|G(j\omega)|$ 和相位角 $\angle G(j\omega)$。在极坐标图中,正相位角是从正实轴开始以逆时针方向旋转定义,而负相位角则以顺时针方向旋转来定义。若系统由数个环节串联组成,假设各环节间无负载效应,在绘制该系统频率特性的极坐标图时,对于每一频率,各环节幅值相乘、相位角相加,方可求得系统在该频率下的幅值和相位角。就这点而言,不如绘制伯德图简单。

采用极坐标图的主要优点是能在一张图上表示出整个频率域中系统的频率特性,在对系统进行稳定性分析及系统校正时,应用极坐标图较方便。

2. 典型环节的极坐标图

(1)比例环节 K

令 $G(j\omega)=K$,则其幅频特性和相频特性分别为

$$|G(j\omega)|=K$$

$$\angle G(j\omega)=0°$$

极坐标图为实轴上的一定点,如图 5-23 所示。

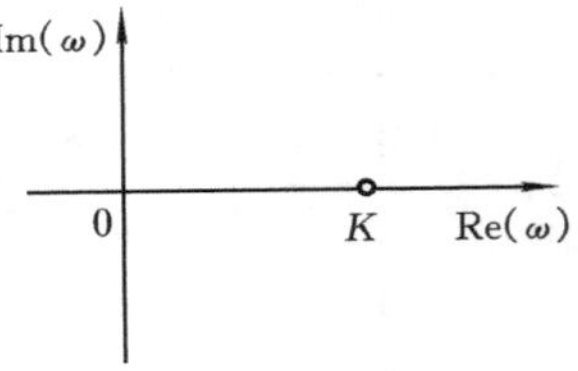

(2)积分环节 $\dfrac{1}{j\omega}$

令 $G(j\omega)=\dfrac{1}{j\omega}=-j\dfrac{1}{\omega}$,则其幅频特

性分别为

$$|G(j\omega)|=\dfrac{1}{\omega}$$

$$\angle G(j\omega)=\angle-j\dfrac{1}{\omega}=\arctan\dfrac{-\dfrac{1}{\omega}}{0}=-90°$$

积分环节极坐标图是负虚轴,且由负无穷远处指向原点,如图 5-24 所示。

图 5-23 比例环节的极坐标图

(3)微分环节 $j\omega$

令 $G(j\omega)=j\omega$,则其幅频特性和相频特性分别为

$$|G(j\omega)|=\omega$$

$$\angle G(j\omega)=\angle j\omega=\arctan\dfrac{\omega}{0}=90°$$

微分环节的极坐标图是正虚轴,且由原点指向正无穷大处,如图 5-25 所示。

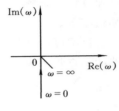

图 5-24 积分环节的极坐标图

(4)惯性环节 $\dfrac{1}{1+j\omega T}$

令 $G(j\omega)=\dfrac{1}{1+j\omega T}=\dfrac{1}{1+\omega^2 T^2}-j\dfrac{\omega T}{1+\omega^2 T^2}=X+jY$

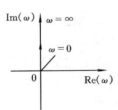

图 5-25 微分环节的极坐标图

式中 $X=\dfrac{1}{1+\omega^2 T^2}$ 为 $G(j\omega)$ 的实部;

$Y=\dfrac{-\omega T}{1+\omega^2 T^2}$ 为 $G(j\omega)$ 的虚部。

因为 $$X^2+Y^2=X$$

所以 $$(X-\dfrac{1}{2})^2+Y^2=(\dfrac{1}{2})^2$$

上式表明,当 $\omega=0\sim\infty$ 时,惯性环节的极坐标图是一个圆心在 $(\frac{1}{2},0)$ 半径为 $\frac{1}{2}$ 的下半圆,如图 5 - 26(a)所示。图 5 - 26(b)中,下半圆对应的频率为 $0\leqslant$ $\omega<\infty$,上半圆对应的频率为 $-\infty<\omega\leqslant 0$。当 ω 取特殊值时,其幅值及相位角如表 5 - 3 所示。

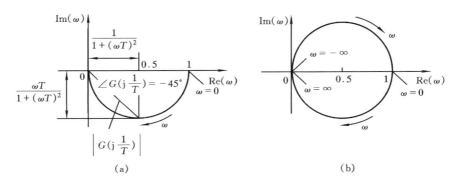

图 5 - 26　惯性环节的极坐标图

表 5 - 3　惯性环节 ω 为特殊值时的幅值与相位角

ω	幅　值	相　位　角
0	1	$0°$
$\frac{1}{T}$	$\frac{1}{\sqrt{2}}$	$-45°$
∞	0	$-90°$

(5)一阶微分环节 $1+j\omega T$

令 $G(j\omega)=1+j\omega T$,则其幅频特性和相频特性分别为

$$|G(j\omega)|=\sqrt{1+\omega^2 T^2}$$

$$\angle G(j\omega)=\angle(1+j\omega T)=\arctan\omega T$$

当 $\omega=0$,幅值为 1,相位角为 $0°$,$\omega=\infty$,幅值为 ∞,相位角为 $90°$。

一阶微分环节为过点 $(1,0)$,平行于虚轴的上半部直线,如图 5 - 27 所示。

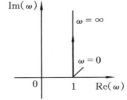

图 5 - 27　一阶微分环节的极坐标图

（6）振荡环节 $\dfrac{1}{1+2\zeta\dfrac{j\omega}{\omega_n}+\left(\dfrac{j\omega}{\omega_n}\right)^2}$

令 $G(j\omega)=\dfrac{1}{1+2\zeta\dfrac{j\omega}{\omega_n}+\left(\dfrac{j\omega}{\omega_n}\right)^2}$，则其幅频特性和相频特性分别为

$$|G(j\omega)|=\dfrac{1}{\sqrt{\left(1-\dfrac{\omega^2}{\omega_n^2}\right)^2+\left(2\zeta\dfrac{\omega}{\omega_n}\right)^2}}$$

$$\angle G(j\omega)=-\arctan\dfrac{2\zeta\dfrac{\omega}{\omega_n}}{1-\dfrac{\omega^2}{\omega_n^2}}$$

对于 ω 的特殊值，其幅值和相位角计算值如表 5－4 所示。

表 5－4　振荡环节 ω 为特殊值时的幅值与相位角

ω	幅　值	相　位　角
0	1	$0°$
ω_n	$\dfrac{1}{2\zeta}$	$-90°$
∞	0	$-180°$

　　极坐标图与阻尼比 ζ 有关，对应于不同的 ζ 值，形成一簇极坐标曲线，如图 5－28 所示。当 $\omega=0$ 时，不论 ζ 值大小，极坐标曲线均从点（1,0）开始，当 $\omega=\infty$ 时，到点（0,0）结束，相位角相应由 $0°$ 变换到 $-180°$。当 $\omega=\omega_n$ 时，极坐标曲线均交于负虚轴，其相位角为 $-90°$，幅值为 $\dfrac{1}{2\zeta}$。对于欠阻尼系统（$0<\zeta<1$）的情况，系统会出现谐振峰值，记作 M_r，该频率称谐振频率 ω_r，如图 5－29 所示。对于过阻尼系统（$\zeta>1$），$G(j\omega)$ 极坐标

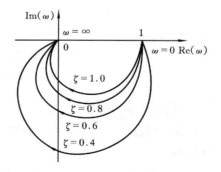

图 5－28　振荡环节的极坐标图

图接近一个半圆，这是因为 ζ 很大时，其特征方程的根全为实根，而起主导作用的是靠近虚轴的极点，此时系统已接近为一阶惯性环节。

　　（7）二阶微分环节 $1+2\zeta\dfrac{j\omega}{\omega_n}+\left(\dfrac{j\omega}{\omega_n}\right)^2$

令 $G(j\omega)=1+2\zeta\dfrac{j\omega}{\omega_n}+\left(\dfrac{j\omega}{\omega_n}\right)^2$，则其幅频特性和

相频特性分别为

$$|G(j\omega)| = \sqrt{\left(1-\dfrac{\omega^2}{\omega_n^2}\right)^2 + \left(2\zeta\dfrac{\omega}{\omega_n}\right)^2}$$

$$\angle G(j\omega) = \arctan \dfrac{2\zeta\dfrac{\omega}{\omega_n}}{1-\dfrac{\omega^2}{\omega_n^2}}$$

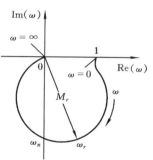

图 5-29　振荡环节的谐振峰

对于 ω 的特殊值，其幅值和相位角如表 5-5 所示。

极坐标图与阻尼比 ζ 有关，对应不同的 ζ 值，形成一

簇极坐标曲线，如图 5-30 所示。不论 ζ 值如何，极

坐标曲线在 $\omega=0$ 时，从点(1,0)开始，在 $\omega=\infty$ 时指向无穷远处。

表 5-5　二阶微分环节 ω 为特殊值时的幅值与相位角

ω	幅　值	相　位　角
0	1	0°
ω_n	2ζ	90°
∞	∞	180°

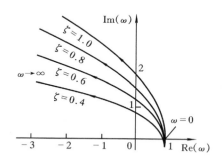

图 5-30　二阶微分环节的极坐标图

(8)延时环节 $e^{-j\omega\tau}$

令 $G(j\omega)=e^{-j\omega\tau}=\cos\omega\tau - j\sin\omega\tau$，则其幅频特性和相频特性分别为

$$|G(j\omega)| = \sqrt{\cos^2\omega\tau + \sin^2\omega\tau} = 1$$

$$\angle G(j\omega) = -\omega\tau$$

因此，延时环节的极坐标图为一单位圆，如图 5-31 所示。其特点是当信号

通过延时环节时,其幅值不变,而相位角发生改变,输出信号的相位滞后输入信号相位,其滞后角度随输入信号的频率 ω 的增大成正比增大。

当延时环节与其他环节串联时,系统的频率特性将会产生相应的变化,如系统的传递函数为比例环节,惯性环节和延时环节串联。

惯性环节与比例环节的极坐标图为第四象限的半圆,但加入延时环节 $e^{-j\omega\tau}$ 后,对应每一频率 ω 幅值不变,但相位滞后 $\omega\tau$,如图 5-32 所示。系统的极坐标图,由原来第四象限内的半圆扩展到整个复平面。

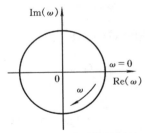

图 5-31 延时环节的极坐标图

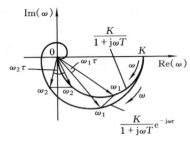

图 5-32 $\dfrac{K}{1+j\omega T}e^{-j\omega\tau}$ 的极坐标图

3. 系统奈奎斯特图的一般画法

下面通过一些实例,分别说明不同型次系统奈奎斯特图的画法,并归纳出一般的作图规律。

例 5.5 画出下列两个 0 型系统的奈奎斯特图,式中 K, T_1, T_2, T_3 均大于 0。

$$G_1(j\omega) = \frac{K}{(1+j\omega T_1)(1+j\omega T_2)}$$

$$G_2(j\omega) = \frac{K}{(1+j\omega T_1)(1+j\omega T_2)(1+j\omega T_3)}$$

解 当 $\omega = 0$ 时

$$|G_1(j\omega)| = K, \quad \angle G_1(j\omega) = 0°$$

$$|G_2(j\omega)| = K, \quad \angle G_2(j\omega) = 0°$$

上式说明 0 型系统 $G_1(j\omega)$,$G_2(j\omega)$ 的奈奎斯特图的起始点(即 $\omega = 0$ 时),均位于正实轴的一个有限点 $(K, 0)$。

当 $\omega \to \infty$ 时

$$|G_1(j\omega)| = 0, \quad \angle G_1(j\omega) = -180°$$

$$|G_2(j\omega)| = 0, \quad \angle G_2(j\omega) = -270°$$

即随着 ω 的增大,当 $\omega \to \infty$ 时,$G_1(j\omega)$ 以 $-180°$ 相位角趋于坐标原点;而 $G_2(j\omega)$ 以 $-270°$ 的相位角趋于坐标原点,这是因为 $G_2(j\omega)$ 较 $G_1(j\omega)$ 附加了一个惯性环节。它们的奈奎斯特图分别示于图 5-33(a)和(b)。

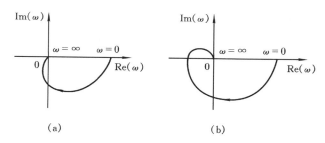

图 5-33　两个 0 型系统的奈奎斯特图

例 5.6　画出下列两个I型系统的奈奎斯特图,式中 K,T,T_1,T_2 均大于 0。

(1) $G_1(j\omega) = \dfrac{K}{j\omega(1+j\omega T)}$

解　频率特性可表示为

$$G_1(j\omega) = \frac{K}{j\omega(1+j\omega T)} = \frac{-KT}{1+\omega^2 T^2} - j\frac{K}{\omega(1+\omega^2 T^2)} \qquad (5-32)$$

其幅频特性

$$|G_1(j\omega)| = \frac{K}{\omega\sqrt{1+\omega^2 T^2}}$$

其相频特性

$$\angle G_1(j\omega) = -90° - \arctan\omega T$$

当 $\omega = 0$ 时:$|G_1(j\omega)| = 0$,$\angle G_1(j\omega) = -90°$

当 $\omega \to \infty$ 时:$|G_1(j\omega)| = 0$,$\angle G_1(j\omega) = -180°$

根据式(5-32),令 $\omega \to 0$ 对 $G_1(j\omega)$ 的实部和虚部分别取极限

$$\lim_{\omega \to 0}\mathrm{Re}[G_1(j\omega)] = \lim_{\omega \to 0}\frac{-KT}{1+\omega^2 T^2} = -KT$$

$$\lim_{\omega \to 0}\mathrm{Im}[G_1(j\omega)] = \lim_{\omega \to 0}\frac{-K}{\omega(1+\omega^2 T^2)} = -\infty$$

上式表明,$G_1(j\omega)$ 的奈奎斯特图在 $\omega \to 0$ 时,即图形的起始点,位于相位角为 $-90°$ 的无穷远处,且趋于一条渐近线,该渐近线为过点 $(-KT,0)$ 且平行于虚轴的直线;当 $\omega \to \infty$ 时,幅值趋于零,相位角趋于 $-180°$,如图 5-34(a)所示。

(2) $G_2(j\omega) = \dfrac{K}{j\omega(1+j\omega T_1)(1+j\omega T_2)}$

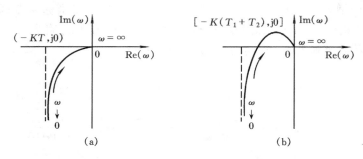

图 5-34 两个 I 型系统的奈奎斯特图

解 $G_2(j\omega)$ 较 $G_1(j\omega)$ 增加了一个惯性环节

$$G_2(j\omega) = \frac{-K(T_1 + T_2)}{(1 + \omega^2 T_1^2)(1 + \omega^2 T_2^2)} - j\frac{K(1 - T_1 T_2 \omega^2)}{\omega(1 + \omega^2 T_1^2)(1 + \omega^2 T_2^2)} \quad (5-33)$$

其幅频特性

$$|G_2(j\omega)| = \frac{K}{\omega\sqrt{1 + \omega^2 T_1^2}\sqrt{1 + \omega^2 T_2^2}}$$

其相频特性

$$\angle G_2(j\omega) = -90° - \arctan\omega T_1 - \arctan\omega T_2$$

当 $\omega = 0$ 时：$|G_2(j\omega)| = \infty$，$\angle G_2(j\omega) = -90°$

当 $\omega \to \infty$ 时：$|G_2(j\omega)| = 0$，$\angle G_2(j\omega) = -270°$

根据式(5-33)，令 $\omega \to 0$，对 $G_2(j\omega)$ 的实部和虚部分别取极限

$$\lim_{\omega \to 0}\text{Re}[G_2(j\omega)] = \lim_{\omega \to 0}\frac{-K(T_1 + T_2)}{(1 + \omega^2 T_1^2)(1 + \omega^2 T_2^2)} = -K(T_1 + T_2)$$

$$\lim_{\omega \to 0}\text{Im}[G_2(j\omega)] = \lim_{\omega \to 0}\frac{-K(1 - T_1 T_2 \omega^2)}{\omega(1 + \omega^2 T_1^2)(1 + \omega^2 T_2^2)} = -\infty$$

上式表明 $G_2(j\omega)$ 的起始点也位于相位角 $-90°$ 的无穷远处，其渐近线为过点 $[-K(T_1 + T_2), 0]$ 平行于虚轴的直线，$G_2(j\omega)$ 的终点，即 $\omega = \infty$ 时，幅值为零，相位角为 $-270°$，如图 5-34(b)所示。

例 5.7 画出 II 型系统 $G(j\omega)$ 的奈奎斯特图，式中 K, T_1, T_2 均大于 0。

$$G(j\omega) = \frac{K}{(j\omega)^2(1 + j\omega T_1)(1 + j\omega T_2)}$$

解 频率特性可表示为

$$G(j\omega) = \frac{K(T_1 T_2 \omega^2 - 1)}{\omega^2(1 + \omega^2 T_1^2)(1 + \omega^2 T_2^2)} + j\frac{K(T_1 + T_2)}{\omega(1 + \omega^2 T_1^2)(1 + \omega^2 T_2^2)} \quad (5-34)$$

其幅频特性

$$|G(j\omega)| = \frac{K}{\omega^2\sqrt{1 + \omega^2 T_1^2}\sqrt{1 + \omega^2 T_2^2}}$$

其相频特性

$$\angle G(\mathrm{j}\omega) = -180° - \arctan\omega T_1 - \arctan\omega T_2$$

当 $\omega = 0$ 时

$$|G(\mathrm{j}\omega)| = \infty, \quad \angle G(\mathrm{j}\omega) = -180°$$
$$\mathrm{Re}[G(\mathrm{j}\omega)] = -\infty, \quad \mathrm{Im}[G(\mathrm{j}\omega)] = \infty$$

当 $\omega \to \infty$ 时

$$|G(\mathrm{j}\omega)| = 0, \quad \angle G(\mathrm{j}\omega) = -360°$$

当 $\mathrm{Re}[G(\mathrm{j}\omega)] = 0$ 时,由式(5−34)可求得

$$\omega = \frac{1}{\sqrt{T_1 T_2}}, \; \mathrm{Im}[G(\mathrm{j}\omega)]\bigg|_{\omega=\frac{1}{\sqrt{T_1 T_2}}} = \frac{K(T_1 T_2)^{\frac{3}{2}}}{T_1 + T_2}$$

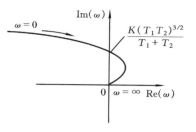

图 5−35　例 5.7 所示 II 型系统的奈奎斯特图

$G(\mathrm{j}\omega)$ 的奈奎斯特图如图 5−35 所示。

例 5.8　画出如下系统 $G(\mathrm{j}\omega)$ 的奈奎斯特图。式中 K, T 均大于零。

$$G(\mathrm{j}\omega) = \frac{K\omega_n^2}{[(\mathrm{j}\omega)^2 + \omega_n^2](T\mathrm{j}\omega + 1)}$$

解

$$G(\mathrm{j}\omega) = \frac{K\omega_n^2}{[\omega_n^2 - \omega^2](T\mathrm{j}\omega + 1)} = \frac{K\omega_n^2}{[\omega_n^2 - \omega^2](T^2\omega^2 + 1)} - \mathrm{j}\frac{K\omega_n^2 T\omega}{[\omega_n^2 - \omega^2](T^2\omega^2 + 1)}$$

其幅频特性

$$|G(\mathrm{j}\omega)| = \frac{K\omega_n^2}{|\omega_n^2 - \omega^2|\sqrt{T^2\omega^2 + 1}}$$

其相频特性

$$\angle G(\mathrm{j}\omega) = \begin{cases} -\arctan T\omega, & \omega < \omega_n \\ -180° - \arctan T\omega, & \omega \geqslant \omega_n \end{cases}$$

当 $\omega = 0$ 时

$$|G(\mathrm{j}\omega)| = K, \; \angle G(\mathrm{j}\omega) = 0$$

当 $\omega < \omega_n$ 时

$$|G(\mathrm{j}\omega)| = \frac{K\omega_n^2}{|\omega_n^2 - \omega^2|\sqrt{T^2\omega^2 + 1}}, \quad \angle G(\mathrm{j}\omega) = -\arctan T\omega$$

当 $\omega \to \omega_n^-$ 时

$$|G(\mathrm{j}\omega)| \to \infty, \; \angle G(\mathrm{j}\omega) = -\arctan T\omega_n$$

当 $\omega \to \omega_n^+$ 时

$$|G(\mathrm{j}\omega)| \to \infty, \; \angle G(\mathrm{j}\omega) = -180° - \arctan T\omega_n$$

当 $\omega \to \infty$ 时

$$|G(\mathrm{j}\omega)| = 0, \; \angle G(\mathrm{j}\omega) = -270°$$

画出的奈奎斯特(Nyquist)图如图 5−36 所示。

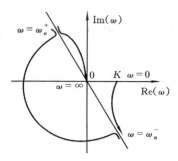

图 5-36　例 5.8 系统的奈奎斯特图

对于一般形式的系统频率特性

$$G(j\omega) = \frac{K(jT_a\omega + 1)(jT_b\omega + 1)\cdots(jT_m\omega + 1)}{(j\omega)^\lambda(jT_1\omega + 1)(jT_2\omega + 1)\cdots(jT_p\omega + 1)}$$

其分母阶次为 $n = p + \lambda$，分子阶次为 m，$n \geq m$，$\lambda = 0,1,2,\cdots$，开环增益 K 及时间常数 T 均大于零。对于不同型次系统，其奈奎斯特图具有以下特点：

（1）当 $\omega = 0$ 时，奈奎斯特图的起始点取决于系统的型次：

0 型系统（$\lambda = 0$）　起始于正实轴上某一有限点；

Ⅰ 型系统（$\lambda = 1$）　起始于相位角为 $-90°$ 的无穷远处，其渐近线为一平行于虚轴的直线；

Ⅱ 型系统（$\lambda = 2$）　起始于相位角为 $-180°$ 的无穷远处。

（2）当 $\omega = \infty$ 时，若 $n > m$，奈奎斯特图以顺时针方向收敛于原点，即幅值为零，相位角与分母和分子的阶次之差有关，即 $\angle G(j\omega)\Big|_{\omega = \infty} = -(n-m) \times 90°$。如图 5-37 所示。

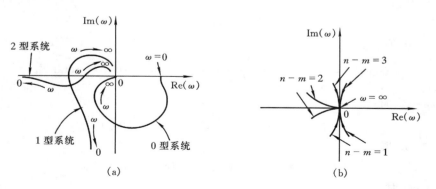

图 5-37　各种型次系统的极坐标图

（3）当 $G(s)$ 含有零点时，其频率特性 $G(\mathrm{j}\omega)$ 的相位将不随 ω 的增大单调减，奈奎斯特图会产生"变形"或"弯曲"，具体画法与 $G(\mathrm{j}\omega)$ 各环节的时间常数有关。

4. 用 MATLAB 画系统的奈奎斯特图

在 MATLAB 中利用函数 nyquist 绘制系统的奈奎斯特图。

例 5.9　用 MATLAB 画出以下传递函数的奈奎斯特图。

$$G_1(s) = \frac{10s+1}{s+1},$$

$$G_2(s) = \frac{50}{s^2+4s+25},$$

$$G_3(s) = \frac{s+5}{s^2+4s+25},$$

$$G_4(s) = \frac{1}{s(s^2+s+1)}$$

解　MATLAB 程序为

MATLAB Program of example 5 − 9

```
clear;close all;clc;
Num1 = [10,1];Den1 = [1,1];Gs1 = tf(Num1,Den1);
Num2 = [50];Den2 = [1,4,25];Gs2 = tf(Num2,Den2);
Num3 = [1,5];Den3 = [1,4,25];Gs3 = tf(Num3,Den3);
Num4 = [1];Den4 = [1,1,1,0];Gs4 = tf(Num4,Den4);
figure(1);
axis equal;
nyquist(Gs1); %奈奎斯特图
figure(2);
axis equal;
nyquist(Gs2); %奈奎斯特图
figure(3);
axis equal;
nyquist(Gs3); %奈奎斯特图
figure(4);
nyquist(Gs4); %奈奎斯特图
```

各系统的奈奎斯特图如图 5 − 38 所示。

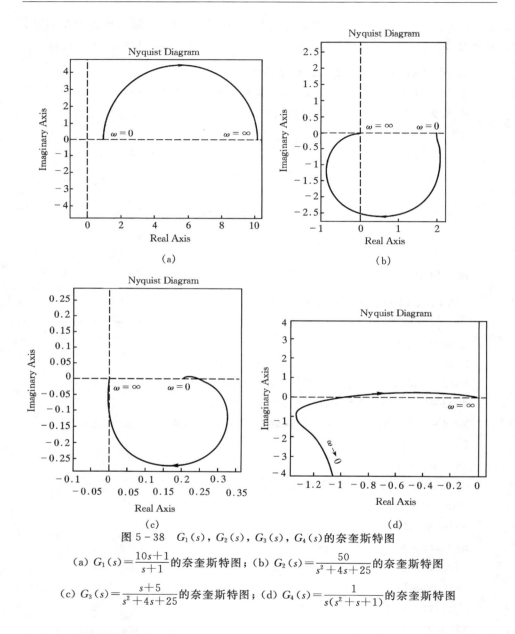

图 5 − 38　$G_1(s)$，$G_2(s)$，$G_3(s)$，$G_4(s)$ 的奈奎斯特图

(a) $G_1(s)=\dfrac{10s+1}{s+1}$ 的奈奎斯特图；(b) $G_2(s)=\dfrac{50}{s^2+4s+25}$ 的奈奎斯特图

(c) $G_3(s)=\dfrac{s+5}{s^2+4s+25}$ 的奈奎斯特图；(d) $G_4(s)=\dfrac{1}{s(s^2+s+1)}$ 的奈奎斯特图

5.4　对数幅-相图(尼柯尔斯图)

　　描述系统频率特性的第 3 种图示方法是对数幅-相图。该图纵坐标表示频率特性的幅值,以分贝为单位;横坐标表示频率特性的相位角,以度为单位。对

数幅-相图以频率 ω 作为参数,用一条曲线完整地表示了系统的频率特性,如图 5-39 所示。

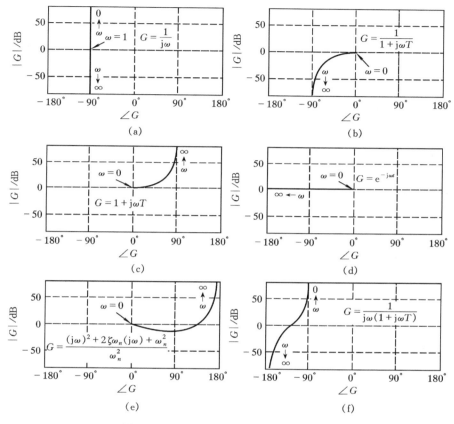

图 5-39　简单传递函数的对数幅-相图

对数幅-相图很容易根据伯德图上的幅频曲线和相频曲线来绘制。对数幅—相图的主要特点是:

(1) 系统的频率特性可由一条曲线完整地表示。

(2) 系统增益改变时,对数幅-相图只是简单地向上平移(增益增大)或向下平移(增益减小),而曲线形状保持不变。

(3) 与伯德图类似,$G(\mathrm{j}\omega)$ 和 $\dfrac{1}{G(\mathrm{j}\omega)}$ 的对数幅-相图相对原点对称,即幅值和相位均相差一个符号。

(4) 利用对数幅-相图,很容易由开环频率特性求闭环频率特性,可以尽快确定闭环系统的稳定性及方便地解决系统的校正问题。

图 5-39 列出了一些基本环节的对数幅-相图。

5.5 最小相位系统的概念

1. 最小相位系统

若系统开环传递函数 $G(s)$ 的所有零点和极点均在 s 平面的左半平面时,则该系统称为最小相位系统。对于最小相位系统而言,当频率从零变化到无穷大时,相位角的变化范围最小,当 $\omega=\infty$ 时,其相位角为 $-(n-m)\times90°$。

2. 非最小相位系统

若系统的开环传递函数 $G(s)$ 有零点或极点在 s 平面的右半平面时,则该系统称为非最小相位系统。对于非最小相位系统而言,当频率从零变化到无穷大时,相位角的变化范围总是大于最小相位系统的相角范围,当 $\omega=\infty$ 时,其相位角不等于 $-(n-m)\times90°$。

例 5.10 有 3 个不同的传递函数

$$G_1(s)=\frac{T_1s+1}{T_2s+1},\ G_2(s)=\frac{-T_1s+1}{T_2s+1},\ G_3(s)=\frac{T_1s-1}{T_2s+1}$$

式中 $T_1>T_2>0$。

试判断它们是否为最小相位系统,分别画出它们的伯德图,并比较其相频特性。

解 分别写出 3 个系统的零点与极点如下

$G_1(s)$:零点 $Z=-\dfrac{1}{T_1}$,极点 $P=-\dfrac{1}{T_2}$;

$G_2(s)$:零点 $Z=\dfrac{1}{T_1}$,极点 $P=-\dfrac{1}{T_2}$;

$G_3(s)$:零点 $Z=\dfrac{1}{T_1}$,极点 $P=-\dfrac{1}{T_2}$。

其零、极点的分布图见图 5-40 的 (a),(b),(c)。

它们中只有 $G_1(s)$ 对应的系统为最小相位系统,$G_2(s)$ 和 $G_3(s)$ 为非最小相位系统。它们的伯德图中幅频特性均相同,相频特性不同,分别为

$$\angle G_1(j\omega)=\arctan\omega T_1-\arctan\omega T_2$$

$$\angle G_2(j\omega)=-\arctan\omega T_1-\arctan\omega T_2$$

$$\angle G_3(j\omega)=-180°-\arctan\omega T_1-\arctan\omega T_2$$

系统伯德图如图 5-41 所示,显然最小相位系统 $G_1(s)$ 相位角的变化范围最小。

例 5.11 已知系统的传递函数为

$$G(s)=\frac{K(T_4s+1)}{(T_1s-1)(T_2s+1)(T_3s+1)}\ (K,T_1,T_2,T_3,T_4\ 均大于零)$$

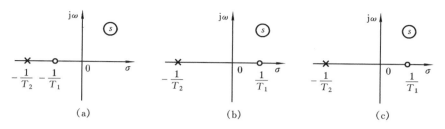

图 5 - 40　$G_1(s)$，$G_2(s)$，$G_3(s)$零、极点的分布图

(a) $G_1(s)$；(b) $G_2(s)$；(c) $G_3(s)$

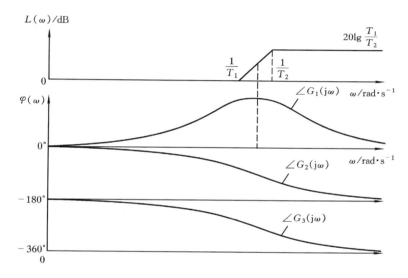

图 5 - 41　$G_1(s)$，$G_2(s)$，$G_3(s)$的伯德图

求其频率特性。

解　这是一个非最小相位系统,其频率特性为

$$G(j\omega) = \frac{K(T_4 j\omega + 1)}{(T_1 j\omega - 1)(T_2 j\omega + 1)(T_3 j\omega + 1)}$$

其幅频特性为

$$|G(j\omega)| = \frac{K\sqrt{T_4^2 \omega^2 + 1}}{\sqrt{(T_1^2 \omega^2 + 1)(T_2^2 \omega^2 + 1)(T_3^2 \omega^2 + 1)}}$$

其相频特性为

$$\angle G(j\omega) = 180° + \arctan T_1 \omega + \arctan T_4 \omega - \arctan T_2 \omega - \arctan T_3 \omega$$

当 $\omega = 0$ 时，$|G(j\omega)| = K$，$\angle G(j\omega) = 180°$

当 $\omega \to \infty$ 时，$|G(j\omega)| = 0$，$\angle G(j\omega) = 180°$

该系统奈奎斯特图如图 5-42 所示(取 $k = 3$)。

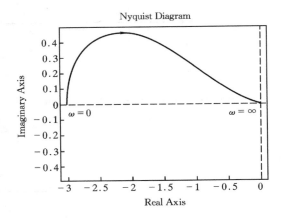

图 5-42 例 5.11 系统奈奎斯特图

5.6 闭环频率特性与频域性能指标

1. 闭环频率特性

反馈控制原理作为自动控制的基本原理被广泛地采用。反馈可不断监测系统的真实输出并与参考输入量进行比较,利用输出量与参考输入量的偏差来进行控制,使系统达到理想的要求。采用反馈控制的主要原因是由于加入反馈可使系统响应不易受外部干扰和内部参数变化的影响从而保证系统性能的稳定

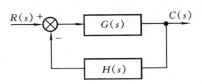

图 5-43 典型的闭环系统

和可靠。反馈控制系统又称为闭环控制系统,如图 5-43 所示。闭环传递函数 $F(s)$ 为

$$F(s) = \frac{G(s)}{1 + G(s)H(s)} \tag{5-35}$$

则 $F(j\omega) = \dfrac{G(j\omega)}{1 + G(j\omega)H(j\omega)}$，称作闭环频率特性。

2. 频域性能指标

频域性能指标是根据闭环控制系统的性能要求制定的。与时域特性中有超调量、调整时间等性能指标一样,在频域中也有相应的性能指标,如谐振峰值 M_r

及谐振频率 ω_r，系统的截止频率 ω_b 与频宽，相位余量和幅值余量等。相位余量和幅值余量将在第 6 章系统的稳定性中介绍。

（1）谐振峰值 M_r 和谐振频率 ω_r

将闭环频率特性的幅值用 $M(\omega)$ 表示。当 $\omega=0$ 的幅值为 $M(0)=1$ 时，$M(\omega)$ 的最大值 M_r 称作谐振峰值。在谐振峰值处的频率 ω_r 称为谐振频率，如图 5-44 所示。若 $M(0)\neq 1$，则谐振峰值为 $M_r=\dfrac{M_{\max}(\omega_r)}{M(0)}$，又称相对谐振峰值，若取分贝值，则

$$20\lg M_r = 20\lg M_{\max}(\omega_r) - 20\lg M(0) \tag{5-36}$$

通常，一个系统 M_r 的大小表征了系统相对稳定性的好坏。一般来说，M_r 值愈大，则该系统瞬态响应的超调量 M_p 也大，表明系统的阻尼小，相对稳定性差。

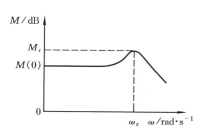

图 5-44　闭环频率特性的 M_r 和 ω_r

对于图 5-45 所示二阶系统，其闭环传递函数是一个典型的二阶振荡环节，其频率特性为

$$\frac{C(j\omega)}{R(j\omega)} = \frac{\omega_n^2}{(j\omega)^2 + 2\zeta\omega_n(j\omega) + \omega_n^2}$$

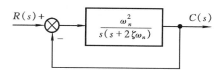

图 5-45　典型二阶系统方块图

写出其幅频特性为

$$M(\omega) = \left|\frac{C(j\omega)}{R(j\omega)}\right| = \frac{1}{\sqrt{\left(1 - \dfrac{\omega^2}{\omega_n^2}\right)^2 + \left(2\zeta\dfrac{\omega}{\omega_n}\right)^2}}$$

根据 $M(\omega)$ 表达式及系统参数 ζ 和 ω_n，可求解 M_r 和 ω_r。令 $\dfrac{\omega}{\omega_n}=\Omega$，则

$$M(\Omega) = \frac{1}{\sqrt{(1-\Omega^2)^2 + 4\zeta^2\Omega^2}} \tag{5-37}$$

当 $M(\Omega)$ 取最大值 M_r 时，应满足

$$\frac{dM(\Omega)}{d\Omega} = 0$$

求解可得

$$\Omega_r = \frac{\omega_r}{\omega_n} = \sqrt{1 - 2\zeta^2} \tag{5-38}$$

代入式(5-37)可得

$$M_r = \frac{1}{2\zeta\sqrt{1 - \zeta^2}} \tag{5-39}$$

由式(5-38),可得

$$\omega_r = \omega_n\sqrt{1 - 2\zeta^2} \tag{5-40}$$

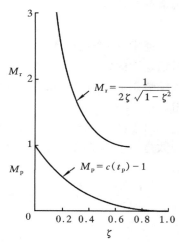

由式(5-38)和式(5-39)可知,在$0 < \zeta < \frac{1}{\sqrt{2}}$ $= 0.707$范围内,系统会产生谐振峰值M_r,而且ζ愈小,M_r愈大;谐振频率ω_r与系统的阻尼自然频率ω_d,无阻尼自然频率ω_n有如下关系

$$\omega_r < \omega_d = \omega_n\sqrt{1 - \zeta^2} < \omega_n$$

当$\zeta \to 0$时,$\omega_r \to \omega_n$,$M_r \to \infty$,系统产生共振。当$\zeta \geqslant 0.707$时,由式(5-40)计算的ω_r为零或虚数,说明系统不存在谐振频率ω_r,即不产生谐振。二阶系统M_r与阻尼ζ的关系如图5-46所示。由图5-46可以看出,当$0 < \zeta < 0.4$时M_r迅速增大,此时瞬态响应超调量M_p也增大,当$0.4 < \zeta < 0.707$时,M_r和M_p存在着相似关系。对于机械系统,通常要求$1 < M_r < 1.4$。

图5-46　图5-42所示系统的M_r与ζ和M_p与ζ间的关系曲线

对于高阶系统,若其频率特性主要由一对共轭复数闭环极点支配,则上述二阶系统频域性能与时域性能的关系对该高阶系统也是适用的。

(2)截止频率ω_b与频宽

截止频率ω_b是指系统闭环频率特性的对数幅值下降到其零频率幅值以下3 dB时的频率,即

$$20\lg M(\omega_b) = 20\lg M(0) - 3 = 20\lg\frac{M(0)}{\sqrt{2}}$$

故ω_b也可以说是系统闭环频率特性幅值为其零频率幅值的$\frac{1}{\sqrt{2}}$时的频率,如图5-47所示。

所谓系统的频宽是指由0至ω_b的频率范围。频宽(或称带宽)表征系统响应的快速性,也反映了系统对噪声的滤波性能。在确定系统频宽时,大的频宽可改善系统的响应速度,使其跟踪或复现输入信号的精度提高,但同时对高频噪声

的过滤特性降低,系统抗干扰性能减弱。因此,必须综合考虑来选择合适的频带范围。

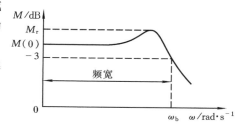

图 5-47　闭环频率特性的 ω_b 及频宽

对于一阶系统 $G(s)$,其频宽可求解如下:

$$G(j\omega) = \frac{1}{1 + j\omega T}$$

$$\left| \frac{1}{1 + j\omega T} \right|_{\omega = \omega_b} = \frac{1}{\sqrt{2}} \left| \frac{1}{1 + j\omega T} \right|_{\omega = 0}$$

即得

$$\frac{1}{\sqrt{1 + \omega_b^2 T^2}} = \frac{1}{\sqrt{2}}$$

故

$$\omega_b = \frac{1}{T} = \omega_T$$

一阶系统的截止频率 ω_b 等于系统的转角频率 ω_T,即等于系统时间常数的倒数。这也说明频宽愈大,系统时间常数 T 愈小,响应速度愈快。

对于二阶系统 $G(s)$,ω_b 可求解如下:

$$G(j\omega) = \frac{\omega_n^2}{(j\omega)^2 + 2\zeta\omega_n(j\omega) + \omega_n^2}$$

$$M(\omega) = \frac{1}{\sqrt{\left(1 - \dfrac{\omega^2}{\omega_n^2}\right)^2 + \left(2\zeta \dfrac{\omega}{\omega_n}\right)^2}}$$

$$\left| \frac{1}{\sqrt{\left(1 - \dfrac{\omega^2}{\omega_n^2}\right)^2 + \left(2\zeta \dfrac{\omega}{\omega_n}\right)^2}} \right|_{\omega = \omega_b} = \frac{1}{\sqrt{2}} \left| \frac{1}{\sqrt{\left(1 - \dfrac{\omega^2}{\omega_n^2}\right)^2 + \left(2\zeta \dfrac{\omega}{\omega_n}\right)^2}} \right|_{\omega = 0} = \frac{1}{\sqrt{2}}$$

即

$$\left(1 - \frac{\omega_b^2}{\omega_n^2}\right)^2 + \left(2\zeta \frac{\omega_b}{\omega_n}\right)^2 = 2$$

可解得二阶系统的截止频率 ω_b 为

$$\omega_b = \omega_n \sqrt{1 - 2\zeta^2 + \sqrt{2 - 4\zeta^2 + 4\zeta^4}} \tag{5-41}$$

例 5.12　已知单位反馈系统的开环传递函数为

$$G(s) = \frac{50}{(0.05s + 1)(2.5s + 1)}$$

求出该系统的 $\zeta, \omega_n, \omega_r$ 和 ω_b。

解　闭环系统的传递函数 $F(s)$ 为

$$F(s) = \frac{G(s)}{1 + G(s)} = \frac{50}{0.125s^2 + 2.55s + 51} = \frac{\dfrac{50}{51}}{\dfrac{0.125}{51}s^2 + \dfrac{2.55}{51}s + 1}$$

可得

$$\omega_n = \sqrt{\frac{51}{0.125}} = 20.2 \text{ rad/s}$$

$$\frac{2\zeta}{\omega_n} = \frac{2.55}{51}$$

所以

$$\zeta = 0.505$$

$$M_r = \frac{1}{2\zeta \sqrt{1-\zeta^2}} = 1.15$$

$$\omega_r = \omega_n \sqrt{1-2\zeta^2} = 14.14 \text{ rad/s}$$

$$\omega_b = \omega_n \sqrt{1-2\zeta^2 + \sqrt{2-4\zeta^2+4\zeta^4}} = 25.6 \text{ rad/s}$$

注意,应用式(5-39)计算 M_r,是在闭环增益为 1 时推导出来的。对于该例题闭环增益为 $\frac{50}{51}$,应用式(5-39)计算的 M_r,实际上是相对谐振幅值,即 $M_r = \frac{M_{max}(\omega_r)}{M(0)}$,实际上最大幅值(谐振峰值)为 $M_{max}(\omega_r) = M_r M(0) = 1.15 \times \frac{50}{51} = 1.13$。

3. 由开环频率特性求闭环频率特性的方法

在图 5-43 中,如果知道系统的传递函数 $G(s)$,$H(s)$,由式(5-35)就可求出系统的闭环传递函数及闭环频率特性。然而,这种直接由闭环传递函数求得闭环频率特性的方法,由于不能很清晰地说明开环频率特性和闭环频率之间的相互联系,因此,对控制系统的分析及设计将会带来很多困难。对于图 5-43 所示系统,若反馈回路传递函数 $H(s)=1$,即为单位反馈系统,其闭环传递函数为

$$F(s) = \frac{C(s)}{R(s)} = \frac{G(s)}{1+G(s)} \tag{5-42}$$

在图 5-48 所示的奈奎斯特图上,向量 $\boldsymbol{OA}$ 表示 $G(j\omega_A)$,其中 ω_A 为 A 点频率。向量 $\boldsymbol{OA}$ 的长度为 $|G(j\omega_A)|$,向量 $\boldsymbol{OA}$ 的角度为 $\angle G(j\omega_A)$。由点 $P(-1,j0)$ 到 A 点的向量 $\boldsymbol{PA}$ 表示 $1+G(j\omega_A)$。因此,向量 $\boldsymbol{OA}$ 与 $\boldsymbol{PA}$ 之比就表示了闭环频率特性,即

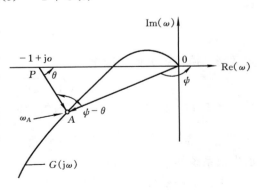

图 5-48   由开环频率特性求闭环频

$$\frac{\boldsymbol{OA}}{\boldsymbol{PA}} = \frac{G(j\omega_A)}{1+G(j\omega_A)} = \frac{C(j\omega_A)}{R(j\omega_A)}$$

在 $\omega = \omega_A$ 处,闭环频率特性的幅值比就是向量 $\boldsymbol{OA}$ 与 $\boldsymbol{PA}$ 的大小比值,相位角就是两向量的夹角,即 $\varphi = \psi - \theta$,

如图 5 - 48 所示。当系统的开环频率特性确定后,根据此图就可求出闭环频率特性。

设闭环频率特性的幅值比为 M,相位角为 φ,闭环频率响应为

$$F(j\omega) = \frac{C(j\omega)}{R(j\omega)} = M e^{j\varphi}$$

下面我们将求出闭环频率特性的等幅值轨迹和等相角轨迹,在由奈奎斯特图确定闭环频率特性及系统校正时,应用上述轨迹将是十分方便的。

(1) 等幅值轨迹(M 圆)

设 $G(j\omega) = X + jY$,式中 X 和 Y 均为实数,则

$$M = \frac{|X + jY|}{|1 + X + jY|} = \sqrt{\frac{X^2 + Y^2}{(1 + X)^2 + Y^2}} \tag{5 - 43}$$

式(5 - 43)两边平方,可得

$$X^2(M^2 - 1) + 2M^2 X + (M^2 - 1)Y^2 = -M^2 \tag{5 - 44}$$

如果 $M = 1$,由式(5 - 44)可求得 $X = -\frac{1}{2}$,即为通过点$(-\frac{1}{2}, 0)$且平行于虚轴的直线。

如果 $M \neq 1$,式(5 - 44)两边同除以 $M^2 - 1$,并同加 $\frac{M^4}{(M^2 - 1)^2}$,可得

$$X^2 + \frac{2M^2}{M^2 - 1}X + \frac{M^4}{(M^2 - 1)^2} + Y^2 = \frac{M^4}{(M^2 - 1)^2} - \frac{M^2}{M^2 - 1}$$

因此

$$\left(X + \frac{M^2}{M^2 - 1}\right)^2 + Y^2 = \frac{M^2}{(M^2 - 1)^2} \tag{5 - 45}$$

该式就是一个圆的方程,其圆心为 $X = -\frac{M^2}{M^2 - 1}$, $Y = 0$,半径为 $r = \left|\frac{M}{M^2 - 1}\right|$。如图 5 - 49 所示。

在复平面上,等 M 轨迹是一簇圆,对于给定的 M 值,可计算出它的圆心坐标和半径,图 5 - 50 表示的一簇等 M 圆。由图上可以看出,当 $M > 1$ 时,随着 M 的增大 M 圆的半径减少,最后收敛于一个点$(-1, j0)$。当 $M < 1$ 时,随着 M 的减少,M 圆半径也越来越小,最后收敛于原点。当 $M < 1$,M 圆的圆心位于原点的右边。当 $M = 1$ 时,其轨迹是对应于原点和$(-1, j0)$点的等距离点的直线,即它是通过$(-\frac{1}{2}, 0)$点平行于虚轴的一条直线。(对应于 $M > 1$ 的等 M 圆是位于 M

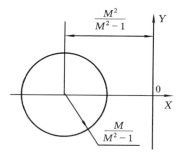

图 5 - 49　M 圆

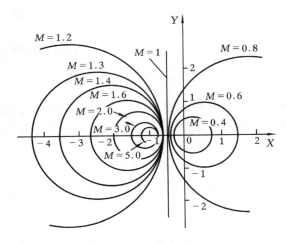

图 5-50　等 M 圆簇

$=1$ 直线的左边；而对应于 $M<1$ 的等 M 圆是位于 $M=1$ 直线的右边。）所以 M 圆既对称于 $M=1$ 的直线，同时又对称于实轴。

（2）等相角轨迹（N 圆）

首先我们来求 $F(\mathrm{j}\omega)$ 的相角 φ。φ 是 X,Y 的函数，因为

$$\angle \mathrm{e}^{\mathrm{j}\varphi} = \angle \frac{X+\mathrm{j}Y}{1+X+\mathrm{j}Y} \qquad (5-46)$$

所以相角 φ 为

$$\varphi = \arctan\left(\frac{Y}{X}\right) - \arctan\left(\frac{Y}{1+X}\right)$$

如果设 $\tan\varphi=N$，那么

$$N = \tan\left[\arctan\left(\frac{Y}{X}\right) - \arctan\left(\frac{Y}{1+X}\right)\right]$$

因为

$$\tan(A-B) = \frac{\tan A - \tan B}{1+\tan A \tan B}$$

所以

$$N = \frac{\dfrac{Y}{X} - \dfrac{Y}{1+X}}{1 + \dfrac{Y}{X} \cdot \dfrac{Y}{1+X}} = \frac{Y}{X^2 + X + Y^2}$$

$$X^2 + X + Y^2 - \frac{Y}{N} = 0$$

在式中两边同时加 $\dfrac{1}{4} + \dfrac{1}{(2N)^2}$ 项，可得

$$\left(X+\frac{1}{2}\right)^2+\left(Y-\frac{1}{2N}\right)^2=\frac{1}{4}+\left(\frac{1}{2N}\right)^2 \qquad (5-47)$$

由式(5-47)可以看出,等相位角轨迹是一个圆心为 $X=-\dfrac{1}{2}$, $Y=\dfrac{1}{2N}$,半径为

$\sqrt{\dfrac{1}{4}+\left(\dfrac{1}{2N}\right)^2}$ 的圆。图 5-51 表示的是一簇等 N 圆。

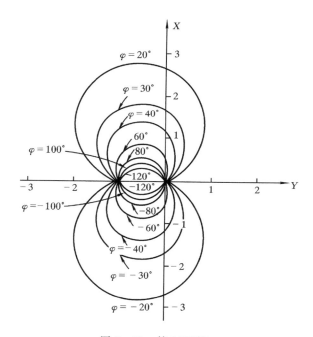

图 5-51　等 N 圆簇

　　应当指出,对于给定 φ 值的 N 圆,实际上并不是一个完整的圆,而只是一段圆弧。同时,由于 φ 与 $\varphi\pm180°$ 的正切值是相同的,N 圆对应的 φ 具有多值性,如 $\varphi=30°$ 与 $\varphi=-150°$ 对应的圆弧是相同的。

　　(3) 由奈奎斯特图求闭环频率特性

　　在极坐标系上画出等 M 圆和等 N 圆,然后再绘制系统开环传递函数的奈奎斯特图,奈奎斯特图与等 M 圆和等 N 圆的交点所对应的幅值与相角由 M 圆和 N 圆的参数决定,对应的频率由开环奈奎斯特图决定,这样即可求出闭环频率特性。图 5-52(a)和(b)分别表示一单位反馈系统 $G(\mathrm{j}\omega)$ 轨迹与 M 圆和 N 圆的相交情况。可以看出,在频率 $\omega=\omega_1$ 处,$G(\mathrm{j}\omega)$ 轨迹与 $M=1.1$ 的圆相交,这意味着在该频率处,闭环频率响应幅值为 1.1。从(b)图上可以看出其相角应为 $\varphi=-10°$。在频率 $\omega=\omega_4$ 时,$G(\mathrm{j}\omega)$ 与 $M=2$ 的圆相切,这意味着该切点对应的幅值就是最大幅值(谐振峰值),其相角 $\varphi=-120°$,找出 $G(\mathrm{j}\omega)$ 与 M 圆和 N 圆的交

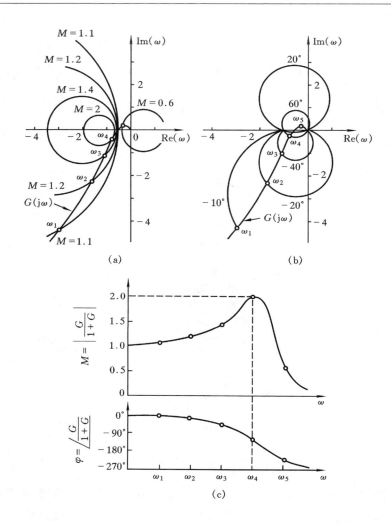

图 5-52 由 M 圆簇、N 圆簇和奈奎斯特图求闭环频率特性

(a)叠加在 M 圆簇上的 $G(j\omega)$ 轨迹；(b)叠加在 N 圆簇上的 $G(j\omega)$ 轨迹；

(c)闭环频率响应曲线

点,就可绘出闭环频率特性曲线,如图 5-52(c)所示。

(4)应用尼柯尔斯图线求闭环频率特性

在对数幅-相图上作出等 M 圆和等 N 圆,它们的轨迹构成的曲线称为尼柯尔斯图线。图 5-53 表示了相角在 $0°$ 和 $-240°$ 之间的图线。尼柯尔斯图线对称于 $-180°$ 轴线,每隔 $360°M$ 圆和 N 圆轨迹重复一次,且在每个 $180°$ 的间隔上都是对称的。在由开环频率特性确定闭环频率特性时,把开环频率特性曲线重叠在尼柯尔斯图线上,那么开环频率特性曲线 $G(j\omega)$ 与 M 圆和 N 圆轨迹的交点,就给出了每一频率上闭环频率特性的幅值 M 和相角 φ。若 $G(j\omega)$ 轨迹与 M 圆轨迹相切,切点处频率就是谐振频率,谐振峰值由 M 圆对应的幅值确定。

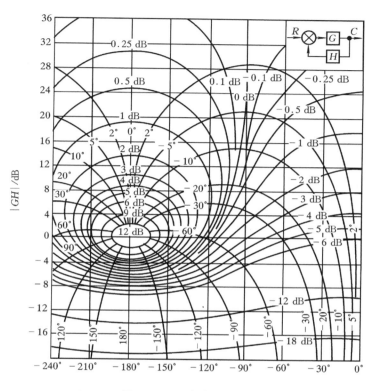

图 5-53　尼柯尔斯图线

例如,一单位反馈系统的开环传递函数为

$$G(s) = \frac{K}{s(s+1)(0.5s+1)} \quad (K=1)$$

为了应用尼柯尔斯图线求闭环频率特性,可在对数幅—相图上画出轨迹 $G(j\omega)$ 与 M 圆和 N 圆轨迹,如图 5-54 所示。闭环频率特性曲线可由 M 圆和 N 圆与 $G(j\omega)$ 交点求出不同频率时的幅值与相角,闭环频率特性曲线如图 5-54 (b)所示。由于 $G(j\omega)$ 轨迹是与 $M=5$ dB 的轨迹相切,所以闭环频率特性的谐振峰值为 $M_r=5$ dB,而谐振频率 $\omega_r=0.8$ rad·s^{-1}。此外,$G(j\omega)$ 与 $M=-3$ dB 轨迹交点的频率在 $1.2\sim1.4$ rad·s^{-1} 之间,采用插值计算可大致确定闭环截止频率为 $\omega_b=1.3$ rad·s^{-1}。

(5)非单位反馈系统的闭环频率特性

如果闭环系统反馈传递函数 $H(s)\neq1$,则构成一个非单位反馈传递函数,对

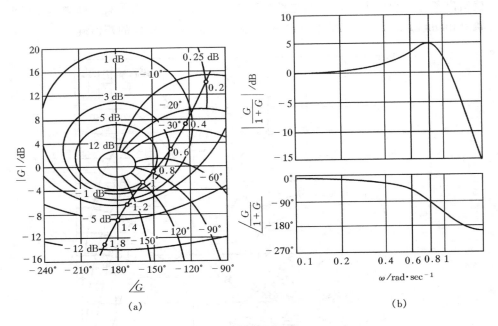

图 5-54　由尼柯尔斯图线求闭环频率特性

(a)重叠在尼柯尔斯图线上的 $G(j\omega)$ 图；(b)闭环频率响应曲线

图 5-43 所示系统,闭环传递函数为

$$F(s) = \frac{G(s)}{1 + G(s)H(s)}$$

闭环频率特性可写为

$$F(j\omega) = \frac{G(j\omega)}{1 + G(j\omega)H(j\omega)} = \frac{1}{H(j\omega)} \frac{G(j\omega)H(j\omega)}{1 + G(j\omega)H(j\omega)}$$

$$= \frac{1}{H(j\omega)} \frac{G_1(j\omega)}{1 + G_1(j\omega)}$$

式中：$G_1(j\omega) = G(j\omega)H(j\omega)$

在求取闭环频率特性时,在尼柯尔斯图上画出 $G_1(j\omega)$ 的轨迹,由轨迹与 M 圆和 N 圆的交点,就可得到 $G_1(j\omega)/[1 + G_1(j\omega)]$ 的某一频率下的幅值和相角,用 $1/H(j\omega)$ 乘以 $G_1(j\omega)/[1 + G_1(j\omega)]$ 就可得到系统闭环频率特性。上述乘法运算在伯德图上很容易进行。

4. 开环增益的确定

在控制系统设计与综合时,开环增益的大小对于系统的稳定性、快速性及稳态性能具有很大的影响。因此,增益调整是系统校正与综合时最基本、最简单的方法。这里,我们主要讨论在单位反馈系统中,应用 M 圆的概念来确定开环增益,使系统闭环谐振峰值满足某一期望值。

在奈奎斯特图上,M 圆的轨迹如图 5 - 55 所示。如果 $M_r > 1$,那么从原点画一条到所期望的 M_r 圆的切线,该切线与负实轴的夹角为 ψ,如图所示。则

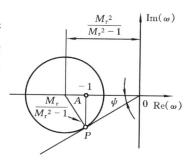

图 5 - 55 M 圆

$$\sin\psi = \left| \frac{\dfrac{M_r}{M_r^2 - 1}}{\dfrac{M_r^2}{M_r^2 - 1}} \right| = \frac{1}{M_r}$$

由切点 P 作负实轴的垂线,该垂线与负实轴的交点为 A,容易证明 A 点坐标为 $(-1, 0)$。

考虑图 5 - 56 所示的单位反馈系统,确定增益 K,使得闭环系统具有所期望的谐振峰值 $M_r(M_r > 1)$。根据上述 M 圆特点,确定增益 K 的步骤如下:

(1)画出标准化开环传递函数 $G_1(j\omega) = \dfrac{G[(j\omega)]}{K}$ 的奈奎斯特图。

图 5 - 56 控制系统

(2)由原点作直线,使其与负实轴夹角 ψ 满足 $\psi = \arcsin\dfrac{1}{M_r}$

(3)试作一个圆心在负实轴的圆,使得它既相切于 $G_1(j\omega)$ 的轨迹,又相切于直线 PO;

(4)由切点 P 作负实轴的垂线,交负实轴于 A 点;

(5)为使试作的圆相应于所期望的 M_r 圆,则 A 点坐标应为 $(-1, 0)$;

(6)所希望的增益 K 应使点 A 坐标调整到 $(-1, 0)$,因此 $K = \dfrac{1}{OA}$。

应注意,谐振频率 ω_r 就是圆与 $G_1(j\omega)$ 轨迹切点上的频率。

例 5.13 一单位反馈系统开环传递函数为 $G(s) = \dfrac{K}{s(1 + s)}$,确定增益 K,使得 $M_r = 1.4$。

解 (1)画出标准化传递函数的极坐标图,如图 5 - 57 所示,则

$$\frac{G(j\omega)}{K} = \frac{1}{j\omega(1 + j\omega)}$$

(2)求 ψ

$$\psi = \arcsin\left(\frac{1}{M_r}\right) = \arcsin\left(\frac{1}{1.4}\right) = 45.6°$$

(3)作直线 OP,使 OP 与负实轴夹角 $\psi = 45.6°$,然后再试作一既与 $\dfrac{G(j\omega)}{K}$ 相

切又与 OP 相切的圆。

（4）由切点向负实轴作垂线，交点为 $A(-0.63,0)$。增益为

$$K = \frac{1}{OA} = \frac{1}{|0.63|} = 1.58$$

系统开环增益也很容易由对数幅-相图来确定，以下通过实例来说明其过程。

例 5.14 一单位反馈系统的开环传递函数为

$$G(s) = \frac{K}{s(s+1)(0.25s+1)}, \quad K = 2$$

改变增益使得 $M_r = 1.3$。

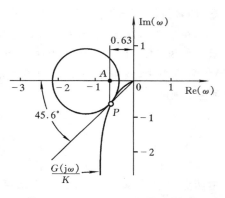

图 5-57 利用 M 圆来确定 K 值

解 先在对数幅-相图上画出 $K=2$ 时系统开环传递函数的幅值-相位图和尼柯尔斯曲线，如图 5-58 所示。

由 $G(j\omega)$ 轨迹和尼柯尔斯曲线的交点，便可确定闭环频率特性，$M_r = 2.5$ dB，$\omega_r = 1.5$ rad·s^{-1}。

为了使 $M_r = 1.3$，必须减小增益 K，使 $G(j\omega)$ 的幅值-相位图向下平移，使其

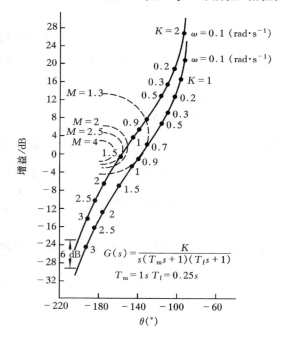

图 5-58 在尼柯尔斯图上，用调整增益法进行补偿

与 $M_r = 1.3$ 的尼柯尔斯曲线相切。设移动量为 ΔK dB,新的增益为 K',则

$$20\lg K' = 20\lg K + \Delta K$$

由图 5-58 可知 $\Delta K \approx -6$ dB,即

$$20\lg K' = 20\lg 2 + 20\lg 10^{-0.3}$$

所以 $\qquad\qquad\qquad K' = 1$

此时 $\qquad\qquad M_r = 1.3,\ \omega_r = 0.9\ \text{rad} \cdot \text{s}^{-1}$

5.7　系统辨识

1. 概述

分析、研究一个机械动力系统或过程,并对系统或过程进行控制,首先必须知道其各个环节或整个系统(或过程)的传递函数。通常情况下,可以利用力学、电学等有关定律,推导出系统或过程的传递函数,但是在很多情况下,由于实际对象的复杂性,完全从理论上推导出系统的数学模型(或传递函数)及其参数,往往是很困难的。因此,需要一方面进行理论分析,另一方面采用实验的方法来获得系统或过程的传递函数并求得其参数。

系统辨识就是研究如何用实验分析的方法来建立系统数学模型的一门学科。著名的控制理论学者扎德(Zadeh)曾对系统辨识给出如下定义:"系统辨识是在输入输出的基础上,从一类系统中确定一个与所观测系统等价的系统"。

在系统辨识时,应给系统施加一种激励信号,测量系统的输入和输出响应,然后对输入数据和输出数据进行数学处理并获得系统的数学模型。常用的激励信号有:正弦信号、脉冲信号、三角波、方波或随机信号等。数学处理方法也各有其应用条件及范围。本节着重介绍应用经典控制理论的频域辨识方法。

在频域进行系统辨识时,实验频率特性的获得通常有两种方法:一种是根据频率特性定义,用正弦信号作为激励信号求取实验频率特性;另一种是根据频率特性与时间响应之间的关系,用单位脉冲、三角波、方波及其他波形信号激励,应用离散傅氏变换求取系统的实验频率特性。频域辨识方法主要也有两种:其一是由实验频率特性的伯德图估计最小相位系统的传递函数,其二是利用实验频率特性的实验值,应用曲线拟合方法求取系统的传递函数,本节讲述的频域辨识方法只涉及前者,即由实验频率特性的伯德图估计最小相位系统的传递函数。

2. 实验频率特性

(1)正弦信号输入

由频率特性的定义可知,当给系统输入一系列不同频率的正弦信号 $A_i \sin\omega_i t$,测量系统相应的输出 $B_i \sin(\omega_i t + \varphi_i)$,则可求得系统在不同频率下频率特性的幅值比和相位差:

$$| G(\mathrm{j}\omega_i) | = \frac{B_i(\mathrm{j}\omega_i)}{A_i(\mathrm{j}\omega_i)}, \quad \angle G(\mathrm{j}\omega_i) = \varphi_i(\omega_i)$$

该方法简单可靠,在机械动力系统中,已得到广泛的应用。

(2)单位脉冲输入

一个理想的实验方法,是给系统施加单位脉冲的激励信号,这时系统的响应即为单位脉冲响应 $g(t)$（权函数）,对 $g(t)$ 求拉氏变换就可得到系统的传递函数。根据单位脉冲函数 $\delta(t)$ 的定义和性质可知

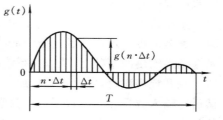

$$F[\delta(t)] = 1$$

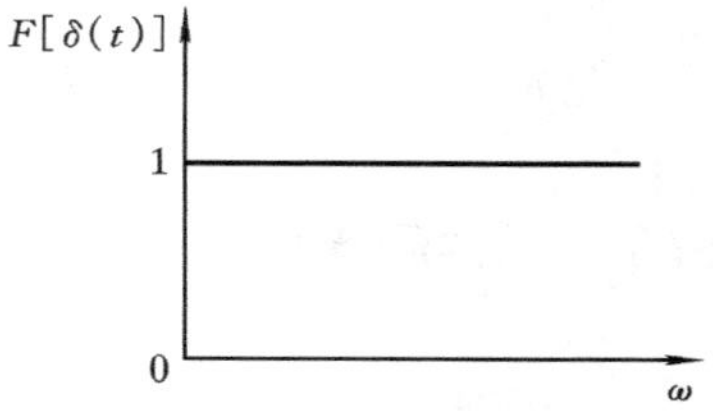

即 $\delta(t)$ 的傅氏变换为1,由图 5-59 可见,$\delta(t)$ 所包含的各种频率的信号幅值相等,就是说 $\delta(t)$

图 5-59　$\delta(t)$ 的频谱图

所包含的各种频率的信号强度是相等的。这样,就可在一次实验中,等强度地激发系统对各个不同频率的响应。系统的实验频率特性可由对单位脉冲响应 $g(t)$ 进行傅氏变换得到,即

$$G(\mathrm{j}\omega) = \int_0^\infty g(t)\mathrm{e}^{-\mathrm{j}\omega t}\,\mathrm{d}t \qquad (5-48)$$

实验测量的 $g(t)$ 只是一条实验曲线（或一组数据）,而不是数学表达式。因此式(5-48)的积分不能直接求得,应采用离散傅氏变换的方法,对 $g(t)$ 曲线离散化并采样,如图 5-60 所示。根据采样数据,以求和近似地计算式(5-48)的积分

图 5-60　$g(t)$ 曲线及其离散化

$$\begin{aligned}
G(\mathrm{j}\omega) &= \Delta t \sum_{n=0}^{(N-1)} g(n\Delta t)\mathrm{e}^{-\mathrm{j}\omega(n\cdot\Delta t)} \\
&= \Delta t \sum_{n=0}^{(N-1)} g(n\Delta t)\big[\cos(\omega n\Delta t) - \mathrm{j}\sin(\omega n\Delta t)\big] \\
&= \Delta t \sum_{n=0}^{(N-1)} g(n\Delta t)\cos(\omega n\Delta t) - \mathrm{j}\Delta t \sum_{n=0}^{(N-1)} g(n\Delta t)\sin(\omega n\Delta t) \\
&= \mathrm{Re}(\omega) + \mathrm{jIm}(\omega)
\end{aligned}$$

$$(5-49)$$

式中:Δt 为采样间隔;

　　n 为采样顺序;

　　$g(n\Delta t)$ 为第 n 个采样点的采样值;

　　$\mathrm{Re}(\omega)$,$\mathrm{Im}(\omega)$ 分别为频率特性的实部与虚部。

ω 可根据实际系统需要选取。由式(5-49)可进一步求得系统的实验频率

特性

$$| G(j\omega) | = \sqrt{\mathrm{Re}^2(\omega) + \mathrm{Im}^2(\omega)}$$

$$\varphi = \arctan \frac{\mathrm{Im}(\omega)}{\mathrm{Re}(\omega)}$$

理想的单位脉冲信号 $\delta(t)$ 在实际上是无法实现的,因为它要求脉冲作用的时间为零,但可用三角波脉冲或方波脉冲信号近似地代替,要求脉冲时间尽可能短,而幅值应尽可能大。

(3)三角波和方波输入

系统的实验频率特性可由下式确定:

$$G(j\omega) = \frac{Y(j\omega)}{X(j\omega)} = \frac{\text{输出波形的傅氏变换}}{\text{输入波形的傅氏变换}} \tag{5-50}$$

当给系统施加三角波或方波信号输入时,测量并记录系统的输出响应曲线,分别对输入、输出进行傅氏变换,由式(5-50),就可求得系统的实验频率特性。输出的傅氏变换仍采用式(5-49)的离散傅氏变换方法。输入信号分别为单位三角波 $X_\Delta(t)$ 和单位方波信号 $X_\square(t)$ 如图 5-61 所示,它们的傅氏变换(详见第 2 章例 2.4、例 2.3,并令 $s=j\omega$)分别为

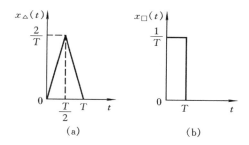

图 5-61　单位三角波和单位方波信号

三角波

$$X_\Delta(j\omega) = -\frac{4}{T^2\omega^2}(1 - 2\mathrm{e}^{-j\frac{\omega T}{2}} + \mathrm{e}^{-j\omega T})$$

$$= -\frac{4}{T^2\omega^2}(\mathrm{e}^{j\frac{\omega T}{2}} + \mathrm{e}^{-j\frac{\omega T}{2}} - 2)\mathrm{e}^{-j\frac{\omega T}{2}}$$

$$= -\frac{8}{T^2\omega^2}(\cos\frac{\omega T}{2} - 1)\mathrm{e}^{-j\frac{\omega T}{2}}$$

$$= \frac{8}{T^2\omega^2}(1 - \cos\frac{\omega T}{2})\mathrm{e}^{-j\frac{\omega T}{2}}$$

方波

$$X_\square(\mathrm{j}\omega) = \frac{1}{\mathrm{j}\omega T}(1 - \mathrm{e}^{-\mathrm{j}\omega T}) = \frac{1}{\mathrm{j}\omega T}(\mathrm{e}^{\mathrm{j}\frac{\omega T}{2}} - \mathrm{e}^{-\mathrm{j}\frac{\omega T}{2}})\mathrm{e}^{-\mathrm{j}\frac{\omega T}{2}}$$

$$= \frac{1}{\mathrm{j}\omega T}2\mathrm{j}\sin\frac{\omega T}{2}\mathrm{e}^{-\mathrm{j}\frac{\omega T}{2}} = \frac{2}{\omega T}\sin\frac{\omega T}{2}\mathrm{e}^{-\mathrm{j}\frac{\omega T}{2}}$$

它们的傅氏变换如图 5-62 所示。和单位脉冲信号 $\delta(t)$ 相比，$\delta(t)$ 包含的任意频率的信号幅值均为 1，但对于三角波，当 $\omega T = 4\pi$ 时，幅值就衰减到零；而方波更差，当 $\omega T = 2\pi$ 时，幅值就衰减到零。因此，若以三角波脉冲近似地代替单位脉冲，所测定的频率 f 范围应使

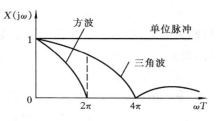

图 5-62　三角波和方波的频谱图

$$\omega T < 2\pi$$

所以 $\omega < \dfrac{2\pi}{T}$　即 $2\pi f < \dfrac{2\pi}{T}$，$f < \dfrac{1}{T}$ 或 $T < \dfrac{1}{f}$

T 为三角形脉冲作用时间，T 愈小，可测量的频率范围愈宽。对方波脉冲信号，同样的 T 所能测量的频率范围更小。

若系统实验要求的频率范围不能满足上述要求，则不能将三角波或方波脉冲近似地看作理想单位脉冲来处理，而应该用式(5-50)计算系统的实验频率特性。具体算法如下：

三角波输入时系统的频率特性为

$$G(\mathrm{j}\omega) = \frac{Y(\mathrm{j}\omega)}{X(\mathrm{j}\omega)}$$

$$= \frac{\Delta t \sum_{n=0}^{(N-1)} y(n\Delta t)\cos(\omega n\Delta t) - \mathrm{j}\Delta t \sum_{n=0}^{(N-1)} y(n\Delta t)\sin(\omega n\Delta t)}{\dfrac{8}{T^2\omega^2}(1 - \cos\dfrac{\omega T}{2})\mathrm{e}^{-\mathrm{j}\frac{\omega T}{2}}}$$

$$= \frac{\Delta t \sum_{n=0}^{(N-1)} y(n\Delta t)\cos(\omega n\Delta t) - \mathrm{j}\Delta t \sum_{n=0}^{(N-1)} y(n\Delta t)\sin(\omega n\Delta t)}{\dfrac{8}{T^2\omega^2}(1 - \cos\dfrac{\omega T}{2})\cos\dfrac{\omega T}{2} - \mathrm{j}\dfrac{8}{T^2\omega^2}(1 - \cos\dfrac{\omega T}{2})\sin\dfrac{\omega T}{2}}$$

$$= \frac{\mathrm{Re}(\omega) + \mathrm{jIm}(\omega)}{A + \mathrm{j}B}$$

$$= \frac{(\mathrm{Re}(\omega) + \mathrm{jIm}(\omega))(A - \mathrm{j}B)}{A^2 + B^2}$$

$$= \frac{(\mathrm{Re}(\omega)A + \mathrm{Im}(\omega)B) + \mathrm{j}(\mathrm{Im}(\omega)A - \mathrm{Re}(\omega)B)}{A^2 + B^2}$$

$$= G_\text{实}(\omega) + \mathrm{j}G_\text{虚}(\omega)$$

式中：　$\mathrm{Re}(\omega) = \Delta t \sum_{n=0}^{(N-1)} y(n\Delta t)\cos(\omega n\Delta t)$

$$\mathrm{Im}(\omega) = -\Delta t \sum_{n=0}^{(N-1)} y(n\Delta t)\sin(\omega n\Delta t)$$

$$A = \frac{8}{T^2\omega^2}\left(1-\cos\frac{\omega T}{2}\right)\cos\frac{\omega T}{2}$$

$$B = -\frac{8}{T^2\omega^2}\left(1-\cos\frac{\omega T}{2}\right)\sin\frac{\omega T}{2}$$

方波输入时系统的频率特性为

$$G(\mathrm{j}\omega) = \frac{Y(\mathrm{j}\omega)}{X(\mathrm{j}\omega)}$$

$$= \frac{\Delta t \sum_{n=0}^{(N-1)} y(n\Delta t)\cos(\omega n\Delta t) - \mathrm{j}\Delta t \sum_{n=0}^{(N-1)} y(n\Delta t)\sin(\omega n\Delta t)}{\frac{2}{\omega T}\sin\frac{\omega T}{2}\cos\frac{\omega T}{2} - \mathrm{j}\frac{2}{\omega T}\sin^2\frac{\omega T}{2}}$$

$$= G_{实}(\omega) + \mathrm{j}G_{虚}(\omega)$$

（4）任意波形输入

上述离散傅氏变换方法，可进一步推广到任意波形输入，分别测量系统的输入和输出数据，按式(5-48)进行傅氏变换，用式(5-50)即可求得系统的实验频率特性

$$G(\mathrm{j}\omega) = \frac{Y(\mathrm{j}\omega)}{X(\mathrm{j}\omega)}$$

$$= \frac{\Delta t \sum_{n=0}^{(N-1)} y(n\Delta t)\cos(\omega n\Delta t) - \mathrm{j}\Delta t \sum_{n=0}^{(N-1)} y(n\Delta t)\sin(\omega n\Delta t)}{\Delta t \sum_{n=0}^{(N-1)} x(n\Delta t)\cos(\omega n\Delta t) - \mathrm{j}\Delta t \sum_{n=0}^{(N-1)} x(n\Delta t)\sin(\omega n\Delta t)}$$

$$= \frac{C+\mathrm{j}D}{A+\mathrm{j}B} = G_{实}(\omega) + \mathrm{j}G_{虚}(\omega)$$

式中：$C = \Delta t \sum_{n=0}^{(N-1)} y(n\Delta t)\cos(\omega n\Delta t)$

$$D = -\Delta t \sum_{n=0}^{(N-1)} y(n\Delta t)\sin(\omega n\Delta t)$$

$$A = \Delta t \sum_{n=0}^{(N-1)} x(n\Delta t)\cos(\omega n\Delta t)$$

$$B = -\Delta t \sum_{n=0}^{(N-1)} x(n\Delta t)\sin(\omega n\Delta t)$$

若系统输入信号为三角波信号，系统输出为 $y(t)$，如图 5-63 所示。

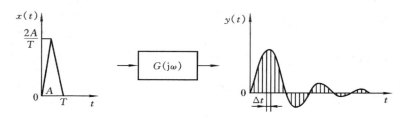

图 5 - 63 系统在三角波作用下及其输出

已知参数：T 为三角波作用时间；

A 为三角波面积；

Δt 为输出波形采样间隔；

n^* 为采样数；

$y(n)$ 为采样点上的采样值（$n=1,2,\cdots,n^*$）；

k^* 为所需计算的频率总个数；

$\omega(k)$ 为所需计算的频率值（$k=1,2,\cdots,k^*$）

计算三角波输入时系统频率特性的计算流程图如图 5 - 64 所示，可分别计算出不同频率下频率特性的离散值。

图 5 - 64 中

$$G(j\omega_i) = \mathrm{Re}(\omega_i) + j\mathrm{Im}(\omega_i) \qquad (\omega_i = \omega_1, \omega_2, \cdots, \omega_{k^*})$$

$$\mathrm{Re}(\omega_i) = G_{实}[k]$$

$$\mathrm{Im}(\omega_i) = G_{虚}[k]$$

$$\varphi_i = \arctan \frac{\mathrm{Im}(\omega_i)}{\mathrm{Re}(\omega_i)}$$

它们均为频率 ω 的函数。根据上述计算结果即可画出系统频率特性的实验曲线，从而进一步求出系统的传递函数。

3. 由伯德图估计最小相位系统的传递函数

根据实验频率特性，可以画出系统的对数幅频曲线，将该曲线用斜率为 0，± 20 dB/dec、± 40 dB/dec 等直线近似，可得到渐近对数幅频特性曲线，从而估计系统的传递函数。

系统型次和增益 K 可由系统幅频特性曲线的低频部分近似估计。由系统幅频特性与系统型次的关系可知：

0 型系统　　对数幅频曲线低频部分是一条水平线，增益 K 满足 $20\lg K = 20\lg |G(j\omega)|$ （$\omega \ll 1$）

Ⅰ 型系统　　对数幅频曲线低频部分是斜率为 -20 dB/dec 的直线，增益等于该渐近线（或其延长线）与零分贝线交点处的频率，即 $K = \omega$

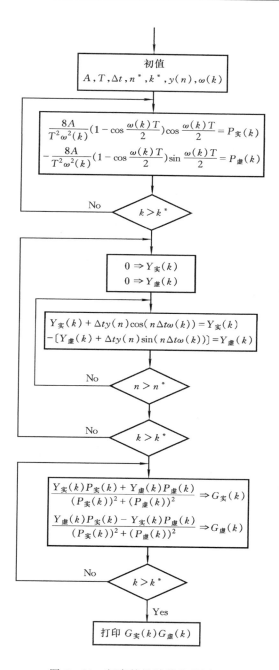

图 5-64　频率特性计算流程图

Ⅱ型系统　对数幅频曲线低频部分是斜率为 -40 dB/dec 的直线,增益的平方根等于该渐近线(或其延长线)与零分贝线交点处的频率,即 $\sqrt{K}=\omega$

上述特性可见图 5-20,图 5-21,和图 5-22。

系统基本环节及转角频率可由渐近对数幅频特性曲线斜率的变化来确定。若渐近线斜率变化为 ± 20 dB/dec,则传递函数中应包含 $\dfrac{1}{1+j\omega T}$ 或 $(1+j\omega T)$ 环节,渐近线交点频率即为转角频率 $\omega_T=\dfrac{1}{T}$。若渐近线斜率变化为 ± 40 dB/dec,则传递函数应包含 $\dfrac{1}{1+2\zeta\left(j\dfrac{\omega}{\omega_n}\right)+\left(\dfrac{\omega}{\omega_n}\right)^2}$ 或 $\left[1+2\zeta\left(j\dfrac{\omega}{\omega_n}\right)+\left(\dfrac{\omega}{\omega_n}\right)^2\right]$ 环节,渐近线交点频率即转角频率就是无阻尼自然频率 ω_n,阻尼比 ζ 可通过转角频率附近的谐振峰值 M_r 来估计。

由实验得到的对数相频曲线可用来检验由对数幅频曲线确定的传递函数。对最小相位系统而言,实验所得的相频曲线必须与由幅频曲线确定的系统传递函数的理论相频曲线大致相符,而在低频范围及高频范围应严格相符。如果不符,可断定系统必定是一个非最小相位系统。若实验所得相位角与由理论计算的相位角相差一个恒定的相位变化率,则系统必存在延时环节。此时系统传递函数应为 $G(s)e^{-\tau s}$,则

$$\angle G(j\omega)e^{-j\omega\tau}-\angle G(j\omega)=-\tau\omega$$

τ 可由下式确定:

$$\lim_{\omega\to\infty}\frac{d}{d\omega}\angle G(j\omega)e^{-j\omega\tau}=-\tau$$

若实验所得到的高频末端的相位角比理论计算的相位角滞后 $180°$,那么传递函数中就有一个零点位于右半 S 平面。

例 5.15　由实验得到的最小相位系统对数幅频曲线如图 5-65 所示,试估计它们的传递函数。

解　(1)由图 5-65(a)可以确定系统为 0 型系统,由两个惯性环节串联组成,其传递函数形式为

$$G(s)=\frac{K}{(T_1 s+1)(T_2 s+1)}$$

因为 $20\lg K=40$ dB,所以增益 $K=100$

由图中所示的转折频率可确定 $T_1=1$, $T_2=\dfrac{1}{10}$。

故有

$$G(s)=\frac{100}{(s+1)(\frac{s}{10}+1)}$$

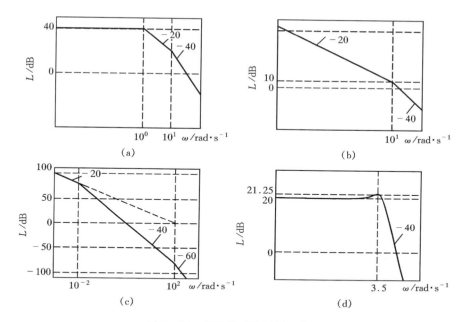

图 5-65　系统的对数幅频曲线图

（2）由图 5-65(b)可确定系统为 I 型系统,由一个积分环节和惯性环节串联组成,其传递函数形式为

$$G(s) = \frac{K}{s(Ts+1)}$$

当 $\omega = 10$ 时,对应的幅值为 10 dB,即 $20\lg K - 20\lg\omega\Big|_{\omega=10} = 10$,故 $20\lg K = 30$ dB,所以增益 $K = 31.6$

由图中转折频率确定 $T = \frac{1}{10}$

故系统的传递函数为

$$G(s) = \frac{31.6}{s\left(\dfrac{s}{10}+1\right)}$$

（3）由图 5-65(c)可知系统为 I 型系统,由一个积分环节和两个惯性环节组成,增益 $K = 100$,两个转折频率分别为 0.01 和 100。

故系统的传递函数为

$$G(s) = \frac{100}{s\left(\dfrac{s}{0.01}+1\right)\left(\dfrac{s}{100}+1\right)}$$

（4）由图 5-65(d)可知系统为 0 型系统，由振荡系统环节组成，其传递函数形式为

$$G(s) = \frac{K}{\dfrac{s^2}{\omega_n^2} + \dfrac{2\zeta s}{\omega_n} + 1}$$

因为 $20\lg K = 20$ dB，所以增益 $K = 10$

根据幅频曲线可知　　　$21.25 - 20 = 20\lg M_r$ dB

所以谐振峰值

$$M_r = 1.155$$

$$M_r = \frac{1}{2\zeta\sqrt{1-\zeta^2}} = 1.155 , \text{所以 } \zeta = 0.5$$

$$\omega_r = \omega_n\sqrt{1-2\zeta^2} = 3.5 , \text{所以 } \omega_n = 4.95$$

故系统传递函数为

$$G(s) = \frac{10}{\dfrac{s^2}{4.95^2} + \dfrac{s}{4.95} + 1}$$

复习思考题

1. 什么叫频率响应？
2. 系统的频率特性的定义？它由哪两部分组成？
3. 机械系统的动刚度和动柔度如何表示？
4. 频率特性和单位脉冲响应函数的关系是什么？
5. 各典型环节的伯德图和奈奎斯特图。
6. 试述绘制系统的伯德图和奈奎斯特图的一般方法和步骤。
7. 最小相位系统与非最小相位系统的定义及本质区别。
8. 频域性能指标 M_r, ω_r, ω_b 和频宽的定义是什么？如何计算二阶系统的上述指标？
9. 如何由开环频率特性确定系统的闭环频率特性？
10. 什么叫系统辨识？为什么要进行系统辨识？在本课程学习的基础上，可用哪些方法进行系统辨识？

习 题

5.1　设单位反馈系统的开环传递函数为

$$G(s) = \frac{4}{s(s+3)}$$

当系统作用以下输入信号时,试求系统稳态输出。

(1) $x(t) = \sin(t+30°)$

(2) $x(t) = 2\cos(4t-45°)$

(3) $x(t) = \sin(4t+30°) - 2\cos(t+30°)$

5.2　绘制下列各环节的伯德图

(1) $G(j\omega) = 20$, $G(j\omega) = -0.5$

(2) $G(j\omega) = \dfrac{10}{j\omega}$, $G(j\omega) = (j\omega)^2$

(3) $G(j\omega) = \dfrac{10}{1+j\omega}$, $G(j\omega) = 5(1+2j\omega)$

(4) $G(j\omega) = \dfrac{1+0.2j\omega}{1+0.05j\omega}$, $G(j\omega) = \dfrac{1+0.05j\omega}{1+0.2j\omega}$

(5) $G(j\omega) = \dfrac{20(1+2j\omega)}{j\omega(1+j\omega)(10+j\omega)}$

(6) $G(j\omega) = \dfrac{(1+0.2j\omega)(1+0.5j\omega)}{(1+0.05j\omega)(1+5j\omega)}$

(7) $G(j\omega) = K_p + K_D j\omega + \dfrac{K_I}{j\omega}$

(8) $G(j\omega) = \dfrac{10(0.5+j\omega)}{(j\omega)^2(2+j\omega)(10+j\omega)}$

(9) $G(j\omega) = \dfrac{1}{1+0.1j\omega+0.001(j\omega)^2}$

(10) $G(j\omega) = \dfrac{9}{j\omega(0.5+j\omega)[1+0.6j\omega+(j\omega)^2]}$

5.3　绘制下列各环节的奈奎斯特图

(1) $G(j\omega) = \dfrac{1}{1+0.01j\omega}$

(2) $G(j\omega) = \dfrac{1}{j\omega(1+0.1j\omega)}$

(3) $G(j\omega) = \dfrac{1}{1+0.1j\omega+0.01(j\omega)^2}$

(4) $G(j\omega) = \dfrac{1+0.2j\omega}{1+0.05j\omega}$

(5) $G(j\omega) = \dfrac{5}{j\omega(1+0.5j\omega)(1+0.1j\omega)}$

(6) $G(j\omega) = \dfrac{kj\omega}{Tj\omega+1}$

(7) $G(j\omega) = \dfrac{5}{(j\omega)^2}$

(8) $G(j\omega) = \dfrac{50(1+0.6j\omega)}{(j\omega)^2(1+4j\omega)}$

(9) $G(j\omega) = \dfrac{10(0.5+j\omega)}{(j\omega)^2(2+j\omega)(10+j\omega)}$

(10) $G(j\omega) = \dfrac{(1+0.2j\omega)(1+0.5j\omega)}{(1+0.05j\omega)(1+5j\omega)}$

5.4 设系统的传递函数分别为

(1) $G(s) = \dfrac{4(2s+1)}{s(10s+1)(4s+1)}$

(2) $G(s) = \dfrac{2(0.2s+1)(0.3s+1)}{s^2(0.1s+1)(s+1)}$

(3) $G(s) = \dfrac{3e^{-s}}{s(s+1)(s+2)}$

试分别确定当 $\angle G(j\omega) = -180°$ 时的幅值比 $|G(j\omega)|$。

5.5 试绘制下列系统的奈奎斯特图（式中 K, T, T_1, T_2 均大于 0），并说明其轨迹为圆。

(1) $G(s) = \dfrac{Ks}{Ts+1}$

(2) $G(s) = \dfrac{T_2 s+1}{T_1 s+1}$

5.6 绘制下列各环节尼柯尔斯图

(1) $G(j\omega) = \dfrac{1}{1+0.01j\omega}$, $G(j\omega) = \dfrac{1}{j\omega(1+0.1j\omega)}$

(2) $G(j\omega) = \dfrac{10}{j\omega}$, $G(j\omega) = 10j\omega$

(3) $G(j\omega) = \dfrac{10}{1+0.1j\omega+0.01(j\omega)^2}$

(4) $G(j\omega) = \dfrac{10(1+0.2j\omega)}{1+0.05j\omega}$, $G(j\omega) = \dfrac{10(1+0.05j\omega)}{1+0.2j\omega}$

(5) $G(j\omega) = \dfrac{60(1+0.5j\omega)}{j\omega(1+5j\omega)}$

(6) $G(j\omega) = \dfrac{20(1+2j\omega)}{j\omega(1+j\omega)(10+j\omega)}$

5.7 绘制下列非最小相位系统的伯德图及奈奎斯特图

(1) $G(s) = \dfrac{2}{0.5s-1}$

(2) $G(s) = \dfrac{2s}{1-0.5s}$

(3) $G(s) = \dfrac{4(2s+1)}{s(s-1)}$

(4) $G(s) = \dfrac{4(2s-1)}{s(10s+1)(4s+1)}$

5.8　为使图题 5.8 所示系统的截止频率

　　　$\omega_b = 100\ \text{rad} \cdot \text{s}^{-1}$，$T$ 值应为多少？

5.9　设单位反馈系统的开环传递函数为

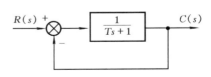

$$G(s) = \dfrac{10}{(0.2s+1)(0.02s+1)}$$

　　　试求闭环系统的 M_r，ω_r 及 ω_b。

图题 5.8

5.10　设单位反馈系统的开环传递函数分别

　　　为

$$G_1(s) = \dfrac{K}{(s+1)^2} \qquad G_2(s) = \dfrac{K}{s(0.25s^2+0.4s+1)}$$

　　　试确定 K，使闭环系统的 $M_r = 1.4$，同时求出 ω_r 和 ω_b

5.11　有下列最小相位系统，通过实验求得各系统的对数幅频特性如图题

　　　5.11，试估计它们的传递函数。

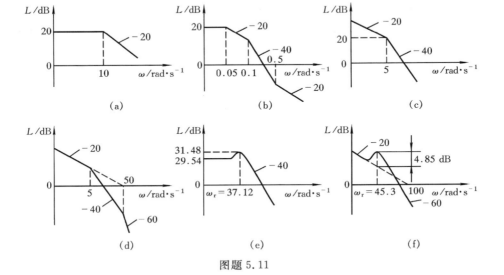

图题 5.11

第6章 系统的稳定性

系统的稳定性是控制系统最重要的性能指标,是保证控制系统正常工作的必要条件。系统稳定性分析主要包括系统的稳定性判据,系统的相对稳定性及影响系统稳定性的因素(包括系统模型结构和参数等)。在经典控制理论中,系统的设计和校正,也是在满足系统稳定性及其性能指标的基础上进行的。本章首先介绍了线性系统稳定性的概念及系统稳定性的基本判别原则,然后介绍了系统稳定性的判据,重点讨论了基于开环频率特性分析的奈奎斯特判据及系统的相对稳定性,最后介绍了根轨迹法在系统稳定性分析中的应用。

6.1 稳定性

1. 稳定性的概念

稳定性是控制系统的重要性能指标之一。稳定性的定义是:系统在受到外界干扰作用时,其被控制量 $y_c(t)$ 将偏离平衡位置,当这个干扰作用去除后,若系统在足够长的时间内能够恢复到其原来的平衡状态或者趋于一个给定的新的平衡状态,则该系统是稳定的,如图 6-1(a)所示。反之,若系统对干扰的瞬态响应随时间的推移而不断扩大(如图 6-1(b)所示)或发生持续振荡(如图 6-1(c)所示),也就是一般所谓"自激振动",则系统是不稳定的。

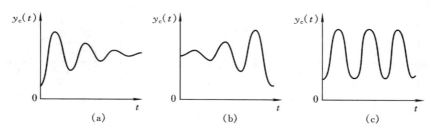

图 6-1　系统在干扰作用下的响应

只有稳定的系统才能正常工作。在设计一个系统时,首先要保证其稳定;在分析一个已有系统时,也首先要判定其是否稳定。线性系统是否稳定,是系统本身的一个特性,与系统的输入量或干扰无关。

2. 判别系统稳定性的基本准则

如第 3 章所述,描述线性定常系统的微分方程,其形式一般为

$$a_n \frac{\mathrm{d}^n y(t)}{\mathrm{d}t^n} + a_{n-1} \frac{\mathrm{d}^{n-1} y(t)}{\mathrm{d}t^{n-1}} + \cdots + a_1 \frac{\mathrm{d}y(t)}{\mathrm{d}t} + a_0 y(t)$$

$$= b_m \frac{\mathrm{d}^m x(t)}{\mathrm{d}t^m} + b_{m-1} \frac{\mathrm{d}^{m-1} x(t)}{\mathrm{d}t^{m-1}} + \cdots + b_1 \frac{\mathrm{d}x(t)}{\mathrm{d}t} + b_0 x(t) \qquad (6-1)$$

式中: $x(t)$ 为输入, $y(t)$ 为输出; $a_i(i=0 \sim n)$, $b_j(j=0 \sim m)$ 为常数。

在第 2 章中已经介绍,可以用拉氏变换的数学方法求解式(6-1)。由式(2-36)得

$$A(s)Y(s) - A_0(s) = B(s)X(s) - B_0(s) \qquad (6-2)$$

整理后可得

$$Y(s) = \frac{A_0(s) - B_0(s)}{A(s)} + \frac{B(s)}{A(s)}X(s) \qquad (6-3)$$

再经拉氏反变换可得原函数

$$y(t) = L^{-1}\left[\frac{A_0(s) - B_0(s)}{A(s)}\right] + L^{-1}\left[\frac{B(s)}{A(s)}X(s)\right] \qquad (6-4)$$

上式右边的第一项是式(6-1)的齐次通解,是与初始条件 $A_0(s), B_0(s)$ 有关而与输入或干扰 $x(t)$ 无关的补函数。令它为 $y_c(t)$,即

$$y_c(t) = L^{-1}\left[\frac{A_0(s) - B_0(s)}{A(s)}\right] \qquad (6-5)$$

式(6-4)右边的第二项是式(6-1)的非齐次特解,是与初始条件无关而只与输入或干扰 $x(t)$ 有关的特解。令它为 $y_i(t)$,即

$$y_i(t) = L^{-1}\left[\frac{B(s)}{A(s)}X(s)\right] \qquad (6-6)$$

既然系统的稳定与否要看系统在除去干扰后的运行情况,因此系统的补函数 $y_c(t)$ 反映了系统是否稳定。如果当 $t \to \infty$ 时, $y_c(t) \to 0$,则系统为稳定;若当 $t \to \infty$ 时, $y_c(t) \to \infty$,或是时间 t 之周期函数,则系统不稳定。为此,我们来求解 $y_c(t)$ 。

$$y_c(t) = L^{-1}\left[\frac{A_0(s) - B_0(s)}{A(s)}\right] = \sum_{i=1}^{n} \frac{N_0(s_i)}{A'(s_i)} \mathrm{e}^{s_i t} \qquad (6-7)$$

式中: $N_0(s_i) = A_0(s_i) - B_0(s_i)$

一般称 $A(s)=0$ 为系统的"特征方程",它的解 s_i 称为其特征根。

若 s_i 为复数,则由于实际物理系统 $A(s)$ 的系数均为实数,因此 s_i 总是以共轭复数形式成对出现,即

$$s_i = a_i \pm \mathrm{j}b_i$$

此时,只有当其实部 $a_i<0$ 时,方能使得在 $t\to\infty$ 时

$$\mathrm{e}^{s_i t}\Big|_{t\to\infty}=\mathrm{e}^{a_i t}\,\mathrm{e}^{\pm jb_i t}\Big|_{t\to\infty}=0$$

亦即

$$y_c(t)\Big|_{t\to\infty}\to 0$$

若 s_i 为实数,则只有当实数之值小于 0,即 $a_i<0$ 时,方能使得在 $t\to\infty$ 时

$$y_c(t)\Big|_{t\to\infty}\to 0$$

反之,若 s_i 的实部 $a_i>0$,则当 $t\to\infty$ 时,将使得

$$\mathrm{e}^{s_i t}\Big|_{t\to\infty}\to\infty$$

即

$$y_c(t)\Big|_{t\to\infty}\to\infty$$

则系统不稳定。

若 s_i 实部 $a_i=0$,则 $s_i=\pm jb_i t$。$y_c(t)$ 将包含 $\dfrac{(\mathrm{e}^{+jb_i t}+\mathrm{e}^{-jb_i t})}{2}$ 即 $\cos b_i t$ 这样的时间函数,系统将产生持续振荡,其振荡频率 ω 即等于 b_i,系统也不稳定。

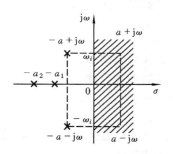

图 6-2　s 平面内的稳定域与不稳定域

综上所述,判别系统稳定性的问题可归结为对系统特征方程的根的判别,即:一个系统稳定的必要和充分条件是其特征方程的所有的根都必须为负实数或为具有负实部的复数。亦即稳定系统的全部特征根 s_i 均应在复平面的左半平面,如图 6-2 所示(其虚轴坐标值为振动频率 ω)。此时,系统对于干扰的响应为衰减振荡,如图 6-3(a)所示。反之,若有特征根 s_i 落在包括虚轴在内的右半平面(如图 6-2 中阴影部分),则可判定该系统是不稳定的。如果在虚轴上,则系统产生持续振荡,其频率为 $\omega=\omega_i$(图 6-3(c));如果落在右半平面,则系统产生扩散振荡图 6-3(b))。这就是判别系统是否稳定的基本出发点。

应当指出,上述不稳定区虽然包括虚轴 $j\omega$,但对于虚轴上的坐标原点,应作具体分析。当有一个特征根在坐标原点时,$y_c(t)\Big|_{t\to\infty}\to$ 常数,系统达到新的平衡状态,仍属稳定。当有两个及两个以上特征根在坐标原点时,$y_c(t)\Big|_{t\to\infty}\to\infty$,其瞬态响应发散,系统不稳定。

由式(6-3)可知系统特征方程 $A(s)=0$ 的特征根与系统的闭环传递函数 F

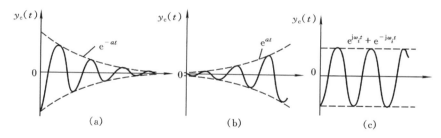

图 6 - 3　系统的响应曲线

(s) 的极点是相同的。因此,知道了系统的传递函数

$$F(s) = \frac{Y(s)}{X(s)} = \frac{B(s)}{A(s)}$$

取其分母 $A(s)=0$,即可分析系统的稳定性,这在工程应用中十分方便。

对如图 6 - 4 所示的具有反馈环节的典型闭环控制系统,其输出输入之总传递函数即闭环传递函数为

$$F(s) = \frac{C(s)}{R(s)} = \frac{G(s)}{1 + G(s)H(s)} \quad (6 - 8)$$

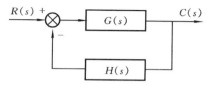

图 6 - 4　典型闭环控制系统

令该传递函数的分母等于零就得到该系统的特征方程

$$1 + G(s)H(s) = 0 \qquad (6 - 9)$$

为了判别系统是否稳定,必须确定式(6 - 9)的根是否全在复平面的左半平面。为此,可有两种途径:一种是直接求出所有的特征根;另一种途径是仅仅确定能保证所有的根均在 s 左半平面的系统参数之范围而并不求出根的具体值。直接计算方程式的根的方法在方程阶数较高时过于繁杂,除简单的特征方程外,一般很少采用。对于第二种途径,工程实际中常采用的方法有"劳斯–胡尔维茨(Routh-Hurwitz)判据"、"奈奎斯特判据"以及"根轨迹法"等。

6. 2　劳斯–胡尔维茨稳定性判据

线性定常系统的稳定性分析,本质上就是确定系统特征方程根在复平面上位置的分析。劳斯—胡尔维茨(Routh-Hurwitz)稳定性判据是一种代数判据,它是通过分析特征方程的根与系数的代数关系,由特征方程中的系数判别特征方程的根是否在 s 平面的左半平面,以及不稳定根的个数。该方法并不需要计算和求解特征方程,即可判断系统的稳定性,因此对于控制系统设计分析及参数选择有着重要的工程意义。这里只介绍两个代数判据及其应用,并不对其进行

数学推导证明。

1. 劳斯稳定性判据

(1)系统稳定的必要条件

线性定常系统的特征方程式为

$$a_n s^n + a_{n-1} s^{n-1} + a_{n-2} s^{n-2} + \cdots + a_0 = 0 \qquad (6-10)$$

式中:系数 $a_i(i=0,1,2,\cdots,n)$ 为实数,并且 $a_n \neq 0$。

假设其特征根为 $s_i(i=1,2,\cdots,n)$,则

$$a_n s^n + a_{n-1} s^{n-1} + a_{n-2} s^{n-2} + \cdots + a_0 = a_n(s-s_1)(s-s_2)\cdots(s-s_{n-1})(s-s_n)$$
$$(6-11)$$

对式(6-11)右边展开可得到特征根与系数的关系如下

$$
\begin{cases}
\dfrac{a_{n-1}}{a_n} = -\sum_{i=1}^{n} s_i & \\[2mm]
\dfrac{a_{n-2}}{a_n} = \sum_{i,j=1}^{n} s_i s_j & (i \neq j) \\[2mm]
\dfrac{a_{n-3}}{a_n} = -\sum_{i,j,k=1}^{n} s_i s_j s_k & (i \neq j \neq k) \\[2mm]
\quad\vdots & \\[2mm]
\dfrac{a_0}{a_n} = (-1)^n \prod_{i=1}^{n} s_i &
\end{cases}
\qquad (6-12)
$$

若特征根的实部全为负数时,则由上式可得出系统稳定的必要条件为:特征多项式所有系数符号相同。若系数中有不同的符号或其中某个系数为零($a_0 = 0$ 除外),则必有带正实部的根,即系统不稳定。应注意该条件是系统稳定的必要条件,而非充分条件,因为这时还不能排除有不稳定根的存在。

(2)系统稳定的充分条件

由特征方程式系数构造劳斯数列如下:

$$
\begin{array}{c|ccccc}
s^n & a_n & a_{n-2} & a_{n-4} & a_{n-6} & \cdots \\
s^{n-1} & a_{n-1} & a_{n-3} & a_{n-5} & \cdots & \\
s^{n-2} & c_1 & c_2 & c_3 & \cdots & \\
s^{n-3} & d_1 & d_2 & d_3 & \cdots & \\
\vdots & \vdots & & & & \\
s^1 & g_1 & & & & \\
s_0 & h_1 & & & &
\end{array}
\qquad (6-13)
$$

第一行为原系数的奇数项,第二行为原系数的偶数项。第三行 c_i 由第一行和第二行按下式计算

$$c_1 = \frac{a_{n-1}a_{n-2} - a_n a_{n-3}}{a_{n-1}}$$

$$c_2 = \frac{a_{n-1}a_{n-4} - a_n a_{n-5}}{a_{n-1}}$$

$$c_3 = \frac{a_{n-1}a_{n-6} - a_n a_{n-7}}{a_{n-1}}$$

系数 c 的计算,一直进行到其余的 c 值全部等于零为止。

第四行 d_i 则按下式计算:

$$d_1 = \frac{c_1 a_{n-3} - a_{n-1} c_2}{c_1}$$

$$d_2 = \frac{c_1 a_{n-5} - a_{n-1} c_3}{c_1}$$

$$\vdots$$

$$(6-14)$$

其余依次类推,一直算到第 $n+1$ 行为止,劳斯数列的完整阵列呈现为倒三角形。注意,在展开的阵列中,为了简化其后面的数值运算,可以用一个整数去除或乘某一整个行,这并不改变稳定性的结论。

于是,劳斯稳定判据可陈述如下:系统稳定的必要且充分的条件是,其特征方程(6-10)的全部系数符号相同,并且其劳斯数列(6-13)的第一列(a_n,a_{n-1},c_1,d_1,…)之所有各项全部为正,否则,系统为不稳定。如果劳斯数列的第一列中发生符号变化,则其符号变化的次数就是其不稳定根的数目。例如

　　+++++　　没有不稳定根(稳定)

　　++———　　有一个不稳定根(不稳定)

　　++—++　　有两个不稳定根(不稳定)

例 6.1　设系统传递函数为

$$F(s) = \frac{3s^3 + 12s^2 + 17s - 20}{s^5 + 2s^4 + 14s^3 + 88s^2 + 200s + 800}$$

试判别其稳定性,如不稳定,求出 $F(s)$ 在 s 平面的右半平面的极点数目。

解　其特征方程为

$$s^5 + 2s^4 + 14s^3 + 88s^2 + 200s + 800 = 0$$

式中各项系数均为正,排出劳斯数列。

s^5	1	14	200
s^4	2	88	800
s^3	−30	−200	
s^2	74.7	800	
s^1	121		
s_0	800		

数列之第一列中有两次符号变化,即从 $2 \rightarrow -30$,和 $-30 \rightarrow 74.7$。因此 $F(s)$ 有两个极点在 s 平面的右半平面,系统不稳定。

另一方面,如对特征方程直接求解,可得其根为

$$s_1 = -4$$
$$s_{2,3} = 2 \pm j4$$
$$s_{4,5} = -1 \pm j3$$

其中的确是有两个带正实部的根 $s_{2,3} = 2 \pm j4$,和上述劳斯判据判别结果相一致。

(3) 应用劳斯判据的两种特殊情况

在应用劳斯判据时,如果发生第一列中出现零且该行其他元素不全为零的情况,则下一行计算将会产生被零除的情况,从而使劳斯数列无法继续计算。这时可采取如下两种解决方法:

第一种方法是用一个小的正数 ε 代替 0,仍按上述方法计算各行,再令 $\varepsilon \rightarrow 0$ 求极限,来判别劳斯数列第一列系数的符号。

例 6.2 设系统的特征方程为

$$s^5 + 2s^4 + 3s^3 + 6s^2 + 2s + 1 = 0$$

判别其是否稳定;若不稳定时,不稳定根的数目。

解 排出劳斯数列

s^5	1	3	2
s^4	2	6	1
s^3	$0(\varepsilon)$	$\dfrac{3}{2}$	
s^2	$\dfrac{6\varepsilon - 3}{\varepsilon}$	1	
s^1	$\dfrac{3}{2} - \dfrac{\varepsilon^2}{6\varepsilon - 3}$		
s_0	1		

当 $\varepsilon \rightarrow 0$ 时,$\dfrac{6\varepsilon - 3}{\varepsilon} \rightarrow -\infty$,而 $\dfrac{3}{2} - \dfrac{\varepsilon^2}{6\varepsilon - 3} \rightarrow \dfrac{3}{2}$。即第一列有两次符号变化,因此特征方程有两个根在 s 的右半平面。

第二种方法是用 $s = \dfrac{1}{p}$ 代入原特征方程式,得到一个新的关于 p 的方程,再对此方程应用劳斯判别法,新方程不稳定根数就等于原方程不稳定根数。

例 6.3 用上述方法对上例中的特征方程式进行判别。

解 原特征方程为

$$s^5 + 2s^4 + 3s^3 + 6s^2 + 2s + 1 = 0$$

用 $s = \dfrac{1}{p}$ 代入该式,得到

$$p^5 + 2p^4 + 6p^3 + 3p^2 + 2p + 1 = 0$$

相应的劳斯数列为

$$
\begin{array}{c|ccc}
p^5 & 1 & 6 & 2 \\
p^4 & 2 & 3 & 1 \\
p^3 & \dfrac{9}{2} & \dfrac{3}{2} & \\
p^2 & \dfrac{7}{3} & 1 & \\
p^1 & -\dfrac{3}{7} & & \\
p_0 & 1 & &
\end{array}
$$

同样有两次符号变化，所得结论和前法一致。

　　在应用劳斯判据时，可能遇到的另一种特殊情况是在劳斯数列中出现某一行的元素全为零的情况。这种情况意味着特征方程在 s 平面存在一些对称的根：一对（或几对）大小相等符号相反的实根；一对（或几对）共轭虚根；或呈对称位置的两对共轭复根。在这种情况下，系统必然不稳定，不稳定根及其个数可通过解"辅助方程"得到。所谓"辅助方程"，即由不为零的最后一行元素组成的方程式，式中 s 均为偶次项。上述特例及处理方法见如下例题。

　　例 6.4　系统的特征方程为

$$s^6 + 2s^5 + 8s^4 + 12s^3 + 20s^2 + 16s + 16 = 0$$

判别其是否稳定，及若不稳定时不稳定根的数目。

　　解　排出劳斯数列

$$
\begin{array}{c|cccc}
s^6 & 1 & 8 & 20 & 16 \\
s^5 & 2 & 12 & 16 & \\
s^4 & 2 & 12 & 16 & \\
s^3 & 0 & 0 & &
\end{array}
$$

由于 s^3 行中各元素全为零，因此将 s^4 行的各元素构成一个辅助方程式

$$A(s) = 2s^4 + 12s^2 + 16 = 0$$

整理后得

$$s^4 + 6s^2 + 8 = 0$$

该方程的两对共轭虚根为

$$s_{1,2} = \pm \mathrm{j}\sqrt{2}$$

$$s_{3,4} = \pm \mathrm{j}2$$

　　这两对根同时也是原特征方程的根，它们位于虚轴上。由系统稳定性的基本准则可知，该特征方程所代表的系统实际上是不稳定的。

例 6.5　系统的特征方程为

$$s^6 + 3s^5 + 2s^4 + 4s^2 + 12s + 8 = 0$$

判别其是否稳定,若不稳定时不稳定根的数目。

　　解　排出劳斯数列

$$
\begin{array}{c|cccc}
s^6 & 1 & 2 & 4 & 8 \\
s^5 & 3 & 0 & 12 \\
s^4 & 2 & 0 & 8 \\
s^3 & 0 & 0 \\
\end{array}
$$

由于 s^3 行中各元素全为零,因此将 s^4 行的各元素构成一个辅助方程式

$$A(s) = 2s^4 + 8 = 0$$

整理后得

$$(s^2 + 2s + 2)(s^2 - 2s + 2) = 0$$

该方程的两对共轭虚根为

$$s_{1,2} = -1 \pm j$$

$$s_{3,4} = 1 \pm j$$

　　很显然,该系统是不稳定的,并且有两个不稳定根。

例 6.6　系统的特征方程为

$$s^5 + 3s^4 - 5s^3 - 15s^2 + 4s + 12 = 0$$

判别其是否稳定,及若系统不稳定时不稳定根的数目。

　　解　由于特征方程的系数符号不全相同,系统肯定不稳定。排出劳斯数列

$$
\begin{array}{c|ccc}
s^5 & 1 & -5 & 4 \\
s^4 & 3 & -15 & 12 \\
s^3 & 0 & 0 \\
\end{array}
$$

由于 s^3 行中各元素全为零,因此将 s^4 行的各元素构成一个辅助方程式

$$A(s) = 3s^4 - 15s^2 + 12 = 0$$

该方程的根为

$$s_{1,2} = \pm 1$$

$$s_{3,4} = \pm 2$$

　　显然系统是不稳定的,其根为两对关于虚轴对称的实根,并且有两个不稳定根。当然,对于该例,若仅需要判别系统的不稳定性,则只根据稳定性的必要条件就可判别。

2. 胡尔维茨稳定性判别法

　　胡尔维茨法和劳斯法都属代数判据,只在处理技巧上有所不同,它是把特征方程的系数用相应的行列式表示。一个系统稳定,也就是系统特征方程

式(6-10)的所有根之实部为负的必要和充分条件为

(1)特征方程的所有系数 $a_n, a_{n-1}, \cdots, a_0$ 均为正。

(2)由特征方程系数组成的各阶胡尔维茨行列式均为正,即

$$D_1 = a_{n-1} > 0, \ D_2 = \begin{vmatrix} a_{n-1} & a_{n-3} \\ a_n & a_{n-2} \end{vmatrix} > 0, \ D_3 = \begin{vmatrix} a_{n-1} & a_{n-3} & a_{n-5} \\ a_n & a_{n-2} & a_{n-4} \\ 0 & a_{n-1} & a_{n-3} \end{vmatrix} > 0, \cdots$$

胡尔维茨行列式按下面方法组成:在主对角线上写出特征方程式的第二项的系数 a_{n-1} 直到最后一项的系数 a_0,在主对角线以下的各行中,按列填充下标号码逐次增加的各系数,而在对角线以上的各行中,按列填充下标号码逐次减小的各系数。如果在某位置上按次序应填入的系数下标大于 n 或小于 0,则在该位置上填以零。对于 n 阶特征方程来说,其主行列式为

$$D_n = \begin{vmatrix} a_{n-1} & a_{n-3} & a_{n-5} & a_{n-7} & \cdots & 0 & 0 & 0 \\ a_n & a_{n-2} & a_{n-4} & a_{n-6} & \cdots & 0 & 0 & 0 \\ 0 & a_{n-1} & a_{n-3} & a_{n-5} & & & & \\ \vdots & \vdots & \vdots & \vdots & \cdots & \vdots & \vdots & \vdots \\ \vdots & \vdots & \vdots & \vdots & \cdots & \vdots & \vdots & \vdots \\ \vdots & \vdots & \vdots & \vdots & \cdots & a_2 & a_0 & 0 \\ \vdots & \vdots & \vdots & \vdots & \cdots & a_3 & a_1 & 0 \\ 0 & 0 & 0 & 0 & \cdots & a_4 & a_2 & a_0 \end{vmatrix} \qquad (6-15)$$

当主行列式(6-15)及其主对角线上的各子行列式(如式(6-15)中用虚线所划出的各子行列式)均大于零时,特征方程式就没有根在 s 平面的右半平面,即系统稳定。

例 6.7　设系统的特征方程式为

$$s^4 + 8s^3 + 18s^2 + 16s + 5 = 0$$

判别系统的稳定性。

解　可写出其胡尔维茨主行列式为

$$D_4 = \begin{vmatrix} 8 & 16 & 0 & 0 \\ 1 & 18 & 5 & 0 \\ 0 & 8 & 16 & 0 \\ 0 & 1 & 18 & 5 \end{vmatrix}$$

可得各子行列式分别为

$$D_1 = 8 > 0, \ D_2 = \begin{vmatrix} 8 & 16 \\ 1 & 18 \end{vmatrix} = 128 > 0$$

$$D_3 = \begin{vmatrix} 8 & 16 & 0 \\ 1 & 18 & 5 \\ 0 & 8 & 16 \end{vmatrix} = 1\ 728 > 0$$

$$D_4 = 8\ 640 > 0$$

因这些子行列式均大于零,故系统稳定。

因为求高阶行列式的值并不容易,所以对六阶以上的系统很少使用胡尔维茨稳定性判据。

6.3 奈奎斯特稳定性判据

上述劳斯-胡尔维茨方法根据系统的特征方程判别系统的稳定性,其缺点是难以评价系统稳定或不稳定的程度,也难以分析系统中各参数对稳定性的影响。奈奎斯特稳定性判据是一种几何判据,它是根据开环传递函数的特点,通过作开环频率特性的极坐标图(即奈奎斯特图)来研究闭环控制系统稳定性的,它不仅能判定系统是否稳定,而且可以分析系统的稳定或不稳定程度,并从中找出改善系统性能的途径。

1. 基本原理

考虑到图 6-4 所示的闭环系统,其闭环传递函数为

$$F(s) = \frac{C(s)}{R(s)} = \frac{G(s)}{1 + G(s)H(s)}$$

闭环系统稳定的必要和充分条件是闭环特征方程的根全部在 s 平面的左半平面,只要有一个根在 s 平面的右半平面或在虚轴上,系统就不稳定。奈奎斯特判据是通过系统开环奈奎斯特图以及开环极点的位置来判断闭环特征方程的根在 s 平面上的位置,从而判别系统的稳定性。下面分三步来说明奈奎斯特判据的原理。

(1)闭环特征方程与特征函数

系统闭环特征方程为

$$1 + G(s)H(s) = 0$$

而其特征函数为 $A(s) = 1 + G(s)H(s)$

其中 $G(s)$,$H(s)$ 都是复数 s 的函数,可分别表示为如下多项式之比

$$G(s) = \frac{G_N(s)}{G_D(s)}, \ H(s) = \frac{H_N(s)}{H_D(s)} \tag{6-16}$$

故开环传递函数为

$$G(s)H(s) = \frac{G_N(s)H_N(s)}{G_D(s)H_D(s)} \tag{6-17}$$

特征函数 $A(s) = 1 + G(s)H(s)$ 可表达为

$$A(s) = \frac{G_D(s)H_D(s) + G_N(s)H_N(s)}{G_D(s)H_D(s)} \qquad (6-18)$$

而闭环特征方程可表示为

$$1 + G(s)H(s) = \frac{G_D(s)H_D(s) + G_N(s)H_N(s)}{G_D(s)H_D(s)} = 0 \qquad (6-19)$$

若式(6-17)中分母、分子 s 的阶次分别为 n 和 m，因为 $G(s)$ 和 $H(s)$ 均为物理可实现的环节，所以 $n \geqslant m$，故特征函数 $A(s)$ 分子分母的阶次均为 n，比较式(6-17)，式(6-18)和式(6-19)，可得出以下结论：

　　① 闭环特征方程的根与特征函数 $A(s)$ 的零点完全相同；

　　② 特征函数的极点与开环传递函数的极点完全相同；

　　③ 特征函数的零点数与其极点数相同(等于 n)。

　　因为系统开环传递函数及其极点已知，根据式(6-18)，可以通过对开环传递函数 $G(s)H(s)$ 和特征函数 $A(s)=1+G(s)H(s)$ 的频率特性分析，确定特征函数的零点(即闭环特征方程根)的分布，从而判别系统的稳定性，这就是奈奎斯特稳定性判据的基本原理。

　　(2) 幅角原理

　　奈奎斯特判据的数学基础是复变函数理论中的幅角原理(又称映射定理)。由上述特征函数零、极点与开环极点的关系，利用幅角原理，可以得到特征函数零点分布与开环极点分布及开环幅角变化的关系。以下对幅角原理给予简要说明。

　　将式(6-18)表示为因式分解形式

$$A(s) = \frac{K(s-z_1)(s-z_2)\cdots(s-z_n)}{(s-p_1)(s-p_2)\cdots(s-p_n)} \qquad (6-20)$$

式中：$z_1, z_2, \cdots, z_n$ 为特征函数的 n 个零点(闭环特征方程的根)，$p_1, p_2, \cdots, p_n$ 为它的 n 个极点(开环传递函数的极点)。设这些零点、极点均已知，它们在 s 平面上的分布如图 6-5 所示。图中用"○"表示零点，"×"表示极点。式(6-20)

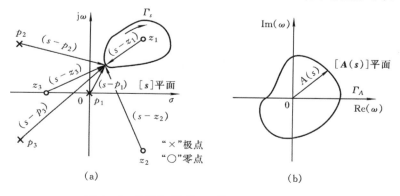

　　　　　(a)　　　　　　　　　　　　　　　(b)

图 6-5　$[s]$ 平面与 $[A(s)]$ 平面的映射关系

中各因式$(s-z_i),(s-p_i)(i=1,2,\cdots,n)$均可表示为图 6-5(a)中的各向量,这些向量均可表示为指数形式

$$s-z_i = A_{z_i}\,\mathrm{e}^{j\theta_{z_i}} \qquad (6-21)$$

$$s-p_i = A_{p_i}\,\mathrm{e}^{j\theta_{p_i}} \qquad (6-22)$$

将式$(6-21)$,式$(6-22)$代入式$(6-20)$后得

$$A(s) = K\,\frac{A_{z_1}\,\mathrm{e}^{j\theta_{z_1}}A_{z_2}\,\mathrm{e}^{j\theta_{z_2}}\cdots A_{z_n}\,\mathrm{e}^{j\theta_{z_n}}}{A_{p_1}\,\mathrm{e}^{j\theta_{p_1}}A_{p_2}\,\mathrm{e}^{j\theta_{p_2}}\cdots A_{p_n}\,\mathrm{e}^{j\theta_{p_m}}}$$

$$= K\prod_{i=1}^{n}\frac{A_{z_i}}{A_{p_i}}\,\mathrm{e}^{j(\sum\limits_{i=1}^{n}\theta_{z_i}-\sum\limits_{i=1}^{n}\theta_{p_i})} \qquad (6-23)$$

若令顺时针方向的相位角变化为负,逆时针为正,当自变量 s 沿图 6-5(a)中封闭曲线 Γ_s 顺时针变化一圈时,式$(6-23)$中各向量及 $A(s)$ 的幅角均发生变化。图中零点 z_1 被包围在 Γ_s 中,则向量$(s-z_1)$幅角的变化为 $\Delta\theta_{z_1}=-2\pi$;其他 $z_2,z_3,\cdots,p_1,p_2,\cdots$ 等均在 Γ_s 之外,故相应的向量幅角的变化均为零,即 $\Delta\theta_{z_2}=\Delta\theta_{z_3}=\cdots=\Delta\theta_{p_1}=\Delta\theta_{p_2}=\Delta\theta_{p_3}=\cdots=0$。

若 Γ_s 中包含 z 个闭环特征方程的根,p 个开环极点,当 s 沿 Γ_s 顺时针转一圈时,则向量 $A(s)$ 在$[A(s)]$平面上沿曲线 Γ_A 变化,如图 6-5(b)所示,根据式$(6-23)$,其幅角的变化为

$$\Delta\angle A(s) = \sum_{i=1}^{z}\Delta\theta_{z_i} - \sum_{i=1}^{p}\Delta\theta_{p_i} = z(-2\pi) - p(-2\pi) \qquad (6-24)$$

式$(6-24)$两边同除以 2π,得

$$N = p - z \qquad (6-25)$$

式$(6-25)$为幅角原理的数学表达式,其中 N 表示当 s 沿 Γ_s 顺时针转一圈时,向量 $A(s)$ 的矢端曲线 Γ_A 在 $A(s)$ 平面上绕原点逆时针转的圈数。若

$N>0$ 表示逆时针转的圈数;

$N=0$ 表示 $A(s)$ 不包围原点;

$N<0$ 表示顺时针转的圈数。

以图 6-6 为例说明如何确定 N:由式$(6-25)$可知,在$[A(s)]$平面上,过原点任作一直线 OC,观察 $A(s)$ 形成的矢端曲线 Γ_A 以不同方向通过 OC 直线次数的差值来定 N,顺时针通过为负,逆时针通过为正。如图 6-6(a)中 Γ_A 曲线二次顺时针通过直线 OC,故 $N=-2$;图 6-6(b)中 Γ_A 曲线分别有一次顺时针和一次逆时针通过直线 OC,差值为零,故 $N=0$;依次类推,可得图 6-6(c)中 $N=-3$;图 6-6(d)中 $N=0$。

(3)奈奎斯特判据

判别系统的稳定性就是要判别闭环特征方程在 s 平面的右半平面根的个数,即特征函数 $A(s)$ 在右半平面的零点数。为此,我们把图 6-5(a)中 s 平面上

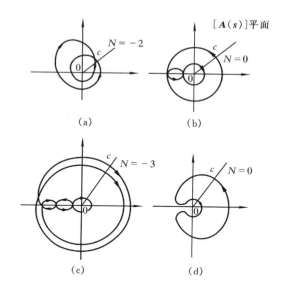

图 6-6　向量 $\boldsymbol{A}(s)$ 的旋转圈数 N 的确定

的 Γ_s 曲线扩大成为包括虚轴在内的右半平面半径为无穷大的半圆（如图 6-7 所示），那么就可以通过式(6-25)来确定特征函数 $\boldsymbol{A}(s)$ 在 s 右半平面的零点数。若 s 沿上述 Γ_s 曲线由$-$j∞至$+$j∞再沿无穷大半圆顺时针绕回至$-$j∞时，若在$[\boldsymbol{A}(s)]$平面上与曲线 Γ_s 相对应的曲线 Γ_A 绕其坐标原点转 N 圈，由于 Γ_s 曲线把 s 右半平面全部包括在内，所以特征函数$\boldsymbol{A}(s)$在右半平面的零点及极点必然也都包括在 Γ_s 曲线内，因而我们可以推算出特征函数在右半平面上的零点数。

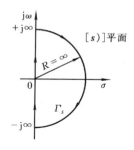

图6-7　$[s]$平面上的封闭曲线

$$z = p - N \qquad (6-26)$$

如果 $\boldsymbol{A}(s)$ 向量矢端曲线 Γ_A 绕原点逆时针旋转圈数 $N=p$，则 $z=0$，系统即为稳定，否则不稳定。

（4）开环传递函数与奈奎斯特判据

我们还可以通过坐标平移，由 $1+G(s)H(s)$ 平面即$[\boldsymbol{A}(s)]$平面变换到 GH 平面($G(s)H(s)$平面的简写)，即由 $1+G(s)H(s)=0$ 变换为

$$G(s)H(s) = -1 \qquad (6-27)$$

如图 6-8 所示，在 $1+G(s)H(s)$ 平面上绕原点逆时针旋转的圈数，相当于在 GH 平面上绕(-1,j0)点逆时针旋转的圈数。

这样，我们就可以用系统的开环传递函数 $G(s)H(s)$ 来判别系统的稳定性。

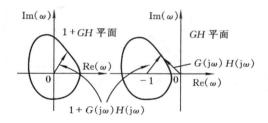

图 6 - 8　$1+G(j\omega)H(j\omega)$ 在 $[A(s)]$ 平面和 GH 平面上的转换

当在 s 平面上的点沿虚轴及包围右半平面之无穷大半圆 Γ_s 曲线顺时针旋转一圈时,在 GH 平面上所画的开环传递函数 $G(s)H(s)$ 的轨迹叫做奈奎斯特曲线。

如果系统开环传递函数 $G(s)H(s)$ 分母多项式 s 之最高幂为 n,分子多项式之最高幂为 m,则对一般实际物理系统,$n\geqslant m$。因此当 $s\rightarrow\infty$,即 s 在右半平面无穷大圆弧上时,$G(s)H(s)\rightarrow0(n>m)$ 或趋于一常数 $(n=m)$,即 $G(s)H(s)$ 收缩为原点或实轴上一个点。因此,我们在绘制奈奎斯特图时,需画出沿虚轴 $s=j\omega$,当 ω 从 $-\infty$ 变到 $+\infty$ 时 $G(j\omega)H(j\omega)$ 的极坐标图,因该图形关于实轴对称所以只需要画出 ω 从 0 变化到 $+\infty$ 的 $G(j\omega)H(j\omega)$ 的轨迹(极坐标图),而它的对称图形就是 ω 从 $-\infty$ 变到 0 时 $G(j\omega)H(j\omega)$ 的极坐标图。据此对称性,即可画出全部图形。若已知右半平面的开环极点数 p(前已证明,开环极点与 $1+G(s)H(s)$ 的极点完全一样),又知道开环奈奎斯特图绕 $(-1,j0)$ 点转过的圈数 N,则同样用式(6-26)可计算零点数 z。

综上所述,用奈奎斯特法判别系统稳定性,一个系统稳定的必要和充分条件是

$$z = p - N = 0 \qquad\qquad (6-28)$$

式中:z 为闭环特征方程在 s 右半平面的特征根数;

p 为开环传递函数在 s 右半平面(不包括原点)的极点数;

N 为当自变量 s 沿包含虚轴及整个右半平面在内的极大的封闭曲线顺时针转一圈时,开环奈奎斯特图绕 $(-1,j0)$ 点逆时针转的圈数。

当 $p=0$,即开环无极点在 s 右半平面,则系统稳定的必要和充分条件是开环奈奎斯特图不包围 $(-1,j0)$ 点,即 $N=0$。

如果特征方程式为

$$1 + KG_0(s)H_0(s) = 0$$

这里 $KG_0(s)H_0(s)$ 即为式(4-56)所示的典型表达形式 $G(s)H(s)$,K 为开环增益。将 $G(s)H(s)$ 中的 K 分离出来则有

$$G_0(s)H_0(s) = -\frac{1}{K}$$

即可通过 $G_0(s)H_0(s)$ 的奈奎斯特图绕 $(-\dfrac{1}{K}, j0)$ 点转的圈数和极点数来判别系统的稳定性。

对于 $G(s)H(s)$ 在原点或虚轴上有极点的情况,如果还是像图 6-7 那样作 s 平面上的封闭曲线,则当 s 通过这些点时,$G(s)H(s) \rightarrow \infty$,奈奎斯特图就不封闭了。为避免这种情况,应使 s 沿着绕过这些极点的极小半圆变化,如图 6-9(a) 所示。这个小半圆的半径为 $\delta \rightarrow 0$,通常是从 s 平面的右半侧绕过这些极点,这样,原点和虚轴上的极点就不包括在内。如以原点处的极点为例,当 s 沿着虚轴从 $-j\infty$ 向上运动而遇到这些小半圆时,由于 $\delta \rightarrow 0$,故 s 是从 $j0^-$ 开始沿此小半圆绕到 $j0^+$,然后再沿虚轴继续运动,见图 6-9(b)。这些小半圆的面积趋近于零,所以除了原点和虚轴上的极点之外,右半 s 平面的零点、极点仍将全部被包含在无穷大半径的封闭曲线之内。

对应于 s 平面上这一无穷小半圆,在 GH 平面上的图形是一个半径 ρ 趋于无穷大的半圆(因为 $G(s)H(s)$ 之极点在虚轴上,其幅值是变量 s 的幅值之倒数)。这样,GH 的向量轨迹可画成如图 6-9(c)所示的封闭曲线。

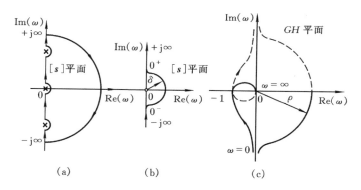

图 6-9　[s]平面上避开位于原点或虚轴上的极点的封闭曲线

2. 用奈奎斯特法判别系统的稳定性

第 5 章我们已介绍了不同型次系统作奈奎斯特图的一般规律,以下通过例题说明如何用奈奎斯特判据判别 0 型,I 型及 II 型系统的稳定性。

例 6.8　判别图 6-10 所示 0 型系统的稳定性,其对应的开环传递函数和奈奎斯特图分别为

(1) $G(s)H(s) = \dfrac{K}{(T_1 s + 1)(T_2 s + 1)}$

(2) $G(s)H(s) = \dfrac{K}{(T_1 s + 1)(T_2 s + 1)(T_3 s + 1)}$

(3) $G(s)H(s) = \dfrac{K(T_4 s + 1)}{(T_1 s + 1)(T_2 s + 1)(T_3 s + 1)}$

式中：K, T_1, T_2, T_3, T_4 均大于 0

解　根据奈奎斯特判据，图 6-10 对应的系统为

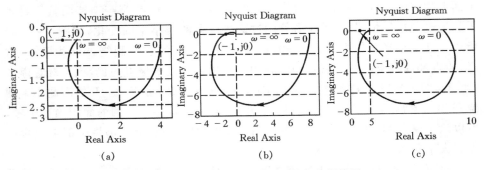

图 6-10　0 型系统 $G(\mathrm{j}\omega)H(\mathrm{j}\omega)$ 的奈奎斯特图

(1) 因为 $p = 0$，又 $N = 0$，所以 $z = 0$，系统稳定；

(2) 因为 $p = 0$，又 $N = -2$，所以 $z = p - N = 2$，系统不稳定；

(3) 因为 $p = 0$，又 $N = 0$，所以 $z = 0$，系统稳定。

例 6.9　判别如图 6-11 所示 Ⅰ 型系统的稳定性。

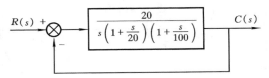

图 6-11　系统方块图

解　其开环传递函数为

$$G(s)H(s) = \dfrac{20}{s\left(1 + \dfrac{s}{20}\right)\left(1 + \dfrac{s}{100}\right)}$$

可以看出：绕过 $s = 0$ 点则没有极点在 s 的右半平面，即 $p = 0$，只要 $G(s)H(s)$ 轨迹不包围 $(-1, \mathrm{j}0)$ 点，即 $N = 0$，则 $z = 0$，系统为稳定；否则不稳定。

在原点 $s = 0$ 处有一极点，故在此处令 $s = \delta \mathrm{e}^{\mathrm{j}\theta}$（$\delta$ 充分小）

当 $\omega \to 0^+ \sim \infty$ 时，其幅频特性与相频特性表达式为

$$|G(\mathrm{j}\omega)H(\mathrm{j}\omega)| = \dfrac{20}{\omega\sqrt{1 + \left(\dfrac{\omega}{20}\right)^2}\sqrt{1 + \left(\dfrac{\omega}{100}\right)^2}} \qquad (6-29)$$

$$\varphi(\omega) = \angle G(\mathrm{j}\omega)H(\mathrm{j}\omega) = -90° - \arctan\dfrac{\omega}{20} - \arctan\dfrac{\omega}{100} \qquad (6-30)$$

当 $s \rightarrow 0$ 时, $G(s)H(s)\Big|_{s \rightarrow 0} = \dfrac{1}{s} = \dfrac{1}{\delta \mathrm{e}^{\mathrm{j}\theta}} = \rho \mathrm{e}^{-\mathrm{j}\theta}\Big|_{\rho \rightarrow \infty}$

表 6-1 列出了当 ω 从 $-\infty$ 到 $+\infty$ 过程中(见图 6-12), $G(s)H(s)$ 的幅值和相位的变化,其相应的奈奎斯特图见图 6-13。

表 6-1　例 6.9 中幅值、相位与频率的对应关系

ω	$-\infty$	0^-	0^+	$+\infty$
$G(\mathrm{j}\omega)H(\mathrm{j}\omega)$	$-0\mathrm{j}$	$\rho \mathrm{e}^{-\mathrm{j}\theta}\left(\theta=-\dfrac{\pi}{2}\right)$	$\rho \mathrm{e}^{-\mathrm{j}\theta}\left(\theta=\dfrac{\pi}{2}\right)$	$0\mathrm{j}$
$\|G(\mathrm{j}\omega)H(\mathrm{j}\omega)\|$	0	ρ	ρ	0
$\varphi(\omega)$	$-\dfrac{\pi}{2}$	$+\dfrac{\pi}{2}$	$-\dfrac{\pi}{2}$	$-\dfrac{3\pi}{2}$

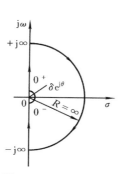

图 6-12　s 平面上封闭曲线

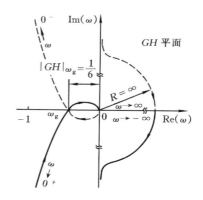

图 6-13　GH 平面上的开环奈奎斯特图

这里需要说明一点,当 ω 从 0^- 变化到 0^+ 时,对应的 $G(s)H(s)$ 奈奎斯特图是从 $\mathrm{j}\infty$ 按顺时针方向,经过正实轴到 $-\mathrm{j}\infty$。因为 $s = \delta \mathrm{e}^{\mathrm{j}\theta}$,当 $\theta = 0$ 时,即与实轴相交,对应的

$$G(s)H(s)\Big|_{s=\delta} = \dfrac{20}{s}\Big|_{s=\delta} = \dfrac{20}{\delta} = \rho \Big|_{\rho \rightarrow \infty}$$

即对应的 $G(s)H(s)\Big|_{s \rightarrow \delta}$ 在 GH 平面上无穷远处的实轴上。因此,当 s 沿着 δ 圆从 $\omega = 0^-$ 变到 $\omega = 0^+$ 时,奈奎斯特曲线是从幅值为 ρ、相位角为 $\dfrac{\pi}{2}$ 顺时针方向到幅值 ρ、相位角为 $-\dfrac{\pi}{2}$ 的半径无穷大的右半圆。

图形与负实轴交点处的频率为 ω_{g},其相位角为 $-180°$。在该频率处,由

式(6-30)有

$$\varphi(\omega_g) = -90° - \arctan\frac{\omega_g}{20} - \arctan\frac{\omega_g}{100} = -180°$$

$$\arctan\frac{\omega_g}{20} + \arctan\frac{\omega_g}{100} = 90°$$

$$\frac{\dfrac{\omega_g}{20} + \dfrac{\omega_g}{100}}{1 - \dfrac{\omega_g^2}{2\,000}} = \tan90°$$

解得交点处的 $\omega_g = 20\sqrt{5}$ rad·s^{-1}，代入式(6-29)可求得交点处的幅值为

$$|G(j\omega_g)H(j\omega_g)| = \frac{1}{6}$$

显然，$(-1, j0)$落在了奈奎斯特图的外面，故 $N=0$，又因 $p=0$，故 $z=0$，系统稳定。

本例题详细说明了奈奎斯特图的作图过程，而且画出整个图形。一般在判稳时，只需画出 ω 从 $0^+ \rightarrow +\infty$ 的一半奈奎斯特图，另外一半按照关于实轴对称的原则补上。

例 6.10 设 I 型系统开环传递函数和奈奎斯特图分别如下：

(1) $G(s)H(s) = \dfrac{K}{s(T_1 s+1)}$

(2) $G(s)H(s) = \dfrac{K}{s(T_1 s+1)(T_2 s+1)}$

(3) $G(s)H(s) = \dfrac{K(T_a s+1)(T_b s+1)}{(T_1 s+1)(T_2 s+1)(T_3 s+1)(T_4 s+1)}$

式中：$K, T_1, T_2, T_3, T_4, T_a, T_b$ 均大于 0。试判别闭环系统的稳定性。

解 根据奈奎斯特判据。图 6-14 对应的系统：

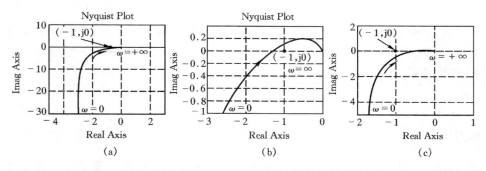

图 6-14　I 型系统 $G(j\omega)H(j\omega)$ 的奈奎斯特图

(1) 因为 $p=0$，又 $N=0$，所以 $z=0$，系统稳定；

(2) 因为 $p=0$，又 $N=-2$，所以 $z=2$，系统不稳定；

（3）因为 $p=0$，又 $N=0$，所以 $z=0$，系统稳定。

例 6.11　判别图 6-15 所示各 II 型系统的稳定性，它们的开环传递函数分别为

$$(1)G(s)H(s)=\frac{K}{s^2}$$

$$(2)G(s)H(s)=\frac{K}{s^2(T_1s+1)}$$

$$(3)G(s)H(s)=\frac{K(T_2s+1)}{s^2(T_1s+1)}$$

$$(4)G(s)H(s)=\frac{K(T_as+1)}{s^2(T_1s+1)(T_2s+1)}$$

式中：K,T_1,T_2,T_a 均大于 0。

解　根据奈奎斯特判据，图 6-15 对应的系统：

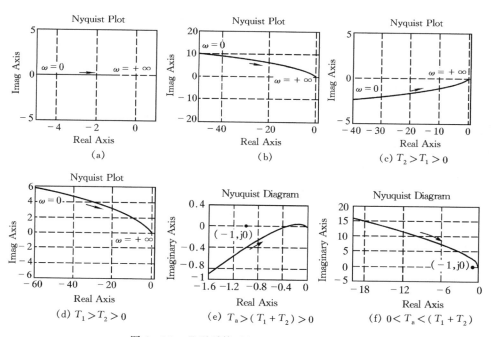

图 6-15　II 型系统 $G(j\omega)H(j\omega)$ 的奈奎斯特图

（1）因为 $p=0$，奈奎斯特图通过（-1,j0）点（见图 6-15(a)），所以闭环系统不稳定，且与 K 值无关。

（2）因为 $p=0$，$N=-2$（见图 6-15(b)），所以 $z=2$，系统不稳定，且与 K 值无关。

（3）当 $T_1<T_2$ 时，因为 $p=0$，$N=0$（见图 6-15(c)），所以 $z=0$，系统稳定，

且与 K 值无关。

当 $T_1 > T_2$ 时，因为 $p=0$，$N=-2$（见图 6-15(d)），所以 $z=2$，系统不稳定，且与 K 值无关。

（4）当 $T_1 + T_2 < T_a$ 时，因为 $p=0$，$N=0$（见图 6-15(e)），所以 $z=0$，系统稳定；由图可以看出其稳定性与 K 值有关。

当 $T_1 + T_2 > T_a$ 时，因为 $p=0$，$N=-2$（见图 6-15(f)），所以 $z=2$，系统不稳定，且与 K 值无关。

下面一例，说明在系统前向通路中存在延时环节时对系统稳定性的影响，可通过奈奎斯特判据来分析。

例 6.12　已知系统开环传递函数为

$$G(s)H(s) = \frac{e^{-\tau s}}{s(s+1)(s+2)}$$

试分析系统的稳定性。

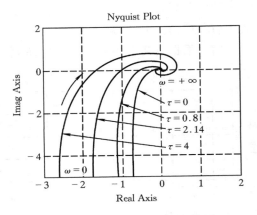

图 6-16　不同 τ 值的奈奎斯特图

解　系统中加入延时环节 $e^{-\tau s}$ 后，系统开环奈奎斯特图随着延时时间 τ 取值的不同而变化，图 6-16 画了 $\tau = 0, 0.8, 2.14, 4$ s 四种不同取值时的奈奎斯特图。由图 6-16 可见，随着 τ 值增大，系统稳定性恶化。

设系统奈奎斯特曲线与负实轴交点处频率为 ω_g，则系统临界稳定条件为

$$\angle G(j\omega_g)H(j\omega_g) = -90° - \arctan\omega_g - \arctan 0.5\omega_g - \tau\omega_g \frac{180°}{\pi} = -180°$$

$$|G(j\omega_g)H(j\omega_g)| = \frac{1}{\omega_g \sqrt{(1+\omega_g^2)(4+\omega_g^2)}} = 1$$

由 $|G(j\omega_g)H(j\omega_g)| = 1$，可得 $\omega_g = 0.44$

即

$$\arctan 0.44 + \arctan 0.22 + 0.44\tau \frac{180°}{\pi} = 90°$$

$$\tau = 2.14 \text{ s}$$

故 $\tau \geq 2.14$ s 时，系统不稳定。

3. 实例

现以电液伺服系统为例，说明稳定性分析方法的实际应用。

稳定性是伺服系统最重要的特性，系统动态特性的设计一般是以稳定性要

求为中心来进行的。图 6-17 为电液伺服系统功能框图,下面将分析系统参数和稳定性的关系。该系统是由电液伺服阀控制一个油缸负载(纯惯性负载),各环节所对应的传递函数及系统方块图如图 6-18 所示。

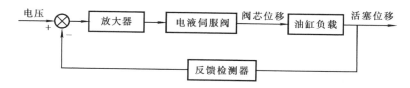

图 6-17　电液伺服系统功能框图

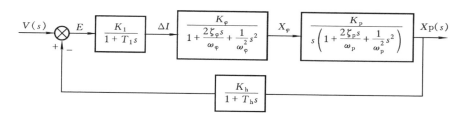

图 6-18　电液伺服系统方块图

可通过开环传递函数用奈奎斯特法分析稳定性。为便于分析,图 6-18 的系统可作如下简化:

放大器的时间常数很小,一般 $T_1 < 0.001$ s 可以略去不计。则

$$\frac{\Delta I}{E} = \frac{K_1}{1 + T_1 s} \approx K_1 \text{(放大器增益)}$$

QDYl—C32 型电液伺服阀的有关参数为:

无阻尼自然频率 $\omega_\varphi = 680 \ \text{s}^{-1}$,阻尼比 $\zeta_\varphi = 0.7$

系统频率受负载无阻尼自然频率限制,油缸的无阻尼自然频率 ω_p 和活塞面积及容积有关,一般 $\omega_p < 100 \ \text{s}^{-1}$。因此在低频下,电液伺服阀的传递函数

$$\frac{X_\varphi}{\Delta I} = \frac{K_\varphi}{1 + \dfrac{2\zeta_\varphi}{\omega_\varphi}s + \dfrac{s^2}{\omega_\varphi^2}} \approx K_\varphi$$

反馈检测器的时间常数 T_h 也很小,一般 $T_h < 0.001$ s,则

$$\frac{E_h}{X_p} = \frac{K_h}{1 + T_h s} \approx K_h$$

基于上述的简化,图 6-18 所示系统的开环传递函数可表示为

$$G(s)H(s) = K_1 K_\varphi K_p K_h \frac{1}{s\left(1 + \dfrac{2\zeta_p}{\omega_p}s + \dfrac{s^2}{\omega_p^2}\right)}$$

$$= K_v \frac{1}{s\left(1 + \frac{2\zeta_p}{\omega_p}s + \frac{s^2}{\omega_p^2}\right)} \tag{6-31}$$

式中：$K_v = K_1 K_\varphi K_p K_h$，为速度放大系数（因为这是 I 型系统）。

由式（6-31）可画出系统的奈奎斯特图如图 6-19 所示。由式（6-31）知开环传递函数中没有极点和零点在 s 的右半平面，若要系统稳定，只要奈奎斯特图不包围（-1，j0）点。为此要找奈奎斯特图与负实轴的交点，就是要求相位角为 -180° 时的幅值 $|G(j\omega)H(j\omega)|$。

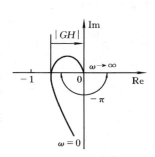

图 6-19　系统奈奎斯特图

将 $s = j\omega$ 代入式（6-31）

$$G(j\omega)H(j\omega) = \frac{K_v}{j\omega\left(1 - \frac{\omega^2}{\omega_p^2} + 2\zeta_p \frac{\omega}{\omega_p}j\right)}$$

与负实轴交点的相位角应为 -180°，即

$$\varphi = -90° - \arctan \frac{2\zeta_p \frac{\omega}{\omega_p}}{1 - \frac{\omega^2}{\omega_p^2}} = -180°$$

所以

$$\arctan \frac{2\zeta_p \frac{\omega}{\omega_p}}{1 - \frac{\omega^2}{\omega_p^2}} = 90°$$

解得

$$\frac{2\zeta_p \frac{\omega}{\omega_p}}{1 - \frac{\omega^2}{\omega_p^2}} \to \infty$$

也即

$$1 - \frac{\omega^2}{\omega_p^2} = 0$$

因此

$$\omega = \omega_g = \omega_p$$

由此可求得与负实轴之交点的幅值

$$|G(j\omega_g)H(j\omega_g)| = \frac{K_v}{\omega\left[\left(1 - \frac{\omega^2}{\omega_p^2}\right)^2 + 4\zeta_p^2 \frac{\omega^2}{\omega_p^2}\right]^{1/2}}\Bigg|_{\omega = \omega_p} = \frac{K_v}{2\zeta_p\omega_p}$$

要使系统稳定，必需满足

$$\frac{K_v}{2\zeta_p\omega_p} < 1$$

即 $\qquad\qquad\qquad K_v < 2\zeta_p\omega_p$

故速度放大系数 K_v 受 ω_p 和 ζ_p 的限制,不能太大,例如当 $\omega_p = 60$, $\zeta_p = 0.1$,得到:$K_v < 12$ 时系统稳定,若 $K_v > 12$ 即系统不稳定,这时系统的频宽很窄,但可通过增大 ω_p 或增加其他反馈来改善其动特性。

6.4　系统的相对稳定性

奈奎斯特法是通过研究开环传递函数的轨迹(即奈奎斯特图)和$(-1,j0)$点的关系及开环极点分布来判别系统的稳定性。当开环是稳定的,即开环极点在 s 平面右半平面的个数 $p = 0$,那么当奈奎斯特图不包围$(-1,j0)$点,即 $N = 0$,则系统是稳定的;反之,若奈奎斯特图包围$(-1,j0)$点,$N \neq 0$,则 $z \neq 0$,系统就不稳定。至此,只回答了系统稳定与否的问题。如果奈奎斯特图虽然不包围$(-1,$ $j0)$点,但它与负实轴的交点离$(-1,j0)$点的距离很近的话,则系统的稳定性就很差,系统参数稍有变化就可能变得不稳定;相反,如果这个距离很大,稳定性程度就可能大得没有必要,而其灵敏度却大大降低。因此,由奈奎斯特图与$(-1,j0)$点的关系,不但可判别系统稳定与否,而且它还表示了系统稳定或不稳定的程度,即系统的相对稳定性。我们可用相位裕量和幅值裕量来表示系统稳定性的程度。

1. 相位裕量 γ 和幅值裕量 K_g

在开环奈奎斯特图上,从原点到奈奎斯特图与单位圆的交点连一直线,该直线与负实轴的夹角,就是相位裕量 γ,可表示为

$$\gamma = 180° + \varphi(\omega_c) \qquad\qquad (6-32)$$

式中:$\varphi(\omega_c)$ 为奈奎斯特图与单位圆交点频率 ω_c 上的相位角。ω_c 称作剪切频率或幅值穿越频率。

$\gamma > 0°$ 　　　系统稳定

$\gamma \leqslant 0°$ 　　　系统不稳定

图 6-20(a)表示 $\gamma > 0°$稳定系统的奈奎斯特图;图 6-20(b)表示 $\gamma < 0°$不稳定系统的奈奎斯特图。γ 愈小表示系统相对稳定性愈差,一般取 $\gamma = 30°\sim60°$。

在开环奈奎斯特图上,奈奎斯特图与负实轴交点处幅值的倒数,称幅值裕量 K_g。而奈奎斯特图与负实轴交点处的频率 ω_g 称为相位穿越频率(或相位交界频率),则有

$$K_g = \frac{1}{|G(j\omega_g)H(j\omega_g)|} \qquad\qquad (6-33)$$

在伯德图上,幅值裕量取分贝为单位,则

$$K_g = 20\lg\left|\frac{1}{G(j\omega_g)H(j\omega_g)}\right| \text{ dB} \qquad\qquad (6-34)$$

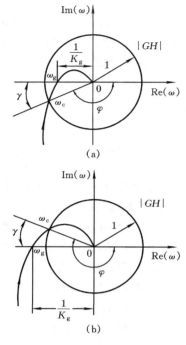

图 6 - 20　相位裕量与幅值裕量

$|G(\mathrm{j}\omega_\mathrm{g})H(\mathrm{j}\omega_\mathrm{g})|<1$，则 $K_\mathrm{g}>0$ dB，系统是稳定的。

$|G(\mathrm{j}\omega_\mathrm{g})H(\mathrm{j}\omega_\mathrm{g})|\geqslant1$，则 $K_\mathrm{g}\leqslant0$ dB，系统是不稳定的。

K_g 一般取 8～20 dB 为宜，图 6 - 20(a)，(b)分别表示在奈奎斯特图 $\dfrac{1}{K_\mathrm{g}}<1$ 及 $\dfrac{1}{K_\mathrm{g}}>1$ 的情况。前者表示系统是稳定的；后者则表示系统不稳定。

γ 和 K_g 在伯德图上相应的表示如图 6 - 21(a)，(b)，奈奎斯特图上的单位圆对应于伯德图上的 0 dB 线。图 6 - 21(a)图中幅频特性穿越 0 dB 线时，对应于相频特性上的 γ 在 −180°线以上，$\gamma>0°$，相频特性和 −180°线交点对应于幅频特性上的 K_g dB 在 0 dB 线以下，即 $K_\mathrm{g}>0$ dB，故系统是稳定的；图 6 - 21(b)则相反，$\gamma<0°$，$K_\mathrm{g}<0$ dB，系统不稳定。

关于相位裕量 γ 和幅值裕量 K_g，最后须说明几点：

（1）上述当 $\gamma>0°$，$K_\mathrm{g}>0$ dB，系统是稳定的，是对最小相位系统而言，对非最小相位系统不适用。

（2）衡量一个系统的相对稳定性，必须同时用相位裕量和幅值裕量这两个指标。

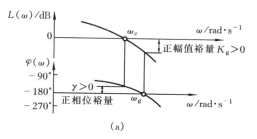

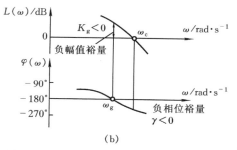

图 6-21　伯德图上的相位裕量和幅值裕量

（3）适当地选择相位裕量和幅值裕量，可以防止系统中参数变化导致系统不稳定的现象。

一般取 $\gamma = 30° \sim 60°$，$K_g = 8 \sim 20$ dB。具有这样稳定性裕量的最小相位系统，即使系统开环增益或元件参数有所变化，通常也能使系统保持稳定。

（4）对于最小相位系统，开环的幅频特性和相频特性有一定的关系，要求系统具有 $30° \sim 60°$ 的相位裕量，即意味着对数幅频图在穿越频率 ω_c 处的斜率应大于 -40 dB/dec。为保持稳定，在 ω_c 处应以 -20 dB/dec 斜率穿越为好，因为斜率为 -20 dB/dec 穿越时，对应的相位角在 $90°$ 左右。考虑到还有其他因素的影响，就能满足 $\gamma = 30° \sim 60°$。

（5）分析一阶和二阶系统的稳定程度，其相位裕量总大于零，而其幅值裕量为无穷大，因此从理论上一阶和二阶系统不可能不稳定。但是实际上某些一阶和二阶系统的数学模型本身是在忽略了一些次要因素之后建立的，实际系统常常是高阶的，其幅值裕量不可能为无穷大，因此系统参数变化时，比如开环增益太大，这些系统仍有可能不稳定。

例 6.13　设系统的开环传递函数为

$$G(s)H(s) = \frac{\omega_n^2}{s(s^2 + 2\zeta\omega_n s + \omega_n^2)}$$

试分析当阻尼比 ζ 很小时，该闭环系统的相对稳定性。

解　当 ζ 很小时，开环传递函数 $G(s)H(s)$ 的奈奎斯特图和伯德图分别表示

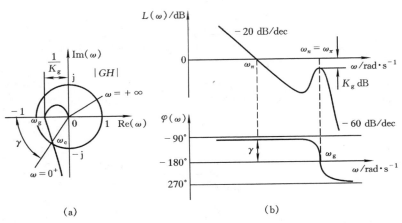

(a)   (b)

图 6-22   例 6.13 中系统的相位裕量和幅值裕量

于图 6-22 的 (a) 和 (b)，从图形可以看出，系统的相位裕量 γ 虽较大，但幅值裕量 K_g 却太小。这是由于在 ζ 很小时，二阶振荡环节的幅频特性峰值很高所致，也就是说 $G(j\omega)H(j\omega)$ 的幅值穿越频率 ω_c 虽较低，相位裕量 γ 较大，但在频率 ω_g 附近，幅值裕量太小，奈奎斯特曲线很靠近 $[GH]$ 平面上的点 $(-1, j0)$。所以如果仅以相位裕量 γ 来评定该系统的相对稳定性，就将得出系统稳定程度高的结论，而系统的实际稳定程度不是高，而是低。若同时根据相位裕量 γ 及幅值裕量 K_g 全面地评价系统的相对稳定性就可避免得出不合实际的结论。

例 6.14 设控制系统如图 6-23(a) 所示。当 $K=10$ 和 $K=100$ 时，试求系

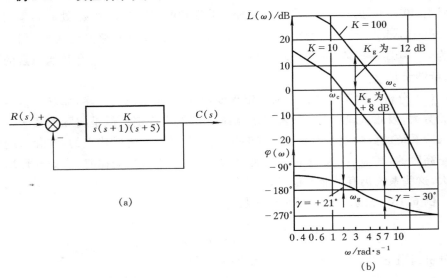

(a)

(b)

图 6-23   例 6.14 系统图及相位裕量和幅值裕量

统的相位裕量、幅值裕量。

解　由系统开环传递函数分别作出 $K=10$ 和 $K=100$ 时的开环伯德图示于图 6-23(b)。

$K=10$ 和 $K=100$ 的对数相频曲线是相同的,并且它们的对数幅频特性曲线形状也相同,只是 $K=100$ 的幅频特性曲线比 $K=10$ 的曲线向上平移了 20 dB,从而导致幅频特性曲线与零分贝线的交点频率向右移动。

由图上查出 $K=10$ 时相位裕量为 21°。幅值裕量为 8 dB,都是正值。而 $K=100$ 时相位裕量为 −30°,幅值裕量为 −12 dB。

由此可见,$K=100$ 时,系统已经不稳定,$K=10$ 时,虽然系统稳定,但稳定裕量偏小。为了获得足够的稳定裕量,应将 γ 增大到 30°∼60°,这可以通过减小 K 值来达到。然而从稳态误差的角度考虑,不希望减小 K,因此必须通过增加校正环节来满足要求。

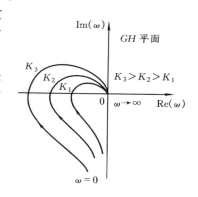

图 6-24　不同 K 值的奈奎斯特图

2. 条件稳定系统

若系统的开环传递函数

$$G(s)H(s) = \frac{K(1+T_a s)(1+T_b s)\cdots}{s^\lambda (1+T_1 s)(1+T_2 s)\cdots}$$

一般情况下,影响系统稳定的主要因素有:系统的型次、系统参数 T_a, T_b,$\cdots$,T_1, T_2,$\cdots$ 及系统开环增益 K。对于图 6-24 所示系统,系统开环增益 K 较小时,系统稳定性较好,而当 K 值增大时,稳定性变差。但对于图 6-25 所示的系统,K 值增大或减小到一定程度,系统都有可能趋于不稳定,只有当 K 值在一定范围内时,系统才稳定。这种系统称为"条件稳定系统"。

对于实际的物理系统不希望其为"条件稳定"系统,因为一般机电控制系统的参数由于使用工况不同,往往会发生变化,从而使系统产生不稳定状态。例如液压系统的流量放大系数会随供油压力、开口大小发生变化。通常,当系统阶次较高且

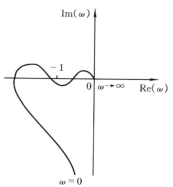

图 6-25　条件稳定系统的奈奎斯特图

含有多个零点或系统为非最小相位系统时,系统往往会变成条件稳定系统,例如液压系统的供油压力、流量系数等在使用过程中也常波动而使系统处于不稳定点。

例 6.15　已知单位反馈系统开环传递函数为 $G(s)=\dfrac{K(4s^2+2s+1)}{s^3(s^2+2s+4)}$，试确定使系统稳定的 K 值。

解　系统的特征方程为

$$s^5+2s^4+4s^3+4Ks^2+2Ks+K=0$$

其劳斯数列如下：

s^5	1	4	$2K$
s^4	2	$4K$	K
s^3	$4-2K$	$\dfrac{3K}{2}$	
s^2	$\dfrac{13K-8K^2}{4-2K}$	K	
s^1	$\dfrac{-32K^2+71K-32}{2(13-8K)}$		
s^0	K		

根据劳斯判据，要使系统稳定，必需

$$\begin{cases} K>0 \\ 4-2K>0 \\ 13K-8K^2>0 \\ -32K^2+71K-32>0 \end{cases}$$

$$\Rightarrow \begin{cases} K>0 \\ K<2 \\ K<1.625 \\ 0.629<K<1.590 \end{cases}$$

$$\Rightarrow 0.629<K<1.590$$

即系统稳定的条件为 $0.629<K<1.590$，其奈奎斯特图如图 6-26 所示。

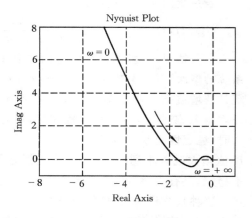

图 6-26　系统奈奎斯特图

6.5　根轨迹法

如上所述，对于闭环控制系统，判别其稳定性的根本出发点是判断闭环特征方程的根在 s 平面上的位置。对于图 6-4 所示的闭环控制系统，其闭环特征方程为

$$1+G(s)H(s)=0$$

根据第 4 章 4.6 节中,开环传递函数通常表示为

$$G(s)H(s) = \frac{K(T_a s + 1) \cdots (T_m s + 1)}{s^\lambda (T_1 s + 1) \cdots (T_l s + 1)}, \lambda + l = n \geqslant m \qquad (6-35)$$

开环传递函数也可以表示为:

$$G(s)H(s) = \frac{K^*(s - z_1) \cdots (s - z_m)}{(s - p_1) \cdots (s - p_n)}, n \geqslant m \qquad (6-36)$$

式中:K^* 称根轨迹增益,是大于零的实数;$p_i(i=1 \sim n)$, $z_j(j=1 \sim m)$ 分别是系统的开环极点和零点。

　　求闭环特征方程的根,在系统阶次较高时并不是一件容易的事情,尤其是当 $G(s)H(s)$ 的开环增益 K 变化时,特征方程的根在 s 平面上的位置也要相应变化,这给系统的稳定性分析和动态性能分析带来很大的不便。

　　1948 年,伊文思(W·R·Evans)提出了一种当系统参数(通常是开环增益 K 或根轨迹增益 K^*)变化时寻找特征方程根的比较简单的图解方法——根轨迹法。所谓根轨迹,即当开环增益 K 或根轨迹增益 K^* 从 $0 \sim \infty$ 变化时,特征方程 $1+G(s)H(s)=0$ 的根在 s 平面上的移动轨迹(当然,变动系统的其他参数也可以作根轨迹图,但这里只讨论增益变化时的根轨迹)。

　　因为根轨迹图直观形象,使根轨迹法在设计线性控制系统时得到广泛应用,它指明了开环零、极点及增益变化时,闭环极点的变化情况,从而指明了如何调整开环零、极点位置及增益的大小来满足系统所要求的性能指标。

　　根轨迹法基本上是建立在试探性地绘制根轨迹图的基础之上的,根据根轨迹作图的一些基本法则,绘制系统的根轨迹图并不困难。下面主要讨论系统开环增益 K(或根轨迹增益 K^*)变化时绘制根轨迹图的一些法则。

1. 基本原理

　　由根轨迹定义,根轨迹上的每一点都满足方程

$$1+G(s)H(s) = 0$$

或

$$G(s)H(s) = -1 \qquad (6-37)$$

因为 $G(s)H(s)$ 是一个复数,上式相等必满足下面两个条件:

　　幅值条件

$$|G(s)H(s)| = 1 \qquad (6-38)$$

即

$$\frac{K^* |s - z_1| \cdots |s - z_m|}{|s - p_1| \cdots |s - p_n|} = 1 \qquad (6-39)$$

　　相位条件

$$\angle G(s)H(s) = \pm(2k+1)\pi, k = 0,1,2,\cdots \qquad (6-40)$$

即

$$\sum_{i=1}^{m} \angle(s-z_i) - \sum_{j=1}^{n} \angle(s-p_j) = \pm(2k+1)\pi, \quad k=0,1,2,\cdots \quad (6-41)$$

因此,只要同时满足幅值条件和相位条件的 s 值就是系统特征方程的根,也就是系统的闭环极点。另外,由以上方程还可以看出,幅值条件与 K 或 K^* 有关,而相位条件与 K 或 K^* 无关。复平面上只满足相位条件的点所构成的图形即根轨迹。

2. 根轨迹作图法则

绘制根轨迹时,并不需要在 s 平面上找很多点描绘其精确曲线,而是根据根轨迹的一些特征进行近似作图。这些特征包括以下几个方面:

(1) 根轨迹的起点和终点。

(2) 根轨迹的分支数。

(3) 实轴上的根轨迹段。

(4) 根轨迹的渐近线。

(5) 根轨迹的分离点和会合点。

(6) 根轨迹在无穷远处的状态。

(7) 根轨迹离开复极点或进入复零点时的出射角或入射角。

(8) 根轨迹穿过虚轴的点。

下面我们根据开环传递函数 $G(s)H(s)$ 的零、极点和闭环特征方程 $1+G(s)H(s)=0$ 的根之间的关系,给出反映以上特征的根轨迹作图法则。

法则 1　根轨迹对称于实轴。

这一点很容易理解,因为闭环极点若为实数,则必定位于实轴上;若为复数,则一定是以共轭复数成对出现,所以根轨迹必然对称于实轴。

法则 2　根轨迹起始于开环极点(起始点对应于 K 或 $K^*=0$),终止于开环零点(终止点对应于 K 或 $K^*=\infty$)。若开环零点数 m 少于开环极点数 n,则有 $(n-m)$ 条根轨迹终止于无穷远处。

根轨迹的分支数等于闭环极点数 n(亦即开环极点数)。

根轨迹的起点,即为 K 或 $K^*=0$ 时的闭环极点,对应于系统的开环极点。这可以通过幅值条件来证明。在式(6-39)中令 $K^* \to 0$,则有

$$\lim_{K^* \to 0} \left| \frac{(s-z_1)\cdots(s-z_m)}{(s-p_1)\cdots(s-p_n)} \right| = \lim_{K^* \to 0} \frac{1}{K^*} = \infty \quad (6-42)$$

上式当 $K^*=0$ 时,因为等式右边为无穷大,故左边只有当 s 趋于 $p_i(i=1\sim n)$ 时才能使等式成立,因此当 K 或 $K^*=0$ 时,根轨迹起始于 n 个开环极点。

同样若在式(6-39)中令 $K^* \to \infty$,则有

$$\lim_{K^* \to \infty} \left| \frac{(s-z_1)\cdots(s-z_m)}{(s-p_1)\cdots(s-p_n)} \right| = \lim_{K^* \to \infty} \frac{1}{K^*} = 0 \qquad (6-43)$$

若要使上式成立，只有当 s 趋于 $z_i (i=1 \sim m)$ 或无穷大。因此当 $K^* \to \infty$ 时，根轨迹有 m 个终止点在开环零点，还有 $(n-m)$ 个终止点在无穷远处。

可见，当 K 或 $K^* = 0 \sim \infty$ 变化时，根轨迹起始点有 n 个，终止点也有 n 个，即根轨迹的分支数等于闭环极点数 n（亦即开环极点数）。

法则 3 实轴上根轨迹区段右侧的开环零、极点的总数应为奇数。

此结论可用相位条件来说明。若某系统的开环零、极点在 S 平面上的位置如图 6-27 所示，在这里我们用"×"表示极点，用"○"表示零点。在实轴上任取一点 s，而 $(s-z_i)$ 和 $(s-p_i)$ 分别表示开始于开环零点和开环极点、终止于 s 点的矢量。由于复数零点和复数极点均分别对称于实轴（即为共轭的），因此它们与 s 点形成的矢量的相位角大小相等，符号相反，对相位条件式（6-40）和式（6-41）没有影响。因此只需要对于实轴上的零、极点进行分析，位于 s 点左侧的零、极点到 s 点的矢量，其相位角总是为零，只有位于 s 点右侧的零、极点到 s 点的矢量，其相位角才是 $-\pi$，因此根据相位条件，只有当实轴上根轨迹区段右侧的开环零、极点总数为奇数时，才能符合根轨迹的相位条件。

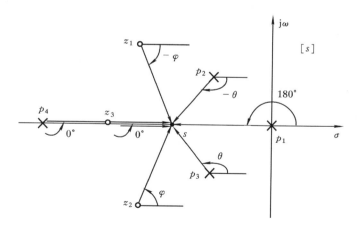

图 6-27 开环零极点分布图

例 6.16 已知开环传递函数 $G(s)H(s) = \dfrac{K^*(s+2)(s+10)}{s(s+20)^2}$，请画出 K^* 从 $0 \sim \infty$ 变化时的根轨迹。

解 系统有 3 个开环极点：$p_1 = 0$，$p_{2,3} = -20$，$n = 3$；

两个开环零点：$z_1 = -2$，$z_2 = -10$，$m = 2$。

开环零、极点全部位于实轴上，根据准则 2，根轨迹起始于 3 个极点，两条终止于零点，一条终止于无穷远处。从右向左，实轴上第 1 个点 $p_1 = 0$ 是极点，按照法则 3，从 p_1 出发终止于 z_1 的区段是第 1 条根轨迹；再向左，第 3 个点是零点 $z_2=-10$，根据法则 3，其左边起始于 p_2 终止于 z_2 的区段是第 2 条根轨迹；再向左数第五点是极点 $p_3=-20$（与 p_2 点重合），根据法则 2 和法则 3，其左边源于 p_3 终止于无穷大的区段是第 3 条根轨迹，如图 6-28 所示。

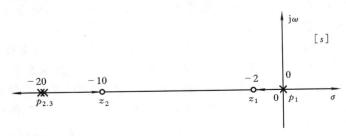

图 6-28　例 6.16 图

法则 4　当 K 或 $K^*\to\infty$ 时，有 $(n-m)$ 条根轨迹趋于无穷远处，这些根轨迹的渐近线和实轴正方向的夹角 α 称为渐近角，并且

$$\alpha_k=\frac{(2k+1)\pi}{n-m} \qquad (6-44)$$

式中：k 依次取 $0,\pm 1,\pm 2,\cdots\cdots$ 直到获得 $(n-m)$ 个夹角为止。而根轨迹渐近线与实轴的交点 σ_a 位于开环零极点的重心处，由下式决定：

$$\sigma_a=\frac{\sum_{i=1}^{n}p_i-\sum_{j=1}^{m}z_j}{n-m} \qquad (6-45)$$

证明　根据根轨迹方程式 $1+G(s)H(s)=0$ 和式(6-36)有

$$1+G(s)H(s)=1+\frac{K^*(s-z_1)\cdots(s-z_m)}{(s-p_1)\cdots(s-p_n)}$$

$$=1+\frac{K^*[s^m-(z_1+\cdots+z_m)s^{m-1}+\cdots]}{s^n-(p_1+\cdots+p_n)s^{n-1}+\cdots}$$

$$=1+\frac{K^*}{s^{n-m}-(\sum_{i=1}^{n}p_i-\sum_{j=1}^{m}z_j)s^{n-m-1}+\cdots}$$

$$=0$$

即

$$s^{n-m}-(\sum_{i=1}^{n}p_i-\sum_{j=1}^{m}z_j)s^{n-m-1}+\cdots=-K^* \qquad (6-46)$$

因考虑的是根轨迹趋于无穷时，故上式(6-46)当 $s\to\infty$ 时可近似表示为

$$\left[s-\frac{(\sum_{i=1}^{n}p_i-\sum_{j=1}^{m}z_j)}{n-m}\right]^{n-m}\approx-K^* \qquad (6-47)$$

即

$$(s - \sigma_a)^{n-m} \approx - K^* \tag{6-48}$$

式（6-48）中

$$\sigma_a = \frac{\displaystyle\sum_{i=1}^{n} p_i - \sum_{j=1}^{m} z_j}{n - m}$$

由于开环传递函数 $G(s)H(s)$ 的复数零、极点总是共轭的，所以 σ_a 总是实数。

由式（6-48）即可解得渐近线方程式（6-44）和式（6-45）。

法则 5　根轨迹的分离点和会合点的坐标若用 d 表示，则其值可由下式给出：

$$\sum_{i=1}^{n} \frac{1}{d - p_i} = \sum_{j=1}^{m} \frac{1}{d - z_j} \tag{6-49}$$

证明　若系统开环零、极点分布如图 6-29 所示，其中 s_d 为分离点，当然 s_d 也是根轨迹上的点，应满足相位条件

$$\angle(s_d - z_1) - \angle(s_d - p_1) - \angle(s_d - p_2) = (2k+1)\pi \tag{6-50}$$

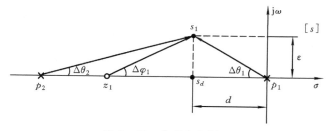

图 6-29　分离点坐标 d

假设 s_1 点刚刚离开 s_d 点，与 s_d 点的距离是一无穷小量 ε，故 s_1 点也应是根轨迹上的点，同样应满足相位条件

$$\angle(s_1 - z_1) - \angle(s_1 - p_1) - \angle(s_1 - p_2) = (2k+1)\pi \tag{6-51}$$

将式（6-51）与式（6-50）相减，可得

$$\Delta\varphi_1 - \Delta\theta_1 - \Delta\theta_2 = 0 \tag{6-52}$$

式中：$\Delta\varphi_1 = \angle(s_1 - z_1) - \angle(s_d - z_1)$

$\Delta\theta_1 = \angle(s_1 - p_1) - \angle(s_d - p_1)$

$\Delta\theta_2 = \angle(s_1 - p_2) - \angle(s_d - p_2)$

因为相位增量很小，可以用其正切来近似，即 $\Delta\varphi_1 \approx \tan\Delta\varphi_1 = \dfrac{\varepsilon}{(d - z_1)}$，$\Delta\theta_1 \approx \tan\Delta\theta_1 = \dfrac{\varepsilon}{(d - p_1)}$，$\Delta\theta_2 \approx \tan\Delta\theta_2 = \dfrac{\varepsilon}{(d - p_2)}$。将这些关系式代入式（6-52）并整理得

$$\frac{1}{d-p_1}+\frac{1}{d-p_2}=\frac{1}{d-z_1} \qquad (6-53)$$

对于具有 m 个开环零点、n 个开环极点的系统，上式可写成式（6-49）的一般形式，即

$$\sum_{i=1}^{n}\frac{1}{d-p_i}=\sum_{j=1}^{m}\frac{1}{d-z_j}$$

应当指出

（1）式（6-49）同样适用于系统的开环零、极点为复数的情况；

（2）当开环无零点时，则式（6-49）中 $\sum\limits_{j=1}^{m}\dfrac{1}{d-z_j}=0$；

（3）由式（6-49）解出的值，并非都是根轨迹上的点，因此必须舍弃不在根轨迹上的值；

（4）由于根轨迹的共轭对称性，根轨迹的分离点和会合点或位于实轴上，或为共轭复数对。

如果根轨迹位于相邻的开环极点之间，则在这两个极点之间至少存在一个分离点。同样，如果根轨迹位于实轴上两个相邻的零点（其中一个零点可以位于－∞）之间，则在这两个相邻的零点之间至少存在一个会合点。如果根轨迹位于实轴上一个开环极点与一个开环零点（有限零点或无限零点）之间，则在这两个相邻的极、零点之间，或者既不存在分离点也不存在会合点，或者既存在分离点又存在会合点。

法则 6　根轨迹自复数极点 p_i 的出射角（即根轨迹在复数极点 p_i 处的切线与正实轴的夹角）为

$$\theta_{P_i}=180°+\sum_{j=1}^{m}\varphi_{ji}-\sum_{\substack{j=1\\j\neq i}}^{n}\theta_{ji} \qquad (6-54)$$

根轨迹进入复数零点 z_i 的入射角（即根轨迹在复数零点 z_i 处的切线与正实轴的夹角）为

$$\varphi_{z_i}=180°+\sum_{j=1}^{n}\theta_{ji}-\sum_{\substack{j=1\\j\neq i}}^{m}\varphi_{ji} \qquad (6-55)$$

式中：φ_{ji}，θ_{ji} 分别是开环零点、开环极点到所考虑点 p_i 和 z_i 的向量与正实轴的夹角。

证明　假设系统的开环零、极点分布如图 6-30 所示，在由 p_1 极点出发的根轨迹线上取 s_1 点，则由相位条件有

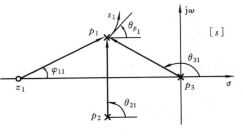

图 6-30　出射角

$$\angle(s_1 - z_1) - \angle(s_1 - p_1) - \angle(s_1 - p_2) - \angle(s_1 - p_3) = -(2k+1) \times 180°$$

当 s_1 点无限靠近 p_1 点时，$\angle(s_1 - p_1)$ 即出射角 θ_{p_1}，各开环零、极点到 s_1 点的向量就称为各开环零、极点到 p_1 点的向量，因此上式可表示为

$$\theta_{p_1} = \varphi_{11} - \theta_{21} - \theta_{31} + (2k+1) \times 180°$$

因为在一个开环极点处只有一个出射角，故取 $k=0$，因此得到出射角的一般表达式

$$\theta_{p_i} = 180° + \sum_{j=1}^{m} \varphi_{ji} - \sum_{\substack{j=1 \\ j \neq i}}^{n} \theta_{ji}$$

同理可证得根轨迹在开环零点处的入射角表达式如式（6-55）。

推论　根轨迹离开实轴或进入实轴时的出射角或入射角为 $\pm \dfrac{\pi}{2}$。

法则 7　当根轨迹在 s 平面的左半平面时，闭环系统稳定，否则不稳定。若根轨迹与虚轴相交，系统处于临界稳定状态，其交点处的根（即闭环特征方程的纯虚根）与开环增益 K 或根轨迹增益 K^* 可由劳斯稳定性判据或将 $s = j\omega$ 代入特征方程分别令实部和虚部等于零求得。

例 6.17　已知系统的开环传递函数为 $G(s)H(s) = \dfrac{K^*(s+0.8)}{s^2(s+4)(s+6)}$，画 K^* 变化时的根轨迹，并求出根轨迹与虚轴的交点。

解　开环传递函数 $G(s)H(s)$ 有：4 个极点 $p_{1,2} = 0$，$p_3 = -4$，$p_4 = -6$，$n = 4$；一个零点 $z_1 = -0.8$，$m = 1$。分别表示于图 6-31 中。

从实轴的右边向左数第 3 个点是零点 $z_1 = -0.8$，按照法则 3，其左区段起始于 $p_3 = -4$，终止于 $z_1 = -0.8$ 的实轴是根轨迹。再向左数第 5 个点是 $p_4 = -6$，同样由法则 3 可判断其左边起始于 $p_4 = -6$ 终止于无穷远处的实轴是根轨迹。根据极点数 $n = 4$ 与零点数 $m = 1$ 的差值，系统有 3 条终止于无穷远处的根轨迹，其中一条已经确定位于 $p_4 = -6$ 以左的实轴上，另外两条则是从 $p_{1,2} = 0$ 出发的根轨迹，根据法则 6，这两条根轨迹的离开实轴的出射角为 $\pm \dfrac{\pi}{2}$，其渐近线与实轴的交角为

$$\alpha_k = \frac{(2k+1)\pi}{n-m} = \frac{(2k+1)\pi}{3} = \begin{cases} \dfrac{\pi}{3}, & k = 0 \\[2mm] -\dfrac{\pi}{3}, & k = -1 \\[2mm] \pi, & k = 1 \end{cases}$$

与实轴的交点坐标为

$$\sigma_a = \frac{\sum_{i=1}^{n} p_i - \sum_{j=1}^{m} z_j}{n-m} = \frac{-10+0.8}{3} = -3.07$$

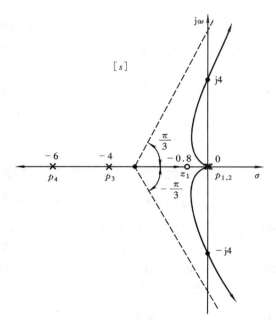

图 6-31　例 6.17 的根轨迹图

下面求从 $p_{1,2}=0$ 出发的根轨迹与虚轴的交点。根据开环传递函数可写出系统的闭环特征方程为

$$1+\frac{K^{*}(s+0.8)}{s^{2}(s+4)(s+6)}=0$$

$$s^{4}+10s^{3}+24s^{2}+K^{*}s+0.8K^{*}=0$$

写出其劳斯数列

s^4	1	24	$0.8K^{*}$
s^3	10	K^{*}	
s^2	$\dfrac{240-K^{*}}{10}$	$0.8K^{*}$	
s^1	$\dfrac{(240-K^{*})K^{*}-80K^{*}}{240-K^{*}}$		
s^0	$0.8K^{*}$		

由第一列中 s^1 项系数等于零,得

$$\frac{(240-K^{*})K^{*}-80K^{*}}{240-K^{*}}=0$$

解得 $K^{*}=160$,代入 s^2 行组成的辅助方程,有

$$\frac{240-K^{*}}{10}s^{2}+0.8K^{*}=8s^{2}+128=0$$

解得 $s=\mathrm{j}\omega=\pm\mathrm{j}4$，即穿越虚轴的频率为 $\omega=\pm4$。

因此，系统根轨迹如图 6 - 31 所示。

例 6.18　已知系统开环传递函数 $G(s)H(s)=\dfrac{K^{*}(s+2)}{s^{2}+2s+3}$，画其根轨迹图，并分析闭环系统的稳定性。

解

（1）确定开环零、极点。开环传递函数有：两个极点 $p_{1}=-1+\mathrm{j}\sqrt{2}$，$p_{2}=-1-\mathrm{j}\sqrt{2}$；一个零点 $z_{1}=-2$。分别表示于 s 平面上如图 6 - 32。

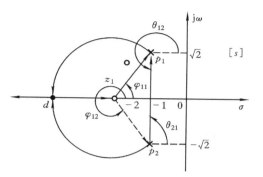

图 6 - 32　例 6.18 的根轨迹图

（2）确定实轴上的根轨迹。根据法则 3，零点 $z_{1}=-2$ 以左的实轴为根轨迹。

（3）$n=2$，$m=1$，系统有一条根轨迹趋于无穷远处，与实轴的夹角为

$$\alpha_{k}=\frac{(2k+1)\pi}{1}=\pi,\ k=0$$

（4）确定从复极点 p_{1}，p_{2} 出发的根轨迹的出射角。由式（6 - 54）得出射角分别为

$$\theta_{p_{1}}=180°+\varphi_{11}-\theta_{21}=180°+\arctan\frac{\sqrt{2}}{1}-90°=144.7°$$

$$\theta_{p_{2}}=180°+\varphi_{12}-\theta_{12}=180°-\arctan\frac{\sqrt{2}}{1}-270°=-144.7°$$

（5）根据根轨迹的对称性，可确定从复极点 p_{1}，p_{2} 出发的根轨迹必会合于实轴，然后分向 $-\infty$ 和 -2。由法则 5 求会合点

$$\frac{1}{d-p_{1}}+\frac{1}{d-p_{2}}=\frac{1}{d-z_{1}}$$

即

$$\frac{1}{d-(-1+\mathrm{j}\sqrt{2})}+\frac{1}{d-(-1-\mathrm{j}\sqrt{2})}=\frac{1}{d-(-2)}$$

化简，得方程　　　　　　　　$d^{2}+4d+1=0$

解之得　　　　　　　　$d_{1}=-3.732,\ d_{2}=-0.268$

因为实轴上的 -0.268 不在根轨迹上，所以会合点只能取 -3.732，且根轨

迹在该会合点的入射角为 $\pm\dfrac{\pi}{2}$。作系统根轨迹图如图 6-32，可以证明，从两个复数极点 $p_{1,2}$ 出发的根轨迹是圆心在零点 z_1 半径为 z_1 到会合点 d 之间距离的圆弧。由图上可见，当 $K^* > 0$ 时，根轨迹全部位于 s 平面左半平面，故闭环系统稳定。

3. 利用 MATLAB 工具画根轨迹

利用 MATLAB 工具可以很方便地画出根轨迹。对于式（6-36）表达的开环传递函数，闭环特征方程 $1+G(s)H(s)=0$，可以写成下列形式

$$1 + K^* \frac{num}{den} = 0 \tag{6-56}$$

式中：num 为分子多项式，den 为分母多项式，即

$$num = (s-z_1)(s-z_2)\cdots(s-z_m)$$
$$= s^m + [-(z_1+z_2+\cdots+z_m)]s^{m-1} + \cdots + (-1)^m z_1 z_2 \cdots z_m$$
$$den = (s-p_1)(s-p_2)\cdots(s-p_n)$$
$$= s^n + [-(p_1+p_2+\cdots+p_n)]s^{m-1} + \cdots + (-1)^n p_1 p_2 \cdots p_n$$

注意 num 和 den 两个向量都必须写成 s 的降幂形式。

通常采用下列 MATLAB 命令画根轨迹：

$$rlocus(num, den)$$

利用该命令，可以在屏幕上得到画出的根轨迹图，增益 K^* 是由程序自动确定的。命令 rlocus 既适用于连续时间系统，也适用于离散时间系统。

对于例 6.18，我们可以用下列 MATLAB 程序画出其根轨迹图如图 6-33 所示。对于本章中例 6.16 和例 6.17，读者可自行利用 MATLAB 方法画根轨迹来加以验证。

MATLAB Program of example 6-18

```
% - - - - Root - locus Plot of G(s) = K * (s + 1)/(s2 + 2s + 3) - - - -
num = [0 1 2];
den = [1 2 3];
rlocus(num,den)
v = [- 6 6 - 6 6];axis(v);axis('square')
grid
title('Root - locus Plot of G(s) = K * (s + 1)/(s^2 + 2s + 3)')
```

4. 开环增益或根轨迹增益的计算

根据根轨迹的相位条件式（6-40）或式（6-41），按照根轨迹的作图法则画

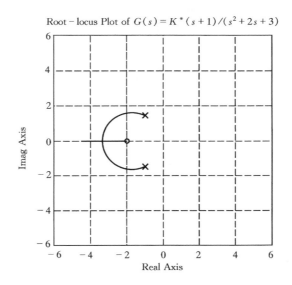

图 6 - 33　用 MATLAB 方法画出的例 6.18 根轨迹图

出系统的根轨迹后,往往还需要在根轨迹上标记出系统的开环增益或根轨迹增益的数值,下面介绍开环增益或根轨迹增益的计算方法。

对应根轨迹上某点 s_i 的根轨迹增益 K_i^* 值,可以根据幅值条件式(6 - 39)来进行计算,即

$$K_i^* = \frac{\mid s_i - p_1 \mid \cdots \mid s_i - p_n \mid}{\mid s_i - z_1 \mid \cdots \mid s_i - z_m \mid} \tag{6-57}$$

上式表明,与根轨迹上的点 s_i 相对应的根轨迹增益 K_i^*,可以利用该点与各开环零、极点之间的幅值得到,即

$$K_i^* = \frac{s_i \text{ 点到各极点之间的幅值的乘积}}{s_i \text{ 点到各零点之间的幅值的乘积}}$$

利用开环增益 K 与根轨迹增益 K^* 之间的关系,开环增益 K 可用下式求出:

$$K = K^* \frac{\prod_{j=1}^{m}(-z_j)}{\prod_{i=1}^{n}(-p_i)} \tag{6-58}$$

需要注意,使用式(6-58)求开环增益 K 时,不计坐标原点处的开环零、极点,否则上式无意义。

5. 典型的零、极点分布及其相应的根轨迹

通过前面的讨论可以看出,对于给定系统,依照一些根轨迹法则,可以比较精确地作出系统的根轨迹图。对于设计的初步阶段,可能并不需要知道闭环极点的精确位置,为了对系统的性能做出估计,通常只要知道它们的近似位置就足够了。因此,对于设计者来说,具备迅速地画出给定系统的根轨迹的本领很重要。这需要在做习题的过程中进一步理解和体会。下面将一些典型的开环零、极点分布及其相应的根轨迹列于表6-2。

表6-2　开环零、极点分布及其相应的根轨迹

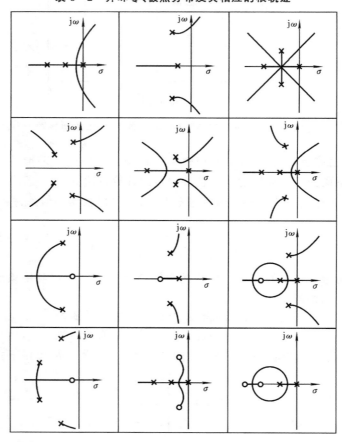

6. 控制系统的根轨迹分析

如前所述,在已知系统开环零、极点分布的基础上,依据绘制根轨迹的基本法则,可以很方便地绘出闭环系统的根轨迹,并在根轨迹上确定闭环零、极点的位置,由此可以利用主导极点等概念对系统的动态性能进行分析。根轨迹法特别方便于确定高阶系统中某个参数变化时闭环极点的分布规律,形象直观地看

出参数对系统动态性能的影响,因此为系统设计和性能改善提供了依据。

下面通过实例,说明如何应用根轨迹法分析系统的动态性能。

例 6.19　已知一单位反馈系统的开环传递函数为 $G(s) = \dfrac{K^*}{s^2(s+10)}$,试画出闭环系统的根轨迹。

解　系统有三个开环极点:$p_{1,2} = 0$,$p_3 = -10$。由根轨迹的作图法则或如下的 MATLAB 程序作出根轨迹如图 6-34。

MATLAB Program of example 6-19

```
% - - - - - Root - locus Plot of G(s) = K * /[s²(s + 10)] - - - - -
num = [0 0 0 1];
den = [1 10 0 0];
rlocus(num,den)
v = [- 20 20 - 20 20];axis(v)
grid
title('Root - locus Plot of G(s) = K * /[s^2(s + 10)]')
text(0.5, - 1,'p1,2');text(- 9.5, - 1,'p3')
```

由图 6-34 可见,有两条根轨迹线始终位于复平面的右半平面,即闭环系统始终有两个右半平面的极点,这表明无论 K* 取何值,此系统总是不稳定的。

如果在系统中附加一个开环零点 z_1(z_1 为负的实数零点),来改善系统的动态

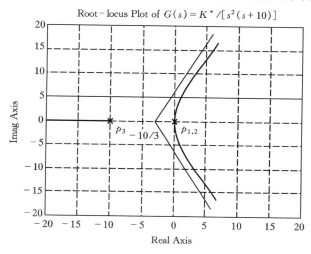

图 6-34　例 6.19 系统的根轨迹

性能,则系统开环传递函数变为 $G'(s) = \dfrac{K^*(s - z_1)}{s^2(s + 10)}$。若将 z_1 设置在 $[0 \sim -10]$ 之间,则附加零点后系统的根轨迹可根据下面的 *MATLAB* 程序(取 $z_1 = -5$)作出如图 6 - 35 所示。

由图 6 - 35 可见,当 K^* 在正区间由 $0 \sim \infty$ 变化时,3 条根轨迹线都处于复平面的左半平面,即无论 K^* 取何值,系统总是稳定的。而且闭环系统始终有一对靠近虚轴的共轭复极点,即系统的主导极点。因此,无论 K^* 取何值,系统的阶跃响应都呈现衰减振荡,且振荡频率随开环增益 K^* 的增大而增大。只要适当选取

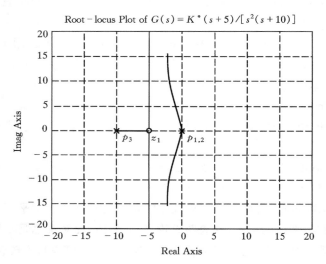

图 6 - 35　例 6.19 系统附加零点 $z_1 = -5$ 时的根

K^* 值,便可以得到满意的系统动态性能。

MATLAB Program of example 6 - 19

```
% - - - Root - locus Plot of G(s) = K * (s + 5)/[s²(s + 10)] - - -
num = [0 0 1 5];
den = [1 10 0 0];
rlocus(num,den)
v = [-20 20 -20 20];axis(v)
grid
title('Root - locus Plot of G(s) = K * (s + 5)/[s^2(s + 10)]')
text(0.5, -1,'p1,2');text(-5, -1,'z1');text(-9.5, -1,'p3')
```

对于本例,若附加零点 $z_1 < -10$,如取 $z_1 = -20$,则作系统根轨迹如图 6 - 36

所示,系统仍无法稳定。因此,引入的附加零点要适当,才能对系统的性能起到改善作用。

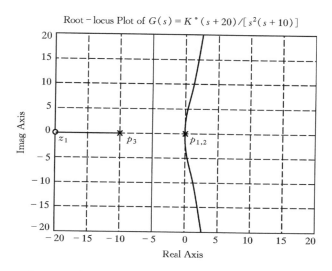

图 6-36　例 6.19 系统附加零点 $z_1 = -20$ 时的根轨迹

MATLAB Program of example 6-19

```
———Root-locus Plot of G(s) = K*(s + 20)/[s²(s + 10)]———
num = [0 0 1 20];
den = [1 10 0 0];
rlocus(num,den)
v = [-20 20 -20 20];axis(v)
grid
title('Root-locus Plot of G(s) = K*(s + 5)/[s^2(s + 10)]')
text(0.5,-1,'p1,2');text(-20,-1,'z1');text(-9.5,-1,'p3')
```

例 6.20　已知单位反馈系统,其前向传递函数为

$$G(s) = \frac{K^*(s+4)}{s(s+2)}$$

(1) 试作其根轨迹,并分析 K^* 对系统性能的影响。

(2) 求系统最佳阻尼比所对应的闭环极点及 K^* 值。

解　(1)系统开环传递函数有两个极点 $p_1 = 0$, $p_2 = -2$,一个零点 $z_1 = -4$。根据根轨迹作图法则,可以画出其闭环根轨迹如图 6-37 所示。可以证明,该二阶系统的根轨迹其复数部分为一个圆心在开环零点处,半径为零点到分离点距

离的圆。由式(6-49)可求出其分离点和会合点为

$$d_1 = -1.17, \ d_2 = -6.83$$

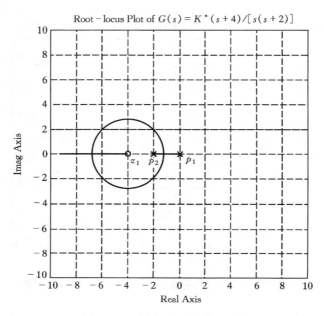

Root-locus Plot of $G(s) = K^*(s+4)/[s(s+2)]$

图 6-37　例 6.20 的根轨迹图

根据式(6-57)计算分离点 d_1, d_2 处的根轨迹增益 K_1^* 和 K_2^* 为

$$K_1^* = \frac{|d_1||d_1 - (-2)|}{|d_1 - (-4)|} = \frac{1.17 \times 0.83}{2.83} = 0.343$$

$$K_2^* = \frac{|d_2||d_2 - (-2)|}{|d_2 - (-4)|} = \frac{6.83 \times 4.83}{2.83} = 11.7$$

与之对应的开环增益 K_1 和 K_2 分别为

$$K_1 = 2K_1^* = 0.686$$

$$K_2 = 2K_2^* = 23.4$$

由图 6-37 可见,只要根轨迹增益 $K^* > 0$,闭环系统都是稳定的。但是当根轨迹增益 $0 < K^* < 0.343$ 和 $K^* > 11.7$ 时,闭环极点分别为两个负实数,系统的阶跃响应为非周期性质;当根轨迹增益 $0.343 < K^* < 11.7$ 时,闭环极点为一对共轭复数极点,系统的阶跃响应为衰减振荡过程。

MATLAB Program of example 6 − 20

```
% − − − −Root − locus Plot of G(s) = K*(s + 4)/[s(s + 2)] − − − −
num = [0 1 4];
den = [1 2 0];
rlocus(num,den)
v = [−10 10 −10 10];axis(v), axis('square')
grid
title('Root − locus Plot of G(s) = K*(s + 4)/[s(s + 2)]')
text(0.5, −1,'p1');text(−2, −1,'P2');text(−4, −1,'Z1')
```

（2）由于系统为二阶系统，其最佳阻尼比为 $\zeta = 0.707$，由图 6 − 37 可直接得到其对应的闭环极点

$$s_{1,2} = -2 \pm j2$$

该闭环极点对应的根轨迹增益 K^* 值可由式(6 − 57)求得，$K^* = 2$。

在最佳阻尼比时，系统的阶跃响应为周期性的衰减振荡，其平稳定和快速性都较好。

复习思考题

1. 如何区分稳定系统和不稳定系统？
2. 判别系统稳定与否的基本出发点是什么？
3. 劳斯−胡尔维茨判据判别系统稳定的充要条件是什么？
4. 奈奎斯特判据判别系统稳定性的基本原理和方法，为什么能用开环传递函数并结合开环奈奎斯特图就可以判定闭环系统的特征根位置？
5. 当系统开环传递函数在虚轴上有极点存在时，如何处理对应于极点处的奈奎斯特图？
6. 当系统开环传递函数在原点或虚轴上存在重极点时，对应的奈奎斯特图与没有重极点时有什么不同？
7. 相位裕量和幅值裕量是如何定义的，在极坐标和对数坐标上如何表示？
8. 什么是根轨迹？根轨迹应满足什么条件？
9. 根据哪些性质或特征可以方便地画出根轨迹图形？
10. 如何由开环系统的零、极点求取闭环系统的零、极点？
11. 开环系统的零、极点对闭环系统的性能指标有什么影响？
12. 熟悉典型开环零、极点分布及其对应的根轨迹图形。

习 题

6.1 设图题 6.1 所示系统开环传递函数为 $G(s)$，试判别闭环系统稳定与否。

$(1)G(s)=\dfrac{10(s+1)}{s(s-1)(s+5)}$

$(2)G(s)=\dfrac{10}{s(s-1)(2s+3)}$

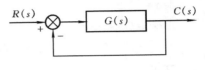

图题 6.1

6.2 系统如图题 6.1 所示，采用劳斯-胡尔维茨判据来判断系统稳定与否。

$(1)G(s)=\dfrac{K(s+1)(s+2)}{s^2(s+3)(s+4)(s+5)}$

$(2)G(s)=\dfrac{0.2(s+2)}{s(s+3)(s+0.8)(s+0.5)}$

$(3)G(s)=\dfrac{K(s+6)}{(s^2+2s+3)(s^2+4s+5)}$

$(4)G(s)=\dfrac{K(s+3)(s+4)}{s^3(s+1)(s+2)}$

$(5)G(s)=\dfrac{3s+1}{s^2(300s^2+600s+50)}$

$(6)G(s)=\dfrac{K(s+20)(s+30)}{s(s^2+6s+10)}$

6.3 判别图题 6.3(a),(b)所示系统的稳定性。

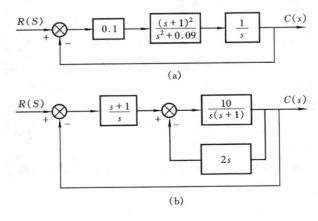

(a)

(b)

图题 6.3

6.4 系统如图题 6.4 所示，若系统时域响应产生频率为 $\omega_n=2$ rad/s 的持续振荡,试确定系统的参数 K 和 a。

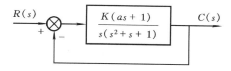

图题 6.4

6.5　画出下列各开环传递函数的奈奎斯特图,求出系统的幅值裕量,并判别系统是否稳定。

$(1)G(s)=\dfrac{10}{(s+1)(2s+1)(3s+1)}$

$(2)G(s)=\dfrac{120(4s+1)}{(s+1)(2s+1)(3s+1)}$

$(3)G(s)=\dfrac{120(0.5s+1)}{(s+1)(2s+1)(3s+1)}$

$(4)G(s)=\dfrac{24}{s(s+1)(s+4)}$

$(5)G(s)=\dfrac{24(s+5)}{s(s+1)(s+4)}$

$(6)G(s)=\dfrac{10(0.2s+1)}{s^2(0.1s+1)}$

$(7)G(s)=\dfrac{10(0.1s+1)}{s^2(0.2s+1)}$

$(8)\ G(s)=\dfrac{K(2s+1)}{(s^2+4)(s+1)(s+3)}$

6.6　设单位反馈控制系统的开环传递函数为

$$G(s)H(s)=\dfrac{10K(s+0.5)}{s^2(s+2)(s+10)}$$

画出 $G(s)H(s)$ 在 $K=10$ 和 $K=40$ 时的奈奎斯特图,并用奈奎斯特判据判别系统稳定性。

6.7　已知单位反馈控制系统的开环传递函数为 $G(s)=\dfrac{K}{s(T_1s+1)(T_2s+1)}$ $(T_1>T_2>0,K>0)$试确定系统稳定性与参数 K,T_1,T_2 之间的关系。

6.8　设单位反馈控制系统的开环传递函数为 $G(s)=\dfrac{as+1}{s^2}$,试确定使相位裕量等于 $45°$时的 a 值。

6.9　有下列开环传递函数

(1) $G(s)H(s) = \dfrac{20}{s(1+0.5s)(1+0.1s)}$

(2) $G(s)H(s) = \dfrac{50(0.6s+1)}{s^2(1+4s)}$

试绘制系统的伯德图并分别求它们的幅值裕量和相位裕量。

6.10 系统如图题 6.10 所示。分别画出其奈奎斯特图和伯德图,求出其相位裕量并在所作出的上述两图上标出。

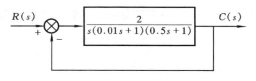

图题 6.10

6.11 设图题 6.11 所示系统中

$$G(s) = \frac{10}{s(s-1)} \qquad H(s) = 1 + K_n s$$

试确定闭环系统稳定时的 K_n 的临界值。

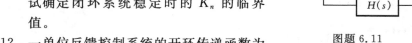

图题 6.11

6.12 一单位反馈控制系统的开环传递函数为

$$G(s) = \frac{K e^{-\tau s}}{s(s+1)}, \text{试画出 } K = 20, \ \tau = 1s$$

时的奈奎斯特图,并确定 $\tau = 1s$ 时使系统稳定的 K 的临界值。

6.13 已知系统的开环零点、极点分布如图题 6.13 所示,试概略画出相应的闭环根轨迹图。

6.14 已知单位反馈系统的开环传递函数如下,试画其闭环根轨迹。

(1) $G(s) = \dfrac{K^*}{s(s+4)}$

(2) $G(s) = \dfrac{K^*(s+3)}{s(s+4)}$

(3) $G(s) = \dfrac{K^*(s+20)}{s(s+4)}$

6.15 一单位负反馈系统具有如下前向传递函数:

(1) $G(s) = \dfrac{K}{s(0.1s+1)(s+1)}$

(2) $G(s) = \dfrac{K}{s^2}$

(3) $G(s) = \dfrac{K^*(s+1)}{s(s^2+8s+16)}$

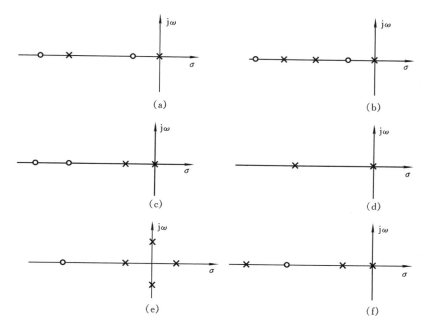

图题 6.13

试分别作出其根轨迹图并给出必要的解释,并说明当 K 和 K^* 为何值时系统将不稳定。

6.16　已知系统开环传递函数为 $G(s)H(s)=\dfrac{K^*(s+3)}{s(s+1)(s+2)}$

(1)试绘制系统根轨迹图

(2)求当 $\zeta=0.5$ 时的闭环主导极点,并确定其对应的开环增益 K 值及另一个实极点。

6.17　设控制系统中,已知

$$G(s)=\frac{K^*}{s^2(s+1)},\ H(s)=1$$

该系统在增益为任何值时均不稳定,试画出该系统的根轨迹图。利用作出的根轨迹图,说明若在负实轴上加一个零点 $z=-a$,即把 $G(s)$ 变为

$$G(s)=\frac{K^*(s+a)}{s^2(s+1)}\quad(0\leqslant a<1)$$

可以使该系统稳定。

第7章 控制系统的校正与设计

我们在前几章(第4章,第5章,第6章)中,分别介绍了在时域和频域内分析系统的方法,它们都是在控制系统数学模型已知的情况下分析其稳定性、准确性和快速性。而本章将要介绍的内容,却是在预先规定了系统的各项性能指标,即在系统稳定的条件下,满足一定的准确性和快速性要求,通过选择适当的环节和参数使控制系统满足这些要求,这就是系统分析的逆问题——控制系统的设计与校正。简要表示两者的特点,即

(1)系统分析:控制系统结构参数已知$\Rightarrow$分析其稳定性、准确性、快速性。

(2)系统设计:确定系统结构参数$\Leftarrow$系统稳定,满足一定的准确性和快速性要求。

本章内容首先简单地总结系统的时域和频域性能指标及两者之间的关系,介绍校正的概念及实现校正的各种方法,重点介绍了串联校正中的相位超前、相位滞后和相位滞后—超前校正环节,然后讨论了并联校正的反馈校正和顺馈校正,最后介绍按主导极点位置配置的PID校正器。

7.1 控制系统的性能指标与校正方式

1. 系统的时域和频域性能指标

系统的性能指标按类型可分为:时域性能指标和频域性能指标。

(1)时域性能指标

时域性能指标,包括瞬态性能指标和稳态性能指标。

瞬态性能指标一般是在单位阶跃输入下,由系统输出的过渡过程给出,通常采用下列 5 个性能指标:

① 延迟时间 t_d;

② 上升时间 t_r;

③ 峰值时间 t_p;

④ 最大超调量 M_p;

⑤ 调整时间 t_s。

注意 以上性能指标对于欠阻尼系统和过阻尼系统其定义有所不同(参看

第 4 章 4.5 节)。对于典型二阶系统(如图 7-1)在欠阻尼情况下,以上时域性能

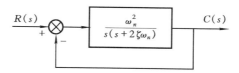

图 7-1　典型二阶系统闭环控制方块图

指标的具体表达式为

$$t_{\mathrm{r}} = \frac{\pi - \beta}{\omega_{\mathrm{d}}} = \frac{\pi - \arctan \dfrac{\sqrt{1-\zeta^2}}{\zeta}}{\omega_{\mathrm{n}} \sqrt{1-\zeta^2}}$$

$$t_{\mathrm{p}} = \frac{\pi}{\omega_{\mathrm{d}}} = \frac{\pi}{\omega_{\mathrm{n}} \sqrt{1-\zeta^2}}$$

$$M_{\mathrm{P}} = \mathrm{e}^{-\frac{\zeta\pi}{\sqrt{1-\zeta^2}}}$$

$$t_{\mathrm{s}} = \frac{4}{\zeta\omega_{\mathrm{n}}}（误差取 2\%）\text{ 或 } t_{\mathrm{s}} = \frac{3}{\zeta\omega_{\mathrm{n}}}（误差取 5\%）$$

稳态性能指标主要由系统的稳态误差 e_{ss} 来体现。

(2)频域性能指标

频域性能指标,它不仅反映系统在频域方面的特性,而且当时域性能无法求得时,可先用频率特性实验求得该系统在频域中的动态性能,再由此推出时域中的动态特性,主要有以下指标:

① 谐振频率 ω_{r} 与谐振幅值 M_{r};

② 截止频率 ω_{b} 与频宽(或称带宽)$0 \sim \omega_{\mathrm{b}}$;

③ 幅值裕量 K_{g};

④ 相位裕量 γ。

对于欠阻尼典型二阶系统(如图 7-1),其频域性能指标表达式为

$$\omega_{\mathrm{r}} = \omega_{\mathrm{n}} \sqrt{1-2\zeta^2}, \quad M_{\mathrm{r}} = \frac{1}{2\zeta \sqrt{1-\zeta^2}}$$

$$\omega_{\mathrm{b}} = \omega_{\mathrm{n}} \sqrt{1 - 2\zeta^2 + \sqrt{2 - 4\zeta^2 + 4\zeta^4}}$$

$$K_{\mathrm{g}} = \infty$$

$$\gamma = 180° + \varphi(\omega_{\mathrm{c}}) = 180° - 90° - \arctan \frac{\omega_{\mathrm{c}}}{2\zeta\omega_{\mathrm{n}}}$$

$$= \arctan \frac{2\zeta}{\sqrt{\sqrt{1+4\zeta^4} - 2\zeta^2}}$$

其中 $|G(\mathrm{j}\omega_{\mathrm{c}})H(\mathrm{j}\omega_{\mathrm{c}})| = 1$。

注意,在上述频域性能指标中,①,②是在闭环系统的幅频特性上定义,而③,④是在系统的开环频率特性上定义。

(3)时域与频域性能指标的转换

对于同一系统,不同域中的性能指标转换有严格的数学关系。由第4章和第5章可知,对于典型二阶系统(如图7-1)而言,可推得以下关系式:

$$M_P = e^{-\pi \sqrt{(M_r - \sqrt{M_r^2 - 1})/(M_r + \sqrt{M_r^2 - 1})}}$$

$$\omega_r = \frac{3}{t_s \zeta} \sqrt{1 - 2\zeta^2}, \ t_s = \frac{3}{\zeta \omega_n} \text{ 或 } \frac{4}{\zeta \omega_n}$$

$$\omega_b = \frac{3}{t_s \zeta} \sqrt{1 - 2\zeta^2 + \sqrt{2 - 4\zeta^2 + 4\zeta^4}} \text{ 或 } \frac{4}{t_s \zeta} \sqrt{1 - 2\zeta^2 + \sqrt{2 - 4\zeta^2 + 4\zeta^4}}$$

$$\gamma = \arctan \frac{2\zeta}{\sqrt{\sqrt{1 + 4\zeta^4} - 2\zeta^2}}$$

$$\omega_c = \omega_n \sqrt{\sqrt{1 + 4\zeta^4} - 2\zeta^2}$$

而对于高阶系统来说,其关系比较复杂,通常取其主导极点近似为二阶系统进行分析计算,工程上常用近似公式或曲线来表达它们之间的相互联系。

(4)频率特性曲线与系统性能关系

由于开环系统的频率特性与闭环系统的时间响应密切相关,而频率特性的设计和校正方法又较为简便,因此了解频率特性曲线与系统性能之间的关系是很必要的。

一般是将系统开环频率特性的幅值穿越频率 ω_c 看成是频率响应的中心频率,并将在附近的频率区段称为中频段;把 $\omega \ll \omega_c$ 的频率区段称为低频段(一般定为第一个转折频率以前);把 $\omega \gg \omega_c$ 的频率区段称为高频段(一般取 $\omega > 10\omega_c$)。由前几章内容可知,低频段可求出系统的开环增益 K、系统的类型 λ 等参数,表征了闭环系统的稳态特性;中频段可求幅值穿越频率 ω_c 和相位裕量 γ 等参数,表征了闭环系统的动态特性;高频段表征了系统对高频干扰或噪声的抵抗能力,幅值衰减越快,系统抗干扰能力越强。

用频率法设计与校正系统的本质,就是对系统的开环频率特性(一般用渐近伯德图)作某些修改,使之变成我们所期望的曲线形状,即低频段的增益充分大,以保证稳态误差的要求;在幅值穿越频率 ω_c 附近,使对数幅频特性的斜率为 -20 dB/dec 并占据充分的带宽,以保证系统具有较快的响应速度和适当的相位裕量、幅值裕量;在高频段的增益应尽快衰减,以便使噪声影响减到最小。

2. 校正的概念与校正的方式

(1)校正的概念

所谓校正(或称补偿),就是在控制对象已知、性能指标已定的情况下,在系统中增加新的环节或改变某些参数以改变原系统性能,使其满足所定性能指标要求的一种方法。

校正的实质就是通过引入校正环节,改变整个系统的零极点分布,从而改变系统的频率特性或根轨迹形状,使系统频率特性的低、中、高频段满足希望的性能或使系统的根轨迹穿越希望的闭环主导极点,从而使系统满足希望的动静态性能指标要求。

(2)校正的方式

在工程上习惯采用频率法进行校正,通常的校正方式有以下几个方面:

① 串联校正

校正环节 $G_c(s)$ 串联在原系统传递函数方框图的前向通路中,如图 7-2 所示。为了减少功率消耗,串联校正环节一般都放在前向通路的前端即低功率的部位,多采用有源校正网络。

串联校正按校正环节 $G_c(s)$ 的性能可分为:增益调整、相位超前校正、相位滞后校正、相位滞后—超前校正。

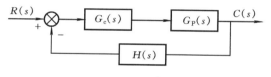

图 7-2　串联校正

② 并联校正

按校正环节 $G_c(s)$ 在原系统中并联的方式,并联校正又可分为:反馈校正,如图 7-3 所示;顺馈与前馈校正,如图 7-4 和图 7-5 所示。

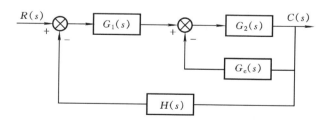

图 7-3　反馈校正

由于采用反馈校正时,信号是从高功率点流向低功率点,因此一般采用无源校正网络,不再附加放大器。

③ PID 校正器

在工业控制上,常采用能够实现比例(P)、积分(I)、微分(D)等控制作用的

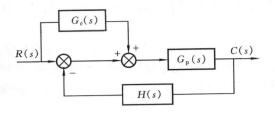

图 7-4　按输入量补偿的顺馈校正

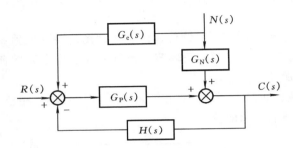

图 7-5　按干扰量补偿的前馈校正

校正器,实现超前、滞后、滞后—超前的校正作用。其基本原理与串联校正、反馈校正相比并无特殊之处,但结构的组合形式、产生的调节效果却有所不同,PID校正与串联校正、反馈校正相比有如下特点:

(a) 对被控对象的模型要求低,甚至在系统模型完全未知的情况下,也能进行校正。

(b) 校正方便。在 PID 校正器中,其比例、积分、微分的校正作用相互独立,最后以求和的形式出现,如图 7-6 所示,人们可以任意改变其中的某一校正规律,这就大大地增加了使用的灵活性。

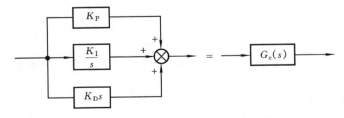

图 7-6　PID 校正器

(c) 适用范围较广。采用一般的校正装置,当原系统参数变化时,系统的性能将产生很大变化,而 PID 校正器的适用范围要广得多,在一定的变化区间中,仍有很好的校正效果。

　　正因为 PID 校正器有上述优点,使之在工业控制中,得到了广泛的应用。

　　在实际研究中究竟选用何种校正方式,主要取决于系统本身的结构特点、采用的元件、信号的性质、经济条件及设计者的经验等。

　　另外,控制系统的校正不像系统分析那样只有单一答案,最终确定校正方案时,应根据技术、经济和其他一些附加限制条件综合考虑。

7.2　控制系统的串联校正

　　对于大多数控制系统的性能指标,一般是从两方面进行要求:稳态特性和动态特性。稳态特性由稳态精度或稳态误差 e_{ss} 来决定,动态特性由相对稳定性指标幅值裕量 K_g 和相位裕量 γ 来决定。当这两方面的要求不能满足时就要在系统中加入校正环节或改变某些参数,使系统满足规定的性能指标。本节主要介绍串联校正的 4 种形式。

1. 控制系统的增益调整

图 7-7　位置控制系统的方框图

　　调整增益是改进控制系统性能使其满足相对稳定性和稳态精度要求的一个有效方式。

　　例 7.1　图 7-7 为一位置控制系统的方框图,其开环传递函数为

$$G_P(s) = \dfrac{250}{s\left(1 + \dfrac{1}{10}s\right)}$$

要求改变增益,使系统有 45° 的相位裕量。

　　解　首先作系统开环频率特性的渐近伯德图,如图 7-8 所示。由图 7-8 可知,校正前系统的幅值穿越频率 $\omega_c \approx 50$ rad/s,系统的相位裕量 $\gamma = 11°$,显然大大小于要求的 45° 的相位裕量。而由相频曲线可知,在 $\omega = 10$ rad/s 处,系统

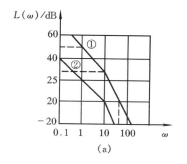
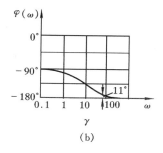

图 7-8　位置控制系统的增益调整伯德图

对应的相位角为$-135°$,如果能使此频率为系统新的幅值穿越频率 ω'_c,则相位裕量即可达到要求,但系统在未校正前,在 $\omega=10$ rad/s 处的幅值为:$20\lg|G_P(j\omega)|_{\omega=10}\approx20\lg25$ dB(注意,此值是按渐近伯德图近似求得),即 $|G_P(j\omega)|_{\omega=10}\approx25$,因此如果能使校正后的 $|G'_P(j\omega)|_{\omega_c=10}=1$,相当于将原系统的增益缩小为 $\frac{1}{25}$,即可满足 $\gamma=45°$ 的要求,由此得校正后系统的传递函数为

$$G'_P(s)=\frac{1}{25}G_P(s)=\frac{10}{s\left(1+\frac{1}{10}s\right)}$$

校正后的曲线 2 满足了 $\gamma=45°$ 的要求,但系统的稳态误差由 $\frac{1}{250}$ 增大为 $\frac{1}{10}$,稳态精度降低了,由于 ω_c 变小响应速度也降低了(见图 7-9)。

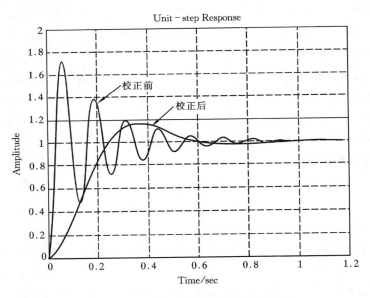

图 7-9　增益校正前后的单位阶跃响应

用 MATLAB 画出系统增益调整前后的实际伯德图如图 7-10 所示。

MATLAB Program of Example 7-1

```
% - - - - - - - Bode Diagram of gain regulation - - - - - -
num = [0 0 2500];
den = [1 10 0];
w = logspace(-1,3,100)
```

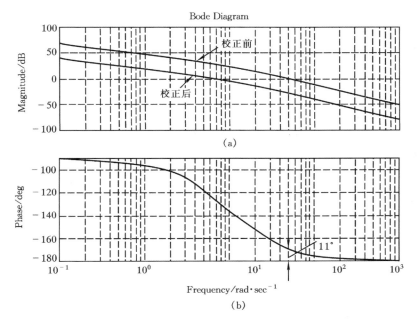

图 7 - 10　位置控制系统的增益调整伯德图

```
bode(num,den,w)
grid on
title('Bode Diagram')
hold
num = [0 0 100];
den = [1 10 0];
bode(num,den,w)
```

用 MATLAB 求图 7 - 7 所示系统校正前后的单位阶跃响应,如图 7 - 9 所示。程序如下:

MATLAB Program of Example 7 - 1

```
% - - - - - -Unit - step Response of gain regulation - - - - -
num = [0 0 2500];
den = [1 10 2500];
step(num,den)
grid on
title('Unit - step Response')
```

```
hold
num = [0 0 100];
den = [1 10 100];
step(num,den)
title('Unit – step Response')
```

2. 相位超前校正

由以上增益调整过程可知,减少系统的开环增益可以使相位裕量增加,从而使系统的稳定性得到提高,但它又降低了系统的稳态精度和响应速度。为了既提高系统的响应速度,又保证系统的其他特性不变坏,我们可以对系统进行相位超前校正。

相位超前校正环节使输出相位超前于输入相位。图 7 – 11(a)所示为无源超前校正网络,其传递函数可以利用第 3 章讲述的概念,直接求得

$$G_c(s) = \frac{u_0(s)}{u_i(s)} = \frac{R_2}{R_1+R_2} \frac{R_1Cs+1}{\frac{R_2}{R_1+R_2}R_1Cs+1}$$

若令 $\alpha = \dfrac{R_1+R_2}{R_2}$, $T = \dfrac{R_2}{R_1+R_2}R_1C$,则有

$$G_c(s) = \frac{1}{\alpha} \frac{\alpha Ts+1}{Ts+1} \quad (\alpha > 1) \qquad (7-1)$$

其幅频特性与相频特性表达式为

$$L(\omega) = 20\lg |G_c(j\omega)| = 20\lg \frac{1}{\alpha} \frac{\sqrt{(\alpha\omega T)^2+1}}{\sqrt{(\omega T)^2+1}}$$

$$\varphi(\omega) = \arctan\alpha\omega T - \arctan\omega T \geqslant 0 \qquad (7-2)$$

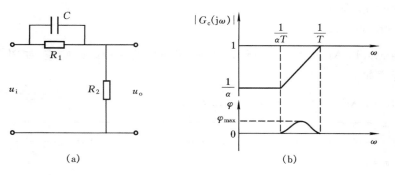

图 7 – 11　相位超前校正网络及其伯德图

(a) 无源超前校正网络;(b) 超前网络伯德图

作其渐近伯德图如图 7-11(b)所示，其转折频率分别为 $\omega_1 = \dfrac{1}{\alpha T}$，$\omega_2 = \dfrac{1}{T}$，且具有正的相角特性。利用 $\dfrac{\mathrm{d}\varphi}{\mathrm{d}\omega} = 0$，可求出最大超前相角的频率为：

$$\omega_{\mathrm{m}} = \frac{1}{T\sqrt{\alpha}} = \sqrt{\omega_1 \omega_2} \qquad (7-3)$$

即 ω_{m} 在伯德图上是两个转折频率的几何中心。

将式(7-3)代入式(7-2)可得最大超前相角 φ_{m} 为

$$\varphi_{\mathrm{m}} = \arcsin \frac{\alpha - 1}{\alpha + 1} \qquad (7-4)$$

上式又可写成

$$\alpha = \frac{1 + \sin\varphi_{\mathrm{m}}}{1 - \sin\varphi_{\mathrm{m}}} \qquad (7-5)$$

由式(7-4)和式(7-5)可知，φ_{m} 仅与 α 取值有关，α 值越大，相位超前越多，对于被校正系统来说，相位裕量也越大，但由于校正环节增益下降，会引起原系统开环增益减小，使稳态精度降低，因此须用提高放大器的增益来补偿超前网络的衰减损失。

由图 7-11 可知，超前校正网络具有高通滤波器特性，为使系统抑制高频噪声的能力不致降低太多，通常 α 取值为 10 左右(此时超前校正环节产生的最大相位超前约 55°左右)。

串联相位超前校正是对原系统在中频段的频率特性实施校正，它对系统性能的改善体现在以下两方面：

(1) 由于 +20 dB/dec 的环节可加大系统的幅值穿越频率 ω_{c}，因而它可提高系统的响应速度。

(2) 由于其相位超前的特点，它使原系统的相位裕量增加，因而可提高其相对稳定性。

下面举例说明采用相位超前校正的步骤。

例 7.2　图 7-12 为一单位反馈控制系统，给定的性能指标如下：

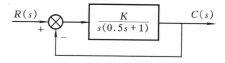

$$R(s) \quad \xrightarrow{+}\bigotimes\xrightarrow{-} \quad \boxed{\frac{K}{s(0.5s+1)}} \quad \xrightarrow{} C(s)$$

图 7-12　单位反馈控制系统

单位斜坡输入时的稳态误差 $e_{\mathrm{ss}} = 0.05$，相位裕量 $\gamma \geqslant 50°$，幅值裕量 $20\lg K_{\mathrm{g}} \geqslant 10$ dB。

解 (1)首先根据稳态误差确定开环增益 K。因为是 I 型系统,所以

$$K = \frac{1}{e_{ss}} = \frac{1}{0.05} = 20$$

(2)作开环频率特性的渐近伯德图,并找出校正前系统的相位裕量和幅值裕量。

开环频率特性渐近伯德图如图 7-13。由图可知,校正前系统相位裕量为 17°,幅值裕量为无穷大,因此系统是稳定的。但因相位裕量小于 50°,故相对稳定性不合要求。为了在不减小幅值裕量的前提下,将相位裕量从 17° 提高到 50°,需要采用相位超前校正环节。

(3)确定系统需要增加的相位超前角 φ_m

由于串联相位校正环节会使系统的幅值穿越频率 ω_c 在对数幅频特性的坐标轴上向右移,因此在考虑相位超前量时,增加 5° 左右,以补偿这一移动,因而相位超前量为

$$\varphi_m = 50° - 17° + 5° = 38°$$

相位超前校正环节应产生这一相位才能使校正后的系统满足设计要求。

(4)利用方程式(7-4)确定系数 α

由 $\quad \varphi_m = \arcsin\dfrac{\alpha-1}{\alpha+1} = 38°$

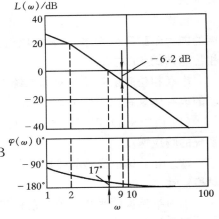

可计算得到 $\alpha = 4.17$

由式(7-3)可知,φ_m 发生在 $\omega_m = \dfrac{1}{T\sqrt{\alpha}}$ 的点

上。在这点上超前环节的幅值为

$$20\lg\left|\frac{1+j\alpha T\omega_m}{1+jT\omega_m}\right| = 20\lg\left|\frac{1+\sqrt{\alpha}j}{1+\frac{1}{\sqrt{\alpha}}j}\right| = 6.2 \text{ dB}$$

这就是超前校正环节在 ω_m 点上造成的对数幅频特性的上移量。

从图 7-13 上可以找到幅值为 -6.2 dB 时的频率约为 $\omega = 9$ rad/s,这一频率就是校正后系统的幅值穿越频率 ω_c。

图 7-13 校正前开环频率特性伯德图

$$\omega_c = \omega_m = \frac{1}{T\sqrt{\alpha}} = 9 \text{ rad/s}$$

故 $\qquad T = 0.055 \text{ s}, \quad \alpha T = 0.23 \text{ s}$

由此得相位超前校正环节的频率特性为

$$G_c(j\omega) = \frac{1}{\alpha} \frac{1+j\alpha T\omega}{1+jT\omega} = \frac{1}{4.17} \times \frac{1+j0.23\omega}{1+j0.055\omega}$$

为了补偿超前校正造成的幅值衰减,原开环增益要加大 K_1 倍,使 $\dfrac{K_1}{\alpha}=1$,所以

$$K_1=4.17$$

校正后系统的开环传递函数为

$$G_k(s) = G_c(s)G(s) = \frac{1+0.23s}{1+0.055s} \frac{20}{s(1+0.5s)}$$

图 7-14 是校正后的 $G_k(j\omega)$ 伯德图。比较图 7-13 与图 7-14 可以看出,校正后系统的带宽增加,相位裕量从 17° 增加到 50°,幅值裕量也足够。

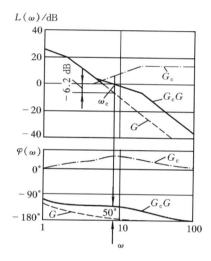

图 7-14　校正后的 $G_k(j\omega)$ 伯德图

考察校正前系统的闭环传递函数($K=20$)为

$$\frac{C(s)}{R(s)} = \frac{G(s)}{1+G(s)} = \frac{20}{0.5s^2+s+20} = \frac{num(s)}{den(s)}$$

而实施串联相位超前校正后系统的闭环传递函数为

$$\frac{C(s)}{R(s)} = \frac{G_c(s)G(s)}{1+G_c(s)G(s)} = \frac{4.6s+20}{0.027\,5s^3+0.555s^2+5.6s+20} = \frac{num(s)}{den(s)}$$

用 MATLAB 求系统相位超前校正前后的单位阶跃响应,如图 7-15 所示。程序如下:

MATLAB Program of Example 7-2

```
% - - - - Unit - step Response of phase - lead compensation - - - -
num = [0 0 20];
den = [0.5 1 20];
```

```
step(num,den)
grid on
title('Unit - step Response')
hold
num = [0 0 4.6 20];
den = [0.0275 0.555 5.6 20];
step(num,den)
```

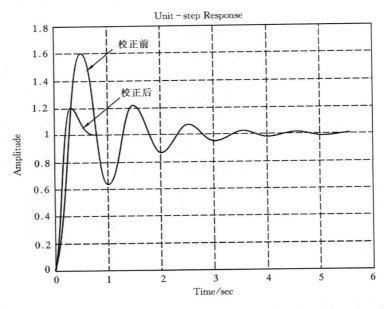

图 7-15　相位超前校正前后的单位阶跃响应

　　由图 7-14 和图 7-15 可见,串联超前校正环节增大了相位裕量,加大了带宽,进而提高了系统的相对稳定性,加快了系统的响应速度,使过渡过程得到显著改善。但由于系统的增益和型次都未变,所以稳态精度变化不大。

3. 相位滞后校正

　　系统的稳态误差取决于开环传递函数的型次和增益,为了减小稳态误差而又不影响稳定性和响应的快速性,只要加大低频段的增益即可。为此目的,采用相位滞后校正环节,它使输出相位滞后于输入相位,对控制信号产生相移的作用。

　　图 7-16(a)为一无源的滞后校正网络,它的传递函数为

$$G_c(s) = \frac{u_o(s)}{u_i(s)} = \frac{R_2 Cs + 1}{(R_1 + R_2)Cs + 1} = \frac{Ts + 1}{\alpha Ts + 1} \qquad (7-6)$$

其相频特性为

$$\varphi(\omega) = \arctan\omega T - \arctan\omega\alpha T \leqslant 0 \qquad (7-7)$$

式中：$T = R_2 C$，$\alpha = \dfrac{R_1 + R_2}{R_2} > 1$。

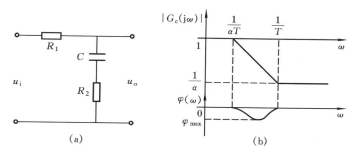

图 7 - 16　相位滞后网络及其伯德图

（a）RC 滞后网络；（b）滞后网络伯德图

滞后环节的渐近伯德图如图 7 - 16(b)所示，其转角频率分别为 $\omega_1 = \dfrac{1}{\alpha T}$ 和

$\omega_2 = \dfrac{1}{T}$。由式(7 - 7)可见，$\varphi(\omega)$ 为负值，并随 α 增大而减小。对式(7 - 7)求导让

$\dfrac{\partial \varphi}{\partial \omega} = 0$ 得

$$\omega_m = \frac{1}{T\sqrt{\alpha}} = \sqrt{\omega_1 \omega_2} \qquad (7-8)$$

即为最大滞后相位处的频率，而最大相位滞后为

$$\varphi_m = \arctan\omega_m T - \arctan\omega_m \alpha T \qquad (7-9)$$

将式(7 - 8)代入式(7 - 9)得 $\varphi_m = \arctan \dfrac{\alpha - 1}{2\sqrt{\alpha}}$

由几何关系可得

$$\sin\varphi_m = \frac{\alpha - 1}{\alpha + 1} \qquad (7-10)$$

串联相位滞后校正环节，目的不在于使系统相位滞后（而这正是要避免的）

而在于使系统大于 $\dfrac{1}{T}$ 的高频段增益衰减，并保证在该频段内相位变化很小。

为避免使最大滞后相角发生在校正后系统的开环对数幅频图的幅值穿越频

率 ω_c 附近，一般 $\dfrac{1}{T} = \dfrac{\omega_c}{4} \sim \dfrac{\omega_c}{10}$，$\alpha$ 取 10 左右。

由式(7-6),令 $s=\mathrm{j}\omega$,当 $\omega<\dfrac{1}{\alpha T}$,即为低频部分时

$$|G_\mathrm{c}(\mathrm{j}\omega)|\approx1$$

而当 $\omega>\dfrac{1}{T}$,即为高频部分时

$$|G_\mathrm{c}(\mathrm{j}\omega)|\approx\dfrac{1}{\alpha}<1$$

因此滞后校正网络相当于一个低通滤波器。当频率高于 $\dfrac{1}{T}$ 时,增益全部下降 $20\lg\alpha$ dB,而相位增加不大,这是因为如果 $\dfrac{1}{T}$ 比校正前的幅值穿越频率 ω_c 小很多,那么加入这种相位滞后环节,ω_c 附近的相位变化很小,响应速度也不会受到太大影响。

下面举例说明采用相位滞后校正的步骤。

例 7.3　设有单位反馈控制系统,其开环传递函数为

$$G(s)=\dfrac{K}{s(s+1)(0.5s+1)}$$

给定的性能指标:单位斜坡输入时的静态误差 $e_\mathrm{ss}=0.2$,相位裕量 $\gamma=40°$,幅值裕量 $20\lg K_\mathrm{g}\geqslant10$ dB。

解　(1)按给定的稳态误差确定开环增益 K

对于Ⅰ型系统

$$K=\dfrac{1}{e_\mathrm{ss}}=\dfrac{1}{0.2}=5$$

(2)作 $G(\mathrm{j}\omega)$ 的渐近伯德图,找出未校正系统的相位裕量和幅值裕量

图 7-17 中虚线是校正前系统开环频率特性 $G(\mathrm{j}\omega)$ 的渐近伯德图。由图可知原系统的相位裕量为 $-20°$,幅值裕量为 $20\lg K_\mathrm{g}=-8$ dB,系统是不稳定的(这个结论也可以通过劳斯稳定性判据得到,校正前该闭环系统稳定的 K 值范围为 $0<K<3$)。

(3)在 $G(\mathrm{j}\omega)$ 的伯德图上找出相位裕量 $\gamma=40°+(5\sim12°)$ 的频率点,并选这点作为已校正系统的幅值穿越频率。

由于在系统中串联相位滞后环节后,对数相频特性曲线在幅值穿越频率 ω_c 处的相位将有所滞后,所以增加 $10°$ 作为补充。现取设计相位裕量为 $50°$,由图可知,对应于相位裕量为 $50°$ 的频率大致为 0.6 rad $\cdot$ s^{-1},将校正后系统的幅值穿越频率 ω_c 选在该频率附近为 0.5 rad/s。

(4)相位滞后校正环节的零点转角频率 ω_T 选为已校正系统的 ω_c 的 $\dfrac{1}{10}\sim\dfrac{1}{4}$

相位滞后校正环节的零点转角频率 $\omega_T=\dfrac{1}{T}$,应远低于已校正系统的幅值穿

越频率,选 $\dfrac{\omega_c}{\omega_T}=5$

所以
$$\omega_T=\dfrac{\omega_c}{5}=0.1\ \mathrm{rad\cdot s^{-1}}$$

$$T=\dfrac{1}{\omega_T}=10\ \mathrm{s}$$

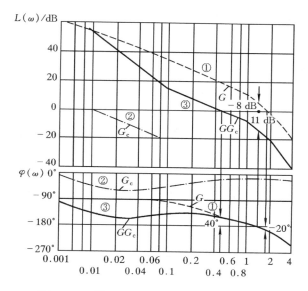

图 7 - 17 滞后校正前后系统的开环伯德图

(5)确定 α 值和相位滞后校正环节的极点转角频率

在 $G(\mathrm{j}\omega)$ 的伯德图中,在已校正系统的幅值穿越频率点上,找到使 $G(\mathrm{j}\omega)$ 的对数幅频特性下降到零分贝所需的衰减分贝值,这一衰减分贝值等于 $-20\lg\alpha$,由此确定了 α 值,也确定了相位滞后校正环节的极点转角频率。

由图 7 - 17 可知,要使 $\omega=0.5\ \mathrm{rad\cdot s^{-1}}$ 成为已校正系统的幅值穿越频率 ω_c,就需要在该点将 $G(\mathrm{j}\omega)$ 的对数幅频特性移动 $-20\ \mathrm{dB}$。所以该点的滞后校正环节的对数幅频特性分贝值应为

$$20\lg\left|\dfrac{1+\mathrm{j}T\omega_c}{1+\mathrm{j}\alpha T\omega_c}\right|=-20\ \mathrm{dB}$$

当 $\alpha T\gg1$ 时,有

$$20\lg\left|\dfrac{1+\mathrm{j}T\omega_c}{1+\mathrm{j}\alpha T\omega_c}\right|\approx-20\lg\alpha$$

$$-20\lg\alpha=-20\ \mathrm{dB}$$

得
$$\alpha=10$$

显然，极点转角频率

$$\omega_{\mathrm{T}} = \frac{1}{\alpha T} = 0.01 \ \mathrm{rad \cdot s^{-1}}$$

相位滞后校正环节的频率特性为

$$G_{\mathrm{c}}(\mathrm{j}\omega) = \frac{1 + \mathrm{j}T\omega_{\mathrm{c}}}{1 + \mathrm{j}\alpha T\omega_{\mathrm{c}}} = \frac{1 + \mathrm{j}10\omega}{1 + \mathrm{j}100\omega}$$

$G_{\mathrm{c}}(\mathrm{j}\omega)$ 的伯德图为图 7-17 中的点划线所示。

故校正后系统的开环传递函数为

$$G_{\mathrm{k}}(s) = G_{\mathrm{c}}(s)G(s) = \frac{5(10s + 1)}{s(0.5s + 1)(s + 1)(100s + 1)}$$

图中实线为校正后的 $G_{\mathrm{k}}(\mathrm{j}\omega)$ 伯德图。图中相位裕量 $\gamma = 40°$，幅值裕量 $20\lg K_{\mathrm{g}} \approx$ 11 dB，系统的性能指标得到满足。但由于校正后的开环幅值穿越频率从 1.85 降到了 0.55，闭环系统的带宽也随之下降，所以这种校正会使系统的响应速度降低。

　　同样，在求得系统校正前后的闭环传递函数后，可以用 MATLAB 画出系统校正前后的单位阶跃响应曲线，来验证我们上面的结论，如图 7-18 所示（校正前系统不稳定）。

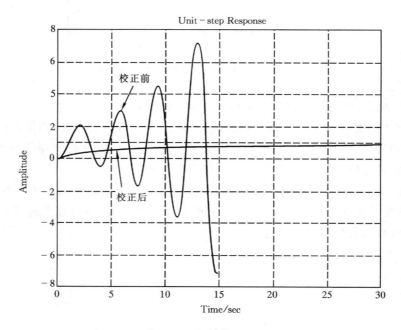

图 7-18　滞后校正前后系统的单位阶跃响应

4. 相位滞后-超前校正环节

超前校正的效果使系统带宽增加,提高了时间响应速度,但对稳态误差影响较小;滞后校正则可以提高稳态性能,但使系统带宽减小,降低了时间响应速度。

采用滞后－超前校正环节,则可以同时改善系统的瞬态响应和稳态精度。

图7-19(a)为一无源的滞后－超前校正网络,它的传递函数为

$$G_c(s) = \frac{u_o(s)}{u_i(s)} = \frac{(R_1C_1s+1)(R_2C_2s+1)}{(R_1C_1s+1)(R_2C_2s+1)+R_1C_2s} \quad (7-11)$$

令

$$R_1C_1 = T_1;\ R_2C_2 = T_2 \quad (\text{取}\ T_2 > T_1) \quad (7-12)$$

$$R_1C_1 + R_2C_2 + R_1C_2 = \frac{T_1}{\alpha} + \alpha T_2 (\text{取}\ \alpha > 1) \quad (7-13)$$

由式(7-12)和式(7-13)代入式(7-11)得

$$G_c(s) = \frac{(T_1s+1)}{\left(\dfrac{T_1}{\alpha}s+1\right)} \frac{T_2s+1}{(\alpha T_2s+1)} = \frac{(1+T_2s)}{(1+\alpha T_2s)} \frac{(1+T_1s)}{\left(1+\dfrac{T_1}{\alpha}s\right)} \quad (7-14)$$

式(7-14)中的第一项相当于滞后网络,而第二项相当于超前网络。由其伯德图7-19(b)可以看出:当 $0<\omega<\dfrac{1}{T_2}$ 时起滞后网络作用;当 $\dfrac{1}{T_2}<\omega<\infty$ 时,起超前网络作用;在 $\omega = \dfrac{1}{\sqrt{T_1T_2}}$ 时,相角等于零。

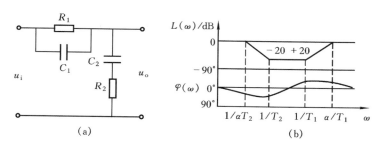

图7-19　滞后-超前网络及其伯德图

(a)滞后-超前网络；(b)滞后-超前网络伯德图

下面举例子来说明采用滞后-超前校正的步骤。

例7.4　设单位反馈系统的开环传递函数为

$$G(s) = \frac{K}{s(s+1)(0.5s+1)}$$

给定的性能指标为:单位斜坡输入时的稳态误差 $e_{ss} = 0.1$,相位裕量 $\gamma = 50°$,幅值裕量 $20\lg K_g \geq 10$ dB

解　(1)首先根据稳态性能指标确定开环增益 K

对于 I 型系统 $$K = \frac{1}{e_{ss}} = \frac{1}{0.1} = 10$$

(2)画出 $G(j\omega)$ 的渐近伯德图(如图 7-20 中的虚线所示)

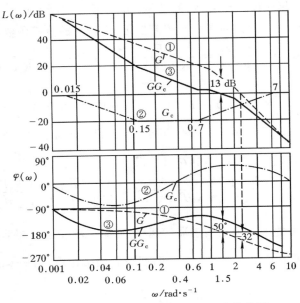

图 7-20　滞后-超前校正前后的系统伯德图

由图 7-20 可见,系统的相位裕量约为 $-32°$,显然系统是不稳定的。现在采用超前校正,使相角在 $\omega = 0.4\ \text{rad} \cdot \text{s}^{-1}$ 以上超前,但若单纯采用超前校正,则低频段衰减太大,若附加增益 K_1,则幅值穿越频率右移,ω_c 仍可能在相位穿越频率 ω_g 右边,系统仍然不稳定。因此,在此基础上再采用滞后校正,可使低频段有所衰减,有利于 ω_c 左移。

(3)选择未校正前的相位穿越频率

若选择未校正前的相位穿越频率 $\omega_g = 1.5\ \text{rad} \cdot \text{s}^{-1}$ 为新系统的幅值穿越频率,则取相位裕量 $\gamma = 50°$。

(4)选滞后部分的零点转角频率远低于 $\omega = 1.5\ \text{rad} \cdot \text{s}^{-1}$

即 $\omega_{T_2} = \frac{1.5}{10} = 0.15\ \text{rad} \cdot \text{s}^{-1}$,$T_2 = \frac{1}{\omega_{T_2}} = 6.67\ \text{s}$,选 $\alpha = 10$,则极点转角频率

为 $\frac{1}{\alpha T_2} = 0.015\ \text{rad} \cdot \text{s}^{-1}$,因此滞后部分的频率特性为

$$\frac{1 + jT_2\omega}{1 + j\alpha T_2\omega} = \frac{1 + j6.67\omega}{1 + j66.7\omega}$$

由图 7-20 可知,当 $\omega = 1.5\ \text{rad} \cdot \text{s}^{-1}$ 时,幅值 $L(\omega) = 13\ \text{dB}$。因为这一点

是校正后的幅值穿越频率,所以校正环节在 $\omega=1.5$ rad・s^{-1} 点上产生-13 dB 增益。在伯德图上过点$(1.5$ rad・s$^{-1},-13$ dB$)$作斜率为 20 dB/dec 的斜线,它和零分贝线和-20 dB 线的交点就是超前部分的极点和零点的转角频率。如图 7 - 20 所示,超前部分的零点转角频率, $\omega_{T_1}\approx0.7$ rad・s^{-1} , $T_1=\dfrac{1}{\omega_{T_1}}=1.43$ s。 极点转角频率为 7 rad・s^{-1} ,则超前部分的频率特性为

$$\frac{T_1}{\alpha}=\frac{1.43}{10}=0.143$$

$$\frac{1+jT_1\omega}{1+j\dfrac{T_1}{\alpha}\omega}=\frac{1+j1.43\omega}{1+j0.143\omega}$$

(5)滞后—超前校正环节的频率特性

即为
$$G_c(j\omega)=\frac{(1+j6.67\omega)(1+j1.43\omega)}{(1+j66.7\omega)(1+j0.143\omega)}$$

其特性曲线如图 7 - 20 中的点划线。

因此校正后系统的开环传递函数为

$$G_k(s)=G_c(s)G(s)=\frac{10(6.67s+1)(1.43s+1)}{s(s+1)(0.5s+1)(66.7s+1)(0.143s+1)}$$

其伯德图如图 7 - 20 中的实线所示。此例的 MATLAB 程序及实际伯德图如图 7 - 21(a)。

MATLAB Program of Example 7 - 4

```
% - - - - Bode diagram of phase - lag - lead compensation - - - -
num = [0 0 0 10];
den = [0.5 1.5 1 0];
w = logspace( - 2,2,100)
bode(num,den,w)
grid on
title(Bode Diagrams)
hold
numa = [9.5381 8.1 1];
dena = [9.5381 66.843 1];
bode(numa,dena,w)
grid on
numb = [0 0 0 95.381 81 10];
denb = [4.7691 47.7287 110.3026 68.343 1 0];
bode(numb,denb,w)
grid on
```

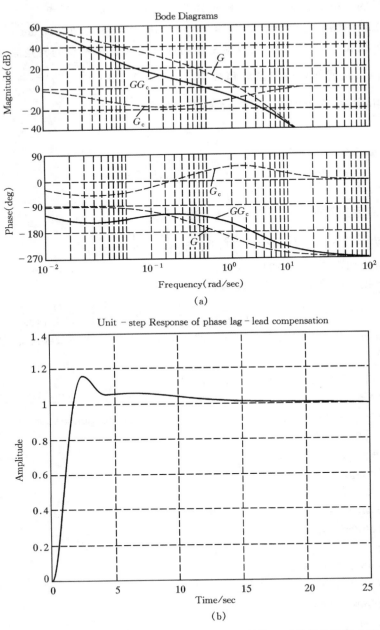

图 7 - 21　用 MATLAB 画例 7.4 的伯德图及其校正后的单位阶跃响应

(a) 用 MATLAB 画例 7.4 的伯德图；

(b) 滞后-超前校正后系统的单位阶跃响应

　　由以上校正过程可以看出,滞后-超前校正使系统的稳定性和稳态精度得到提高,但由于相位穿越频率变小,使得带宽变窄,从而使系统的响应速度有所降低。

　　同样,因为校正前的系统不稳定,用 MATLAB 只画其校正后的单位阶跃响应曲线,如图 7-21(b)所示。

MATLAB Program of Example 7-4

```
% - - -Unit - step Response of phase - lag - lead compensation - - -
num = [0 0 0 10];
den = [0.5 1.5 1 10];
step(num,den)
title(Unit - step Response)
hold
num = [0 0 0 95.381 81 10];
den = [4.7691 47.7287 110.3026 163.724 82 10];
step(num,den)
grid on
```

7.3　并联校正

　　串联校正实现比较简单,使用也较为普遍,但有时由于系统本身的特性决定,也常采用并联(反馈、顺馈与前馈)的校正方法来改善系统的动特性。

1. 反馈校正

　　所谓反馈校正,是从系统某一环节的输出中取出信号,经过校正网络加到该环节前面某一环节的输入端,并与那里的输入信号叠加,从而改变信号的变化规律,实现对系统进行校正的目的。应用较多的是对系统的部分环节建立局部负反馈,如图 7-22 所示。

　　对于图 7-22 所示最简单的反馈校正控制系统,$G_c(s)$ 为反馈校正装置的传

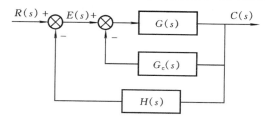

图 7-22　反馈系统方块图

递函数,$G(s)H(s)$ 为原系统的开环传递函数,校正后系统的开环传递函数为

$$G_K(s) = \frac{G(s)H(s)}{1 + G(s)G_c(s)} \qquad (7-15)$$

在能够影响系统动态性能的频率范围内,如果

$$|G(j\omega)G_c(j\omega)| \gg 1$$

则校正后系统的开环传递函数可近似地表示为

$$G_K(s) \approx \frac{H(s)}{G_c(s)} \qquad (7-16)$$

可见反馈校正系统的特性几乎与被反馈校正装置包围的环节 $G(s)$ 无关。

　　因此,从控制的观点讲,反馈校正比串联校正更有其突出的优点:利用反馈校正能有效地改善被包围环节的动态结构参数,甚至在一定条件下能用反馈校正环节完全取代被包围环节,从而大大减弱这部分环节由于特性参数变化以及各种干扰给系统带来的不利影响。

　　下面用一些例子来说明采用反馈校正对系统结构和参数的影响,为分析方便,取 $H(s)=1$。

　　(1)若采用的反馈校正装置 $G_c(s)=K_H$,则称为比例(位置)反馈

　　① 当图 7-22 中的 $G(s)=\dfrac{K}{s}$,则校正后系统的开环传递函数

$$G_K(s) = \frac{G(s)H(s)}{1 + G(s)G_c(s)} = \frac{\dfrac{1}{K_H}}{1 + \dfrac{s}{KK_H}} \qquad (7-17)$$

系统由原来的 Ⅰ 型变成了 0 型的惯性环节,系统的型次降低,虽然这意味着降低了大回路系统的稳态精度,但有可能提高系统的稳定性。

　　② 当图 7-22 中 $G(s)=\dfrac{K}{1+Ts}$,则校正后系统的开环传递函数

$$G_K(s) = \frac{G(s)H(s)}{1 + G(s)G_c(s)} = \frac{\dfrac{K}{1+KK_H}}{1 + s\,\dfrac{T}{1+KK_H}} \qquad (7-18)$$

系统仍为一阶惯性环节,但时间常数由原来的 T 变为 $\dfrac{T}{(1+KK_H)}$,反馈系数 K_H 越大,时间常数减小,系统的响应也就越快。

　　一般地,比例负反馈可以削弱被包围环节 $G(s)$ 的时间常数,从而扩展该环节带宽。

　　(2)若采用的反馈校正装置 $G_c(s)=K_H s$,则称为速度反馈。

　　当 $G(s)=\dfrac{\omega_n^2}{s(s+2\zeta\omega_n)}$,则校正后系统的开环传递函数

$$G_{\mathrm{K}}(s) = \frac{G(s)H(s)}{1 + G(s)G_{\mathrm{c}}(s)} = \frac{\omega_{\mathrm{n}}^2}{s^2 + (2\zeta\omega_{\mathrm{n}} + K_{\mathrm{H}}\omega_{\mathrm{n}}^2)s} \tag{7-19}$$

系统仍为二阶振荡环节,但阻尼比由原来的 $2\zeta\omega_{\mathrm{n}}$ 增加到 $(2\zeta\omega_{\mathrm{n}} + K_{\mathrm{H}}\omega_{\mathrm{n}}^2)$,可以在不影响系统无阻尼固有频率的条件下,有效地减弱小阻尼环节的不利影响。因此速度反馈既保持了系统的快速性,又改善了系统的稳定性。

希望系统具有较高的快速性,同时又具有良好平稳性的位置随动系统,广泛地采用了这类速度反馈。但由于在工程实际中难以获得理想的微分环节,故常采用近似的微分环节 $\dfrac{K_{\mathrm{H}}s}{T_1 s + 1}$ 来实现微分作用,只要 $T_1 s \ll 1$(一般 T_1 为 $10^{-2} \sim 10^{-4}s$)。T_1 越小,微分作用越显著。

2. 顺馈与前馈校正

前面讨论的闭环反馈控制,控制作用由误差 $E(s)$ 产生,是利用误差来减少误差最后消除误差的过程。因此从原理上来讲,误差是不可避免的。如果采用补偿的方法,使作用于系统的信号除误差以外,还引入与输入(或扰动)有关的补偿信号,来消除输出和输入之间的误差,这种方法称为顺馈校正(或前馈校正)。

前馈校正的特点是在干扰引起误差之前就对它进行近似补偿,以便及时消除干扰的影响。因此在干扰信号可测的前提下,可引入前馈补偿。因补偿信号与输入和扰动有关,故可分为按输入校正和按扰动校正两种情况。

（1）按输入校正

图 7-23 为按输入进行顺馈校正的控制系统,$G_{\mathrm{c}}(s)$ 为顺馈校正环节的传递函数。系统的输出为

$$\begin{aligned}
C(s) &= G_1(s)G_2(s)E(s) + G_{\mathrm{c}}(s)G_2(s)R(s) \\
&= C_{\mathrm{o1}}(s) + C_{\mathrm{o2}}(s)
\end{aligned} \tag{7-20}$$

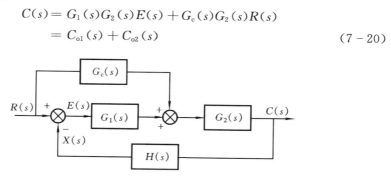

图 7-23　按输入进行顺馈校正的控制系统

此式表示顺馈补偿为开环补偿,相当于系统通过 $G_{\mathrm{c}}(s)G_2(s)$ 增加了一个输出 $C_{\mathrm{o2}}(s)$,其闭环传递函数为

$$\frac{C(s)}{R(s)} = \frac{G_1(s)G_2(s) + G_{\mathrm{c}}(s)G_2(s)}{1 + G_1(s)G_2(s)H(s)}$$

此时如果选择顺馈校正环节为

$$G_c(s) = \frac{1}{G_2(s)H(s)} \tag{7-21}$$

则有

$$\frac{C(s)}{R(s)} = \frac{G_1(s)G_2(s) + \dfrac{1}{G_2(s)H(s)}G_2(s)}{1 + G_1(s)G_2(s)H(s)} = \frac{1}{H(s)}$$

而此时反馈信号 $X(s) = H(s)C(s) = R(s)$，这样，$E(s) = R(s) - H(s)C(s) = 0$，即完全消除了给定输入信号引起的误差，称为全补偿的顺馈校正。式(7-21)这一使误差为零的条件，称为绝对不变性条件。

上述系统虽然加了顺馈校正，但稳定性不受影响，因为系统的特征方程仍然是

$$1 + G_1(s)G_2(s)H(s) = 0$$

为了减小顺馈控制信号的功率，大多将顺馈控制信号加在系统中信号综合放大器的输入端。另外，在工程上实现绝对不变性条件是很困难的，而且为了使 $G_c(s)$ 的结构简单，在绝大多数情况下，并不要求实现全补偿，只要通过部分补偿将系统的误差减小到允许范围之内即可。

（2）按扰动校正

控制系统往往因受到扰动信号的作用而产生误差，如果扰动信号是可测量的，则可采用按扰动校正的前馈补偿，如图 7-24。图中 $N(s)$ 为扰动信号，$G_N(s)$ 为干扰作用的传递函数，$G_c(s)$ 为前馈校正环节传递函数。

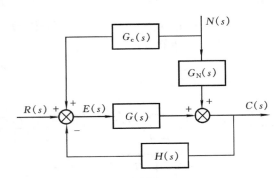

图 7-24　按扰动校正的前馈补偿系统

系统的输出

$$C(s) = G(s)E(s) + G_N(s)N(s) \tag{7-22}$$

而误差

$$E(s) = R(s) - H(s)C(s) + G_c(s)N(s)$$

所以
$$C(s) = G(s)[R(s) - H(s)C(s)] + [G(s)G_c(s) + G_N(s)]N(s) \quad (7-23)$$

当输入 $R(s) = 0$，则由扰动引起的系统输出
$$C_N(s) = \frac{G(s)G_c(s) + G_N(s)}{1 + G(s)H(s)}N(s) \quad (7-24)$$

如果适当地选择 $G_c(s)$ 使它满足
$$G_c(s) = -\frac{G_N(s)}{G(s)} \quad (7-25)$$

则 $C_N(s) = 0$，由 $N(s)$ 引起的误差就可消除，即实现了对系统扰动作用的全补偿。当然在工程上实现对扰动的全补偿是困难的，但近似补偿是可以做到的。

综上所述，顺馈与前馈校正实际上是一种开环控制方式，因为其特征方程没有改变，所以其稳定性不受影响；但由于开环控制的特点，开环装置中元器件的精度及其参数的稳定性会直接影响控制的效果，因此为了获得比较好的补偿效果，应力求选择高质量的元器件，而这又会增加控制系统的成本。所以顺馈与前馈校正往往和反馈控制配合使用，如本节的图 7-23 和图 7-24 所示的控制系统，有些教材与文献亦称它们为复合校正（或复合控制）系统。

一般地，既有串联校正又有反馈校正的复合校正系统框图，如图 7-25。此处不再详述。

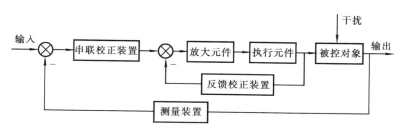

图 7-25　一般复合校正系统原理框图

下面研究如何利用顺馈校正来提高液压仿形刀架的车削精度。

图 7-26 为系统的方块图和触头沿模板的运动情况。系统的输入量为模板的形状对触头的输入，输出量为刀具刀尖的轨迹。加工过程中，刀具刀尖随触头的运动作随动，仿形模板由两段和零件轴线平行的直线 1 到 2，3 到 4 和一段与零件轴线夹角为 β 的直线 2 到 3 组成。触头轴线和零件轴线的夹角为 α，仿形刀架在零件轴线方向进给速度为 v。

当触头在仿形模板 3 到 4，1 到 2 直线段运动时（加工外圆柱面），触头没有信号输入，$r(t) = 0$。自 3 点开始，触头沿仿形模板 3 到 2 直线段向左运动时（加工圆锥面），触头的输入为一斜坡信号 v_i，输入信号 v_i 与仿形刀架进给速度的关

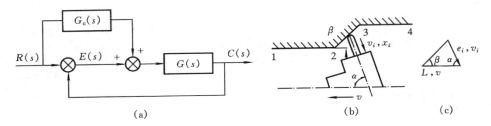

图 7 - 26　仿形刀架系统的方块图和触头沿模板的运动情况

系如图 7 - 26(c)所示。

$$v_i = \frac{\sin\beta}{\sin(\alpha + \beta)} v \qquad (7-26)$$

由于液压仿形刀架的传递函数为

$$G(s) = \frac{K}{s\left(\dfrac{s^2}{\omega_n^2} + \dfrac{2\zeta}{\omega_n} s + 1\right)} \qquad (7-27)$$

即系统为 I 型。则当输入为斜坡函数 v_i 时,系统的稳态误差为

$$e_{ss} = \frac{v_i}{K} = \frac{v}{K} \frac{\sin\beta}{\sin(\alpha + \beta)} \qquad (7-28)$$

e_{ss} 表示在触头轴线方向上刀尖将滞后触头的距离,即产生的仿形车削误差。为此若采用顺馈校正装置 $G_c(s)$(如图 7 - 26(a)),这时系统的输出为

$$C(s) = \frac{K}{s\left(\dfrac{s^2}{\omega_n^2} + \dfrac{2\zeta}{\omega_n} s + 1\right)} [R(s)G_c(s) + E(s)] \qquad (7-29)$$

$$E(s) = R(s) - C(s) \qquad (7-30)$$

从上二式消去 $C(s)$ 得

$$E(s) = \frac{1 - G_c(s)\dfrac{K}{s\left(\dfrac{s^2}{\omega_n^2} + \dfrac{2\zeta}{\omega_n} s + 1\right)}}{1 + \dfrac{K}{s\left(\dfrac{s^2}{\omega_n^2} + \dfrac{2\zeta}{\omega_n} s + 1\right)}} R(s) \qquad (7-31)$$

在斜坡函数 $r(t) = v_i t$ 作用下,其稳态误差为

$$e_{ssr} = \lim_{s \to 0} sE(s)$$

$$= \lim_{s \to 0} s \frac{s\left(\dfrac{s^2}{\omega_n^2} + \dfrac{2\zeta}{\omega_n} s + 1\right) - G_c(s)K}{s\left(\dfrac{s^2}{\omega_n^2} + \dfrac{2\zeta}{\omega_n} s + 1\right) + K} \frac{v_i}{s^2} \qquad (7-32)$$

若 $G_c(s) = \dfrac{s}{K}$，则将有

$$e_{ssr} = \lim_{s \to 0} \frac{\left(\dfrac{s^2}{\omega_n^2} + \dfrac{2\zeta}{\omega_n}s + 1\right) - 1}{s\left(\dfrac{s^2}{\omega_n^2} + \dfrac{2\zeta}{\omega_n}s + 1\right) + K} v_i = 0$$

上式说明，当输入信号为斜坡函数时，若顺馈校正采用微分环节，则系统的稳态误差从原理上说可以为零。

由式(7-28)可知 $\qquad\qquad K = \dfrac{v_i}{e_{ss}}$

实际中为了实现 $G_c(s) = \dfrac{s}{K}$，可以采用将模板沿工件纵向进给方向向后平移 L 距离的方法。由图 7-26(c)可知

$$L = \frac{\sin(\alpha + \beta)}{\sin\beta} e_{ss} \tag{7-33}$$

从输入信号看，模板平移一段距离 L，相当于有一个导前输入。设原来输入量为 $r(t)$，平移 L 后变为 $r(t+T_d)$。

令 $\qquad\qquad T_d = \dfrac{L}{v} = \dfrac{e_{ss}}{v_i} = \dfrac{1}{K}$

对 $r(t+T_d)$ 进行拉氏变换

$$R'(s) = L[r(t+T_d)] = \frac{v_i}{s^2} e^{T_d s}$$

而 $\qquad\qquad e^{T_d s} = 1 + T_d s + \dfrac{1}{2!} e^{T_d s} + \cdots$

当 $|T_d s| \ll 1$ 时，近似可取 $\qquad e^{T_d s} \approx 1 + T_d s$

因此得

$$R'(s) = \frac{v_i}{s^2}(1 + T_d s) = \frac{v_i}{s^2} + \frac{v_i}{s^2} T_d s \tag{7-34}$$

在 $R'(s)$ 输入下，系统的方块图如图 7-27。

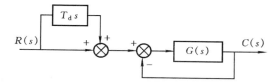

图 7-27　模板移动 L 后的方块图

如果将图 7-27 中的两个相加点交换位置，就变成为图 7-26(a)的方块图，$T_d s$ 即为所求的顺馈校正环节 $G_c(s)$。

因此当车削锥面时,为减小稳态误差,可以将模板移动 L 距离,这相当于在原来斜坡函数输入的基础上再并联一个顺馈的微分校正环节 $T_d s$,从而使系统的稳态误差为零。

7.4 PID 校正器的设计

PID 校正器亦称 PID 控制器,是最早发展起来的控制策略之一,因其算法简单、工程实现容易和可靠性高而被广泛地应用于工业过程控制和运动控制中,据统计 50% 以上的工业控制器采用了 PID 或变形 PID 控制方案。它既可以用于串联校正方式,也可以用于并联校正方式。

1. PID 控制器原理

从第 4 章的分析中,我们知道闭环系统的稳态性能主要取决于系统的型次和开环增益,而闭环系统的瞬态性能主要取决于闭环系统零点和极点的分布。在系统中加入校正器的目的,就是要使系统的零点和极点分布按性能要求来配置。设计时,一般是将校正器的增益调整到使系统的开环增益满足稳态性能指标的要求,而校正器的零点和极点的设置,能使校正后系统的闭环主导极点处于所希望的位置,满足瞬态性能指标的要求。

在模拟控制系统中,最常用的校正器就是 PID 校正器,它通常是一种由运算放大器组成的器件,通过对输出和输入之间的误差(或偏差)进行比例(P)、积分(I)和微分(D)的线性组合以形成控制律,对被控对象进行校正和控制,故称 PID 校正器。PID 控制系统方框图如图 7 - 28 所示。

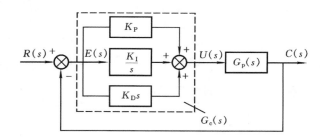

图 7 - 28 模拟 PID 控制系统方框图

图中 $G_P(s)$ 是被控对象的传递函数,$G_c(s)$ 则是虚线框中 PID 校正器的传递函数

$$G_c(s) = K_P + \frac{K_I}{s} + K_D s \qquad (7 - 35)$$

式中:K_P 为比例系数;K_I 为积分系数;K_D 为微分系数。

使用时,PID校正器的传递函数也经常表示成以下形式

$$G_c(s) = K_P(1 + \frac{1}{T_I s} + T_D s) \qquad (7-36)$$

式中:K_P 为比例系数;T_I 为积分时间常数,$T_I = \dfrac{K_P}{K_I}$;T_D 为微分时间常数,$T_D = \dfrac{K_D}{K_P}$。

PID校正器对控制对象所施加的作用可以由式(7-37)来表示

$$u(t) = K_P e(t) + K_I \int e(t) dt + K_D \frac{de(t)}{dt} \qquad (7-37)$$

简单说来,PID校正器各校正环节的作用如下:

(1)比例环节。成比例地反映控制系统的误差(偏差)信号,误差一旦产生,校正器立即产生控制作用,以减少误差。

(2)积分环节。主要作用是消除静态误差,提高系统的无差度。积分作用的强弱取决于积分环节系数 K_I(或积分时间常数 T_I),K_I 越小(或 T_I 越大),积分作用越弱,反之则越强。

(3)微分环节。反映误差信号的变化趋势(变化速率),并能在误差信号变得太大之前,在系统中引入一个有效的早期修正信号,从而加快系统的动作速度,减少调节时间。

2. PID 控制器的形式及其作用

(1)PI 控制器

在图 7-28 中,若 $K_D = 0$,即不含微分环节,则 PID 控制器成为 PI 控制器,如图 7-29 所示。

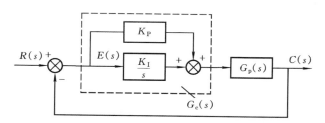

图 7-29　带有 PI 控制器的反馈控制系统

PI 控制器的传递函数为

$$G_c(s) = K_P + \frac{K_I}{s} = K_P\left(1 + \frac{1}{T_I s}\right) \qquad (7-38)$$

分析其相频特性:$\varphi(\omega) = -90° + \arctan \dfrac{K_P}{K_I}\omega \leqslant 0°$,所以 PI 控制器的频率特性类

似于滞后校正环节。

当控制对象传递函数为 $G_P(s) = \dfrac{\omega_n^2}{s(s+2\zeta\omega_n)}$，则整个系统的开环传递函数为

$$G(s) = G_c(s)G_P(s) = \frac{\omega_n^2(K_P s + K_I)}{s^2(s+2\zeta\omega_n)}$$

在此情况下，PI 校正器相当于给系统开环传递函数增加了一个极点 $s=0$ 和一个零点 $s=\dfrac{-K_I}{K_P}$，结果使系统的阶数增加一阶，这样可以使系统的稳态误差得到一级改善。也就是说，如果原系统对于给定输入的稳态误差是一个常数，则 PI 校正器的积分环节将使其减少到零。但是，因为系统阶数的增加，会使校正系统的稳定性降低，如果参数 K_P 和 K_I 的选择不当，甚至会变为不稳定。

所以，在具有 PI 校正器的控制系统的调整中，K_P 的取值很重要，因为对 I 型系统，它决定了系统的速度误差系数，而其稳态误差与 K_P 成反比，但如果 K_P 取得太大，又会影响系统的稳定性。

下面通过实例说明，如何选取配合适当的 K_P 和 K_I，使系统得到满意的瞬态响应。假设图 7-29 中受控对象为一打印轮系统，其传递函数为 $G_P(s) = \dfrac{400}{s(s+48.5)}$，取 $K_P=100$，$K_I=10$，则系统的闭环传递函数为

$$\frac{C(s)}{R(s)} = \frac{40\,000(s+0.1)}{s^3 + 48.5s^2 + 40\,000s + 4\,000}$$

特征方程的 3 个根分别为

$$s_1 = -0.100\,01, \quad s_{2,3} = -24.2 \pm j198.5$$

可以看到，s_1 与闭环传递函数的零点非常接近，这样三阶系统可以近似为二阶系统，其闭环传递函数可写为

$$\frac{C(s)}{R(s)} = \frac{40\,000}{s^2 + 48.5s + 40\,000}$$

利用 MATLAB 求系统的单位阶跃响应如图 7-30 所示。

由于 K_P 无论如何取值，I 型和 II 型系统对于阶跃输入信号的稳态误差均为零，因此为改善系统的瞬态响应，我们可以进一步减小 K_P。保持 K_P 和 K_I 的比值不变（保持该比值的目的只是为了使系统的实数极点与其零点抵消），分别取 $K_P=10$，$K_I=1$ 和 $K_P=2$，$K_I=0.2$ 求其单位阶跃响应，如图 7-30。

MATLAB Program of PI Control System

```
%———Unit-step Response of PI control system———
%———When Kp=10, Ki=1—————————
numa=[0 0 40000 4000];
```

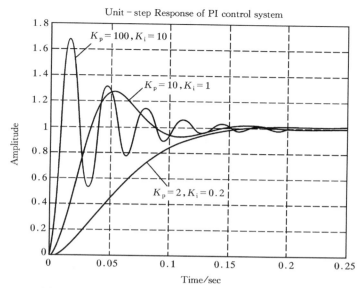

图 7 - 30　带有 PI 校正器的控制系统的单位阶跃响应

dena＝[1 48.5 40000 4000];

step(numa,dena)

hold on

title('Unit - step Response of PI control system')

%———When Kp＝10, Ki＝1—————————

numb＝[0 0 4000 400];

denb＝[1 48.5 4000 400];

step(numb,denb)

hold on

%———When Kp＝2, Ki＝0.2—————————

numc＝[0 0 800 80];

denc＝[1 48.5 800 80];

step(numc,denc)

grid on

K_I 对系统稳定性的影响可以用劳斯判据对闭环特征方程进行分析

$$s^3 + 48.5s^2 + 400K_P s + 400K_I = 0$$

其结果是,若 $K_I \leqslant 48.5K_P$,则闭环系统稳定。

由图 7 - 30 可以看出,当 PI 控制器的参数取 $K_P = 10, K_I = 1$ 时,系统的响

应速度较快,相对稳定性较好。这时,根据式(7 - 38)得 PI 校正器的传递函数为

$$G_c(s) = K_P + \frac{K_I}{s} = \frac{10(s + 0.1)}{s}$$

校正后系统的开环传递函数为

$$G_K(s) = \frac{4\,000(s + 0.1)}{s^2(s + 48.5)}$$

由 MATLAB 画出系统校正前后的开环伯德图如图 7 - 31 所示。由图 7 - 31 可见,系统实施 PI 校正后,幅值裕量和相位裕量几乎没有变化,而幅值穿越频率由 8 rad · s⁻¹ 增大到约 50 rad · s⁻¹,即系统能够在保持原相对稳定性的前提下,使响应速度加快,并且由于积分环节的引入,使斜坡输入的稳态误差减少到零。

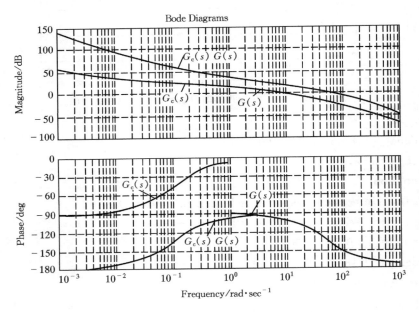

图 7 - 31　实施 PI 校正前后的系统伯德图

MATLAB Program of PI Control System

```
% - - Bode Diagram of PI control system - - -
% - - -When Kp = 100, Ki = 10 - - - - - - - - -
% - - - input transform function before compensation - - - - -
numa = [0 0 400];
dena = [1 48.5 0];
bode(numa,dena)
```

```
hold on
title('Bode diagrams of PI control system')
% - - - input transform function of compensation - - - - - - -
numb = [10 1];
denb = [1 0];
bode(numb,denb)
hold on
% - - - input compensated transform function of - - - - - - - -
numc = [0 0 4000 400];
denc = [1 48.5 0 0];
bode(numc,denc)
grid on
```

(2)PD 校正器

在图 7-28 中,若 $K_I = 0$,即不含积分环节,则 PID 校正器成为 PD 校正器,如图 7-32 所示。

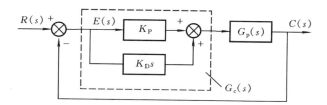

图 7-32　带有 PD 校正器的反馈控制系统

PD 校正器的传递函数为

$$G_c(s) = K_P + K_D s = K_P(1 + T_D s) \tag{7-39}$$

分析其相频特性:$\varphi(\omega) = \arctan \dfrac{K_D}{K_P} \omega \geqslant 0°$, 所以 PD 校正器的频率特性类似于超前校正环节。

当控制对象传递函数为 $G_P(s) = \dfrac{\omega_n^2}{s(s + 2\zeta\omega_n)}$,则整个系统的开环传递函数为

$$G(s) = G_c(s)G_P(s) = \dfrac{\omega_n^2(K_P + K_D s)}{s(s + 2\zeta\omega_n)}$$

上式清楚地表明,PD 校正器相当于给系统开环传递函数增加了一个简单零点 $s = -\dfrac{K_P}{K_D}$。

由图 7-32 可以看出,微分环节对系统的控制作用是通过对误差信号 $e(t)$

求导数进行的,而误差函数对时间的导数 $\dfrac{de(t)}{dt}$ 实际上就是 $e(t)$ 的斜率,所以微分控制实质上是一种预见型控制,它能在系统误差发生大的变化之前,给系统施加一个有效的早期修正信号,从而加快系统的调整速度。但要注意,只有当误差信号随时间变化时,微分环节才能对系统起控制作用。

仍以前述打印轮控制系统为例,来说明 PD 校正器对系统的控制作用。

打印轮系统在 PD 校正器的作用下,其开环传递函数为

$$G(s) = G_c(s)G_P(s) = \frac{400(K_P + K_D s)}{s(s + 48.5)}$$

对于 K_P 和 K_D 的取值,我们采用经验试凑的方法令 $K_P = 2.94$ 和 $K_D = 0.050\ 2$(此时 $\zeta = 1.0$),求系统的单位阶跃响应;再令 $K_P = 2.94$ 和 $K_D = 0$(此时 $\zeta = 0.707$),求系统的单位阶跃响应,如图 7 – 33 所示。

MATLAB Program of PD Control System

```
% − − −Unit − step Response of PD control system − − −
% − − −When KP = 2.94, KD = 0.0502 (ζ = 1.0) − − − − − − − − −
numa = [0 20.08 1176];
dena = [1 68.58 1176];
step(numa,dena)
hold on
title('Unit − step Response of PD control system')
% − − −When KP = 2.94, KD = 0 (ζ = 0.707) − − − − − − − − −
numb = [0 0 1176];
denb = [1 48.5 1176];
step(numb,denb)
grid on
```

由图 7 – 33 可以看到,当 $K_P = 2.94$ 和 $K_D = 0.050\ 2$ 时系统的响应速度缓慢,而且系统对于单位阶跃输入的响应几乎无超调,因此对其实施微分控制的必要不大。图 7 – 34 给出了当 $K_P = 100$,而 K_D(或 ζ)取不同值时系统的单位阶跃响应曲线,随着 K_D(或 ζ)的增大,系统的瞬态响应超调量减小,上升时间也缩短。因此,恰当地选取 PD 校正器的参数可以使系统响应曲线上升很快,并且超调量很小或没有。

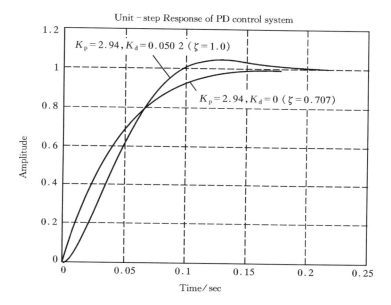

图 7 - 33 $K_P = 2.94$ 时系统的单位阶跃响应

MATLAB Program of PD Control System

```
% - - - Unit - step Response of PD control system - - -
% - - - When KP = 100, KD = 0.0502 (ζ = 0.1715) - - - - - - - - - -
numa = [0 20.08 40000];
dena = [1 68.58 40000];
step(numa,dena)
hold on
title('Unit - step Response of PD control system')
% - - - When KP = 100, KD = 0 (ζ = 0.12125) - - - - - - - - - -
numb = [0 0 40000];
denb = [1 48.5 40000];
step(numb,denb)
hold on
% - - - When KP = 100, KD = 0.8788 (ζ = 1.0) - - - - - - - - - -
numc = [0 351.52 40000];
denc = [1 400.02 40000];
step(numc,denc)
```

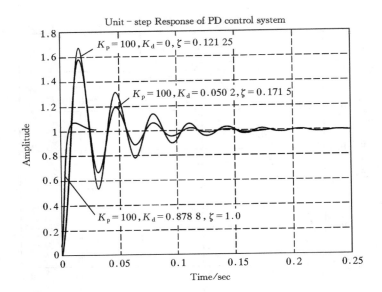

图 7-34　$K_P = 100$ 时系统的单位阶跃响应

```
grid on
```

现取 PD 校正器参数 $K_P = 100$，$K_D = 0.878\ 8$，通过系统频率特性分析其对系统性能的影响。PD 校正器的传递函数为

$$G_K(s) = K_P + K_D s = 100 + 0.878\ 8s$$

校正后系统的开环传递函数为

$$G_k(s) = G_c(s)G_P(s) = \frac{400(K_P + K_D s)}{s(s + 48.5)} = \frac{400(100 + 0.878\ 8s)}{s(s + 48.5)}$$

用 MATLAB 画出系统校正前后的频率特性图，如图 7-35 所示。由图中可以看出，校正后系统的相位滞后大大减少，相对稳定性得到改善；其幅值穿越频率由 9 rad·s^{-1} 增加到约 400 rad·s^{-1}，响应速度亦得到较大提高。

MATLAB Program of PD Control System

```
% - -Bode Diagram of PD control system - - -
% - - -When KP = 100, KD = 0.8788 - - - - - - - - -
% - - - input transform function before compensation - - - - -
numa = [0 0 400];
dena = [1 48.5 0];
bode(numa,dena)
```

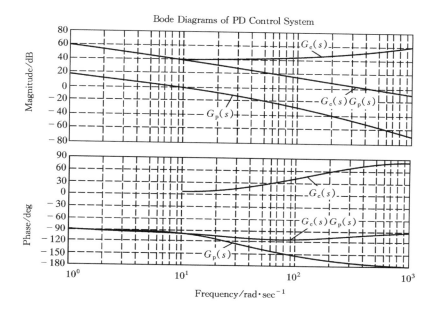

图 7 - 35　实施 PD 校正前后系统的开环伯德图

```
hold on
title('Bode diagrams of PD control system')
% - - - input transform function of compensation - - - - - - -
numb = [0.8788 100];
denb = [0 1];
bode(numb,denb)
hold on
% - - - input compensated transform function of - - - - - - - -
numc = [0 351.52 40000];
denc = [1 48.5 0];
bode(numc,denc)
grid on
```

(3)PID 校正器

若图 7 - 28 中的比例、积分、微分三个环节都存在,则该校正器称为 PID 校正器。其传递函数由式(7 - 35)和式(7 - 36)得

$$G_{c}(s) = K_{P} + \frac{K_{I}}{s} + K_{D}s$$

$$= K_P(1 + \frac{1}{T_1 s} + T_D s)$$

$$= \frac{K_D\left(s + \dfrac{K_P - \sqrt{K_P^2 - 4K_I K_D}}{2K_D}\right)\left(s + \dfrac{K_P + \sqrt{K_P^2 - 4K_I K_D}}{2K_D}\right)}{s}$$

$$(7-40)$$

由式(7-40)可见,引入 PID 校正器后,系统的型次增加了,在满足($K_P^2 - 4K_I K_D$)>0 的条件下,还提供了两个负实数零点。

如果将式(7-40)表示的 $G_c(s)$ 改写成另外一种形式

$$G_c(s) = \frac{(\tau_1 s + 1)(\tau_2 s + 1)}{\tau_3 s} \qquad (7-41)$$

式中: $\tau_1 = \dfrac{2K_D}{K_P - \sqrt{K_P^2 - 4K_I K_D}}$

$\tau_2 = \dfrac{2K_D}{K_P + \sqrt{K_P^2 - 4K_I K_D}}$

$\tau_3 = \dfrac{1}{K_I}$

作 $G_c(s)$ 在 $s=j\omega$ 时的频率特性图(Bode 图)如图 7-36 所示,它非常类似于前面讲过的相位滞后—超前环节的 Bode 图。关于 PID 校正器的参数 K_P, K_I 和 K_D 的选择及其对系统实施串联校正时所起的作用,我们将在本节后续内容通过例 7.5 进行分析。

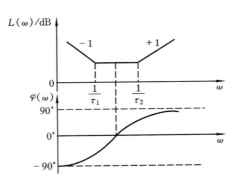

图 7-36   PID 校正器的伯德图

3. 调整 PID 控制器的齐格勒-尼柯尔斯法则

对控制系统实施 PID 校正(或控制),实际上就是对其参数 K_P, K_I 和 K_D 进行设计,也就是在被控系统数学模型已知或未知的情况下,为了满足给定的性能指标,选择校正器参数(确定 K_P, K_I, K_D 的值)的过程,这个过程通常亦称控制器的调整。由于 PID 控制器在工业现场中的广泛应用,在很多文献中都提供了不同类型的调整方法(或称调节律)。利用这些调节律,可以实现对 PID 控制器精确而细致的现场调节。下面介绍在 PID 控制器调整中广泛应用的齐格勒–尼柯尔斯(Ziegler-Nichols)法则。

　　齐格勒–尼柯尔斯是根据受控制对象的瞬态响应特性(实验阶跃响应),给出确定比例增益系数、积分时间常数 T_{I} 和微分时间常数 T_{D} 的一些法则的。特别是,当受控制对象的数学模型未知时,采用齐格勒–尼柯尔斯法则非常方便(当然该法则也适用于受控制对象数学模型已知时的系统调整和设计)。

　　齐格勒–尼柯尔斯调节律有两种方式,它们的目标都是使控制系统在阶跃响应时的最大超调量为 25%。

　　(1)第一种方法

　　若受控对象中既不包含积分器,又不包含主导共轭复数极点,即受控对象大多可以用一阶惯性环节加纯延迟环节来表示,其传递函数为

$$G_{\mathrm{P}}(s) = \frac{Ke^{-\tau s}}{Ts+1} \tag{7-42}$$

则通过实验求控制对象的单位阶跃响应时,其响应曲线是一条 S 形曲线,如图 7-37 所示(若系统响应不是呈现 S 形曲线,则此方法不能用)。

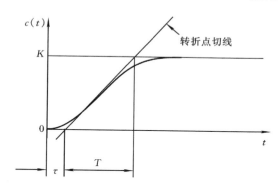

图 7-37　S 形阶跃响应曲线

　　图中参数 K、T、τ 可以人工测量,也可以通过系统辨识的方法辨识出来。

　　对于式(7-36)所示典型 PID 控制器,可以按下列公式确定 K_{P},T_{I} 和 T_{D} 的值:

$$\begin{cases} K_{\mathrm{P}} = \dfrac{1.2T}{K\tau} \\[2mm] T_{\mathrm{I}} = 2\tau \\[1mm] T_{\mathrm{D}} = 0.5\tau \end{cases} \tag{7-43}$$

若 PID 调节器中的微分项为零,只有比例和积分,则称 PI 调节器,其传递函数:

$$G_{\mathrm{P}}(s) = K_{\mathrm{P}}\Big(1 + \frac{1}{T_{\mathrm{I}}s}\Big) \tag{7-44}$$

按齐格勒-尼柯尔斯法则的第一种方法,可确定 K_{P} 和 T_{I} 参数如下:

$$\begin{cases} K_{\mathrm{P}} = \dfrac{0.9T}{K\tau} \\[2mm] T_{\mathrm{I}} = \dfrac{\tau}{0.3} \end{cases} \tag{7-45}$$

按齐格勒-尼柯尔斯法则的第一种方法调节 PID 校正器,可得

$$\begin{aligned} G_{\mathrm{c}}(s) &= K_{\mathrm{P}}\Big(1 + \frac{1}{T_{\mathrm{I}}s} + T_{\mathrm{D}}s\Big) \\[2mm] &= 1.2\,\frac{T}{\tau}\Big(1 + \frac{1}{2\tau s} + 0.5\tau s\Big) \\[2mm] &= 0.6T\,\frac{\Big(s + \dfrac{1}{\tau}\Big)^2}{s} \end{aligned}$$

即 PID 调节器有一个极点 $s=0$ 和两个 $s_{1,2} = -\dfrac{1}{\tau}$ 的零点。

(2)第二种方法

第二种方法是在 $T_{\mathrm{I}} = \infty$ 和 $T_{\mathrm{D}} = 0$ 的条件下,只采用比例控制环节(见图 7-38),调整 K_{P} 直到使系统的输出首次呈现持续振荡(见图 7-39),则此时的 K_{P} 即临界增益 K_{c}(如果无论如何调整 K_{P} 值,系统的输出都不能呈现持续振荡,则不能应用此方法)。在临界增益 K_{c} 和相应的振荡周期 T_{c} 确定后,PID 控制器参数 K_{P},T_{I} 和 T_{D} 的调整按以下经验公式确定:

$$\begin{cases} K_{\mathrm{P}} = 0.6K_{\mathrm{c}} \\ T_{\mathrm{I}} = 0.5T_{\mathrm{c}} \\ T_{\mathrm{D}} = 0.125T_{\mathrm{c}} \end{cases} \tag{7-46}$$

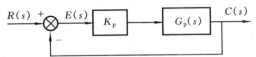

图 7-38　带比例控制器的闭环控制系统

对于 PI 控制器($T_{\mathrm{D}} = 0$),参数 K_{P} 和 T_{I} 确定为

$$\begin{cases} K_{\mathrm{P}} = 0.45K_{\mathrm{c}} \\[2mm] T_{\mathrm{I}} = \dfrac{1}{1.2}T_{\mathrm{c}} \end{cases} \tag{7-47}$$

一般地,当受控系统的数学模型未知时,特征参数 K_{c} 和 T_{c} 可以用实验的

方法确定,如图 7 - 39;而当系统数学模型已知时,也可以用频率特性分析算法根据受控对象的传递函数直接算得,即由幅值裕量 K_g 确定 K_c,由相位穿越频率 ω_c 确定 T_c:

$$\begin{cases} T_c = \dfrac{2\pi}{\omega_c} \\[2mm] K_c = 10^{\left(\frac{K_g}{20}\right)} \end{cases} \qquad (7-48)$$

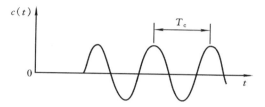

图 7 - 39 具有周期 T_c 的持续振荡

按齐格勒-尼柯尔斯法则的第一种方法调节 PID 校正器,可得下列校正传递函数:

$$\begin{aligned} G_c(s) &= K_P\left(1 + \frac{1}{T_I s} + T_D s\right) \\ &= 0.6 K_c\left(1 + \frac{1}{0.5 T_c s} + 0.125 T_c s\right) \\ &= 0.075 K_c T_c \frac{\left(s + \dfrac{4}{T_c}\right)^2}{s} \end{aligned}$$

即 PID 校正器有一个极点 $s = 0$ 和两个 $s_{1,2} = -\dfrac{4}{T_c}$ 的零点。

一般来说,当控制对象的动态特性比较复杂,且确定不带有积分器时,便可以应用齐格勒-尼柯尔斯法则来调节 PID 控制器的参数对系统实施校正,尤其适于那些动态特性不能精确确定的过程控制系统。但是,如果确定控制对象带有积分器,并且无论如何调整比例控制参数,该控制对象的输出都不会出现持续振荡,那么这些法则不再适用。例如在本节的第 2 部分举出的打印轮控制系统,其控制对象的传递函数为

$$G_P(s) = \frac{400}{s(s + 48.5)}$$

因为存在一个积分器(参照图 7 - 37,该控制对象的阶跃响应不是 S 形曲线),所以不能应用齐格勒-尼柯尔斯法则的第一种方法设计其 PID 控制器(如图 7 - 28 中所示)的参数。如果试图采用第二种方法(见图 7 - 38),因为带比例控制的闭环系统的特征方程为

$$s^2 + 48.5s + 400K_P = 0$$

由劳斯稳定判据可知,只要 $K_P > 0$,闭环系统总是稳定的,即:无论 K_P 取何值,带比例控制的闭环系统都不会呈现持续振荡,因此也不能应用齐格勒-尼柯尔斯法则的第二种方法来设计 PID 控制器。

齐格勒-尼柯尔斯法则的使用虽然受到一定条件的限制,但它仍然是一种很有效的调节律。多年的实践证明,如果控制对象是可以应用齐格勒-尼柯尔斯法则的,则具有 PID 控制器的控制对象在齐格勒-尼柯尔斯法则的调整下,其阶跃响应的超调量可以在 $10\% \sim 60\%$ 得到适当调整,使得闭环系统呈现满意的瞬态响应。实际上,齐格勒-尼柯尔斯法则对 PID 控制器参数的调整提供了科学推测和精确调整的起点。

例 7.5 考虑图 7-40 所示的控制系统,系统中采用了 PID 控制器,其传递函数形式为

$$G_c(s) = K_P \left(1 + \frac{1}{T_I s} + T_D s \right)$$

试用齐格勒-尼柯尔斯调节律确定参数 K_P、T_I 和 T_D 的值,并精确调整使系统阶跃响应的超调量约为 25%。

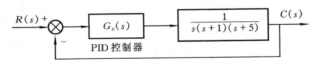

图 7-40　PID 控制系统

解　因为控制对象含有积分器,不适合采用齐格勒-尼柯尔斯调节律的第一种方法,所以采用第二种方法。

(1)求临界增益 K_c 的值。首先令 $T_I = \infty$ 和 $T_D = 0$,得到闭环传递函数

$$\frac{C(s)}{R(s)} = \frac{K_P}{s(s+1)(s+5) + K_P}$$

利用劳斯稳定判据,求使系统临界稳定的 K_P 值。

闭环系统的特征方程为

$$s^3 + 6s^2 + 5s + K_P = 0$$

写出其劳斯数列为

$$
\begin{array}{c|cc}
s^3 & 1 & 5 \\
s^2 & 6 & K_P \\
s^1 & \dfrac{30 - K_P}{6} & \\
s^0 & K_P &
\end{array}
$$

检验劳斯数列中第一列的系数,当 $K_P = 30$ 时发生持续振荡,因此临界增益为

$$K_c = 30$$

(2)求系统持续振荡的频率 ω_c 和周期 T_c。当设 $K_P = K_c = 30$ 时,特征方程式变为:

$$s^3 + 6s^2 + 5s + 30 = 0$$

求得持续振荡时的频率 $\omega_c = \sqrt{5}$,持续振荡的周期 $T_c = \dfrac{2\pi}{\omega_c} = \dfrac{2\pi}{\sqrt{5}} = 2.809\ 9$。

(3)参考式(7-46),确定 K_P,T_I 和 T_D 如下:

$$K_P = 0.6K_c = 18$$
$$T_I = 0.5T_c = 1.405$$
$$T_D = 0.125T_c = 0.351\ 24$$

因此 PID 控制器的传递函数为

$$G_c(s) = K_P\left(1 + \frac{1}{T_I s} + T_D s\right) = 18\left(1 + \frac{1}{1.405s} + 0.351\ 24s\right)$$
$$= \frac{6.322\ 3(s + 1.423\ 5)^2}{s}$$

即 PID 控制器具有一个 $s = 0$ 的极点和两个 $s = -1.423\ 5$ 的零点。

(4)检验系统的单位阶跃响应,精确调整 PID 控制器的参数。系统的闭环传递函数为

$$\frac{C(s)}{R(s)} = \frac{G_c(s)G(s)}{1 + G_c(s)G(s)} = \frac{6.322\ 3s^2 + 18s + 12.811}{s^4 + 6s^3 + 11.322s^2 + 18s + 12.811}$$

利用 MATLAB 可以很容易地求出系统的单位阶跃响应,如图 7-41 所示。由图中响应曲线可得其超调量约为 62%,不符合 25% 的超调量要求。可以进一步调整控制器参数。

当保持 $K_P = 18$,而将 PID 控制器的一对零点移动到 $s = -0.65$ 时,即

$$G_c(s) = 18\left(1 + \frac{1}{3.077s} + 0.769\ 2s\right) = \frac{13.846(s + 0.65)^2}{s}$$

$$\frac{C(s)}{R(s)} = \frac{13.846s^2 + 18s + 5.850}{s^4 + 6s^3 + 18.846s^2 + 18s + 5.850}$$

其单位阶跃响应的超调量降低到约 18%(见图 7-41)。

MATLAB Program of Example 7-5

```
% - - - Unit - step Response of PID control system - - -
% - - - When K_P = 18, T_I = 1.405, T_D = 0.35124 - - - - - - - - -
numa = [0 0 6.3223 18 12.811];
dena = [1 6 11.3223 18 12.811];
```

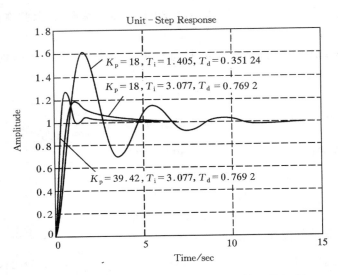

图 7-41　利用齐格勒–尼柯尔斯调节律（第二种方法）
设计的 PID 控制系统的单位阶跃响应

```
step(numa,dena)
hold on
title('Unit - step Response')
% - - -When KP = 18, TI = 3.077,TD = 0.7692 - - - - - - - - - -
numb = [0 0 13.846 18 5.850];
denb = [1 6 18.846 18 5.850];
step(numb,denb)
hold on
% - - -When Kₚ = 39.42, T_I = 3.077,T_D = 0.7692 - - - - - - - - -
numc = [0 0 30.322 39.4186 12.811];
denc = [1 6 35.322 39.4186 12.811];
step(numc,denc)
grid on
```

　　上述调整中,若再将比例增益增加到 39.42,而保持 $s = -0.65$ 的一对零点
不变,即采用下列 PID 控制器:

$$G_c(s) = 39.42\left(1 + \frac{1}{3.077s} + 0.769\,2s\right) = \frac{30.322(s + 0.65)^2}{s}$$

此时系统的闭环传递函数为

$$\frac{C(s)}{R(s)} = \frac{30.322s^2 + 39.418\,6s + 12.811}{s^4 + 6s^3 + 35.322s^2 + 39.418\,6s + 12.811}$$

则系统的响应速度加快,超调量也变化到约 28%(见图 7 - 41)。因为这时的超调量接近 25%,并且响应速度也较快,所以我们可以选定 K_P,T_I 和 T_D 的调整值为

$$K_P = 39.42, \quad T_I = 3.077, \quad T_D = 0.769\,2$$

有趣的是,上述数值分别是用齐格勒-尼柯尔斯调节律第二种方法求得数值的两倍左右(这并非一个必然的规律)。齐格勒-尼柯尔斯调节律为 PID 控制器的精确调整提供了起点。

下面我们用 MATLAB 画出系统校正前后的频率特性图,如图 7 - 42 所示。由图 7 - 42 可见,实施校正后系统的幅值裕量和相位裕量均增大,相对稳定性得到提高;幅值穿越频率也由 0.2 rad·s^{-1} 增大到约 4rad·s^{-1},响应速度得到较大提高。另外由系统从 I 型变为 II 型,其斜坡输入响应的稳态误差减少到零。

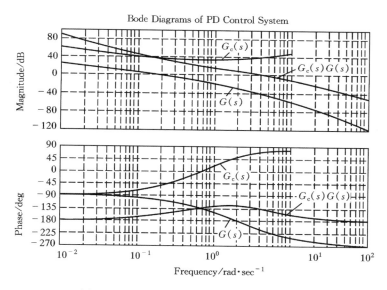

图 7 - 42 实施 PID 校正前后的系统伯德图

MATLAB Program of PID Control System

```
% - - Bode Diagram of PID control system - - -
% - - - When KP = 39.42,TI = 3.077,TD = 0.7692 - - - - - - - - - -
% - - - input transform function before compensation - - - - - - -
numa = [0 0 1];
dena = [1 6 5 0];
bode(numa,dena)
```

```
hold on
title('Bode diagrams of PID control system')
% - - - input transform function of compensation - - - - - - - -
numb = [30.322 39.4186 12.811];
denb = [0 1 0];
bode(numb,denb)
hold on
% - - - input compensated transform function of - - - - - - - -
numc = [0 0 30.322 39.4186 12.811];
denc = [1 6 5 0 0];
bode(numc,denc)
grid on
```

复习思考题

1. 一般采用哪些指标来衡量控制系统的性能,它们各自反映系统哪些方面的性能?
2. 试分析在串联校正中,各种形式的校正环节的作用是什么?
3. 试分析串联校正和并联校正的特点。
4. 试分析顺馈校正的特点以及校正环节的作用。
5. 试分析 PI 校正器、PD 校正器和 PID 校正器的动态特性及其对控制系统的作用。
6. 简要叙述 Ziegler-Nichols 调节律的两种方法适用的条件。

习 题

7.1 试分别画出图题 7.1 所示网络的伯德图和奈奎斯特图。

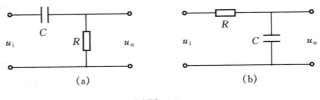

图题 7.1

7.2 如图题 7.2 所示系统,$G_c(s) = \tau s + 1$ 为串联校正装置,系统具有最佳阻尼比（系统闭环阻尼比为 $\zeta = \dfrac{\sqrt{2}}{2}$）时 τ 应如何选取？

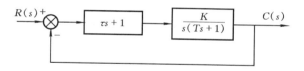

图题 7.2

7.3　为了使图题 7.3 所示系统的闭环主导极点具有 $\xi = 0.5$ 和 $\omega_n = 3 \text{ rad} \cdot \text{s}^{-1}$，设另一非主导极点为 $s_3 = -15$，试确定系统的 K_1，T_1 和 T_2 值。

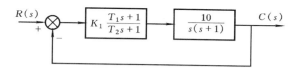

图题 7.3

7.4　某温度控制器如图题 7.4，其中 T_c 为被控对象炉子的输出温度，T_r 为给定温度，T_a 为炉子周围的环境温度，Q 为控制器输入给炉子的热量。试求：

（1）引入前馈控制前的传递函数 $\dfrac{G_c(s)}{T_a(s)}$，若 T_a 增加 10 ℃时，T_c 的稳态值有何变化？

（2）引入具有比例系数为 K 的前馈控制后（如图中虚线所示），求传递函数 $\dfrac{T_c(s)}{T_a(s)}$；为使 T_a 对炉温的影响最小，K 的取值应是多少？

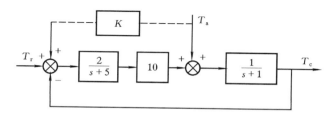

图题 7.4

7.5　对图题 7.5 所示之系统，分别用调整增益、相位滞后校正和相位超前校正，使得系统具有 50° 的相位裕量。利用 MATLAB 画出系统校正前后的对数坐标图。

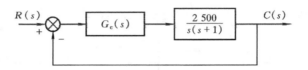

图题 7.5

7.6 对图题 7.6 所示之系统,若要使系统的静态速度误差系数为 20,相位裕量不小于 50°,幅值裕量不小于 10 dB,试确定系统的 K 值及校正装置。利用 MATLAB 画出系统校正前后的单位阶跃和单位斜坡响应曲线。

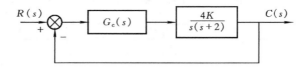

图题 7.6

7.7 研究图题 7.7 所示之系统,设计一个滞后校正网络,使系统静态速度误差系数为 100,相位裕量不小于 40°,幅值裕量不小于 10 dB。利用 MATLAB 画出系统校正前后的单位阶跃和单位斜坡响应曲线。

图题 7.7

7.8 图题 7.7 中,若改用滞后-超前校正网络,结果如何?并进行比较。

7.9 图题 7.9 所示 PID 控制器电路,若要使得控制器的传递函数为

$$G_c(s) = 39.42\left(1 + \frac{1}{3.077s} + 0.769\,2s\right) = \frac{30.322(s + 0.65)^2}{s}$$

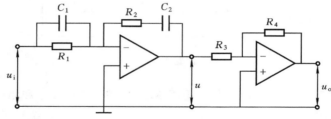

图题 7.9

试确定控制器中 R_1, R_2, R_3, R_4, C_1 和 C_2 的数值。

7.10 考虑图题 7.10 所示的系统,试采用齐格勒-尼柯尔斯调节律,对参数 K_P, T_I 和 T_D 进行调整,求系统的单位阶跃响应,使得调整后系统单位阶跃响应的超调量约为 15%。

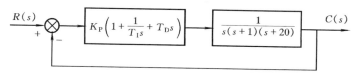

图题 7.10

第 8 章　离散系统分析基础

8.1　概述

前面几章所讨论的控制系统都是连续系统。在这类系统中,所有信号都是时间变量 t 的连续函数,信号函数允许有有限个间断点,这种信号称为连续信号或模拟信号,相应的系统即为连续系统或模拟系统。

近年来,随着计算机技术的发展及对控制系统性能要求的提高,计算机在控制系统中的应用越来越广泛。在加入了计算机(绝大多数为数字计算机)的控制系统中,我们不是连续地取时间 t 的值,而是离散地取值,即信号 $x(t)$ 仅在时间 $t=nT$(T 是定值;$n=0,1,2,\cdots$)时有值,而在两个相邻时刻 nT 与 $(n+1)T$ 之间是不确定的,这种信号就称为离散信号。系统中某一部分的信号是离散的,或者含有一个或多个离散信号的系统都称为离散系统。

有时,离散系统亦称采样系统或数字控制系统,离散信号亦称采样信号或数字控制信号。一般采样系统典型框图如图 8-1 所示。

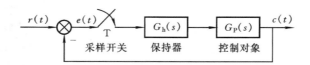

图 8-1　采样系统典型框图

计算机控制系统(数字控制系统)原理方框图如图 8-2 所示。

因为在计算机内参与运算的信号是二进制数码,所以输入与输出间的连续误差信号 $e(t)$ 首先要经过模数转换器(A/D)的转换,变成数字信号 $e^*(t)$ 送给数字控制器,再经过数字控制器的数字计算,给出控制信号的数字量 $u^*(t)$,然后又经过数模转换器(D/A)的转换,使数字量恢复成连续的控制作用 $u_h(t)$ 对被控对象实施控制。通常在分析计算机控制系统时,把 A/D 和 D/A 的工作过程理想化,即认为 A/D 转换相当于一个每隔 T 秒瞬时接通一次的采样开关,它把连续信号变成了采样数字信号;而 D/A 转换则近似于一个保持器,它把数字信

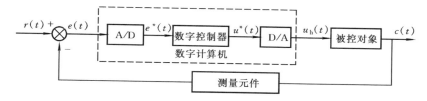

图 8-2　计算机控制系统典型框图

号变成连续信号。于是图 8-2 所示计算机控制系统可用方框图 8-3 表示如下：

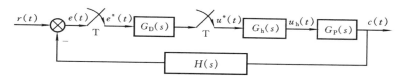

图 8-3　计算机控制系统方框图

　　A/D 和 D/A 转换器对于信号的转换过程可以通过图 8-4 表示。图(a)所示的连续信号(模拟信号)经过 A/D 脉冲采样后成为(b)图所示采样信号，再经过整量化编码为(c)图所示数字信号，最后经 D/A 转换器的保持(此处为零阶保持)后成为图(d)所示的整量化连续信号。由此过程可见，虽然连续信号(a)经过转化后仍能恢复为连续信号(d)，但两者已不完全相同；(b)和(c)虽都是离散信号，但两者也是有区别的。所以离散信号实际上应包括采样信号和数字信号，但在使用时往往并不加以区分，离散信号与数字信号通用，而图 8-1 所示采样系统与图 8-2 所示数字控制系统也通称为离散系统。

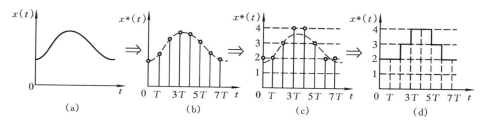

图 8-4　A/D 转换与编码(即整量化)过程、D/A 转换过程
(a) 连续信号；(b)采样信号；(c) 整量化数字信号；(d) 连续时间整量化信号

　　由于一般离散系统中存在离散的数字信号和连续的模拟信号，在对其动态特性进行研究和分析时，虽在一定程度上可以借鉴连续系统分析的一些成熟方

法,但仍然需要考虑其特殊性,相应地利用 z 变换、z 传递函数等来分析和研究系统。

8.2　脉冲采样与采样定理

1. 采样过程

采样,就是按照一定的时间间隔对系统中的连续信号的幅值进行采集(或测量),从而将连续信号变换为时间上离散的数字信号,如图 8-5 所示。用来完成采样过程的装置叫采样器或采样开关,如图 8-5(b)所示,它可以表示为一个按一定周期(即采样周期)T 闭合的开关,每次闭合的时间为 τ,产生的是一个单位脉冲序列 $\delta_T(t)$。对于理想采样过程,通常闭合时间 τ 远小于采样周期 T 和系统中连续部分的时间常数,因此可以认为 $\tau \to 0$。

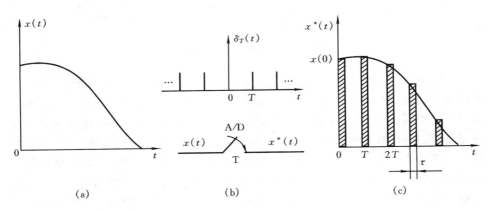

图 8-5　脉冲采样过程
(a) 连续信号；(b) 采样开关；(c) 采样信号

采样频率 ω_s 与采样周期 T 的关系表示为

$$\omega_s = \frac{2\pi}{T} \tag{8-1}$$

设采样器输出为一串脉冲信号 $x^*(t)$,它与输入的连续信号 $x(t)$ 的关系式为

$$x^*(t) = x(t)\delta_T(t) \tag{8-2}$$

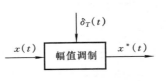

图 8-6　信号调制过程

采样开关的采样过程也可以用图 8-6 来表示。即采样器的输出量 $x^*(t)$ 等于连续输入量 $x(t)$ 与单位脉冲串 $\delta_T(t)$ 的乘积。换句话说,采样器也可以看作是一个调制器,输入量 $x(t)$ 作为被调制信号,而单位脉冲序列 $\delta_T(t)$ 则作为载

波。

　　因为采样开关所产生的单位脉冲序列 $\delta_T(t)$ 是以 T 为周期的周期函数,可以展开为傅立叶级数

$$\delta_T(t) = \frac{1}{T} \sum_{k=-\infty}^{\infty} e^{jk\omega_s t} \qquad (8-3)$$

　　在控制系统中,通常规定 $t<0$ 时,$x(t)=0$,所以连续信号经脉冲采样后的采样信号可表示为

$$\begin{aligned} x^*(t) &= x(t)\delta_T(t) = \sum_{k=-\infty}^{\infty} x(t)\delta(t-kT) \\ &= x(0)\delta(0) + x(T)\delta(t-T) + \cdots \\ &= \sum_{k=0}^{\infty} x(kT)\delta(t-kT) \end{aligned}$$

上式也可以写成如下形式:

$$x^*(t) = \sum_{k=0}^{\infty} x(t)\delta(t-kT) = x(t)\sum_{k=0}^{\infty} \delta(t-kT) \qquad (8-4)$$

式(8-4)表示,连续信号在时刻 $t=kT(k=0,1,2,\cdots)$ 时的脉冲采样信号,在数值上即该连续信号在该时刻的值。

2. 采样定理

　　由本章 8.1 节关于离散控制系统信号变换的过程(参见图 8-4)可知,模拟信号变换为数字信号输入计算机时,还需先经过整量化过程,这样就造成整量化数字信号与原模拟信号之间的误差,而数字信号在对被控对象实施控制时,也须先恢复为模拟信号(图 8-4(d)),此模拟信号与原模拟信号之间也有误差。若采样周期 T 太大,变换后的误差也会较大,必然会降低系统的控制精度。所以,采样周期或采样频率的选择对控制系统来说是非常重要的。下面就来分析采样周期的选择原则。

　　由式(8-2)和式(8-3)可得采样信号表达式

$$x^*(t) = \frac{1}{T} \sum_{k=0}^{\infty} x(t) e^{jk\omega_s t} \qquad (8-5)$$

对上式进行拉普拉斯变换得

$$X^*(s) = L[x^*(t)] = \frac{1}{T} \sum_{k=-\infty}^{\infty} X[s-jk\omega_s] \qquad (8-6)$$

再用 $s=j\omega$ 代入上式得采样信号频谱

$$X^*(j\omega) = \frac{1}{T} \sum_{k=-\infty}^{\infty} X[j(\omega-k\omega_s)] \qquad (8-7)$$

　　式(8-7)反应了采样后离散信号的频谱与连续信号频谱之间的关系。若连

续信号 $x(t)$ 的频带宽度最大为 ω_{max}，$X(j\omega)$ 为一孤立的频谱，如图 8-7 所示。

而采样后离散信号 $x^*(t)$ 的频谱为周期性重复的无限多个频谱，其幅值为 $\dfrac{1}{T}|X(j\omega)|$，周期为 ω_s，如图 8-8 所示。根据采样频率 ω_s 的大小，离散信号频谱可能出现两种情况：

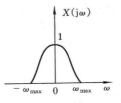

图 8-7　连续信号频谱

（1）$\omega_s \geqslant 2\omega_{max}$，采样信号频谱不发生重叠，如图 8-8 (a)所示；

（2）$\omega_s < 2\omega_{max}$，采样信号频谱发生重叠，如图 8-8(b)所示。

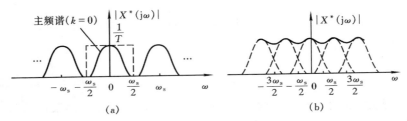

图 8-8　采样信号频谱

为使采样后的信号不丢失原来连续信号的信息，或者说为了能将采样后的离散信号恢复为原连续信号，必须使采样信号的频谱不出现重叠，因此有香农(Shannon)采样定理：只有当 $\omega_s \geqslant 2\omega_{max}$ 时，采样后的离散信号才能保持原连续信号的信息，可无失真地恢复为原来的连续信号。

香农采样定理是选择采样周期的一个重要依据。实际控制过程中，采样频率 ω_s 通常选择在连续信号中最高频率的 10～20 倍。

8.3　保持器

根据采样定理，在 $\omega_s \geqslant 2\omega_{max}$ 的条件下，离散信号频谱中各个分量互不重叠，这样就可以采用一个如图 8-9(a)所示的低通滤波器滤去各高频分量，保留主频谱，从而无失真地恢复为原连续信号。

理想的低通滤波器频谱为

$$G(j\omega) = \begin{cases} 1, & |\omega| \leqslant \dfrac{\omega_s}{2} \\[2mm] 0, & |\omega| > \dfrac{\omega_s}{2} \end{cases} \tag{8-8}$$

频谱的傅立叶(Fourier)反变换为

$$g(t) = \frac{1}{2\pi} \int_{-\infty}^{\infty} G(\mathrm{j}\omega) \mathrm{e}^{\mathrm{j}\omega t}\, \mathrm{d}\omega = \frac{1}{2\pi} \int_{-\omega_s/2}^{\omega_s/2} \mathrm{e}^{\mathrm{j}\omega t}\, \mathrm{d}\omega$$

$$= \frac{1}{2\pi \mathrm{j} t} (\mathrm{e}^{\frac{1}{2}\mathrm{j}\omega_s t} - \mathrm{e}^{-\frac{1}{2}\mathrm{j}\omega_s t}) = \frac{1}{\pi t} \sin \frac{\omega_s t}{2}$$

即

$$g(t) = \frac{1}{T} \frac{\sin \dfrac{\omega_s}{2} t}{\dfrac{1}{2} \omega_s t} \qquad\qquad (8-9)$$

理想的低通滤波器的单位脉冲响应如图 8-9(b)所示。因为响应是从 $t=$ $-\infty$ 一直到 $t=\infty$，也就是说对 $t=0$ 时刻施加的单位脉冲，在 $t<0$ 时已有响应（即，时间响应开始于输入之前）。这在物理上是不可实现的，所以上述理想滤波器实际上是不存在的。

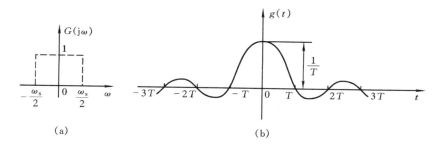

图 8-9　理想低通滤波器

(a) 理想滤波器的特性；(b) 理想滤波器的单位脉冲响应

另外，理想低通滤波器在系统中的位置一般处于采样开关之后，如图 8-10 所示。考虑到采样之后的离散信号的幅值 $|X^*(\mathrm{j}\omega)|$ 是连续信号 $X(\mathrm{j}\omega)$ 幅值的 $\dfrac{1}{T}$ 倍，因此希望滤波器输出信号与采样信号的关系为

$$X^*(\mathrm{j}\omega)[TG(\mathrm{j}\omega)] = X(\mathrm{j}\omega)$$

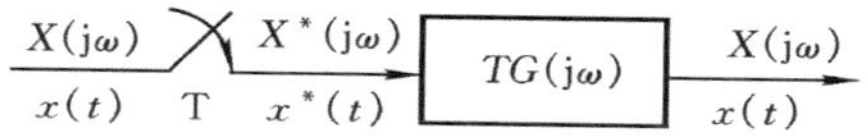

图 8-10　滤波器在系统中的位置

由于上述理想滤波器实际上不存在，在离散系统中通常采用特性与理想滤波器近似的保持器来代替。保持器(亦称数据保持器)即一个低通滤波器，采样信号通过保持器后相邻的两个采样值之间的信号可用一个多项式近似。若多项

式为零阶即两采样值之间是恒值,则称为零阶保持器。由于零阶保持器简单、易于实现,实际应用中多使用零阶保持器。在计算机控制系统中经常使用的 DAC0832、DAC1230 等转换器,采用的就是零阶保持器。

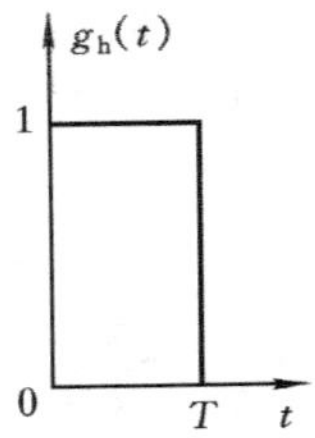

零阶保持器的时域波形如图 8-11 所示,其表达式为

$$g_{\mathrm{h}}(t) = 1(t) - 1(t-T) \tag{8-10}$$

对其进行拉氏变换为

$$G_{\mathrm{h}}(s) = \frac{1 - \mathrm{e}^{-sT}}{s} \tag{8-11}$$

图 8-11 零阶保持器的时域波形

将 $s = \mathrm{j}\omega$ 代入,得其频率特性

$$G_{\mathrm{h}}(\mathrm{j}\omega) = \frac{1 - \mathrm{e}^{-\mathrm{j}\omega T}}{\mathrm{j}\omega} = T \frac{\sin\dfrac{\omega T}{2}}{\dfrac{\omega T}{2}} \mathrm{e}^{-\mathrm{j}\frac{\omega T}{2}} \ (\omega_{\mathrm{s}} = \frac{2\pi}{T}) \tag{8-12}$$

因为 $\omega_{\mathrm{s}} = \dfrac{2\pi}{T}$,其幅频特性与相频特性可分别表示为

$$|G_{\mathrm{h}}(\mathrm{j}\omega)| = \frac{2\pi}{\omega_{\mathrm{s}}} \left| \frac{\sin\dfrac{\pi\omega}{\omega_{\mathrm{s}}}}{\dfrac{\pi\omega}{\omega_{\mathrm{s}}}} \right| \tag{8-13}$$

$$\angle G_{\mathrm{h}}(\mathrm{j}\omega) = \angle \mathrm{e}^{-\frac{\mathrm{j}\omega T}{2}} = -\frac{\pi\omega}{\omega_{\mathrm{s}}} \tag{8-14}$$

由以上零阶保持器的频率特性(参见图 8-12)可以看出,其幅值随频率的增大而减小,而且频率越高,幅值衰减越剧烈,具有明显的低通滤波特性;主频谱与连续信号相似,但在 $\dfrac{3\omega_{\mathrm{s}}}{2}$, $\dfrac{5\omega_{\mathrm{s}}}{2}$ 等处存在不希望的增益峰值,因此其转换后的连续信号与原来信号是有差别的。其相频特性则表现为相位的滞后,而且相位滞后随采样周期的增大而增大,这对于系统的稳定性会不利。但在计算机控制系统中,采样周期过小,会使计算机负担加重,对计算机的速度等要求也越高。

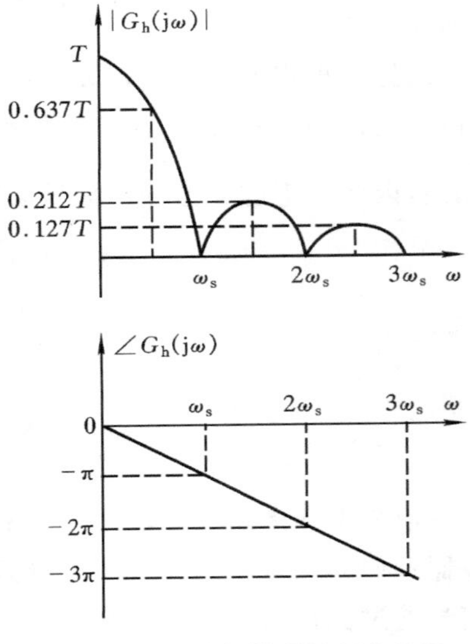

与零阶保持器比较,高阶保持器(即表达相邻的两个采样值之间信号的多项式是高阶的)更完善而且更接近理想滤波器,但

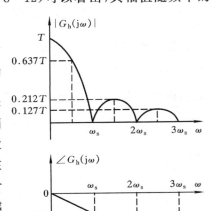

图 8-12 零阶保持器的频率特性

它们也更复杂,更容易引起闭环控制系统失稳。因此实际中广泛使用的仍是零阶保持器。只要采样频率 ω_s 比连续信号中的最高频率高得多,采用零阶保持器来恢复原连续信号也能得到满意的精确度,故这里只介绍零阶保持器,高阶保持器不再介绍。

8.4　z 变换与 z 反变换

对于连续系统的分析我们是以拉氏变换为工具,利用传递函数的概念来进行的,而对于离散系统的分析,我们以 z 变换为工具,利用 z 传递函数(或称脉冲传递函数)来分析离散系统的动态特性。z 变换的数学方法使得离散系统的分析可以利用连续系统的许多理论,使问题的讨论大为简便。

1. z 变换的定义

由本章 8.2 节可知,采样信号 $x^*(t)$ 可表示为以下形式:

$$x^*(t) = \sum_{k=0}^{\infty} x(kT)\delta(t-kT)$$

对其进行拉氏变换,得

$$X^*(s) = L[x^*(t)] = \sum_{k=0}^{\infty} x(kT)\int_0^{\infty} \delta(t-kT)\mathrm{e}^{-st}\mathrm{d}t$$

$$= \sum_{k=0}^{\infty} x(kT)\mathrm{e}^{-kTs}$$

令 $z = \mathrm{e}^{Ts}$(即 $s = \frac{1}{T}\ln z$),则 $\mathrm{e}^{-kTs} = z^{-k}$,将其代入上式得

$$X^*(s) = \sum_{k=0}^{\infty} x(kT)z^{-k}$$

因此,定义采样信号 $x^*(t)$ 的 z 变换为

$$X(z) = \sum_{k=0}^{\infty} x(kT)z^{-k} \quad (z = \mathrm{e}^{Ts} \text{ 或 } s = \frac{1}{T}\ln z) \tag{8-15}$$

$X(z)$ 即采样信号 $x^*(t)$ 的 z 变换,通常有以下表示形式:

$$Z[x(t)] = Z[x^*(t)] = X(z) = \sum_{k=0}^{\infty} x(kT)z^{-k} \tag{8-16}$$

严格地讲,z 变换只适用于离散信号,即 z 变换式只表征了连续函数在采样时刻的特性,而不能反映采样时刻之间的特性。但人们往往习惯于称 $X(z)$ 是 $x(t)$ 的 z 变换,这实际上是指经过采样之后 $x^*(t)$ 的 z 变换。

通常将采样周期 T 作为一个单位,把 $x(kT)$ 简记为 $x(k)$。

所以,关于连续信号 $x(t)$ 与其拉氏变换 $X(s)$、z 变换 $X(z)$ 的关系可表示如

图 8 - 13 所示。

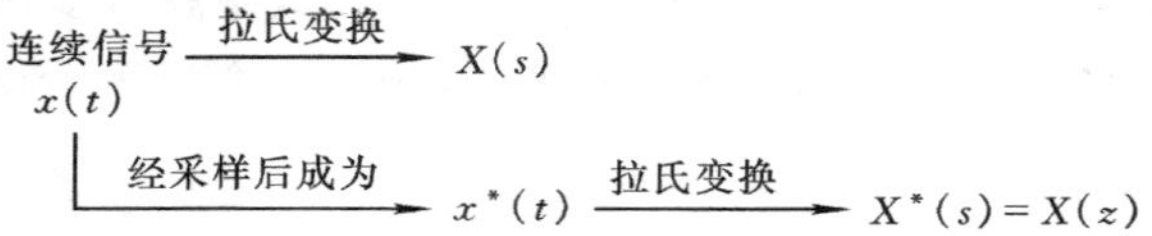

连续信号 $\xrightarrow{\text{拉氏变换}}$ $X(s)$
$x(t)$

$\xrightarrow{\text{经采样后成为}}$ $x^*(t)$ $\xrightarrow{\text{拉氏变换}}$ $X^*(s) = X(z)$

图 8 - 13   连续信号与其拉氏变换和 z 变换关系

按照 z 变换定义,只要知道连续函数 $x(t)$ 在各采样时刻的离散值 $x(kT)$ 即可按定义求其 z 变换。

例 8.1   求单位阶跃函数的 z 变换

解   单位阶跃函数及其采样函数如图 8 - 14。根据 z 变换定义有

$$Z[1(t)] = \sum_{k=0}^{\infty} 1z^{-k} = 1 + 1z^{-1} + 1z^{-2} + \cdots$$

$$= \lim_{n \to \infty} \frac{1 - z^{-n}}{1 - z^{-1}}$$

$$= \frac{1}{1 - z^{-1}} = \frac{z}{z - 1}$$

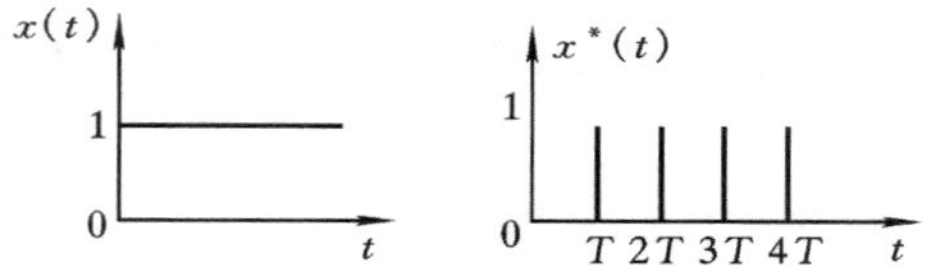

图 8 - 14   单位阶跃函数及其采样函数

注意,该级数收敛的条件是 $|z^{-1}| < 1$,即 $|z| > 1$ 时,级数收敛。

例 8.2   求指数函数的 e^{-at} 的 z 变换

解   根据 z 变换的定义式(8 - 15),得

$$z[e^{-at}] = \sum_{n=0}^{\infty} z^{-n} e^{-at} = 1 + e^{-aT} z^{-1} + e^{-2aT} z^{-2} + \cdots$$

$$= \frac{1}{1 - e^{-aT} z^{-1}} = \frac{z}{z - e^{-aT}}$$

$|e^{-aT} z^{-1}| < 1$,即 $|z| > e^{-aT}$ 时收敛。

由于指数函数 e^{-at} 的拉氏变换为 $L[e^{-at}] = \dfrac{1}{s+a}$,因此由例 8.2 可以推导出以下结论:

若连续函数 $x(t)$ 的拉氏变换为 $X(s)$,且可以展开成部分分式和时,即

$$X(s) = \sum_{i=1}^{n} \frac{a_i}{s + p_i}$$

则
$$X(z) = Z[x^*(t)] = \sum_{i=1}^{n} \frac{a_i z}{z - e^{-p_i T}}$$

例 8.3 已知 $L[x(t)] = X(s) = \dfrac{a}{s(a+s)}$，求函数 $x(t)$ 的 z 变换 $X(z)$。

解　因为 $X(s) = \dfrac{1}{s} - \dfrac{1}{s+a}$

所以 $X(z) = \dfrac{z}{z-1} - \dfrac{z}{z - e^{-aT}} = \dfrac{z(1 - e^{-aT})}{(z-1)(z - e^{-aT})}$

表 8-1 列出了一些常用函数的拉普拉斯变换表达式和 z 变换表达式，其中有些函数的 z 变换式已在前面的例题中推导过了。

表 8-1　常用函数的 Laplace 变换与 z 变换表

序号	$x(t)$	$X(s)$	$X(z)$
1	$\delta(t)$	1	1
2	$\delta(t - nT)$	e^{-nTs}	z^{-nT}
3	$1(t)$	$\dfrac{1}{s}$	$\dfrac{z}{z-1}$
4	t	$\dfrac{1}{s^2}$	$\dfrac{Tz}{(z-1)^2}$
5	t^2	$\dfrac{2}{s^3}$	$\dfrac{T^2 z(z+1)}{(z-1)^3}$
6	e^{-at}	$\dfrac{1}{s+a}$	$\dfrac{z}{z - e^{-aT}}$
7	te^{-at}	$\dfrac{1}{(s+a)^2}$	$\dfrac{zTe^{-aT}}{(z - e^{-aT})^2}$
8	$\sin\omega t$	$\dfrac{\omega}{s^2 + \omega^2}$	$\dfrac{z\sin\omega T}{z^2 - 2z\cos\omega T + 1}$
9	$\cos\omega t$	$\dfrac{s}{s^2 + \omega^2}$	$\dfrac{z(z - \cos\omega T)}{z^2 - 2z\cos\omega T + 1}$
10	$e^{-at}\sin\omega t$	$\dfrac{\omega}{(s+a)^2 + \omega^2}$	$\dfrac{ze^{-aT}\sin\omega T}{z^2 - 2ze^{-aT}\cos\omega T + e^{-2aT}}$
11	$e^{-at}\cos\omega t$	$\dfrac{s+a}{(s+a)^2 + \omega^2}$	$\dfrac{z(z - e^{-aT}\cos\omega T)}{z^2 - 2ze^{-aT}\cos\omega T + e^{-2aT}}$
12	$a^{\frac{1}{T}t}$	$\dfrac{1}{s - \dfrac{1}{T}\ln a}$	$\dfrac{z}{z-a}$ $(a>0)$

2. z 变换性质

与拉氏变换相似，在求函数的 z 变换表达式以及应用 z 变换来分析和研究离散系统时,常需应用到 z 变换的一些性质。利用这些性质,加上前面介绍 z 变换定义和一些简单函数的 z 变换表达式,就可以方便地求出一些复杂函数的 z 变换。下面给出经常用到的 z 变换的一些重要性质。

(1) 线性性质

如果函数 $h(t) = af(t) + bg(t)$,

则

$$H(z) = Z[h(t)] = Z[af(t) + bg(t)] = aF(z) + bG(z) \quad (8-17)$$

即各函数的线性组合的 z 变换,等于各函数 z 变换的线性组合。此性质的证明可以很容易地由 z 变换定义得到。

(2) 平移定理

假设在 $t < 0$ 时连续信号 $x(t) = 0$,其 z 变换为 $X(z)$。则对于 $x(t)$ 在时域中平移 m 个采样周期的滞后平移函数 $x(t - mT)$ 和超前平移函数 $x(t + mT)$(如图 8-15),有以下平移定理:

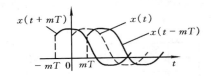

图 8-15　连续函数 $x(t)$ 及其平移函数

滞后平移定理

$$Z[x(t - mT)] = z^{-m}X(z) \quad (8-18)$$

超前平移定理

$$Z[x(t + mT)] = z^m \left[X(z) - \sum_{k=0}^{m-1} x(kT)z^{-k} \right] \quad (8-19)$$

特殊地,若 $x(0) = x(T) = \cdots = x((m-1)T) = 0$,则超前定理为

$$Z[x(t + mT)] = z^m X(z) \quad (8-20)$$

由平移定理可以得出,z^{-1} 代表滞后环节,z^{-m} 表示滞后 m 个采样周期。

证明　①滞后平移定理

$$Z[x(t - mT)] = \sum_{k=0}^{\infty} x(kT - mT)z^{-k} = \sum_{k=0}^{\infty} x[(k-m)T]z^{-k}$$

令 $n = k - m$,则

$$Z[x(t - mT)] = \sum_{n=-m}^{\infty} x(nT)z^{-(m+n)}$$

由于 $n < 0$ 时,$x(nT) = 0$,所以

$$Z[x(t - mT)] = z^{-m} \sum_{n=0}^{\infty} x(nT)z^{-n} = z^{-m}X(z)$$

②超前平移定理

$$Z[x(t + mT)] = \sum_{k=0}^{\infty} x(kT + mT)z^{-k}$$

令 $n = k + m$,则上式可写为

$$\sum_{n=m}^{\infty} x(nT)z^{-(n-m)} = \sum_{n=0}^{\infty} x(nT)z^{-n}z^m - \sum_{n=0}^{m-1} x(nT)z^{-n}z^m$$

$$= z^m \Big[X(z) - \sum_{k=0}^{m-1} x(kT)z^{-k} \Big]$$

（3）初值定理

若 $x(t)$ 的 z 变换为 $X(z)$，并且 $\lim\limits_{z\to\infty} X(z)$ 存在，则

$$X(0) = \lim_{t\to 0} x(t) = \lim_{z\to\infty} X(z) \qquad (8-21)$$

证明　因为 $X(z) = \sum_{k=0}^{\infty} x(kT)z^{-k}$

所以　$\lim\limits_{z\to\infty} X(z) = \lim\limits_{z\to\infty} \sum\limits_{n=0}^{\infty} x(kT)z^{-k}$

$$= \lim_{z\to\infty} [x(0) + x(1)z^{-1} + \cdots + x(nT)z^{-n} + \cdots]$$

$$= x(0) = \lim_{t\to 0} x(t)$$

（4）终值定理

若 $x(t)$ 的 z 变换为 $x(z)$，则

$$x(\infty) = \lim_{t\to\infty} x(t) = \lim_{z\to 1}(z-1)x(z) \qquad (8-22)$$

证明　由 z 变换定义得

$$Z[x((k+1)T) - x(kT)] = \lim_{m\to\infty} \sum_{k=0}^{m} [x((k+1)T) - x(kT)]z^{-k}$$

上式左边进行 z 变换得

$$z[X(z) - x(0)] - X(z) = (z-1)X(z) - zx(0)$$

$$= \lim_{m\to\infty} \sum_{k=0}^{m} [x((k+1)T) - x(kT)]z^{-k}$$

两边分别对 $z\to 1$ 取极限，则有

$$\lim_{z\to 1} [(z-1)X(z) - zx(0)]$$

$$= \lim_{m\to\infty} [x(T) - x(0) + x(2T) - x(T) + \cdots + x(m+1)T - x(mT)]$$

等式右边在 $z\to 1$ 时求和只剩下首尾两项，即

$$\lim_{z\to 1}(z-1)X(z) - x(0) = \lim_{m\to\infty} [x(m+1)T - x(0)] = x(\infty) - x(0)$$

最后整理得

$$\lim_{m\to\infty} x[(m+1)T] = x(\infty) = \lim_{z\to 1}(z-1)X(z)$$

定理得证。

（5）前向差分定理

一阶前向差分定义为

$$\Delta x(kT) = x((k+1)T) - x(kT) \qquad (8-23)$$

利用超前平移性质,可得一阶前向差分的 z 变换

$$Z[\Delta x(kT)] = (z-1)X(z) - zx(0) \qquad (8-24)$$

相似地,二阶前向差分定义为

$$\Delta^2 x(kT) = \Delta x((k+1)T) - \Delta x(kT)$$
$$= x((k+2)T) - 2x((k+1)T) + x(kT) \qquad (8-25)$$

二阶前向差分的 z 变换

$$Z[\Delta^2 x(kT)] = Z[\Delta x((k+1)T) - \Delta x(kT)]$$
$$= (z-1)^2 X(z) - z(z-1)x(0) - z\Delta x(0) \qquad (8-26)$$

推广到 m 阶前向差分的 z 变换为

$$Z[\Delta^m x(kT)] = (z-1)^m X(z) - z\sum_{j=0}^{m-1}(z-1)^{m-j-1}\Delta^j x(0) \qquad (8-27)$$

(6)后向差分定理

一阶后向差分定义为

$$\nabla x(kT) = x(kT) - x((k-1)T) \qquad (8-28)$$

利用滞后平移性质,可得一阶后向差分的 z 变换

$$Z[\nabla x(kT)] = X(z) - z^{-1}X(z) = (1-z^{-1})X(z) \qquad (8-29)$$

二阶后向差分定义为

$$\nabla^2 x(kT) = \nabla x(kT) - \nabla x((k-1)T)$$
$$= x(kT) - 2x((k-1)T) + x((k-2)T) \qquad (8-30)$$

二阶后向差分的 z 变换为

$$Z[\nabla^2 x(kT)] = (1-z^{-1})^2 X(z) \qquad (8-31)$$

推广到 m 阶后向差分的 z 变换为

$$Z[\nabla^m x(kT)] = (1-z^{-1})^m X(z) \qquad (8-32)$$

(7)卷积定理

若离散函数 $g(kT)$ 与 $x(kT)$ 的 z 变换分别为 $G(z)$ 和 $X(z)$,其卷积定义为

$$g(kT) * x(kT) = \sum_{m=0}^{k} g(kT-mT)x(mT)$$

或

$$g(kT) * x(kT) = \sum_{m=0}^{k} g(mT)x(kT-mT)$$

则卷积函数的 z 变换为

$$Z[g(kT) * x(kT)] = G(z)X(z) \qquad (8-33)$$

与拉氏变换相似,z 变换性质中的卷积定理说明,两个函数卷积的 z 变换等于这两个函数 z 变换的乘积。

3. z 反变换

z 反变换,即由 $X(z) \to x(kT)$ 或 $x^*(t)$ 的过程,可以记作

$$x(k) = Z^{-1}[X(z)] \text{ 或 } x^*(t) = Z^{-1}[X(z)] \qquad (8-34)$$

当然,求得 $x(kT)$ 或 $x^*(t)$ 后,也就容易获得连续函数的表达式 $x(t)$。下面介绍两种常用的 z 反变换的方法:幂级数法和部分分式法。

（1）幂级数法（长除法）

由定义直接将 $X(z)$ 展开成 z^{-1} 的幂级数

$$X(z) = \sum_{k=0}^{\infty} x(kT)z^{-k} = x(0) + x(T)z^{-1} + \cdots + x(kT)z^{-k} + \cdots$$

$X(z)$ 若是分式则用长除法展开,经过比较对应求得 $x(0)$，$x(T)$，$\cdots$，$x(kT)$，$\cdots$。

例 8.4　已知 $X(z) = \dfrac{-3z^2 + z}{z^2 - z + 1}$,求 $x(kT)$

解　将 $X(z)$ 用长除法展开如下

$$X(z) = -3 - 5z^{-1} - 7z^{-2} - 9z^{-3} - \cdots$$

与其定义式

$$X(z) = \sum_{k=0}^{\infty} x(kT)z^{-k} = x(0) + x(T)z^{-1} + \cdots + x(kT)z^{-k} + \cdots$$

比较,得

$$x(0) = -3, \; x(T) = -5, \; x(2T) = -7, \; \cdots, \; x(kT) = -3 - 2k$$

（2）部分分式法

z 反变换的部分分式法与拉氏反变换的部分分式法类似,但由于一般函数的 z 变换式中含有 z,所以先将 $\dfrac{x(z)}{z}$ 分解成部分分式,再由 z 变换表写出其原函数。

例 8.5　已知 $X(z) = \dfrac{10z}{(z-1)(z-2)}$,求其原函数 $x(kT)$。

解　将 $X(z)/z$ 展开成部分分式形式,如下

$$\frac{X(z)}{z} = \frac{10}{z-2} - \frac{10}{z-1}$$

因此得

$$X(z) = \frac{10z}{z-2} - \frac{10z}{z-1}$$

由表 8-1 得

$$x(kT) = 10 \times 2^k - 10, \text{ 即 } x(t) = 10 \times 2^{\frac{t}{T}} - 10$$

8.5　离散系统的差分方程

对于连续系统的动态行为,主要采用微分方程、s 传递函数及状态空间表达

式来描述。与其相似,描述离散系统动态特性的数学表达式——数学模型,主要有差分方程、z 传递函数和离散状态空间表达式。离散状态空间表达式将在现代控制理论中讲述。本节主要讨论线性定常离散系统的差分方程。

1. 线性定常离散系统的差分方程

我们已经知道,对于线性定常连续系统,采用微分方程来描述其动态行为,而对于线性定常离散系统,则采用差分方程来描述其动态行为。两者在许多方面是类似的。

对于图 8-16 所示的开环离散系统,输入信号为 $x(t)$,采样后的离散信号为

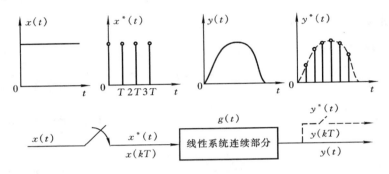

图 8-16　开环离散系统

$x(kT)$,$(k=0,1,2,\cdots)$;系统的输出信号为 $y(t)$,采样的输出信号为 $y(kT)$。$y(kT)$ 与 $x(kT)$ 之间的关系由系统本身的动态特性决定。显然,在任一采样时刻 kT 时,输出的采样值 $y(kT)$ 与两方面的数值有关:一方面与 kT 及 kT 以前 m 个采样周期输入的数值,即 $x(kT)$, $x((k-1)T)$, $x((k-2)T)$, $.., x((k-m)T)$ 有关;另一方面,它还与 kT 以前 n 个采样周期输出的数值,即 $y(kT)$, $y((k-1)T)$, $y((k-2)T)$,$\cdots$,$y((k-n)T)$ 有关。它们之间关系的形式及 m 和 n(均为整数)的取值由控制系统本身的动态特征及控制要求决定。在不考虑随机干扰等输入的影响下,线性定常离散系统的输入与输出的关系式可表示为下列一般形式:

$$y(kT) + a_1 y((k-1)T) + a_2 y((k-2)T) + \cdots + a_n y((k-n)T)$$
$$= b_0 x(kT) + b_1 x((k-1)T) + \cdots + b_m x((k-m)T) \ (n \geqslant m) \quad (8-35)$$

将括号中采样周期 T 省略不写,式(8-35)又可写成下列形式:

$$y(k) + a_1 y(k-1) + a_2 y(k-2) + \cdots + a_n y(k-n)$$
$$= b_0 x(k) + b_1 x(k-1) + \cdots + b_m x(k-m) \ (n \geqslant m) \quad (8-36)$$

以上两式中,$a_i(i=1\sim n)$, $b_j(j=0\sim m)$ 是由系统本身决定的常系数,$y(k-n)$ 表示 kT 采样时刻以前第 n 个采样时刻的输出值,$x(k-m)$ 表示 kT 采样时刻

以前第 m 个采样时刻的输入值。对于实际系统，$n \geqslant m$。

式(8-35)和式(8-36)表明，n 阶线性定常离散系统在 kT 时刻的输出值 $y(kT)$ 与其前 n 个采样周期的输出值和前 m 个采样周期的输入值有关。

因此，n 阶线性定常离散系统的差分方程可表示为

$$y(k) = -\sum_{i=1}^{n} a_i y(k-i) + \sum_{j=0}^{m} b_j x(k-j) \quad (n \geqslant m) \qquad (8-37)$$

如同线性连续系统一样，线性离散系统亦满足叠加原理，即系统的总的输出（或响应）是各个输入单独作用时的系统输出（或响应）之和。

离散系统用差分方程的形式来表达，可以比较直观地表示出系统各时刻输入输出值之间的关系，特别适用于计算机求解和运算。对于确定性系统，利用差分方程还可方便地对系统的输出值进行预测，因为知道了"以前"各采样时刻的输入和输出值，很容易计算下一步的输出值。

2. 系统差分方程式的建立

离散系统差分方程式的建立有许多方法，用理论推导的方法建立差分方程，主要有两种途径：一是通过系统的脉冲响应函数建立；二是通过 z 传递函数建立。本节只介绍前者，后者将在 8.6 节中讨论。

在图 8-16 中，已知系统中连续部分的输入为脉冲序列 $x(kT)$，$(k=0,1,2,\cdots)$，输出为 $y(t)$。假设该连续部分的脉冲响应函数为 $g(t)$，则有

$$y(t) = \sum_{k=-\infty}^{n} g(t-kT) x(kT) \qquad (8-38)$$

上式表示，在 $t=nT$ 时系统的输出 $y(t)$ 是 t 以前各个输入脉冲 $x(kT)$，$(k=\cdots,-2,-1,0,1,2,\cdots n)$ 对系统作用时引起的响应之和。考虑到 $t<0$ 时 $g(t)=0$，在采样时刻 nT，$(n+1)T$，$(n+2)T$，$\cdots$ 时输出的采样值为

$$\begin{cases} y(nT) = \sum_{k=0}^{n} g(nT-kT) x(kT) \\[2mm] y((n+1)T) = \sum_{k=0}^{n+1} g((n+1)T-kT)) x(kT) \\[2mm] y((n+2)T) = \sum_{k=0}^{n+2} g((n+2)T-kT) x(kT) \\[2mm] \qquad\qquad \vdots \end{cases} \qquad (8-39)$$

将式(8-39)各式中的 k 消去，即可得到系统的差分方程式。下面举例说明。

例 8.6　设图 8-16 所示离散系统中连续部分的传递函数为

$$G(s) = \frac{b_0}{s+a}$$

求此系统的差分方程表达式。

解　对系统连续部分的 s 传递函数进行拉氏反变换,得其脉冲响应函数

$$g(t) = L^{-1}\left[\frac{b_0}{s+a}\right] = b_0 e^{-at}$$

按照式(8-39)写出 nT,$(n+1)T$ 时刻输出的采样值为

$$y(nT) = \sum_{k=0}^{n} b_0 e^{-a(n-k)T} x(kT)$$

$$
\begin{aligned}
y((n+1)T) &= \sum_{k=0}^{n+1} b_0 e^{-a(n+1-k)T} x(kT) \\
&= \sum_{k=0}^{n+1} b_0 e^{-aT} e^{-a(n-k)T} x(kT) \\
&= e^{-aT}\left[\sum_{k=0}^{n} b_0 e^{-a(n-k)T} x(kT) + b_0 e^{aT} x((n+1)T)\right]
\end{aligned}
$$

将 $y(nT)$ 表达式代入上式得

$$y(n+1) = e^{-aT} y(n) + b_0 x(n+1)$$

或者写成
$$y(n+1) - e^{-aT} y(n) = b_0 x(n+1)$$

因为原系统的传递函数为一阶的,所以上式所示的系统差分方程也是一阶的。如果将第 $(n+1)$ 个采样周期作为当前时刻,则上式描述了系统当前时刻的响应与前一采样时刻的输出和当前输入之间的关系。

3. 差分方程的求解

求解差分方程常用的方法有迭代法和 z 变换法。

(1)迭代法解差分方程

迭代法是将给定的初始条件代入差分方程式,依次迭代而得到方程的解。使用迭代法得到的解是一个数字序列,它是系统的输出信号在采样时刻的幅值。

例 8.7　已知系统的一阶差分方程为

$$y(n) + y(n-1) = x(n)$$

输入为单位阶跃函数,
即

$$x(n) = \begin{cases} 1 & n \geqslant 0 \\ 0 & n < 0 \end{cases}$$

初始条件
$$y(n) = 0, \; n < 0$$

求差分方程的解。

解　根据所给的差分方程式,有

$$y(n) = -y(n-1) + x(n)$$

将输入信号采样值和初始条件代入上式,得差分方程的解为

$$y(0) = 0 + 1 = 1$$

$$y(1) = -1 + 1 = 0$$
$$y(2) = 0 + 1 = 1$$
$$y(3) = -1 + 1 = 0$$
$$\vdots$$

此系统对于单位阶跃输入的响应为不衰减的等幅振荡输出,如图 8 - 17 所示。

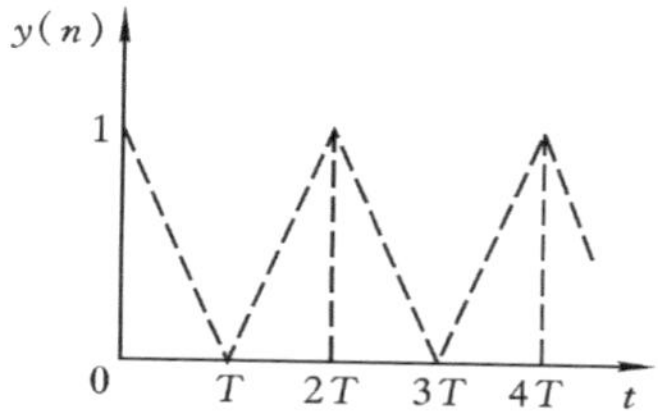

图 8 - 17　例 8.7 的采样输出值

（2）z 变换法解差分方程

利用超前平移定理式(8 - 19)得

$$Z[x(n+1)] = zX(z) - zx(0)$$
$$Z[x(n+2)] = z^2 X(z) - z^2 x(0) - zx(1)$$
$$Z[x(n+3)] = z^3 X(z) - z^3 x(0) - z^2 x(1) - zx(2)$$
$$\vdots$$

将差分方程式逐项求 z 变换,得到输出信号的 z 变换表达式,然后求 z 反变换,即得差分方程的解。利用这种方法可以得到系统采样输出信号的解析表达式。

例 8.8　已知系统的差分方程为

$$y(n+2) + 3y(n+1) + 2y(n) = 0$$
$$y(0) = 0 \qquad y(1) = 1$$

用 z 变换方法求解差分方程。

解　原方程式等号的右边为零,它是表达系统自由振荡的齐次方程。对方程式两边取 z 变换得

$$[z^2 Y(z) - z^2 y(0) - zy(1)] + 3[zY(z) - zy(0)] + 2Y(z) = 0$$

整理得

$$Y(z) = \frac{z}{z^2 + 3z + 2} = \frac{z}{z+1} - \frac{z}{z+2}$$

进行 z 反变换得

$$y(n) = (-1)^n - (-2)^n, \quad (n = 0,1,2,\cdots)$$

8.6　线性定常离散系统的 z 传递函数

与连续系统传递函数的定义相似,线性定常离散系统的 z 传递函数,是在零初始条件下,输出信号的 z 变换与输入信号的 z 变换之比。

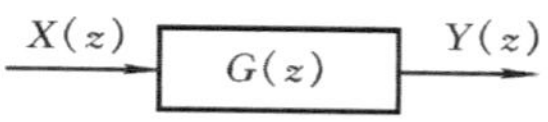

图 8 - 18　传递函数框图

若离散系统输入为 $x^*(t)$,输出为 $y^*(t)$,如图 8 - 18。则该离散系统的 z 传递函数为

$$G(z) = \frac{Y(z)}{X(z)}$$

z 传递函数 $G(z)$ 的物理意义与连续系统的一样,是系统的单位脉冲响应 $g(t)$ 的 z 变换式,即

当 $X(z) = Z[\delta(t)] = 1$ 时,$G(z) = Z[g^*(t)] = \sum\limits_{k=0}^{\infty} g(kT) z^{-k}$,因此 z 传递函数也称脉冲传递函数。

对于式(8-35)和式(8-36)所示的 n 阶线性定常离散系统的差分方程,其 z 传递函数为

$$G(z) = \frac{Y(z)}{X(z)} = \frac{b_0 + b_1 z^{-1} + \cdots + b_m z^{-m}}{1 + a_1 z^{-1} + \cdots + a_n z^{-n}} = \frac{\sum\limits_{k=0}^{m} b_k z^{-k}}{1 + \sum\limits_{k=1}^{n} a_k z^{-k}} \quad (n \geqslant m)$$

$$(8-40)$$

z 传递函数的一般求法如下:

(1) 若已知系统连续部分的 s 传递函数 $G(s)$ 或脉冲响应函数 $g(t)$,则对 $G(s)$ 进行 z 变换或利用 $G(z) = \sum\limits_{k=0}^{\infty} g(kT) z^{-k}$ 即可求得 $G(z)$。

(2) 若已知系统的差分方程,则可对差分方程进行 z 变换,从而求得 z 传递函数。反之,若已知系统的 z 传递函数,也可利用 z 反变换求得系统的差分方程。这就是 z 传递函数与差分方程之间的关系。

对于离散控制系统,通常也用方框图的形式表示,因为控制器是离散的,而控制对象一般是连续的,又由于采样器和保持器的作用,使得在求由方框图表达的离散系统的 z 传递函数时,有一些不同于连续系统的特点。下面通过实例来说明。

例 8.9　图 8-19 所示两个开环系统,已知 $G_1(s) = \dfrac{1}{s+a}$,$G_2(s) = \dfrac{1}{s+b}$,求其 z 传递函数。

解　(1) 图 8-19(a)与(b)所示系统的区别是,图(a)系统的两个串连环节 $G_1(s)$ 与 $G_2(s)$ 之间无采样开关。假设 $G(s) = G_1(s) G_2(s)$,则 $G(s)$ 的 z 变换为

$$G(z) = Z[G_1(s) G_2(s)] = Z\left[\frac{1}{(s+a)(s+b)}\right]$$

$$= Z\left[\frac{1}{(b-a)(s+a)} - \frac{1}{(b-a)(s+b)}\right]$$

$$= \frac{z(\mathrm{e}^{-aT} - \mathrm{e}^{-bT})}{(b-a)(z - \mathrm{e}^{-aT})(z - \mathrm{e}^{-bT})}$$

图 8-19　开环离散系统

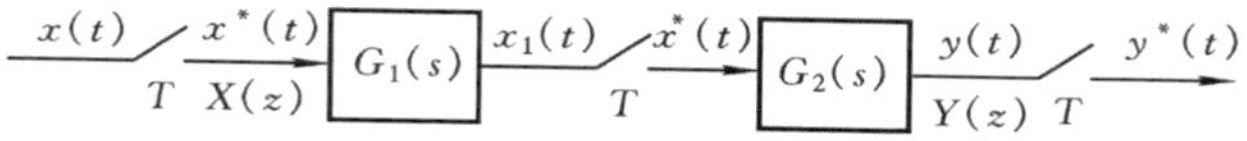

$$= G_1G_2(z)$$

这里采用符号 $G_1G_2(z)$ 来表示两个串连环节之间无采样器的 z 传递函数,即两个传递函数相乘后再求 z 变换。

（2）系统的两个串连环节之间有采样器,这时

因为
$$X_1(z) = X(z)G_1(z)$$

$$Y(z) = X_1(z)G_2(z)$$

所以
$$G(z) = \frac{Y(z)}{X(z)} = G_1(z)G_2(z)$$

即两个串联环节总的 z 传递函数是两个传递函数 z 变换的乘积,因此将 $G_1(s)$ 与 $G_2(s)$ 代入得

$$G(z) = \frac{z^2}{(z - \mathrm{e}^{-aT})(z - \mathrm{e}^{-bT})}$$

显然,$G_1G_2(z) \neq G_1(z)G_2(z)$。

由此例可见,在求两个串连环节的 z 传递函数时,必须注意在串连环节之间是否有采样器。

例 8.10　已知两个闭环控制系统如图 8-20 所示,求其 z 传递函数。

解　图 8-20 中的两个闭环控制系统很相似,只是采样开关的位置不同。对于图(a),其输入端和输出端的采样开关是为了分析方便而虚设的。

在图(a)中,$E(s) = X(s) - H(s)Y(s)$,然后采样获得 $E^*(s)$,实际上它也等效于先对 $X(s)$ 和 $H(s)Y(s)$ 进行采样而获得 $E^*(s)$。

$$Y(s) = G(s)E^*(s)$$

所以
$$E(s) = X(s) - H(s)G(s)E^*(s)$$

对上式进行 z 变换得

$$E(z) = X(z) - GH(z)E(z)$$

即
$$E(z) = \frac{X(z)}{1 + GH(z)}$$

而
$$Y(z) = G(z)E(z)$$

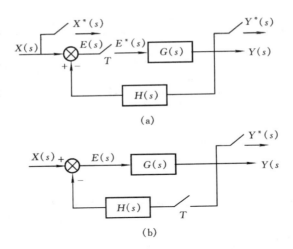

图 8-20   离散的闭环控制系统

所以
$$\frac{Y(z)}{X(z)} = \frac{G(z)}{1+GH(z)}$$

此即图 8-20(a)所示闭环系统的 z 传递函数。对于单位反馈系统 $H(s)=1$,则
有
$$\frac{Y(z)}{X(z)} = \frac{G(z)}{1+G(z)}$$

对于图(b),由于 $E(s)$ 后没有采样开关,是连续信号,这样 $X(s)$ 也不能虚设
采样开关。此时
$$\begin{aligned}
Y(s) &= G(s)E(s) \\
&= G(s)\big[X(s) - H(s)Y^*(s)\big] \\
&= G(s)X(s) - G(s)H(s)Y^*(s)
\end{aligned}$$

对上式方程两边进行 z 变换得
$$Y(z) = GX(z) - GH(z)Y(z)$$

即
$$Y(z) = \frac{GX(z)}{1+GH(z)}$$

上式是离散输出信号 $y^*(t)$ 的 z 变换表达式。将图 8-20(a)和(b)的表达式进
行比较,可以看出由于采样开关位置的不同,两者的表达式是不同的。实际上,
图(b)所示闭环系统的 z 传递函数是不存在的,因为不存在离散的输入信号,也
就没有输入信号的 z 变换。

表 8-2 给出了一些典型离散系统的输出信号的 z 变换表达式,其中包括了
例 8.10 的两种情况。

表 8-2　一些典型离散系统的输出信号的 z 变换表达式

序号	系统框图	$Y(z)$
1	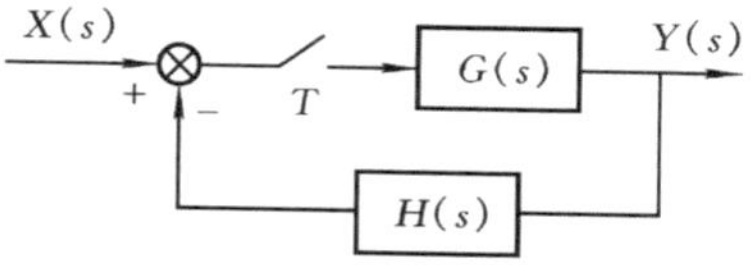	$Y(z) = \dfrac{G(z)}{1+GH(z)} X(z)$
2	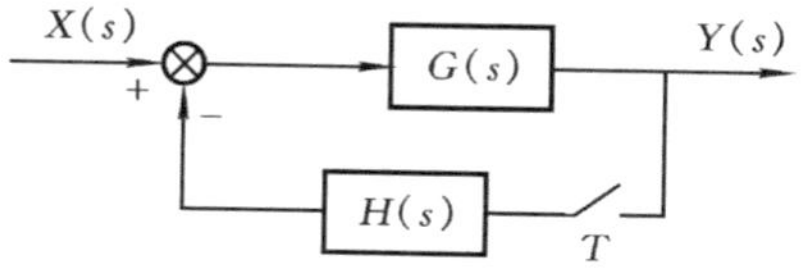	$Y(z) = \dfrac{XG(z)}{1+GH(z)}$
3	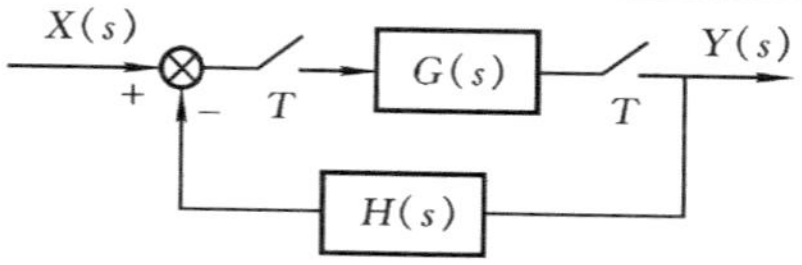	$Y(z) = \dfrac{G(z)}{1+G(z)H(z)} X(z)$
4	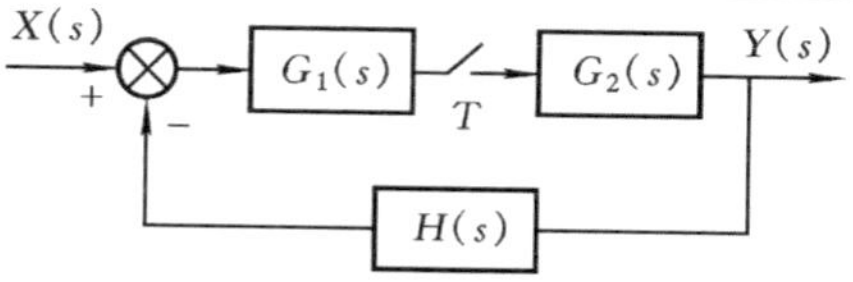	$Y(z) = \dfrac{XG_1(z)G_2(z)}{1+G_1 G_2 H(z)}$
5	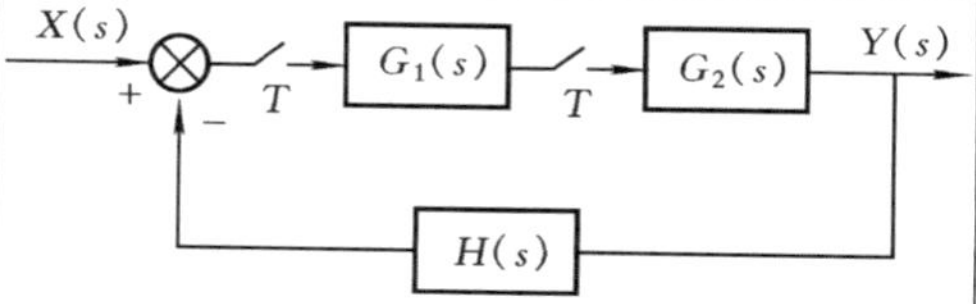	$Y(z) = \dfrac{G_1(z)G_2(z)}{1+G_1(z)G_2 H(z)} X(z)$

在求得系统输出的 z 变换式后,再经 z 反变换便得到系统输出在采样时刻的值。

例 8.11　对于图 8-21 所示离散系统,求:

(1)系统的差分方程;

(2)系统的单位阶跃响应($T=1$)。

解　假设系统的开环 z 传递函数为 $G(z)$,则有

$$G(z) = \frac{Y(z)}{E(z)} = Z\left[\frac{1-\mathrm{e}^{-Ts}}{s} \cdot \frac{1}{s(s+1)}\right]$$

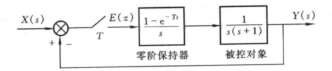

$$\text{图 8-21}\quad \text{例 8.11 图}$$

$$= \frac{e^{-1}z + 1 - 2e^{-1}}{z^2 - (1 + e^{-1})z + e^{-1}} = \frac{0.368z + 0.264}{z^2 - 1.368z + 0.368}$$

其闭环传递函数为

$$\frac{Y(z)}{X(z)} = \frac{G(z)}{1 + G(z)} = \frac{0.368z + 0.264}{z^2 - z + 0.632}$$

（1）对于上式表达的闭环传递函数，可作变化为

$$\frac{Y(z)}{X(z)} = \frac{0.368z^{-1} + 0.264z^{-2}}{1 - z^{-1} + 0.632z^{-2}}$$

根据 z 传递函数与系统差分方程之间的关系，利用平移定理，得系统输出 $y(nT)$ 与输入 $x(nT)$ 的差分方程表达式：

$$y(nT) - y[(n-1)T] + 0.632y[(n-2)T]$$
$$= 0.368x[(n-1)T] + 0.264x[(n-2)T]$$

（2）当输入为单位阶跃函数 $x(t) = 1(t)$，其 z 变换为

$$X(z) = \frac{z}{z-1}$$

则将系统输出的 z 变换式利用多项式除法表示为

$$Y(z) = \frac{0.368z + 0.264}{z^2 - z + 0.632} \cdot \frac{z}{z-1}$$
$$= \frac{0.368z^2 + 0.264z}{z^3 - 2z^2 + 1.632z - 0.632}$$
$$= 0.368z^{-1} + z^{-2} + 1.4z^{-3} + 1.4z^{-4} + 1.47z^{-5} + 0.895z^{-6} + \cdots$$

因此，根据 z 变换定义，可得系统输出在各采样时刻的值为

$$y(0) = 0,\ y(1) = 0.368,\ y(2) = 1,\ y(3) = 1.4,$$
$$y(4) = 1.4,\ y(5) = 1.47,\ y(6) = 0.895,\ \cdots$$

注意　对于此例中的第二问，也可直接利用第一问的结果，即输出与输入的差分方程来求。因为系统输入为单位阶跃函数，将输入的采样值 $x(0) = x(1) = x(2) = \cdots = 1$ 代入差分方程同样可求得输出的采样值如上。

8.7　离散系统的 z 域分析

在得到系统的 z 传递函数后，与连续系统在复数域进行的性能分析一样，我

们也可以在 z 域内对离散系统的稳定性、瞬态响应特性以及稳态误差等性能进行分析。

1. 离散系统的稳定性分析

在 8.4 节对 z 变换进行定义的时候，z 变换因子与拉普拉斯变换因子 s 之间的关系为

$$z = e^{Ts}, \quad s = \sigma + j\omega \quad (\sigma, \omega \text{ 均为实数}) \tag{8-41}$$

所以

$$z = e^{\sigma T} e^{j\omega T} \tag{8-42}$$

即，z 变换因子本身也是一个复数，其幅值和相位角为

$$|z| = e^{\sigma T}, \quad \angle z = \omega T$$

s 平面与 z 平面的映射关系如图 8-22 所示。当 $\sigma = 0 \sim -\infty$ 时，$e^{\sigma T} = 1 \sim 0$，它表示 s 平面的左半平面如图(a)中阴影部分，映射为 z 平面的以原点为圆心的单位圆的内部如图(b)中阴影部分；当 $\sigma = -\infty \sim \sigma_1$ 时，s 平面与 z 平面的映射关系如图中(c)(d)所示。

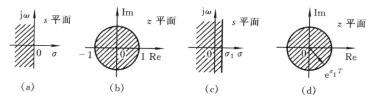

图 8-22　s 平面与 z 平面的映射关系

在连续系统中，当 s 传递函数的极点位于复平面的左半平面，即 $\sigma < 0$ 时，系统稳定。由 s 平面与 z 平面的映射关系，可得离散系统的稳定条件为：当 z 传递函数的极点位于复平面的以原点为圆心的单位圆内部时，系统稳定，否则便不稳定。因此，与连续系统类似，离散系统稳定的充分必要条件是

$$|z| < 1 \tag{8-43}$$

如前所述，对于 n 阶线性定常离散系统的 z 传递函数为

$$G(z) = \frac{Y(z)}{X(z)} = \frac{\sum_{k=0}^{m} b_k z^{-k}}{1 + \sum_{k=1}^{n} a_k z^{-k}} = \frac{b_0 + b_1 z^{-1} + \cdots + b_m z^{-m}}{1 + a_1 z^{-1} + \cdots + a_n z^{-n}} \quad (n \geqslant m)$$

若要判断系统是否稳定，只要解出其特征方程：$1 + \sum_{k=1}^{n} a_k z^{-k} = 0$ 的根，若满足 $|z| < 1$ 的条件，则系统稳定，否则不稳定。

用解特征方程根的方法来判稳很不方便，若对特征方程作双线性变换即 w

变换,则可利用劳斯-胡尔维茨稳定性判据来进行离散系统稳定性的判别。对离散系统的特征方程作如下线性变换

$$z = \frac{1+w}{1-w}$$

即

$$w = \frac{z-1}{z+1} \qquad\qquad (8-44)$$

这里 w 也是复数,假设 $w = x + \mathrm{j}y$,由上式得

$$|z| = \sqrt{\frac{(x+1)^2 + y^2}{(x-1)^2 + y^2}}$$

则有

$$x < 0 \ \text{时}, \ |z| < 1$$
$$x = 0 \ \text{时}, \ |z| = 1$$
$$x > 0 \ \text{时}, \ |z| > 1$$

因此,若要系统稳定(须满足 $|z| < 1$ 的条件),则以 w 为变量的特征方程的根应在 w 平面的左半平面,即:z 特征方程变换为 w 特征方程,式(8-43)的条件也映射为 w 平面的左半平面,即 $\mathrm{Re}(w) < 0$,这样便可以直接用劳斯判据来判稳了。

例 8.12　求图 8-23 所示系统中能使系统稳定的 K 的临界值。($T=1$)

解　写出系统的开环 z 传递函数为

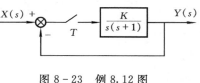

$$G(z) = \frac{Kz(1-\mathrm{e}^{-T})}{(z-1)(z-\mathrm{e}^{-T})}$$

图 8-23　例 8.12 图

闭环系统的 z 传递函数为

$$\frac{Y(z)}{X(z)} = \frac{G(z)}{1+G(z)}$$

所以闭环特征方程为

$$1 + G(z) = (z-1)(z-\mathrm{e}^{-T}) + Kz(1-\mathrm{e}^{-T}) = 0$$

即

$$z^2 - (1.368 - 0.632K)z + 0.368 = 0$$

令 $z = \dfrac{1+w}{1-w}$,则

$$\left(\frac{1+w}{1-w}\right)^2 - (1.368 - 0.632K)\left(\frac{1+w}{1-w}\right) + 0.368 = 0$$

整理,得

$$(2.736 - 0.632K)w^2 + 1.364w + 0.632K = 0$$

写出劳斯数列

$$
\begin{array}{c|cc}
w^2 & 2.736-0.632K & 0.632K \\
w^1 & 1.364 & 0 \\
w^0 & 0.632K &
\end{array}
$$

若要系统稳定,须

$$
\begin{cases} 2.736-0.632K > 0 \\ 0.632K > 0 \end{cases} \Rightarrow 0 < K < 4.33
$$

通过此例可以看出,在连续系统中始终稳定的二阶系统,加入采样器成为离散系统后有可能变成不稳定的系统,它与采样周期和开环增益都有关。

因此,不同于连续系统的是:对于离散系统,其稳定性除与系统参数有关外,还与其采样周期 T 有关。

2. 离散系统的极点分布与瞬态响应的关系

由本节离散系统的稳定性的讨论可知,当 z 传递函数的极点都在 z 平面上单位圆内部时,系统稳定,但极点的分布位置对系统的瞬态响应特征有很大的影响。

将 n 阶线性定常离散系统的 z 传递函数表示为

$$
G(z) = \frac{Y(z)}{X(z)} = \frac{b_0 + b_1 z^{-1} + \cdots + b_m z^{-m}}{1 + a_1 z^{-1} + \cdots + a_n z^{-n}} = \frac{N(z)}{D(z)} \quad (n > m) \tag{8-45}
$$

若输入为单位脉冲信号 $x(z)=1$,将输入信号代入上式,再将输出函数展开成部分分式和的形式,为了分析的简便,假设系统没有重极点,则

$$
Y(z) = \frac{b_0 + b_1 z^{-1} + \cdots + b_m z^{-m}}{1 + a_1 z^{-1} + \cdots + a_n z^{-n}} = \frac{N(z)}{D(z)} = \sum_{i=1}^{n} \frac{A_i z}{z - p_i} (n > m)
$$

$$
\tag{8-46}
$$

式中

$$
A_i = \frac{N(z)}{D(z)} \left(\frac{z - p_i}{z} \right) \Big|_{z=p_i} \tag{8-47}
$$

对上式进行 z 反变换,则得到相应的输出序列为

$$
y(k) = \sum_{i=1}^{n} Z^{-1} \left[\frac{A_i z}{z - p_i} \right] = \sum_{i=1}^{n} A_i p_i^k \tag{8-48}
$$

下面只考虑 p_i 在实轴上的情况。根据极点在实轴上位置,可有下列 6 种情况,如图 8-24 所示。

(1) $p_i > 1$,$y(k)$ 是发散序列;

(2) $p_i = 1$,$y(k)$ 是幅值为 $\sum_{i=1}^{n} A_i$ 的等幅脉冲序列;

(3) $0 \leqslant p_i \leqslant 1$,$y(k)$ 是单调衰减序列;

(4) $-1 < p_i \leqslant 0$,$y(k)$ 是交替变号的衰减脉冲序列;

(5)$p_i = -1$，$y(k)$ 是交替变号的幅值为 $\sum_{i=1}^{n} A_i$ 的等幅脉冲序列；

(6)$p_i < -1$，$y(k)$ 是交替变号的发散序列。

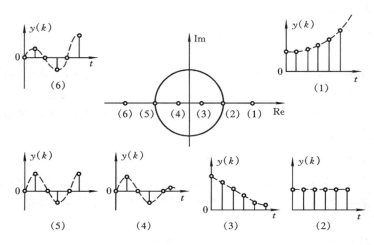

图 8-24　极点位置与瞬态响应

以上只是以 z 传递函数的极点为实极点、输入为单位脉冲信号时对系统瞬态响应进行了讨论。若极点为复极点、输入为其他输入信号时系统的瞬态响应可同样求解，此处不再详述。

对于连续系统的瞬态响应特性的评价，是通过时域指标如峰值时间、最大超调量、调节时间等来衡量的，这些时域指标对于离散系统也是适用的。但要注意，这些指标对于离散系统指的都是采样时刻的值，不包括采样时刻之间的数值。

当计算得瞬态过程的采样值后，便可计算这些指标。如果系统是二阶的或仅考虑高阶系统中一对主导极点（即离单位圆周最近的极点），可以推导这些时域指标的解析式，从中可定量地求得系统参数对这些指标的影响。对于高阶系统则需用计算机来计算这些指标。

3. 离散系统的稳态误差

稳态误差是衡量系统稳态性能的重要指标。假设有图 8-25 所示的单位反馈离散系统，其开环 z 传递函数为 $G(z)$，系统在输入信号作用下的误差为

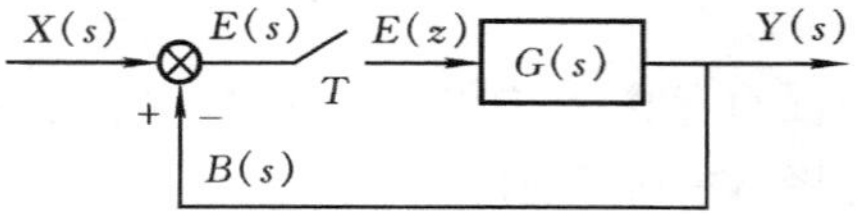

图 8-25　采样离散系统

$$E(s) = X(s) - E(z)G(s)$$

作 z 变换，得

$$E(z) = \frac{X(z)}{1 + G(z)} \qquad (8-49)$$

要求系统的稳态误差，根据终值定理，有

$$e_{ss} = \lim_{n \to \infty} e(n) = \lim_{z \to 1}(z-1)E(z) = \lim_{z \to 1}(z-1)\frac{X(z)}{1+G(z)} \qquad (8-50)$$

即离散系统的稳态误差与连续系统类似，也取决于系统的输入和开环传递函数。

同样，根据离散系统开环 z 传递函数中含有 $z = 1$ 的极点的个数可以定义离散系统的类型：

（1）若开环 z 传递函数中不含 $z = 1$ 的极点，则系统为 0 型；

（2）若开环 z 传递函数中含有 1 个 $z = 1$ 的极点，则系统为 I 型；

（3）若开环 z 传递函数中含有 2 个 $z = 1$ 的极点，则系统为 II 型。依此类推，但 III 型以上的系统因难于稳定而很少应用。

下面讨论不同输入信号时系统的误差系数与稳态误差的关系。

（1）当系统输入为单位阶跃函数时，即 $X(z) = \dfrac{z}{z-1}$，系统稳态误差为

$$\begin{aligned}
e_{ss} &= \lim_{z \to 1}(z-1)\frac{X(z)}{1+G(z)} = \lim_{z \to 1}(z-1)\frac{1}{1+G(z)}\frac{z}{z-1} \\
&= \lim_{z \to 1}\frac{z}{1+G(z)} = \lim_{z \to 1}\frac{1}{1+G(z)} = \frac{1}{K_p+1}
\end{aligned} \qquad (8-51)$$

式中：$K_p = \lim_{z \to 1} G(z)$ 定义为位置误差系数。

对于 0 型系统，$K_p =$ 定值，$e_{ss} = \dfrac{1}{1+K_p}$；对于 I 型和 II 型系统，$K_p = \infty$，$e_{ss} = 0$。

（2）当系统输入为单位斜坡函数时，即 $x(z) = \dfrac{Tz}{(z-1)^2}$，系统稳态误差为

$$\begin{aligned}
e_{ss} &= \lim_{z \to 1}(z-1)\frac{X(z)}{1+G(z)} \\
&= \lim_{z \to 1}(z-1)\frac{1}{1+G(z)}\frac{Tz}{(z-1)^2} \\
&= \lim_{z \to 1}\frac{Tz}{(z-1)[1+G(z)]} \\
&= \lim_{z \to 1}\frac{T}{(z-1)G(z)} = \frac{T}{K_v}
\end{aligned} \qquad (8-52)$$

式中：$K_v = \lim_{z \to 1}(z-1)G(z)$ 定义为速度误差系数。

因此，对于 0 型系统，$K_v = 0$，$e_{ss} = \infty$；对于 I 型系统，$K_v =$ 定值，$e_{ss} = \dfrac{T}{K_v}$；对于 II 型系统，$K_v = \infty$，$e_{ss} = 0$。

（3）当系统输入为单位加速度函数时，即 $X(z) = \dfrac{T^2 z(z+1)}{2(z-1)^3}$，系统稳态误差为

$$
\begin{aligned}
e_{ss} &= \lim_{z \to 1}(z-1)\,\frac{X(z)}{1+G(z)} \\
&= \lim_{z \to 1}(z-1)\,\frac{1}{1+G(z)}\,\frac{T^2 z(z+1)}{2(z-1)^3} \\
&= \lim_{z \to 1}\frac{T^2 z(z+1)}{2(z-1)^2[1+G(z)]} \\
&= \lim_{z \to 1}\frac{T^2}{(z-1)^2 G(z)} = \frac{T^2}{K_a}
\end{aligned}
\tag{8-53}
$$

式中：$K_a = \lim\limits_{z \to 1}(z-1)^2 G(z)$ 定义为加速度误差系数。

对于 0 型和 Ⅰ 型系统，$K_a = 0$，$e_{ss} = \infty$；对于 Ⅱ 型系统，$K_a = $ 定值，$e_{ss} = \dfrac{T^2}{K_a}$。

表 8-3 列出了图 8-25 所示系统在典型输入信号作用下的稳态误差，可以发现其规律与连续系统的类似。但应注意，在离散系统中，有差系统的稳态误差还与采样周期 T 的取值有关，缩短采样周期将会减小稳态误差；另外，上述稳态误差的分析结果只是采样时刻的误差值，在采样时刻之间还将附加由高频频谱信号产生的纹波所引起的误差。有时，这部分误差较大，在分析和设计系统时应当注意。

表 8-3　在典型输入信号作用下的稳态误差

	单位阶跃输入 $x(t)=1(t)$	单位斜坡输入 $x(t)=t$	单位加速度输入 $x(t)=\dfrac{1}{2}t^2$
0 型	$\dfrac{1}{1+K_p}$	∞	∞
Ⅰ 型	0	$\dfrac{T}{K_v}$	∞
Ⅱ 型	0	0	$\dfrac{T^2}{K_a}$

8.8　离散系统的校正与设计

与连续系统一样，当离散系统的性能不符合要求的指标时，便要对其进行校正。离散系统的校正装置一般串联在被控对象之前，可以是连续校正，如

图 8-26(a)，校正装置 $G_c(s)$ 是连续的，它通过改变连续部分的特性而改变系统的性能；也可以是离散校正，如图 8-26(b) 中的 $G_D(z)$，它可以利用各种类型的计算机通过软件编程来实现对离散系统性能的调整，因而非常方便，应用也极为广泛。

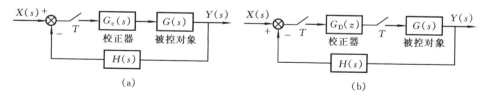

图 8-26　离散系统的连续校正与离散校正

　　实际上本节所讨论的校正问题与设计问题是相同的，即对校正器的设计。下面只介绍用计算机实现的离散校正。

　　在离散系统中，数字控制信号一般都要通过保持器作用于控制对象，常将保持器与对象一起看成系统的连续部分，因此图 8-26(b) 可描述为图 8-27 所示的方框图。关键是要确定校正环节的传递函数 $G_D(z)$。

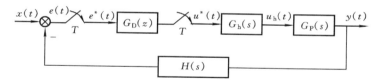

图 8-27　计算机控制系统

　　令 $G(s)=G_h(s)G_p(s)$，则图 8-27 所示系统的闭环 z 传递函数为

$$W(z) = \frac{Y(z)}{X(z)} = \frac{G_D(z)G(z)}{1+G_D(z)GH(z)} \qquad (8-54)$$

误差传递函数为

$$W_e(z) = \frac{E(z)}{X(z)} = \frac{1}{1+G_D(z)GH(z)} \qquad (8-55)$$

因此可得数字控制器的 z 传递函数

$$G_D(z) = \frac{W(z)}{G(z)-W(z)GH(z)} \qquad (8-56)$$

或

$$G_D(z) = \frac{1-W_e(z)}{GH(z)W_e(z)} \qquad (8-57)$$

因为 $GH(z)$ 是系统本身的开环 z 传递函数，在设计时不能改变，而 $W(z)$ 和 $W_e(z)$ 是系统希望的闭环 z 传递函数和误差传递函数，可以根据不同典型输入

信号的形式与系统的性能指标确定。

　　所以对于控制系统校正环节的设计问题最终集中到了系统闭环传递函数的选择上,在选择闭环传递函数的时候应注意两点:一是不能脱离实际,二是要有物理意义。

　　最少拍系统的设计方法是离散系统校正和设计中的一种简便方法。

1. 离散系统的最少拍设计

　　最少拍离散系统是指离散系统在几种典型输入信号作用下,经过最少个采样周期(拍),使系统的稳态误差为零。这种系统具有最快的响应速度。

　　假设图 8-27 中的保持器为零阶保持器,闭环反馈形式为单位反馈,则系统成为图 8-28 所示的计算机控制系统。

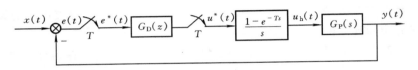

图 8-28　单位反馈计算机控制系统

　　用 $G(z)$ 代替式(8-54)~(8-57)中的 $GH(z)$,则得到

系统闭环传递函数

$$W(z) = \frac{Y(z)}{X(z)} = \frac{G_D(z)G(z)}{1 + G_D(z)G(z)} \tag{8-58}$$

系统误差传递函数

$$W_e(z) = \frac{E(z)}{X(z)} = \frac{1}{1 + G_D(z)G(z)} = 1 - W(z) \tag{8-59}$$

校正器传递函数

$$G_D(z) = \frac{W(z)}{G(z)[1 - W(z)]} \tag{8-60}$$

或

$$G_D(z) = \frac{1 - W_e(z)}{G(z)W_e(z)} \tag{8-61}$$

　　当典型输入信号分别为单位阶跃信号、单位斜坡信号和单位加速度信号时,其时域函数和 z 变换表达式分别为

单位阶跃输入　　$x(t) = 1(t)$, $X(z) = \dfrac{1}{1 - z^{-1}}$

单位斜坡输入　　$x(t) = t$, $X(z) = \dfrac{Tz^{-1}}{(1 - z^{-1})^2}$

单位加速度输入　　$x(t) = \dfrac{1}{2}t^2$, $X(z) = \dfrac{T^2 z^{-1}(1 + z^{-1})}{2(1 - z^{-1})^3}$

假设在上述典型输入信号作用下引起的误差函数分别表示为

$$E_{\mathrm{p}}(z) = W_{\mathrm{e}}(z)\,\frac{1}{1-z^{-1}}$$

$$E_{\mathrm{v}}(z) = W_{\mathrm{e}}(z)\,\frac{Tz^{-1}}{(1-z^{-1})^2}$$

$$E_{\mathrm{a}}(z) = W_{\mathrm{e}}(z)\,\frac{T^2z^{-1}(1+z^{-1})}{2(1-z^{-1})^3}$$

而根据 z 变换定义有

$$E(z) = \sum_{k=0}^{\infty} e(k)z^{-k} = e(0) + e(1)z^{-1} + e(2)z^{-2} + e(3)z^{-3} + \cdots$$

（1）对于单位阶跃输入，令 $W_{\mathrm{e}}(z)=1-z^{-1}$，则 $E_{\mathrm{p}}(z)=1$

即　　$e(0)=1$，$e(1)=e(2)=\cdots=0$

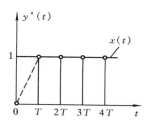

图 8-29　最少拍系统的单位阶跃响应

从第 2 个采样时刻起，误差为零；系统的瞬态响应时间为 T，如图 8-29。将 $W_{\mathrm{e}}(z)$ 代入式（8-61），得这时校正环节的传递函数应为

$$G_{\mathrm{D}}(z) = \frac{z^{-1}}{(1-z^{-1})G(z)} \qquad (8-62)$$

由式（8-59）得此时系统的闭环传递函数为

$$W(z) = 1 - W_{\mathrm{e}}(z) = z^{-1} \qquad (8-63)$$

（2）对于单位斜坡输入，令 $W_{\mathrm{e}}(z)=(1-z^{-1})^2$，则 $E_{\mathrm{v}}(z)=Tz^{-1}$

即　　$e(0)=0$，$e(1)=T$，$e(2)=e(3)=\cdots=0$

从第 3 个采样时刻起，误差为零；系统的瞬态响应时间为 $2T$，如图 8-30。这时校正环节应设计为

$$G_{\mathrm{D}}(z) = \frac{2z^{-1}-z^{-2}}{(1-z^{-1})^2 G(z)} \qquad (8-64)$$

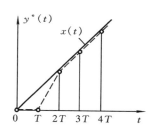

图 8-30　最少拍系统的单位斜坡响应

由式（8-59）得此时系统的闭环传递函数为

$$W(z) = 1 - W_{\mathrm{e}}(z) = 2z^{-1} - z^{-2} \qquad (8-65)$$

（3）对于单位加速度输入，令 $W_{\mathrm{e}}(z)=(1-z^{-1})^3$，则 $E_{\mathrm{a}}(z)=\dfrac{T^2}{2}z^{-1}(1+z^{-1})$

即

$$e(0) = 0,\ e(1) = \frac{T^2}{2},\ e(2) = \frac{T^2}{2},$$

$$e(3) = e(4) = \cdots = 0$$

从第 4 个采样时刻起,误差为零;系统的瞬态响应时间为 $3T$,如图 $8-31$。这时校正环节应设计为

$$G_D(z) = \frac{3z^{-1} - 3z^{-2} + z^{-3}}{(1 - z^{-1})^3 G(z)} \qquad (8-66)$$

由式 $(8-59)$ 得此时系统的闭环传递函数为

$$W(z) = 1 - W_e(z) \qquad (8-67)$$
$$= 3z^{-1} - 3z^{-2} + z^{-3}$$

上述 3 种情况都列于表 $8-4$ 中。

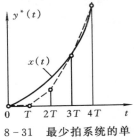

图 $8-31$ 最少拍系统的单位加速度响应

表 $8-4$ 典型输入信号作用下最少拍系统的设计

输入函数 $x(t)$	校正环节传递函数 $G_D(z)$	闭环传递函数 $W(z)$	调整时间
$1(t)$ 或 $1(nT)$	$\dfrac{z^{-1}}{(1-z^{-1})G(z)}$	z^{-1}	T
t 或 nT	$\dfrac{2z^{-1}-z^{-2}}{(1-z^{-1})^2 G(z)}$	$2z^{-1}-z^{-2}$	$2T$
$\dfrac{t^2}{2}$ 或 $\dfrac{(nT)^2}{2}$	$\dfrac{3z^{-1}-3z^{-2}+z^{-3}}{(1-z^{-1})^3 G(z)}$	$3z^{-1}-3z^{-2}+z^{-3}$	$3T$

例 8.13 设图 $8-28$ 中的控制对象传递函数为 $G_p(s) = \dfrac{10}{s(s+1)}$,采样周期 $T=1$ s。当 $x(t)=t$ 时,按最少拍设计校正装置 $G_D(z)$,并分析系统在该校正环节作用下对于 3 种典型输入信号的响应。

解 先求出系统连续部分的 z 传递函数

$$G(z) = Z\left[\frac{10(1-e^{-Ts})}{s^2(s+1)}\right] = \frac{3.68z^{-1}(1+0.718z^{-1})}{(1-z^{-1})(1-0.368z^{-1})}$$

由式 $(8-64)$ 可确定系统在单位斜坡输入时,最少拍的校正装置传递函数为

$$G_D(z) = \frac{2z^{-1}-z^{-2}}{(1-z^{-1})^2 G(z)} = \frac{(2z^{-1}-z^{-2})}{(1-z^{-1})^2} \cdot \frac{(1-z^{-1})(1-0.368z^{-1})}{3.68z^{-1}(1+0.718z^{-1})}$$

$$= \frac{0.543(1-0.5z^{-1})(1-0.368z^{-1})}{(1-z^{-1})(1+0.718z^{-1})}$$

由式 $(8-65)$ 确定系统的闭环传递函数为

$$W(z) = 2z^{-1} - z^{-2}$$

在此闭环传递函数时,系统对于输入信号的响应表达式为

$$Y(z) = W(z)X(z) = (2z^{-1} - z^{-2})X(z)$$

（1）当输入为单位阶跃信号时，系统的响应为

$$Y(z) = W(z)X(z) = (2z^{-1} - z^{-2}) \frac{1}{1 - z^{-1}}$$
$$= 2z^{-1} + z^{-2} + z^{-3} + \cdots$$

画系统对于单位阶跃输入的响应如图 8 - 32(a)所示。由图(a)可见，其超调量达 100%，经过两个采样周期误差为零。

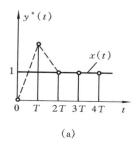 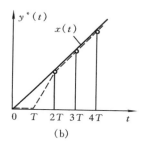 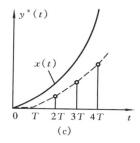

图 8 - 32　例 8.13 图

（2）系统对于单位斜坡信号输入的响应为

$$Y(z) = W(z)X(z) = (2z^{-1} - z^{-2}) \frac{Tz^{-1}}{(1 - z^{-1})^2}$$
$$= 2z^{-2} + 3z^{-3} + 4z^{-4} + 5z^{-5} + \cdots$$

画系统对于单位斜坡输入的响应如图 8 - 32(b)所示。由图(b)可见，系统经过二个采样周期误差为零。

（3）系统对于单位加速度信号输入的响应为

$$Y(z) = W(z)X(z) = (2z^{-1} - z^{-2}) \frac{T^2 z^{-1}(1 + z^{-1})}{2(1 - z^{-1})^3}$$
$$= z^{-2} + 3.5z^{-3} + 7.0z^{-4} + 11.5z^{-5} + \cdots$$

画系统对于单位加速度输入的响应如图 8 - 32(c)所示。由图(c)可见，系统始终有误差存在，这是因为校正装置传递函数是按斜坡输入进行的最少拍设计。

从这个例子可以看出，按某一种典型输入选取的最少拍校正装置的传递函数，对于其它输入可能并不理想，即最少拍设计适应性较差。

总之，最少拍系统实际是一种时间最优系统，其设计方法简便，系统结构也较简单，但是它对于不同输入信号的适应性较差，对系统参数的变化也比较敏感，并且只能保证在采样时刻无稳态误差，这些都使得其在实际应用中受到局限。

2. 离散系统的 PID 设计

与连续系统一样,离散系统的校正装置也经常采用 PID 控制器。对于图 8 – 28所示离散系统,若控制器采用 PID 控制,则控制器的 s 传递函数为

$$G_{\mathrm{D}}(s) = \frac{U(s)}{E(s)} = K_{\mathrm{P}} + \frac{K_{\mathrm{I}}}{s} + K_{\mathrm{D}}s$$

即

$$u(t) = K_{\mathrm{P}}e(t) + K_{\mathrm{I}}\int_0^t e(t) + K_{\mathrm{D}}\frac{\mathrm{d}e(t)}{\mathrm{d}t} \qquad (8-68)$$

若对上式进行 z 变换,则得 PID 控制器的 z 传递函数为

$$G_{\mathrm{D}}(z) = \frac{U(z)}{E(z)} = K_{\mathrm{P}} + K_{\mathrm{I}}\frac{1}{1-z^{-1}} + K_{\mathrm{D}}(1-z^{-1}) \qquad (8-69)$$

当控制系统的性能通过闭环传递函数或误差传递函数确定后,由式(8 – 58)或式(8 – 59)即可确定 PID 控制器的传递函数 $G_{\mathrm{D}}(z)$,如式(8 – 60)或式(8 – 61)。因此通过控制器的表达式(8 – 69),可设计满足要求的控制器参数。

也可将式(8 – 68)离散化,则得到输入输出的差分方程

$$u(k) = K_{\mathrm{P}}e(k) + K_{\mathrm{I}}\sum_{i=0}^{k} e(i) + K_{\mathrm{D}}\frac{e(k)-e(k-1)}{T} \qquad (8-70)$$

或

$$u(k-1) = K_{\mathrm{P}}e(k-1) + K_{\mathrm{I}}\sum_{i=0}^{k-1} e(i) + K_{\mathrm{D}}\frac{e(k-1)-e(k-2)}{T}$$
$$(8-71)$$

将式(8 – 70)和式(8 – 71)相减,得

$$\nabla u(k) = K_{\mathrm{P}}[e(k)-e(k-1)] + K_{\mathrm{I}}e(k) + K_{\mathrm{D}}\frac{e(k)-2e(k-1)+e(k-2)}{T}$$
$$(8-72)$$

$$u(k) = u(k-1) + \nabla u(k) \qquad (8-73)$$

利用式(8 – 72)和式(8 – 73)来控制被控对象以达到相应的性能指标要求的方法,叫做增量式 PID 控制。而控制算法的实现通常采用计算机软件完成。

采用增量式 PID 控制算法时,对于控制参数 K_{P},K_{I} 和 K_{D} 的设计,当被控对象运行较慢、而采样周期又较小的时候,可以参考第 7 章中连续系统 PID 控制参数的设计原则进行。此处不再详述。

近年来,各种各样的新型 PID 控制器(例如智能 PID 控制器、神经网络 PID 控制器等)的研究及其在工业过程中的应用非常活跃,感兴趣的读者可参阅文献[5][6]等。

复习思考题

1. 连续系统(模拟系统)与离散系统(数字系统)的概念是什么?
2. 试述采样过程与采样定理的含义。
3. 从控制器输出的信号为什么要经过保持器的保持再作用于被控对象?
4. 从时域和频域分析零阶保持器的特点。
5. 掌握 z 变换的定义与性质。
6. z 反变换的方法有哪些?
7. 掌握求 z 传递函数的方法。
8. 掌握对离散系统的稳定性分析和稳态误差分析。
9. 离散系统的最少拍综合的含义是什么?

习 题

8.1 不查表,求下列连续信号的 z 变换(采样周期为 T)

(1) $x(t) = te^{-at}$

(2) $x(t) = e^{-at}\sin\omega t$

(3) $x(t) = 1 - e^{-at}$

(4) $x(t) = t^2$

8.2 不查表,求下列拉普拉斯变换对应的 z 变换

(1) $G(s) = \dfrac{1}{s(s+1)(s+2)}$

(2) $G(s) = \dfrac{s+1}{s^2}$

8.3 求下列各式的 z 反变换表达式

(1) $G(z) = \dfrac{10z}{(z-1)(z-2)}$

(2) $G(z) = \dfrac{(1-e^{-aT})z}{(z-1)(z-e^{-aT})}$

(3) $G(z) = \dfrac{z}{z+a}$

(4) $G(z) = \dfrac{z}{(z-1)^2(z-3)}$

8.4 求图题 8.4 所示系统的脉冲传递函数。

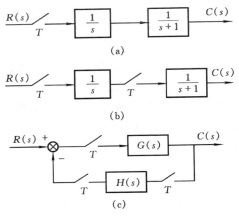

图题 8.4

8.5　已知下列离散系统的闭环特征方程,试判别系统的稳定性。

(1) $(z+1)(z+0.5)(z+2)=0$

(2) $z^4-1.7z^3+1.04z^2+0.268z+0.024=0$

8.6　求图题 8.6 所示系统的单位阶跃响应($T=0.1$ s)。

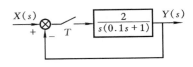

图题 8.6

8.7　如图题 8.7 所示系统,当采样周期 $T=0.5$ s,$K=1$ 时

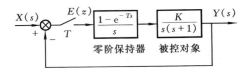

图题 8.7

(1)试判别系统的稳定性;

(2)求系统的稳态误差;

(3)求系统的单位阶跃响应;

(4)求系统稳定的临界 K 值。

8.8　如图题 8.8 所示系统,当输入为单位斜坡信号时,试按最少拍系统对校正
　　装置 $G_D(z)$ 进行设计(采样周期 $T=1$ s)。

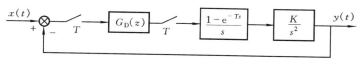

图题 8.8

附录 1　MATLAB 应用的基础知识

　　本附录涉及的基础知识,是读者在求解控制工程问题时,有效地应用 MAT-LAB 所必需的。MATLAB(MATrix LABoratory 的缩写)由 MathWorks 公司开发,是一种专门为矩阵运算设计的语言,即 MATLAB 中处理的所有变量都是矩阵。它包括 MATLAB 主程序和各种可选的工具包(Toolbox),是一个集通用科学计算、图形交互、系统控制和程序语言设计于一体的软件。

　　MATLAB 命令和矩阵函数是分析和设计控制系统时经常要用的。在表附录 1-1 中我们列举了这样一些命令和函数。

表附录 1-1　MATLAB 命令和矩阵函数

命令与矩阵函数	意　义	命令与矩阵函数	意　义
abs	纯量的绝对值或复数阵的模	format long	输出格式为 15 位数字定标定点
acos	反余弦函数	format long e	输出格式为 15 位数字浮点
acosh	反双曲余弦函数	format short	输出格式为 5 位数字定标定点
angle	相位角	format short	输出格式为 5 位数字浮点
ans	表达式未给定时得出的结果	e	拉普拉斯变换频域响应
asin	反正弦函数	freqs	z 变换频域响应
asinh	反双曲正弦函数	freqz	
atan	反正切函数	grid	画网格线
atan2	四象限的反正切函数		
atanh	反双曲正切函数	hold	保持屏幕上的当前图形
axis	手工坐标轴分度		
bode	画伯德图	i	虚数单位
		imag	求复数的虚部
cd	改换当前所在目录	inf	无穷大量(∞)
clc	清除工作窗口中所有显示内容	inv	求矩阵的逆
clear	清除工作空间中所有变量和函数		
clf	清除当前窗口中的图形	j	虚数单位
company (A)	生成矩阵 A 的伴随矩阵		
computer	识别当前的计算机类型	length	测量向量长度
conj	求复数的共轭复数	linspace	生成等间距向量
conv	求卷积,多项式相乘	log	求以 e 为底的自然对数
coplex	由实部和虚部构造复数	log2	求以 2 为底的对数
corrcoef	求相关系数	log10	求以 10 为底的对数
cos	余弦函数	loglog	画对数坐标 $x-y$ 图
cosh	双曲余弦函数	logm	求矩阵对数
cov	求协方差矩阵	logspace	生成对数等间隔的向量

命令与矩阵函数	意　义	命令与矩阵函数	意　义
deconv	求反卷积,多项式相除	max	取最大值
det（**A**）	求方阵 **A** 的行列式值	mean	取平均值
diag	生成对角矩阵或提取对角元素	median	求中值
disp	显示字符串或数据	min	取最小值
dot	求矩阵或向量的点积		
		NaN	由 0/0,∞/∞ 等运算产生的非数值
eig（**A**）	求方阵 **A** 的特征值和特征向量	nyquist	画奈奎斯特频率特性图
exit	退出 MATLAB		
exp	求自然指数	ones	生成元素全为'1'的矩阵或数组
expm	求矩阵指数		
expm1	用 Pade 法求矩阵指数	pi	圆周率 π
expm2	用 Taylor 级数求矩阵指数	plot	画线性 x－y 图
expm3	用特征值和特征向量求矩阵指数	polar	画极坐标图
eye	生成单位矩阵	poly	用特征根构造特征多项式
polyder	求多项式或有理多项式的导数	sign	符号函数
polyfit	多项式曲线拟合	sin	正弦函数
polyval（p,x）	求多项式在点 x 处的数值	sinh	双曲正弦函数
polyvalm	求矩阵多项式方程	size	测出工作空间中变量的大小
pow2	求 2 的指数	sqrt	求平方根
prod	求各元素的乘积	sqrtm	求矩阵的平方根
		step	画单位阶跃响应曲线
quit	退出 MATLAB	sum	求各元素的和
rand	生成均匀分布的伪随机数矩阵		
randn	生成正态分布的伪随机数矩阵	tan	正切函数
rank	求矩阵的秩	tanh	双曲正切函数
real	求复数的实部	text	写任意规定的文本
rem	求模数或余数	title	写图形标题
residue（a,b）	部分分式展开	trace	求矩阵的迹
residue（r,p,k）	部分分式组合	tril（A）	取矩阵 A 主对角线及以下三角元素
rlocus	画根轨迹	triu（A）	取矩阵 A 主对角线及以上三角元素
roots	求多项式方程的根		
rot90（**A**）	将矩阵 **A** 逆时针旋转 90°	who	列出当前存储器中的所有变量
		whos	列出当前存储器中所有变量及大小
semilogx	x 轴为对数坐标的半对数坐标图	xlabel	在 x 轴上作标记
semilogy	y 轴为对数坐标的半对数坐标图	ylabel	在 y 轴上作标记
		zeros	生成元素全为零的

在表附录 1-2 中,我们列出了 MATLAB 编程计算时所经常用到的一些算子符号。

表附录 1-2　MATLAB 常用算子符号

矩阵与变量运算符	意　义	数组运算符	意　义
＋	加法	. ＋	点加法
－	减法	. －	点减法
*	乘法	. *	点乘法
^	幂	. ^	点乘方
/	右除号	. /	点右除号
\	左除号	. \	点左除号
'	矩阵转置	. '	共轭
关系操作符	**意　义**	**逻辑操作与运算符**	**意　义**
＜	小于	&	与
＜＝	小于或等于	|	或
＞	大于	～	非
＞＝	大于或等于	xor	异或
＝ ＝	等于		
～＝	不等于		

A.1　如何应用 MATLAB

本书是以命令方式应用 MATLAB 的。当通过键盘输入单行命令时,MATLAB 会立即进行处理并显示处理结果。它也可以通过运行文件名来执行存储在文件中的命令序列,如运行一个 M 文件。

1. 启动和退出

在大多数系统中,一旦安装了 MATLAB,在启动时,可以以快捷方式直接双击桌面上 MATLAB 的图标;也可以单击桌面左下角的[开始]按钮,依次选择[程序]、[MATLAB]和[MATLAB5. x]命令,进入 MATLAB 工作窗口。

退出时,可以直接单击窗口右上角的[x]退出,或者输入并执行命令 exit 或 quit。

2. MATLAB 中的变量

在 MATLAB 中,变量不需预先定义维数,变量一旦采用,会自动产生(如有必要,变量的维数以后还可改变)。在退出 MATLAB 或执行命令 exit(或 quit)之前,这些变量将保留在存储器中。通过键盘输入命令 who 或 whos,可以在屏幕上显示当前存放在工作空间中的所有变量;输入并执行命令 clear,可以清除工作空间中所有的非永久性变量,若只需清除某一个特定变量,比如"x",则只需输入命令 clear x。

3. 以"%"开始的程序行

在 MATLAB 中,特别是存储程序的文件(如 M 文件)中,以"%"开始的程序行表示注解和说明,在运行时是不执行的。如果注解或说明需要一行以上的程序行,则每一行均需以"%"起始。

4. 分号操作符

分号用来取消打印。在 MATLAB 执行的命令或存储程序的文件中,语句的最后一个符号如果是分号,则该语句仍然执行,但其结果不再显示。因为打印中间结果可能并不必要。

另外,在输入矩阵时,除非是最后一行,中间的分号表示一行的结束。

5. 冒号操作符

冒号操作符在 MATLAB 中非常重要,它用来建立向量、赋予矩阵下标和规定迭代。例如,$j:k$ 表示 $[j\ j+1\ \cdots\ k]$,$A(:,j)$ 表示矩阵 A 的第 j 列,$A(i,:)$ 表示矩阵 A 的第 i 行。

6. 输入超过一行的长语句

如果输入的语句太长,超出了一行,则回车键后面应跟随由 3 个或 3 个以上的省略号(…),以表示语句将延续到下一行。例如

$x = 1.222\ 2+2.333\ 3+3.444\ 4+4.555\ 5+5.666\ 6+6.777\ 7\cdots+7.888\ 8+$
　　$8.999\ 9-10.012\ 3;$

符号"+"、"−""="前后的空白间隔可以任选。

7. 在一行内输入数个语句

如果在一行内输入数个语句,可以将每个语句用逗号或分号分隔开。例如

　　plot(x,y,'0'),　text(1,20,'system 1'),　text(1,15,'system 2')

或　plot(x,y,'0');　text(1,20,'system 1');　text(1,15,'system 2')

8. 退出 MATLAB 时如何保存变量

当退出 MATLAB 时,MATLAB 中的所有变量将消失。如果退出以前输入命令 save,则所有的变量被保存在磁盘文件 matlab.mat 中,当再次进入 MATLAB

时,命令 load 将使工作空间恢复到以前的状态。

A.2 线性系统的数学模型

MATLAB 有一些命令可以将线性系统的一种数学模型转变成另一种数学模型,对控制工程问题的求解很有用。

1. 从传递函数到状态空间的转换

利用命令 $[A, B, C, D]=$ tf2ss (num, den)

可以把以传递函数形式表示的系统

$$\frac{Y(s)}{U(s)} = \frac{num}{den} = C(SI - A)^{-1}B + D$$

变换成状态空间形式

$$\dot{x} = Ax + Bu$$
$$y = Cx + Du$$

2. 从状态空间转换到传递函数

利用命令 $[num, den]=$ ss2tf (A, B, C, D)

又可以将线性系统的状态空间表达式变换为传递函数 $Y(s)/U(s)$。

如果系统包含一个以上的输入变量,利用下列命令

$$[num, den]=ss2tf (A, B, C, D,iu)$$

则可以把系统从状态空间表达式转换为第 i 个输入对应的传递函数 $Y(s)/Ui(s)$。

例如,下面的双输入-单输出系统

$$\begin{bmatrix} \dot{x}_1 \\ \dot{x}_2 \end{bmatrix} = \begin{bmatrix} 0 & 1 \\ -3 & -4 \end{bmatrix} \begin{bmatrix} x_1 \\ x_2 \end{bmatrix} + \begin{bmatrix} 1 & 0 \\ 0 & 1 \end{bmatrix} \begin{bmatrix} u_1 \\ u_2 \end{bmatrix}$$

$$y = \begin{bmatrix} 1 & 0 \end{bmatrix} \begin{bmatrix} x_1 \\ x_2 \end{bmatrix} + \begin{bmatrix} 0 & 0 \end{bmatrix} \begin{bmatrix} u_1 \\ u_2 \end{bmatrix}$$

由于系统有两个输入,因而有两个传递函数,其结果见下列 MATLAB 输出:

```
A = [0 1; -3 -4];
B = [1 0; 0 1];
C = [1 0];
D = [0 0];
[num,den] = ss2tf(A,B,C,D,1)
num =
     0     1     4
den =
```

```
      1      4      3
[num,den] = ss2tf(A,B,C,D,2)
num =
      0      0      1
den =
1      4      3
```

根据 MATLAB 输出结果,两个传递函数分别为

$$\frac{Y(s)}{U_1(s)} = \frac{s+4}{s^2+4s+3}, \frac{Y(s)}{U_2(s)} = \frac{1}{s^2+4s+3}$$

3. 传递函数的部分分式展开

若传递函数表示为

$$G(s) = \frac{B(s)}{A(s)} = \frac{num}{den}$$

$$= \frac{b(n)s^n + b(n-1)s^{n-1} + \cdots + b(1)s + b(0)}{a(n)s^n + a(n-1)s^{n-1} + \cdots + a(1)s + a(0)}$$

式中:$a(n) \neq 0$,但是其它系数 $a(i)$ 和 $b(j)$ 中可能等于零。则输入传递函数的分子和分母多项式的系数:

$$num = \begin{bmatrix} b(n) & b(n-1) & \cdots & b(0) \end{bmatrix};$$
$$den = \begin{bmatrix} a(n) & a(n-1) & \cdots & a(0) \end{bmatrix};$$

再输入命令　[r, p, k]＝residue (num, den)
就会求出传递函数 $G(s)$ 的部分分式展开的留数、极点和直接项。

例如,有下列传递函数

$$G(s) = \frac{B(s)}{A(s)} = \frac{2s^3 + 3s^2 + 4s + 6}{s^3 + 6s^2 + 11s + 6}$$

可进行下列输入并得到相应输出:

```
num = [2 3 4 6];
den = [1 6 11 6];
[r,p,k] = residue(num,den)
r =
     - 16.500 0
      6.000 0
      1.500 0
p =
     - 3.000 0
     - 2.000 0
```

$$-1.000\ 0$$

$$k =$$

$$2$$

即传递函数的部分分式表达式为

$$G(s) = \frac{B(s)}{A(s)} = \frac{2s^3 + 3s^2 + 4s + 6}{s^3 + 6s^2 + 11s + 6}$$

$$= \frac{-16.5}{s+3} + \frac{6}{s+2} + \frac{1.5}{s+1} + 2$$

利用命令 [num,den]＝residue(r,p,k)

又可以将部分分式形式转变回传递函数的多项式之比,这里不再列出。

4. 从连续时间系统转变到离散时间系统

在系统采用零阶保持器的情况下,利用命令

$$[G,\ H] = c2d\ (A,\ B,\ Ts)$$

可以将状态空间模型从连续系统转变为离散系统,命令中的 T_s 为采样周期(秒)。

即将

$$\dot{x} = Ax + Bu$$

转变为

$$x(k+1) = Gx(k) + Hu(k)$$

例如,将下列连续系统离散化

$$\begin{bmatrix} \dot{x}_1 \\ \dot{x}_2 \end{bmatrix} = \begin{bmatrix} 0 & 1 \\ -3 & -4 \end{bmatrix} \begin{bmatrix} x_1 \\ x_2 \end{bmatrix} + \begin{bmatrix} 0 \\ 1 \end{bmatrix} u$$

假设采样周期为 0.05 s,则有下列命令和输出:

A＝[0 1; -3 -4];

B＝[0;1];

[G,H]＝c2d(A,B,0.05)

G ＝

    0.9965   0.0453

   -0.1358 0.8154

H ＝

   0.0012

   0.0453

即其等效离散时间状态空间方程为

$$\begin{bmatrix} x_1(k+1) \\ x_2(k+1) \end{bmatrix} = \begin{bmatrix} 0.996\ 5 & 0.045\ 3 \\ -0.0135\ 8 & 0.815\ 4 \end{bmatrix} \begin{bmatrix} x_1 \\ x_2 \end{bmatrix} + \begin{bmatrix} 0.001\ 2 \\ 0.045\ 3 \end{bmatrix} u$$

A. 3　计算矩阵函数

1. 复数的幅值和相角

复数 $z = x + jy = re^{j\theta}$ 的幅值和相角由下列语句来求：

$$r = abs(z)$$

$$theta = angle(z)$$

语句
$$z = r^* \exp(j^* theta)$$

会将复数的指数表达形式恢复到原来的 z。

2. 特殊矩阵

在 MATLAB 中, 有一些特殊矩阵如下：

ones (n) 为产生一个 $n \times n$ 的全"1"矩阵；

ones (m, n) 为产生一个 $m \times n$ 的全"1"矩阵；

zeros (n) 为产生一个 $n \times n$ 的零矩阵；

zeros (m, n) 为产生一个 $m \times n$ 的零矩阵；

ones (A) 为产生一个与 A 的型式相同的全"1"矩阵；

zeros (A) 为产生一个与 A 的型式相同的零矩阵；但在 A 为数量时除外。

3. 单位矩阵

语句 eye(n) 将产生一个 $n \times n$ 的单位矩阵

4. 对角矩阵

如果 x 是向量, 则语句 diag(x) 将产生一个对角矩阵, x 位于矩阵的对角线上。例如

```
x = [ones(1,5)];
A = diag(x)
```

```
A =
    1   0   0   0   0
    0   1   0   0   0
    0   0   1   0   0
    0   0   0   1   0
    0   0   0   0   1
```

如果 A 是方阵, 则 diag(A) 是一个由 A 的对角元素组成的向量, 而 diag(diag(A)) 是一个对角阵, 其对角线上的元素由 diag(A) 的元素组成。例如

```
A = [1 2 3;4 5 6;7 8 9];
x = diag(A)
x =
     1
     5
     9
B = diag(diag(A))
B =
     1    0    0
     0    5    0
     0    0    9
```

另外,还有两种对角矩阵形式:diag$(0,n)$形成的是一个$(n+1)\times(n+1)$的元素全为零的矩阵;而 diag$(0:n)$形成的是一个主对角线上元素分别为 $0,1,2,\cdots n$、而其他元素为零的$(n+1)\times(n+1)$维的矩阵。例如

```
diag(0,4)
ans =
     0    0    0    0    0
     0    0    0    0    0
     0    0    0    0    0
     0    0    0    0    0
     0    0    0    0    0


diag(0:4)
ans =
     0    0    0    0    0
     0    1    0    0    0
     0    0    2    0    0
     0    0    0    3    0
     0    0    0    0    4
```

5. 矩阵指数

expm(A) 是 n 阶方阵 A 的矩阵指数,即

$$\text{exp}m(A) = I + A + \frac{A^2}{2!} + \frac{A^3}{3!} + \cdots$$

6. 矩阵的绝对值

abs(A)给出的矩阵是由矩阵 A 的每一个元素的绝对值组成的。如果 A 是复数矩阵,则 abs(A)给出的矩阵,其每个元素是 A 矩阵每个元素的幅值(或模),即

$$abs(A = sqrt(real(A).^2 + imag(A).^2)$$

angle(A)给出的是复矩阵 A 的每个元素的相角(弧度),在 $-\pi$ 和 π 之间。例如

```
A = [1 + 2 * j 2 + 3 * j;3 + 4 * j 6 - j];
abs(A)
ans =
     2.2361      3.6056
     5.0000      6.0828

angle(A)
ans =
     1.1071      0.9828
     0.9273     - 0.1651
```

7. 向量和矩阵中诸元素的平方

对于向量 x,$x.^2$ 表示由其各元素平方构成的向量;而对于矩阵 A,$A.^2$ 给出的是由矩阵各元素的平方构成的矩阵。下面举例说明:

```
x = [1 2 3];
y = [1 + 2 * j 2 + 3 * j;3 + 4 * j 4 + 5 * j];
x1 = x.^2
x1 =
     1      4      9
y1 = y.^2
y1 =
    - 3.0000 + 4.0000i    - 5.0000 + 12.0000i
    - 7.0000 + 24.0000i   - 9.0000 + 40.0000i

A = [1,2;3,4];
B = [1 - j,2 + 2 * j;3 + 4 * j,5 - 3 * j];
A1 = A.^2
A1 =
     1      4
     9     16
```

```
B1 = B.^2
B1 =
    0 - 2.0000i         0 + 8.0000i
   -7.0000 + 24.0000i   16.0000 - 30.0000i
```

8. 多项式的乘除与计算

多项式相乘是多项式系数的卷积,例如,若 $a(s) = 2s^2 + 10.6$,而 $b(s) = s^2 + 15.2s + 123.4$,则两者的乘积通过输入命令 c＝conv(a,b)可求得。

```
a = [2,0,10.6];
b = [1,15.2,123.4];
c = conv(a,b)

c =
    1.0e + 003  *
    0.0020    0.0304    0.2574    0.1611    1.3080
```

即由 MATLAB 输出得到的多项式乘积为

$$c(s) = 2s^4 + 30.4s^3 + 257.4s^2 + 161.1s + 1\ 308$$

多项式相除是多项式系数的去卷积。例如,为了用 $a(s)$ 除刚才得到的 $c(s)$,应用命令 q = deconv(c, a) 即可。

```
c = [2, 30.4, 257.4, 161.1, 1308];
a = [2, 0,10.6];
q = deconv(c,a)

q =
    1.0000    15.2000    123.4000
```

如果要求多项式 $p(s) = s^3 + 3s^2 + 2s + 1$ 在 $s = 5$ 时的值,则输入多项式系数向量和命令 polyval(p,5)即可。

```
p = [1 3 2 1];
polyval(p,5)

ans =
    211
```

命令 polyvalm(p,A) 可以在矩阵 A 的条件下计算多项式 p。例如,已知如上所述多项式和矩阵 A 为

$$A = \begin{bmatrix} 0 & 1 & 0 \\ 0 & 0 & 1 \\ -3 & -2 & -1 \end{bmatrix}, 则$$

```
A = [0 1 0;0 0 1;-3 -2 -1];
p = [1 3 2 1];
polyvalm(p,A)
ans =
    -2     0     2
    -6    -6    -2
     6    -2    -4
```

即输出 ans 表示的是

$$p(A) = A^3 + 3A^2 + 2A + I = \begin{bmatrix} -2 & 0 & 2 \\ -6 & -6 & -2 \\ 6 & -2 & -4 \end{bmatrix}$$

9. 特征方程的根

特征方程的根与矩阵的特征值是同一的。N 阶方阵 A 的特征值定义为:满足 $Ax + \lambda x$ 的 n 个数 λ 就是 A 的特征值。矩阵 A 的特征值可以由命令 eig(A) 给出的列向量直接得到;也可以利用命令 p＝poly(A) 先求出特征方程,再通过命令 r＝roots(p)求出特征方程的根。

用命令 q＝poly(r),则又可以将特征方程的根重新组合成多项式的形式。

例如,如果矩阵 $A = \begin{bmatrix} 0 & 1 & 0 \\ 0 & 0 & 1 \\ -3 & -2 & -1 \end{bmatrix}$,则用上述两种方式均可求得其特征值:

```
A = [0 1 0; 0 0 1;-3 -2 -1];
eig(A)
ans =
    -1.2757
     0.1378 + 1.5273i
     0.1378 - 1.5273i

p = poly(A)
p =
    1.0000   1.0000   2.0000   3.0000
```

```
r = roots(p)
r =
     0.1378 + 1.5273i
     0.1378 - 1.5273i
    -1.2757
q = poly(r)
q =
     1.0000   1.0000   2.0000   3.0000
```

此例中的向量 p 和 q 表示的都是矩阵 A 的特征多项式的系数,即其特征方程为

$$s^3 + s^2 + 2s + 3 = 0$$

A.4　绘图

　　MATLAB 具有丰富的获取图形输出的程序集,利用 MATLAB 可以非常方便地得到控制工程问题中的响应曲线和频率特性图。

　　命令 plot 可以产生线性 x - y 图形,loglog、semilogx、semilogy 和 polar 可以产生对数坐标图和极坐标图(参看表 A - 1 中的命令说明)。下面仅以 plot 命令为例介绍绘图的一些操作命令。

1. x - y 图
对于同一长度的向量 x 和 y,plot(x,y)将画出 y 值相对于 x 值的曲线图。

2. 画多条曲线
采用具有多个变量对的命令 plot($x1$,$y1$,$x2$,$y2$,$\cdots$,xn,yn)可以在一幅图上画出多条曲线。另外,利用命令 hold 也可以在保持当前图形的情况下,在同一幅图上再画出随后的另一条曲线。当再次输入 hold,当前的图形又会复原。

3. 加网格线、图形标题和坐标轴标记
MATLAB 中关于网格线、图形标题和坐标轴标记的命令如下:
grid(网格线)
title(图形标题)
xlabel(x 轴标记)
ylabel(y 轴标记)

4. 在图形屏幕上书写文本
为了在图形屏幕上的点(X,Y)处书写文本可采用下列命令:

$$\text{text}(X,Y,'\text{text}')$$

例如,语句 $\text{text}(3,0.45,'\text{sint}')$ 将从点 $(3,0.45)$ 开始水平地写出 sint;
语句 $\text{plot}(x1,y1,x2,y2)$, $\text{text}(x1,y1,'1')$, $\text{text}(x2,y2,'2')$ 将标记出两条曲线,以便于区分。

5. 图形的线型

MATLAB 提供的线和点的类型如表附录 $1-3$ 所示:

表附录 $1-3$　　MATLAB 中的线和点的类型

线的类型		点的类型	
实线	—	圆点	.
短划线	— —	加号	+
虚线	:	星号	*
点划线	—.	圆圈	。
		×号	×

例如,语句 $\text{plot}(X,Y,'\times')$ 表示将用符号×画出一个点状图;语句 $\text{plot}(x1,y1,':'x2,y2,'+')$ 则表示将用虚线画出第一条曲线,而用加法符号画出第二条曲线。

6. 图线的颜色

MATLAB 提供的颜色如表附录 $1-4$ 所示:

表附录 $1-4$　　MATLAB 中颜色的表达符号

红色	r
绿色	g
蓝色	b
白色	w
无色	i

例如,语句 $\text{plot}(X,Y,'r')$ 表示图线用红色显示;语句 $\text{plot}(X,Y,'+g')$ 则表示图线用绿色加号标记画出。

注意,在 MATLAB 中,图形是自动定标的。在另一幅图形画出之前,现行图形将保持不变,但在后续的一幅图画出后,现图形将被删除,坐标轴自动地重新定标。关于瞬态响应曲线、根轨迹、伯德图和奈魁斯特图等的自动绘图算法均已经存储在 MATLAB 中了,它们对于各类系统具有广泛的适用性,一般不需改变。若在某些情况下,需要改变自动绘图,则需采用手工坐标轴定标。

本附录介绍的内容对于读者阅读本书、利用 MATLAB 解决控制工程所涉及的计算和绘图都是非常必要的,请读者熟练掌握它们。

A.5　本书所用 MATLAB 命令(如表附录 1-5 所示)

表附录 1-5　本书所用 MATLAB 命令

阶跃响应	伯德图
step(num,den)	bode(num,den)
step(num,den,t)	bode(num,den,w)
step(A,B,C,D)	bode(A,B,C,D)
[y,x,t]= step(num,den,t)	bode(A,B,C,D,iu)
[y,x,t]= step(A,B,C,D,iu)	[mag,phase,w]= bode(num,den,w)
[y,x,t]= step(A,B,C,D,iu,t)	[mag,phase,w]= bode(A,B,C,D,iu,w)
	w=logspace(d1,d2,n)
	magbB=20 * log10(mag)
脉冲响应	**奈魁斯特图**
impulse(num,den)	nyquist(num,den)
impulse(num,den,t)	nyquist(num,den,w)
impulse(A,B,C,D)	nyquist(A,B,C,D)
[y,x,t]= impulse (num,den)	nyquist(A,B,C,D,iu)
[y,x,t]= impulse (num,den,t)	nyquist(A,B,C,D,iu,w)
[y,x,t]= impulse(A,B,C,D)	[re,im,w]= nyquist(num,den)
[y,x,t]= impulse(A,B,C,D,iu)	[re,im,w]= nyquist(num,den,w)
[y,x,t]= impulse(A,B,C,D,iu,t)	[re,im,w]= nyquist(num,den,iu)
	[re,im,w]= nyquist(num,den,iu,w)
根轨迹图	**数学模型的变换**
rlocus(num,den)	[A,B,C,D]=tf2ss(num,den)
rlocus(num,den,K)	[num,den]=ss2tf(A,B,C,D)
rlocus(A,B,C,D)	[num,den]=ss2tf(A,B,C,D,iu)
rlocus(A,B,C,D,K)	[NUM,den]=ss2tf(A,B,C,D,iu)
[r,K]= rlocus(num,den)	
[r,K]= rlocus(num,den,K)	
[r,K]= rlocus(A,B,C,D)	
[r,K]= rlocus(A,B,C,D,K)	
部分分式展开	**从连续时间转变到离散时间**
[r,p,k]=residue(num,den)	[G,H]=c2d(A,B,Ts)
[num,den]=residue(r,p,k)	

附录 2 各章习题参考答案

第 2 章

2. 1   (1)$F(s) = 5\left(\dfrac{1}{s} - \dfrac{s}{s^2+9}\right)$

   (2)$F(s) = \dfrac{s+0.5}{(s+0.5)^2+100}$

   (3)$F(s) = \dfrac{5+\sqrt{3}s}{2(s^2+25)}$

   (4)$F(s) = \dfrac{n!}{(s-a)^{n+1}}$

2. 2   (1)$F(s) = \dfrac{2}{s^2} + \dfrac{18}{s^4} + \dfrac{2}{s+3}$

   (2)$F(s) = \dfrac{6}{(s+3)^4} + \dfrac{s+1}{(s+1)^2+4} + \dfrac{4}{(s+3)^2+16}$

   (3)$F(s) = \dfrac{5\mathrm{e}^{-2s}}{s} + \dfrac{2}{(s-2)^3} - \dfrac{2}{(s-2)^2} + \dfrac{1}{s-2}$

   (4)$F(s) = \dfrac{1+\mathrm{e}^{-\pi s}}{s^2+1}$

2. 3   (1)$\lim\limits_{t\to\infty} f(t) = 10$

   (2)$f(t) = 10 - 10\mathrm{e}^{-t}$

2. 4   (1)$f(0^+) = 0$, $f'(0^+) = 1$

   (2)$f(t) = t\mathrm{e}^{-2t}$, $f'(t) = (1-2t)\mathrm{e}^{-2t}$

2. 5   (a)$F(s) = \dfrac{5}{s^2} - \dfrac{5\mathrm{e}^{-2s}}{s^2} - \dfrac{10\mathrm{e}^{-2s}}{s}$

   (b)$F(s) = \dfrac{\mathrm{e}^{-s}}{s} + \dfrac{1}{2}\dfrac{\mathrm{e}^{-s}}{s^2} - \dfrac{1}{2}\dfrac{\mathrm{e}^{-3s}}{s^2} + 2\dfrac{\mathrm{e}^{-3s}}{s}$

   (c)$F(s) = \dfrac{5}{s} - \dfrac{5}{s^2} + \dfrac{10\mathrm{e}^{-s}}{s^2} - \dfrac{10\mathrm{e}^{-2s}}{s^2} + \dfrac{5\mathrm{e}^{-3s}}{s^2}$

2. 6   (1)$f(t) = \dfrac{1}{2}\sin 2t$

(2) $f(t) = e^t \cos 2t + \dfrac{1}{2} e^t \sin 2t + \cos 3t + \dfrac{1}{3} \sin 3t$

(3) $f(t) = 1 - e^{-t}$

(4) $f(t) = -e^{-2t} + 2e^{-3t}$

(5) $f(t) = -4te^{-2t} - 8e^{-2t} + 8e^{-t}$

(6) $f(t) = e^{t-1} 1(t-1)$

(7) $f(t) = -2e^{-2t} + 3e^{-t} \cos t$

2.7　(1) $1 * 1 = t$

(2) $t * t = \dfrac{t^3}{6}$

(3) $t * e^t = e^t - t - 1$

(4) $t * \sin t = t - \sin t$

2.8　(1) $x(t) = e^{-t} \sin t$

(2) $x(t) = \dfrac{6}{5} x_0 e^{-\frac{1}{2}t} - \dfrac{1}{5} x_0 e^{-3t}$

(3) $x(t) = \dfrac{3}{5} - \dfrac{3}{5} e^{-t} \cos 2t - \dfrac{3}{10} e^{-t} \sin 2t$

(4) $x(t) = \dfrac{-A}{\sqrt{1-\zeta^2}} e^{-\zeta\omega_n t} \sin\left(\omega_n \sqrt{1-\zeta^2}\, t - \arctan \dfrac{\sqrt{1-\zeta^2}}{\zeta}\right)$

$\qquad + \dfrac{B + 2\zeta\omega_n A}{\omega_n \sqrt{1-\zeta^2}} e^{-\zeta\omega_n t} \sin(\omega_n \sqrt{1-\zeta^2}\, t)$

第 3 章

3.1　(a) $B\dot{y} + ky = kx$

(b) $m\ddot{y} + B\dot{y} + ky = kx$

(c) $B(\dot{x} - \dot{y}) + k_1(x - y) = k_2 y$

(d) $m\ddot{x} + \dfrac{k_1 k_2}{k_1 + k_2} x = f$

(f) $m\ddot{y} + B_2 \dot{y} = B_1(\dot{x} - \dot{y})$

3.2　$\left[J_1 + J_2 \left(\dfrac{z_1}{z_2}\right)^2 \right] \ddot{\theta}_1 + \left[B_1 + B_2 \left(\dfrac{z_1}{z_2}\right)^2 \right] \dot{\theta}_1 + \dfrac{z_1}{z_2} T_L = T_1$

$\qquad J_{eq} = \left[J_1 + J_2 \left(\dfrac{z_1}{z_2}\right)^2 \right], \ B_{eq} = \left[B_1 + B_2 \left(\dfrac{z_1}{z_2}\right)^2 \right]$

3.3　(a) $u_i = LC \dfrac{d^2 u_o}{dt^2} + u_o$

(b) $u_i = L(C_1 + C_2) \dfrac{d^2 u_o}{dt^2} + u_o$

(c) $\begin{cases} \dfrac{u_i-u_o}{R_1}+C_1\dfrac{\mathrm{d}(u_i-u_o)}{\mathrm{d}t}=i \\[3mm] u_o=R_2 i+\dfrac{1}{C_2}\int i\,\mathrm{d}t \end{cases}$

(d) $\begin{cases} u_i=R_1 i+\dfrac{1}{C_1}\int i\,\mathrm{d}t+u_o \\[3mm] u_o=R_2 i+\dfrac{1}{C_2}\int i\,\mathrm{d}t \end{cases}$

3.4　$m\ddot{x}+B\dot{x}+kx=\dfrac{a}{b}f$

3.5　$\begin{cases} m_2\ddot{x}_2+B_2\dot{x}_2+B_1(\dot{x}_2-\dot{x}_1)=f \\ m_1\ddot{x}_1+B_1(\dot{x}_1-\dot{x}_2)+kx_1=0 \end{cases}$

3.6　(a) $\dfrac{X(s)}{F(s)}=\dfrac{1}{ms^2+k}$

　　(b) $\dfrac{X(s)}{F(s)}=\dfrac{1}{ms^2+Bs+k}$

　　(c) $\dfrac{X_2(s)}{X_1(s)}=\dfrac{k_1 B s}{(k_1+k_2)Bs+k_1 k_2}$

　　(d) $\dfrac{X_2(s)}{X_1(s)}=\dfrac{B_1 s+k_1}{(B_1+B_2)s+k_1+k_2}$

3.7　$\dfrac{\Theta(s)}{F(s)}=\dfrac{r}{Js^2+Bs+k}$

3.8　$\dfrac{U_o(s)}{U_i(s)}=\dfrac{(1+R_1C_1 s)(1+R_2C_2 s)}{(1+R_1C_1 s)(1+R_2C_2 s)+R_1C_2 s}$

　　$\dfrac{X_2(s)}{X_1(s)}=\dfrac{\left(1+\dfrac{B_1}{k_1}s\right)\left(1+\dfrac{B_2}{k_2}s\right)}{\left(1+\dfrac{B_1}{k_1}s\right)\left(1+\dfrac{B_2}{k_2}s\right)+\dfrac{B_2}{k_1}s}$

3.9　$\dfrac{Y(s)}{X(s)}=\dfrac{s^2+4s+2}{(s+2)(s+3)}$，$g(t)=\delta(t)+2\mathrm{e}^{-2t}-\mathrm{e}^{-t}$

3.10　(a) $\dfrac{C(s)}{R(s)}=\dfrac{1}{(1+R_1C_1 s)(1+R_2C_2 s)+R_2C_1 s}$

　　(b) $\dfrac{C(s)}{R(s)}=\dfrac{G_1G_2G_5(1+G_3G_4)}{1+G_1G_2H_1+G_2G_3H_2+G_1G_2G_5(1+G_3G_4)}$

3.11　$\dfrac{X(s)}{F(s)}=\dfrac{k_1+k_2}{(k_1+k_2)ms^2+k_1 k_2}$

3.12　$\dfrac{X(s)}{F(s)}=\dfrac{m_1 s^2+Bs+k_1}{(m_1 s^2+Bs+k_1)(m_2 s^2+Bs+k_2)-B^2 s^2}$

3.13　(a) $\dfrac{Y(s)}{X(s)}=\dfrac{b}{s^2+a_1 s+a_2}$

(b) $\dfrac{Y(s)}{X(s)} = \dfrac{b_1 s + b_2}{s^2 + a_1 s + a_2}$

3.14　画信号流图如图附录 2-1 所示：

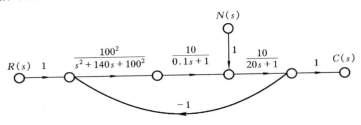

图附录 2-1

第 4 章

4.1　(1) $G(s) = \dfrac{1}{s\left(s + \dfrac{1}{2}\right)}$　　　　　　(2) $G(s) = \dfrac{20}{(s+2)^2 + 1}$

　　　(3) $G(s) = \dfrac{7s + 29}{(s+5)(s+2)}$

4.2　(1) $G(s) = \dfrac{2}{s + 0.5}$

　　　(2) $G(s) = \dfrac{12}{s^2 + 2.4s + 4}$

4.3　$c'_1(t) \Big|_{t=0} = 2$, $c'_2(t) \Big|_{t=0} = 3$，系统 1 灵敏性好。

4.4　$c(t) = 1 - \dfrac{4}{3} e^{-t} + \dfrac{1}{3} e^{-4t}$。

4.5　(1) $\zeta = 0.1$，$\omega_n = 1$ 时，$M_p = 72.9\%$，$t_r = 1.68s$，$t_s = 30s (\delta = 5)$ 或 $40s (\delta = 2)$；

　　　　$\zeta = 0.1$，$\omega_n = 5$ 时，$M_p = 72.9\%$，$t_r = 0.336s$，$t_s = 6s (\delta = 5)$ 或 $8s (\delta = 2)$；

　　　(2) $\zeta = 0.5$，$\omega_n = 5$ 时，$M_p = 16.3\%$，$t_r = 0.48s$，$t_s = 1.2s (\delta = 5)$ 或 $1.6s (\delta = 2)$；

4.6　$\zeta = 0.69$，$\omega_n = 2.17 (\delta = 5)$，$\omega_n = 2.90 (\delta = 2)$

4.7　(1) $\omega_n = 3$，$\zeta = \dfrac{1}{6}$　　　　(2) $M_p = 58.8\%$，$t_r = 0.59s$

　　　(3) $e_{ss} = 0$　　　　　　　　(4) $e_{ss} = \dfrac{1}{9}$

4.8 $\omega_n=86.6$, $\zeta=0.632$, $M_p=13.8\%$ $(t_p=0.032s)$

4.9 $(1)c_1(t)=1-\dfrac{7}{6}\mathrm{e}^{-\frac{1}{8}t}+\dfrac{1}{6}\mathrm{e}^{-\frac{1}{2}t}$, $c_2(t)=1-\dfrac{2}{3}\mathrm{e}^{-\frac{1}{8}t}-\dfrac{1}{3}\mathrm{e}^{-\frac{1}{2}t}$,

$c_3(t)=1+\dfrac{4}{3}\mathrm{e}^{-\frac{1}{8}t}-\dfrac{7}{3}\mathrm{e}^{-\frac{1}{2}t}$,

$(2)1+7^{-\frac{1}{3}}$

4.10 当输入 $r(t)=10t$ 时, $e_{ss}=4$; 当输入 $r(t)=4+6t+3t^2$ 时, $e_{ss}=\infty$

4.11 当输入 $r(t)=10t$ 时, $e_{ss}=1$; 当输入 $r(t)=4+6t+3t^2$ 时, $e_{ss}=\infty$; 当输入 $r(t)=4+6t+3t^2+1.8t^3$ 时, $e_{ss}=\infty$。

4.12 $K_p=\infty$, $K_v=10$, $K_a=0$; $e_{ss}=4$

4.13 $(1)e_{ss1}=0$, $e_{ss2}=\dfrac{1}{11}$

$(2)e_1(t)=\dfrac{\mathrm{e}^{-\frac{1}{2}t}}{\sqrt{\dfrac{39}{40}}}\sin\left(\dfrac{\sqrt{39}}{2}t+\arctan\sqrt{39}\right)$

$e_2(t)=\dfrac{1}{11}(1+10\mathrm{e}^{-\frac{11}{2}t})$

4.14 输入引起的稳态误差 $e_{ssR}=0$, 干扰起的稳态误差分别为

$e_{ssN_1}=-\dfrac{1}{5}$, $e_{ssN_2}=-\dfrac{1}{50}$, $e_{ssN_3}=0$

第 5 章

5.1 (1) $y(t)=0.94\sin(t-15°)$

(2) $y(t)=0.47\cos(4t-180°)$

(3) $y(t)=0.235\sin(4t-105°)-1.88\cos(t-15°)$

5.2 (1)如图附录 2-2 所示。

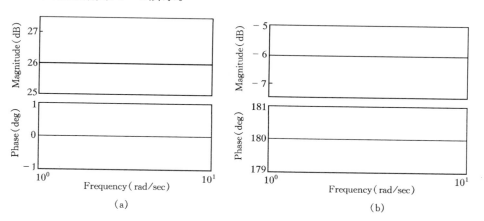

(a)　　　　　　　　(b)

图附录 2-2

（2）如图附录 2－3 所示。

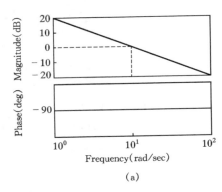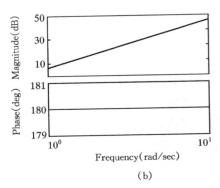

（a）　　　　　　　　　　　　　　　（b）

图附录 2－3

（3）如图附录 2－4 所示。

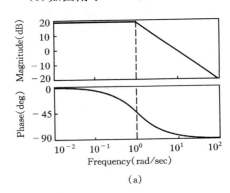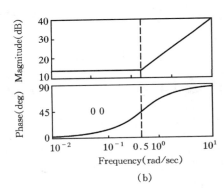

（a）　　　　　　　　　　　　　　　（b）

图附录 2－4

（4）如图附录 2－5 所示。

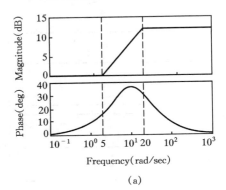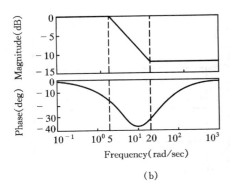

（a）　　　　　　　　　　　　　　　（b）

图附录 2－5

（5）如图附录 2 - 6 所示。　　　　（6）如图附录 2 - 7 所示。

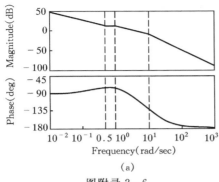

（a）

图附录 2 - 6

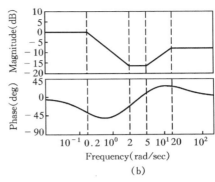

（b）

图附录 2 - 7

（7）取 $K_P = 1.1$，$K_I = 1$，$K_D = 0.1$　　　　（8）如图附录 2 - 9 所示。

如图附录 2 - 8 所示。

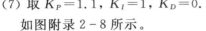

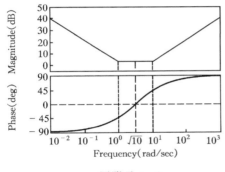

图附录 2 - 8

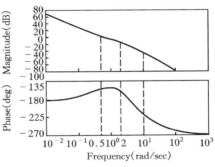

图附录 2 - 9

（9）如图附录 2 - 10 所示。

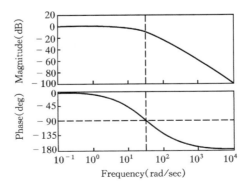

图附录 2 - 10

（10）如图附录 2 - 11 所示。

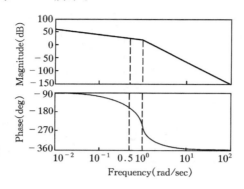

图附录 2 - 11

5.3　（1）如图附录 2 - 12 所示。　　　　（2）如图附录 2 - 13 所示。

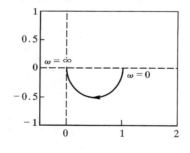

图附录 2 - 12

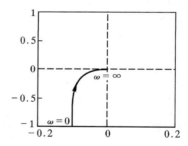

图附录 2 - 13

（3）如图附录 2 - 14 所示。　　　　（4）如图附录 2 - 15 所示。

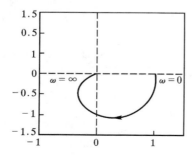

图附录 2 - 14

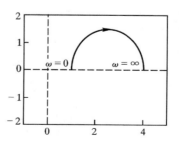

图附录 2 - 15

（5）如图附录 2-16 所示。　　　　（6）取 $k=2$，$T=1$，如图附录 2-17 所示。

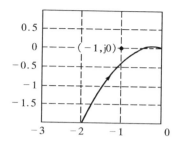

图附录 2-16

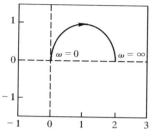

图附录 2-17

（7）如图附录 2-18 所示。　　　　（8）如图附录 2-19 所示。

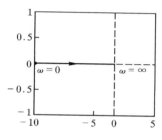

图附录 2-18

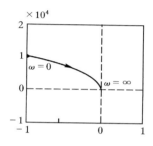

图附录 2-19

（9）如图附录 2-20 所示。　　　　（10）如图附录 2-21 所示。

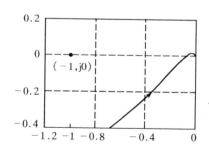

图附录 2-20

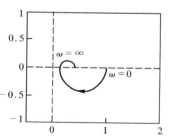

图附录 2-21

5.4　（1）$\dfrac{24}{7}$　　　　（2）$\dfrac{4}{165}$

（3）提示：$-90°-\omega\times\dfrac{180°}{\pi}-\arctan\omega-\arctan\dfrac{\omega}{2}=-180°$

　　　　$\omega_g=0.665$　　　$|G(j\omega_g)|=1.79$

5.5　（1）取 $K=1$，$T=1$，如图附录 2-22 所示。　　（2）取 $T_1=2$，$T_2=1$，如图

附录 2 - 23 所示。

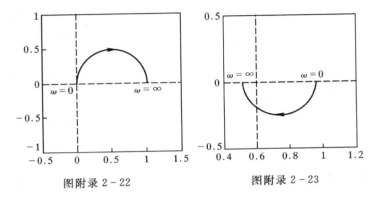

图附录 2 - 22　　　　　图附录 2 - 23

5.6　(1)如图附录 2 - 24 所示。

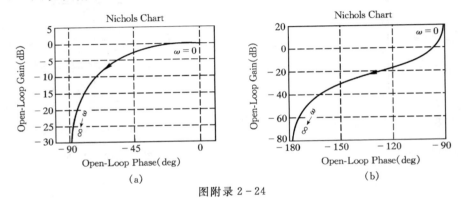

(a)　　　　　　(b)

图附录 2 - 24

(2)如图附录 2 - 25 所示。

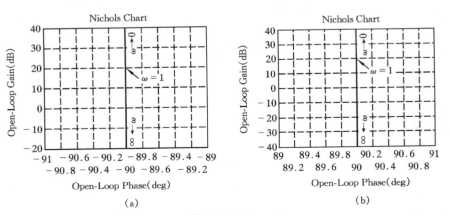

(a)　　　　　　(b)

图附录 2 - 25

（3）如图附录 2 - 26 所示。

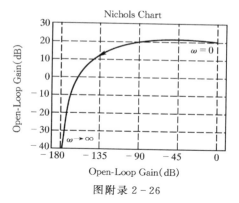

图附录 2 - 26

（4）如图附录 2 - 27 所示。

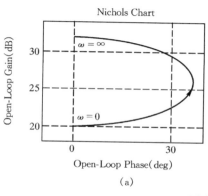

(a)

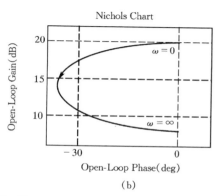

(b)

图附录 2 - 27

（5）如图附录 2 - 28 所示。　　　　（6）如图附录 2 - 29 所示。

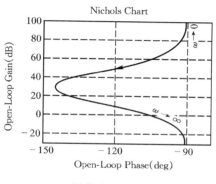

图附录 2 - 28

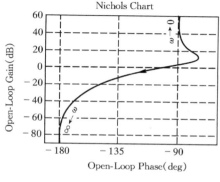

图附录 2 - 29

5.7　这里只给出奈奎斯特图

　　(1)如图附录 2-30 所示。

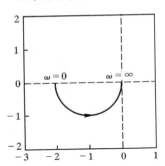

图附录 2-30

　　(2)如图附录 2-31 所示。

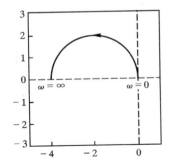

图附录 2-31

　　(3)如图附录 2-32 所示。

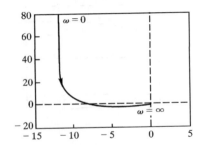

图附录 2-32

　　(4)如图附录 2-33 所示。

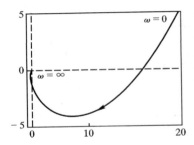

图附录 2-33

5.8　$T=0.02$

5.9　$M_r=1.12$，$\omega_r=35.2 \text{ rads}^{-1}$，$\omega_b=65.2 \text{ rads}^{-1}$

5.11　(a) $G(s)=\dfrac{10}{0.1s+1}$

　　　(b) $G(s)=\dfrac{10(2s+1)}{(20s+1)(10s+1)}$

　　　(c) $G(s)=\dfrac{50}{s(0.2s+1)}$

　　　(d) $G(s)=\dfrac{50}{s(0.2s+1)(0.02s+1)}$

　　　(e) $G(s)=\dfrac{30\times47.92^2}{s^2+42.84s+47.92^2}$

　　　(f) $G(s)=\dfrac{100\times2500}{s(s^2+30s+2500)}$

第 6 章

6.1　（1）稳定　　（2）不稳定

6.2　（1）$0<K<192.8$ 时稳定　　（2）稳定

　　　（3）$0<K<6.4$ 时稳定　　（4）不稳定

　　　（5）不稳定　　　　　　　　（6）$0.215<K<5.585$ 时稳定

6.3　（a）不稳定　　（b）稳定

6.4　$K=4$，$a=\dfrac{3}{4}$

6.5　（1）$K_g=1$，如图附录 2-34 所示。　　（2）$K_g=\infty$，如图附录 2-35 所示。

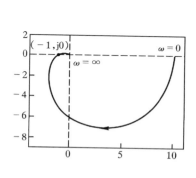

图附录 2-34

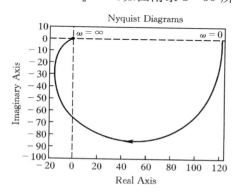

图附录 2-35

（3）$K_g=1$，如图附录 2-36 所示。　　（4）$K_g=\dfrac{5}{6}$，如图附录 2-37 所示。

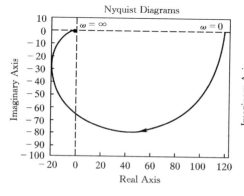

图附录 2-36

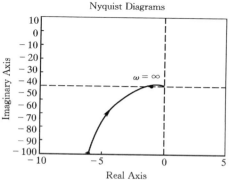

图附录 2-37

（5）$K_g = \infty$，如图附录 2 - 38 所示。

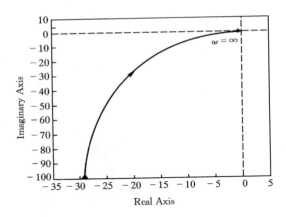

图附录 2 - 38

（6）$K_g = \infty$，如图附录 2 - 39 所示。

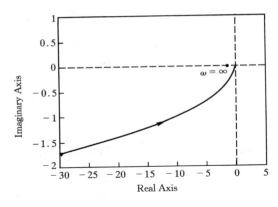

图附录 2 - 39

（7）$K_g = 0$，如图附录 2 - 40 所示。

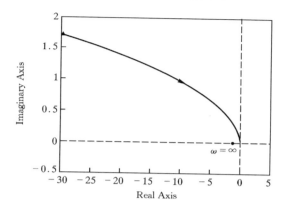

图附录 2 - 40

（8）取 $K = 1$，系统不稳定，如图附录 2 - 41 所示。

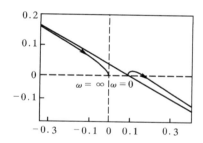

图附录 2 - 41

6.6　$\omega_g = \sqrt{14}$ rad · s^{-1}，$|G(j\omega_g)H(j\omega_g)| = 0.059\,5\,K$

6.7　$T_1 + T_2 > T_1 T_2 K$ 时，系统稳定

6.8　$a = 2^{-\frac{1}{4}} = 0.84$

6.9　(1) $K_g = -4.4$ dB，$\gamma \approx -14.7°$　　　(2) $K_g = -\infty$，$\gamma \approx -26°$

6.10　$K_g = 34$ dB，$\gamma \approx 44°$

6.11　$K_n = 0.1$

6.13　如图附录 2 - 42 所示。

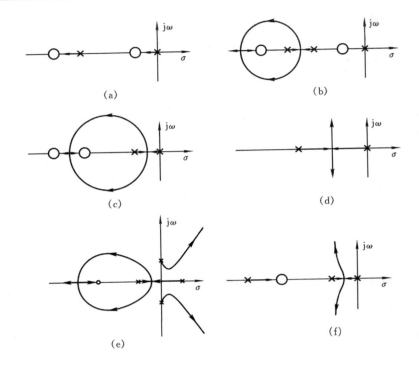

图附录 2－42

6.14　（1）如图附录 2－43 所示。

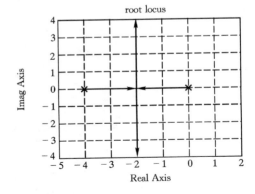

图附录 2－43

（2）如图附录 2 - 44 所示。

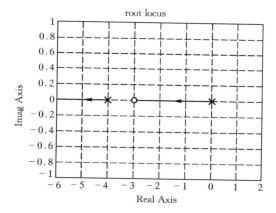

图附录 2 - 44

（3）如图附录 2 - 45 所示。

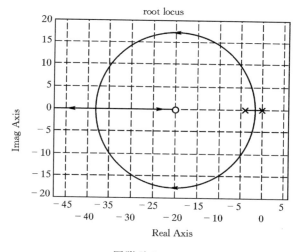

图附录 2 - 45

6.15　(1)如图附录 2 - 46 所示。

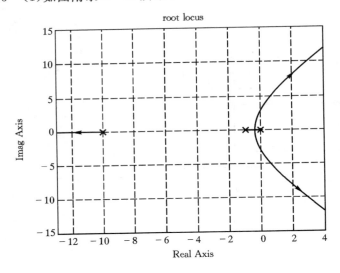

图附录 2 - 46

(2) 如图附录 2 - 47 所示。

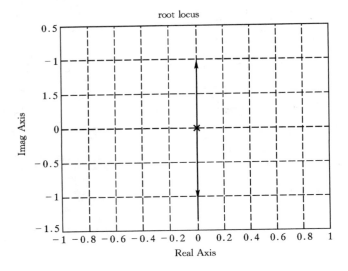

图附录 2 - 47

（3）如图附录 2－48 所示。

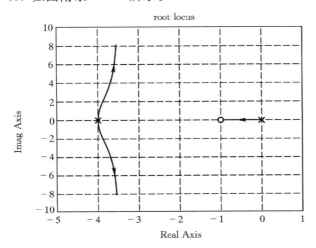

图附录 2－48

6.16　（1）如图附录 2－49 所示。

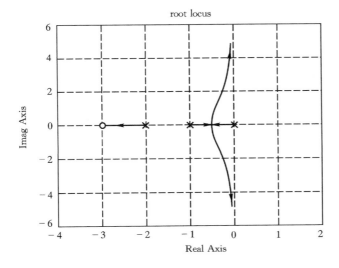

图附录 2－49

6.17 未加零点时。如图附录 2 - 50 所示。

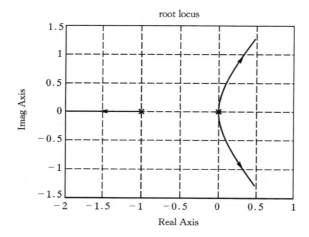

图附录 2 - 50

加零点$(a=0.5)$时,如图附录 2 - 51 所示。

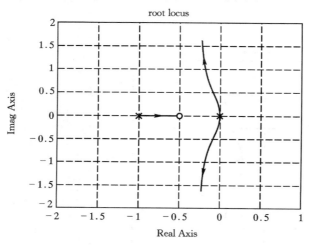

图附录 2 - 51

第 8 章

8.1 $X(z) = \dfrac{Tz\mathrm{e}^{-aT}}{(z-\mathrm{e}^{-aT})^2}$

(2) $X(z) = \dfrac{z\mathrm{e}^{-aT}\sin\omega T}{z^2-2z\mathrm{e}^{-aT}\cos\omega T+\mathrm{e}^{-2aT}}$

(3) $X(z) = \dfrac{z(1-\mathrm{e}^{-aT})}{(z-1)(z-\mathrm{e}^{-aT})}$

(4) $X(z) = \dfrac{T^2 z(z+1)}{(z-1)^3}$

8.2　(1) $G(z) = \dfrac{1}{2}\dfrac{z}{z-1} - \dfrac{z}{z-\mathrm{e}^{-T}} + \dfrac{1}{2}\dfrac{z}{z-\mathrm{e}^{-2T}}$

(2) $G(z) = \dfrac{Tz}{(z-1)^2} + \dfrac{z}{z-1}$

8.3　(1) $g(n) = -10 + 10 \times 2^n$

(2) $g(t) = 1 - \mathrm{e}^{-at}$

(3) $g(n) = a^n \cos n\pi$

(4) $g(n) = -\dfrac{1}{2} \times n - \dfrac{1}{4} + \dfrac{1}{4} \times 3^n$

8.4　(a) $\dfrac{C(z)}{R(z)} = \dfrac{z}{z-1} - \dfrac{z}{z-\mathrm{e}^{-T}}$

(b) $\dfrac{C(z)}{R(z)} = \dfrac{z}{z-1} \cdot \dfrac{z}{z-\mathrm{e}^{-T}}$

(c) $\dfrac{C(z)}{R(z)} = \dfrac{G(z)}{1+G(z)H(z)}$

8.5　(1) 不稳定　(2)不稳定

8.6　$G(z) = \dfrac{2z(1-\mathrm{e}^{-10T})}{(z-1)(z-\mathrm{e}^{-10T})}$, $\dfrac{Y(z)}{X(z)} = \dfrac{G(z)}{1+G(z)}$,

$Y(z) = \dfrac{2z(1-\mathrm{e}^{-10T})}{(z-1)(z-\mathrm{e}^{-10T})} \cdot \dfrac{z}{z-1}$,

$y(0) = 0$, $y(1) = 1.264$, $y(2) = -1.395$, $y(3) = 0.062$, $\cdots$

8.7　令 $G(s) = \dfrac{K(1-\mathrm{e}^{-Ts})}{s^2(s+1)}$, 则 $G(z) = \dfrac{(-0.5+\mathrm{e}^{-0.5})z + (1-1.5\mathrm{e}^{-0.5})}{(z-1)(z-\mathrm{e}^{-0.5})}$

$\dfrac{Y(z)}{X(z)} = \dfrac{G(z)}{1+G(z)} = \dfrac{(-0.5+\mathrm{e}^{-0.5})z + 1 - 1.5\mathrm{e}^{-0.5}}{z^2 - 1.5z + (1-\mathrm{e}^{-0.5})}$

(1) 不稳定

(2) $e_{\mathrm{ss}} = \lim\limits_{z \to 1}(z-1)\dfrac{X(z)}{1+G(z)} = 0$

(3) $Y(z) = \dfrac{G(z)}{1+G(z)}X(z) = \dfrac{(-0.5+\mathrm{e}^{-0.5})z + (1-1.5\mathrm{e}^{-0.5})}{z^2 - 1.5z + (1-\mathrm{e}^{-0.5})} \cdot \dfrac{z}{z-1}$

(4) 特征方程: $(z-1)(z-\mathrm{e}^{-0.5}) + K(-0.5+\mathrm{e}^{-0.5})z + K(1-1.5\mathrm{e}^{-0.5}) = 0$

8.8　$G_D(z) = \dfrac{2z-1}{\dfrac{K}{2}T^2(z+1)}$

参考文献

[1] 陈康宁主编.机械工程控制基础(修订本).西安交通大学出版社,1997 年
[2] 阳含和编著.机械控制工程(上册).机械工业出版社,1986 年
[3] [美] Katsuhiko Ogata 著.现代控制工程(第三版).卢伯英、于海勋译,
     电子工业出版社,2000 年
[4] [美] Richard C.Dorf,Robert H.Bishop 著.Modern Control Sys-
     tems(Nineth Edition).科学出版社影印版,2002 年
[5] 陶永华,尹怡欣,葛芦生编著.新型 PID 控制及其应用.机械工业出版社,
     1998 年
[6] 刘金锟著.先进 PID 控制及其 MATLAB 仿真.电子工业出版社,2003 年
[7] 王益群,孔祥东主编.控制工程基础.机械工业出版社,2001 年
[8] 高钟毓等编.机电控制工程.清华大学出版社,1994 年
[9] 王积伟主编.机电控制工程.机械工业出版社,1994 年
[10] 周雪芹,张洪才编.控制工程导论.西北工业大学出版社,1988 年
[11] 杨叔子,杨克冲编.机械工程控制基础.华中理工大学出版社,1984 年
[12] 何钺编.现代控制理论基础(机械类).机械工业出版社,1988 年
[13] 孔凡才编著.自动控制系统及应用.机械工业出版社,1994 年
[14] 徐昕,李涛,伯晓晨等编著.MATLAB 工具箱应用指南——控制工程篇.
      电子工业出版社,2000 年
[15] 龚剑,朱亮编著.MATLAB5.x 入门与提高.清华大学出版社,2000 年